切 記

1.別噴香水出門，以防惹來蚊蟲。
2.採集時請手下留情，務必留根留種。
3.注意環保，不可亂丟垃圾。

神農嚐百草 (SN02)

臺灣常用藥用植物圖鑑 第2版

Illustration of Commonly Used Medicinal Plants in Taiwan

160 種常用藥用植物觀察應用簡易入門
內附臺灣民間實用驗方 250 首

藥學博士 黃世勳 編著

Edited by Shyh-Shyun Huang, Ph. D.

本書所載醫藥知識僅供參考，使用前務必請教有經驗的專業人士，以免誤食誤用影響身體健康。

文興印刷事業有限公司 / 出版
臺灣藥用植物教育學會 / 發行

Illustration of Commonly Used Medicinal Plants in Taiwan

Second Edition

Edited by Shyh-Shyun Huang, Ph. D.

Published by Wenhsin Print
Taichung, Taiwan, ROC
2017

作者序

投入臺灣藥用植物的調查及研究已超過 15 個年頭，期間從中國醫藥大學（前身為中國醫藥學院）學生時代對學弟妹及友校相關社團（包括中興大學、靜宜大學、弘光護專、逢甲大學等）所進行的基礎教學，到目前於大專院校、農民專業訓練、社區大學、中醫護理、藥用植物相關社會團體等專業課程的教授，個人深深體會到完成一套臺灣藥用植物訓練課程叢書的重要性，或許經由這套叢書的引導，再搭配生動活潑的教學，我們能善盡將臺灣這塊土地上「老祖宗的藥草知識」傳承給下一代的責任。

我經常到民間進行驗方或秘方調查，老一輩的人總是感慨年輕人對藥草的排斥，所以，即使他們有心將知識傳承，卻也後繼無人，而我卻成了他們眼中的「怪胎」，我最常聽見他們這樣問我：「少年仔你甘訓藥草仔？」、「訓和會曉是兩會事喔！」、「你甘會曉用？」（台語發音），此時，我通常是哭笑不得，只能微笑以對。不過，從他們的語氣中，我可以聽出那種實踐者的自信，但也聽出他們對年輕人的失望。

我真不知道自己能為臺灣這塊土地上的藥用植物知識傳承盡下多少心力，只能盡力而為，撰寫本書也正是籌備「中華藥用植物學會」的時候，有感於平日教學時，學生或學員常向我問到：「要從哪些藥草先學起」，藉由此書我特別挑選臺灣民間常用藥用植物 160 種（以《臺灣植物誌（第 2 版）》順序排列），每種依中文名、學名、科名、別名、分布、形態、藥用逐項説明，並將方例附上，以作為應用時參考，對於初學者欲快速進入藥用植物的應用階段，能先熟悉這 160 種，應該會有事半功倍的效果。

而書前加列了「植物辨識的各部位名詞解釋」，以供讀者於形態閱讀時，可快速查閱解惑，同時也列有「藥用植物之採收」、「藥用植物之加工」、「藥用植物之應用」等單元，都是藥用植物初學者最想了解的觀念，讀者若能熟知其中之訣竅，對於藥用植物之利用，將能更加兼顧藥材的「質」與「量」。而從安全性考量，本書所寫藥用植物知識僅供參考，仍要提醒大家「藥即是毒」、「使用得當是藥，使用不當是毒」，所以，選用任何藥用植物前，仍需進一步請教醫師或藥師等專業人員，以免誤食誤用，反而危害自身的健康。

藥學博士 黃世勳 謹誌

於中華藥用植物研究室 2009 年 10 月

再版序

《臺灣常用藥用植物圖鑑》自 2009 年初版發行以來，感謝讀者們給予許多的鼓勵及肯定，初版書籍於 3 年前早已售罄，而全臺各通路也陸續提出補書的需求。原本想在初版的基礎下，再增加更多藥用植物種類，但基於原書收錄的 160 種藥用植物早已兼顧實用性、普及性，甚至連最熱門的臺灣特有真菌～牛樟芝也已收錄其中，故此次再版在原書項目不變的前提下，我們將部分藥用植物的內容稍作增減，以使讀者們更能輕鬆觀察這些常用的藥用植物，進而能將這些藥用植物應用於日常生活的保健中。

今年 (2017 年) 本人很榮幸能代表中國醫藥大學拍攝一系列的藥用植物學磨課師 (MOOCs) 線上教學影片，並於 3 月 16 日起於 ewant 線上開課 (課名：在地藥草新活力：解析藥用植物)，這是免費的線上課程，歡迎各位先進同好一起上網至育網開放教育平台 (ewant) 註冊選修，也歡迎您對課程隨時提供相關的寶貴意見。

另外，此次再版特將書籍大小由「15×21(公分)」增大為「17×23(公分)」，紙質也由「銅版紙」更改為「微塗紙」，希望能幫助讀者們易於閱讀，也易於書寫學習心得。最後，謹以感恩的心，謝謝廣大的讀者朋友們對於文興藥用植物書系的支持，我們將會努力編輯更多關於藥用植物的優良讀物，以回饋讀者們的厚愛。

中國醫藥大學藥學系藥用植物學科
藥學博士 黃世勳 謹誌
中華民國 106 年 4 月

目錄 Contents

目錄

Contents

目錄 Contents

植物辨識的各部位名詞解釋

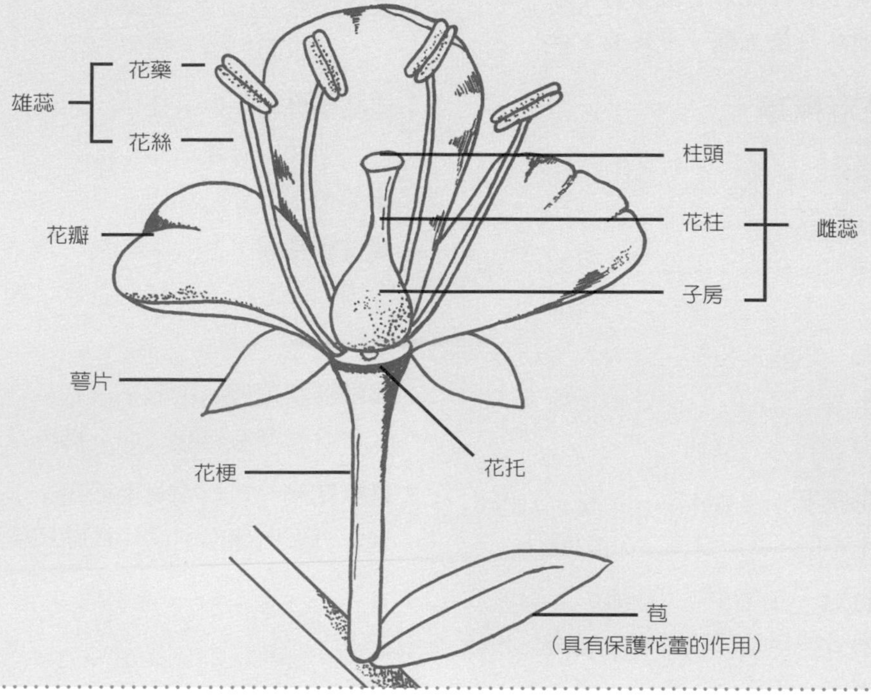

一、花的組成

包括花梗、花托、萼片、花瓣、雄蕊、雌蕊等。其中雄蕊和雌蕊是花中最重要的部分，具生殖功能。全部花瓣合稱花冠，通常色澤豔麗。全部萼片合稱花萼，位於花之最外層，常為綠色。花萼與花冠則合稱花被，具保護和引誘昆蟲傳粉等作用，一般於花萼及花冠形態相近混淆時，才使用「花被」作為代用名詞，例如：百合科植物之花萼常呈花瓣狀，所以，描述該科植物之花時，多以「花被6枚，呈內外2輪」之字樣，而極少單獨以「花萼」(前述之外輪花被)或「花冠」(前述之內輪花被)作為用詞。花梗及花托則有支持作用。

※子房位置：即子房和花被、雄蕊之相對

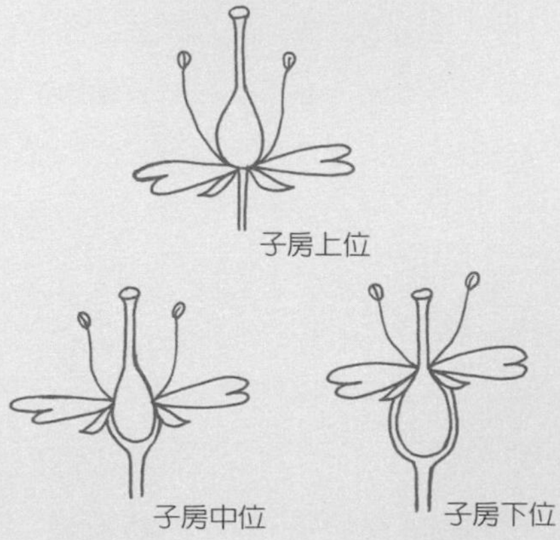

位置，子房位於花被與雄蕊連接處之上方者稱子房上位，若子房位於下方者稱子房下位，而子房位置居中間者稱子房中位。其演化順序乃依上位、中位至下位。

二、花冠種類

可粗分為離瓣花冠及合瓣花冠兩類，前者之花瓣彼此完全分離，這類花則稱離瓣花；後者之花瓣彼此連合，這類花則稱合瓣花，但未必完全連合，此時連合部分稱花冠筒，分離部分稱花冠裂片。花冠常有多種形態，有的則為某類植物獨有的特徵，常見者有下列幾種：

1. 十字形花冠：花瓣4枚，分離，上部外展呈十字形，如：十字花科植物。
2. 蝶形花冠：花瓣5枚，分離，上面一枚位於最外方且最大稱旗瓣，側面二枚較小稱翼瓣，最下面二枚其下緣通常稍合生，並向上彎曲稱龍骨瓣。如：豆科中蝶形花亞科(Papilionoideae)植物等。
3. 唇形花冠：花冠基部筒狀，上部呈二唇形，如：唇形科植物。
4. 管狀花冠：花冠合生成管狀，花冠筒細長，如：菊科植物的管狀花。
5. 舌狀花冠：花冠基部呈一短筒，上部向一側延伸成扁平舌狀，如：菊科植物的舌狀花。
6. 漏斗狀花冠：花冠筒較長，自下向上逐漸擴大，上部外展呈漏斗狀，如：旋花科植物。
7. 高腳碟狀花冠：花冠下部細長管狀，上部水平展開呈碟狀，如：長春花。
8. 鐘狀花冠：花冠筒寬而較短，上部裂片擴大外展似鐘形，如：桔梗科植物。

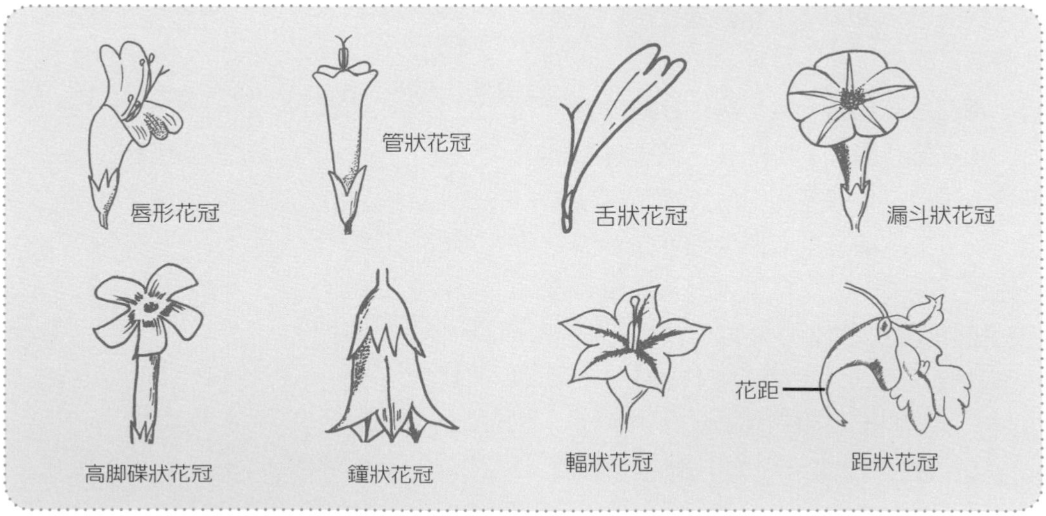

9. **輻狀(或稱輪狀)花冠**：花冠筒甚短而廣展，裂片由基部向四周擴展，形似車輪狀，如：龍葵、番茄等部分茄科植物。

10. **距狀花冠**：花瓣基部延長成管狀或囊狀，如：鳳仙花科植物。

三、花序種類

花序指花在花軸上排列的方式，但某些植物的花則單生於葉腋或枝的頂端，稱單生花，如：扶桑、洋玉蘭、牡丹等。花序的總花梗或主軸，稱花序軸(或花軸)，花序軸可以分枝或不分枝。花序上的花稱小花，小花的梗稱小花梗。依花在花軸上排列的方式及開放順序，可將花序分類如下：

(一)無限花序：

即在開花期內，花序軸頂端繼續向上成長，並產生新的花蕾，而花的開放順序是花序軸基部的花先開，然後逐漸向頂端開放，或由邊緣向中心開放，稱之。

1. **穗狀花序**：花序軸單一，小花多數，無梗或梗極短，如：車前草、青葙等。
2. **總狀花序**：似穗狀花序，但小花明顯有梗，如：毛地黃、油菜等。
3. **葇荑花序**：似穗狀花序，但花序軸下垂，各小花單性，如：構樹、小葉桑的雄花序。
4. **肉穗花序**：似穗狀花序，但花序軸肉質肥大呈棒狀，花序外圍常有佛焰花苞保護，如：半夏、姑婆芋等天南星科植物。
5. **繖房花序**：似總狀花序，但花梗不等長，下部者最長，向上逐漸縮短，使整個花序的小花幾乎排在同一平面上，如：蘋果、山楂等。
6. **繖形花序**：花序軸縮短，小花著生於總花梗頂端，小花梗幾乎等長，整個花序排列像傘形，如：人參、五加等。
7. **頭狀花序**：花序軸極縮短，頂端並膨大成盤狀或頭狀的花序托，其上密生許多

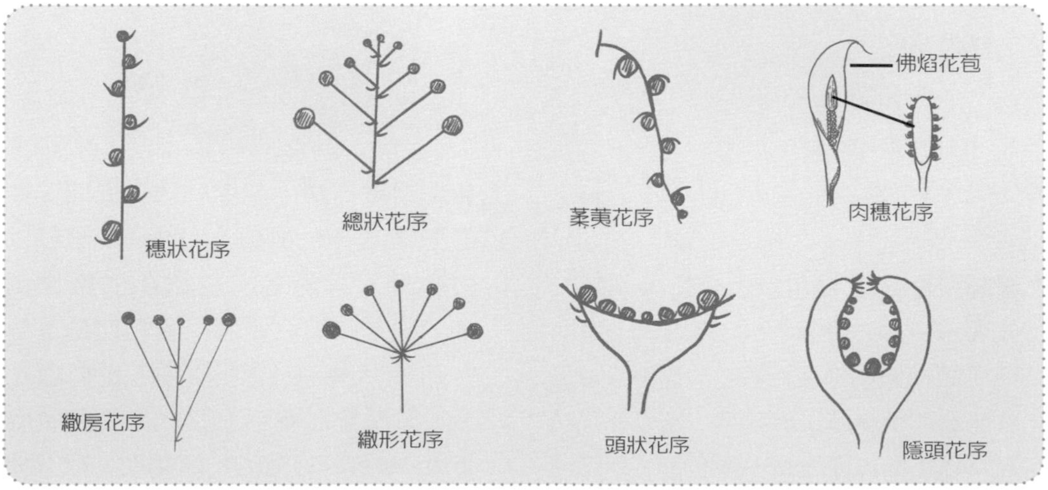

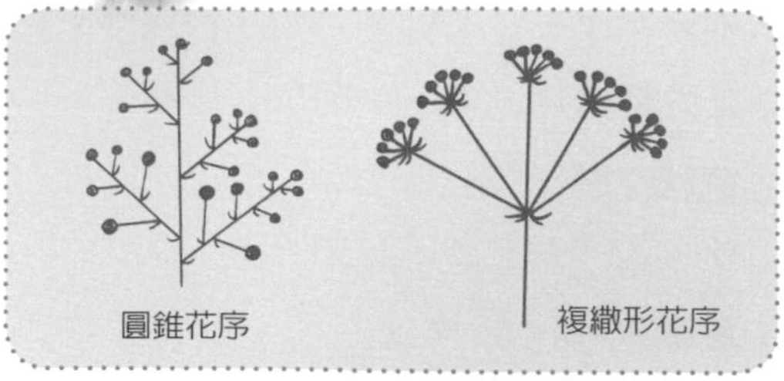

圓錐花序　　複繖形花序

無梗小花，下面常有1至數層苞片所組成的總苞，如：菊花、向日葵、咸豐草等菊科植物。

8. **隱頭花序**：花序軸肉質膨大且下凹，凹陷內壁上著生許多無柄的單性小花，只留一小孔與外界相通，如：薜荔、無花果、榕樹等榕屬(*Ficus*)植物。

上述花序的花序軸均不分枝，但某些無限花序的花序軸則分枝，常見的有圓錐花序及複繖形花序，前者在長的花序軸上分生許多小枝，每小枝各自形成1個總狀花序或穗狀花序，整個花序呈圓錐狀，如：芒果、白茅等；後者之花序軸頂端叢生許多幾乎等長的分枝，各分枝再各自形成1個繖形花序，如：柴胡、胡蘿蔔、芫荽等。

(二)有限花序：

花序軸頂端的小花先開放，致使花序無法繼續成長，只能在頂花下面產生側軸，各花由內而外或由上向下逐漸開放，稱之。

1. **單歧聚繖花序**：花序軸頂端生1朵花，先開放，而後在其下方單側產生1側軸，側軸頂端亦生1朵花，這樣連續分枝便形成了單歧聚繖花序。若分枝呈左右交替生出，而呈蠍子尾狀者，稱蠍尾狀聚繖花序，如：唐菖蒲。若花序軸分枝均在同一側生出，而呈螺旋狀捲曲，稱螺旋狀聚繖花序，又稱卷繖花序，如：紫草、白水木、藤紫丹等。但有的學者亦稱螺旋狀聚繖花序為蠍尾狀，臺灣植物文獻幾乎都如此。

2. **二歧聚繖花序**：花序軸頂花先開，在其下方兩側各生出1等長的分枝，每分枝以同樣方式繼續分枝與開花，稱二歧聚傘花序。如：石竹。

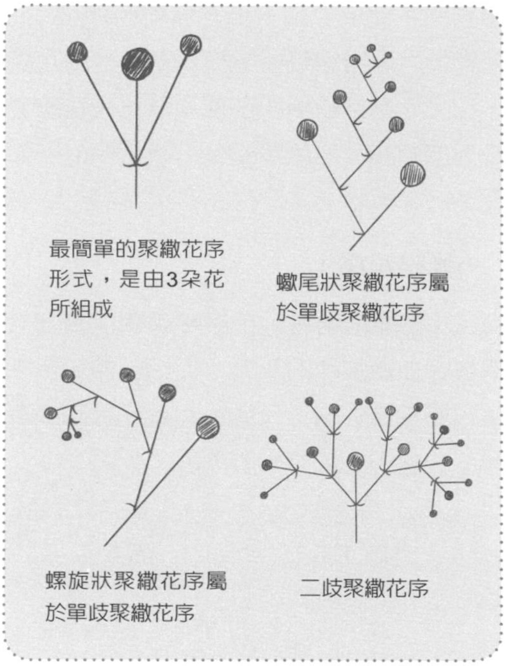

最簡單的聚繖花序形式，是由3朵花所組成

蠍尾狀聚繖花序屬於單歧聚繖花序

螺旋狀聚繖花序屬於單歧聚繖花序

二歧聚繖花序

3. **多歧聚繖花序**：花序軸頂花先開，頂花下同時產生3個以上側軸，側軸比主軸長，各側軸又形成小的聚傘花序，稱多歧聚傘花序。若花序軸下另生有杯狀總苞，則稱為杯狀聚繖花序，簡稱杯狀花序，又因其為大戟屬(*Euphorbia*)特有的花序類型，故又稱為大戟花序，如：猩猩木、大飛揚等，但該屬現又將葉對生者，獨立成地錦草屬(*Chamaesyce*)，大飛揚即為其中一例。

4. **輪繖花序**：聚繖花序生於對生葉的葉腋，而成輪狀排列，如：益母草、薄荷等唇形科植物。

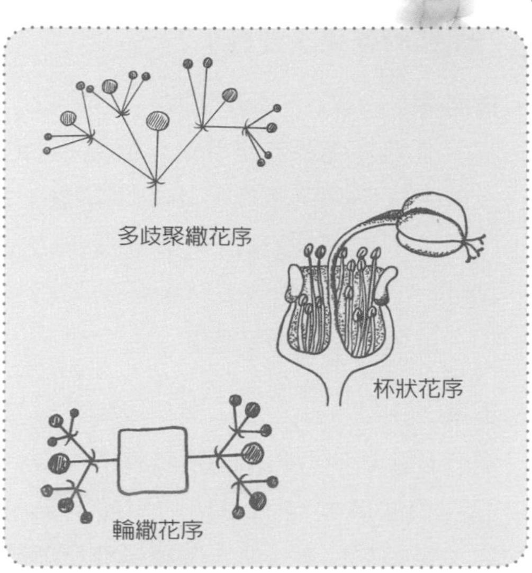

四、果實

種類多樣，有的亦為某類植物獨有的特徵，其分類如下：

(一)依花的多寡所發育成的果實，可分為下列3類：

1. **單果**：由單心皮或多心皮合生雌蕊所形成的果實，即一朵花只結成1個果實。單果可分為乾燥而少汁的乾果及肉質而多汁的肉質果兩大類。乾果又分為成熟後會開裂的與不開裂的兩類。

2. **單花聚合果**：由1朵花中許多離生心皮雌蕊形成的果實，每個雌蕊形成1個單果，聚生於同一花托上，簡稱聚合果。而依其花托上單果類型的不同，可分為聚合蓇葖果，如：掌葉蘋婆、八角茴香；聚合瘦果，如：毛莨、草莓；聚合核果，如：懸鉤子類；聚合堅果，如：蓮；聚合漿果，如：南五味。

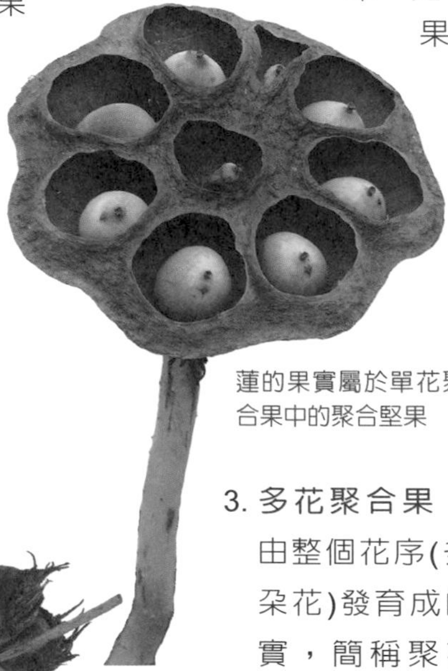
蓮的果實屬於單花聚合果中的聚合堅果

蓖麻果實屬於單果，且為成熟後會開裂的乾果

3. **多花聚合果**：由整個花序(多朵花)發育成的果實，簡稱聚花果，又稱複果，如：鳳梨、桑椹。而桑科榕屬的隱頭果亦屬此類，如：無花果、薜荔。

桑椹屬於多花聚合果

(二)開裂的乾果主要有：

1.蓇葖果：由單一心皮或離生心皮所形成，成熟後僅單向開裂。但1朵花只形成單個蓇葖果的較少，如：淫羊藿；1朵花形成2個蓇葖果的，如：長春花、鷗蔓；1朵花形成數個聚合蓇葖果的，如：八角茴香、掌葉蘋婆。

2.莢果：由單一心皮所形成，成熟後常雙向開裂，其為豆科植物所特有的果實。但也有些成熟時不開裂的，如：落花生；有的在莢果成熟時，種子間呈節節斷裂，每節含1種子，不開裂，如：豆科的山螞蝗屬(*Desmodium*)植物；有的莢果呈螺旋狀，並具刺毛，如：苜蓿。

3.角果：由2心皮所形成，在生長過程中，2心皮邊緣合生處會生出隔膜，將子房隔為2室，此隔膜稱假隔膜，種子著生在假隔膜兩側，果實成熟後，果皮沿兩側腹縫線開裂，呈2片脫落，假隔膜仍留於果柄上。角果依長度還分為長角果(如：蘿蔔、西洋菜)及短角果(如：薺菜)，其為十字花科植物所特有的果實。

4.蒴果：由多心皮所形成，子房1至多室，每室含多數種子，成熟時以種種方式開裂。

5.蓋果：為一種蒴果，果實成熟時，由中部呈環狀開裂，上部果皮呈帽狀脫落，此稱蓋裂，如：馬齒莧、車前草等。

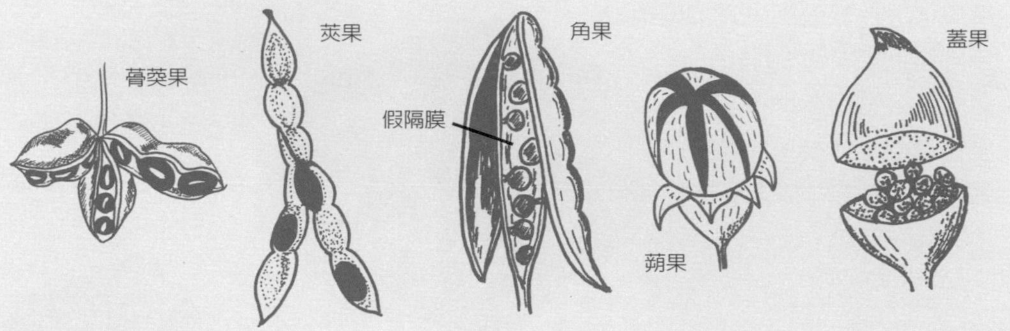

(三)不開裂的乾果主要有：

1.瘦果：僅具有單粒種子，成熟時果皮易與種皮分離，不開裂，如：白頭翁；菊科植物的瘦果是由下位子房與萼筒共同形成的，稱連萼瘦果，又稱菊果，如：蒲公英、向日葵、大花咸豐草等。

2.穎果：果實內亦含單粒種子，果實成熟時，果皮與種皮癒合，不易分離，其為禾本科植物所特有的果實，如：

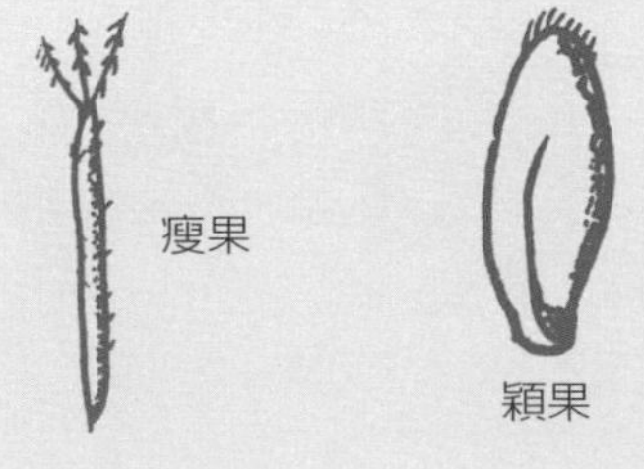

稻、玉米、小麥等。

3. **堅果**：種子單一，並具有堅硬的外殼(果皮)。而殼斗科植物的堅果，常有由花序的總苞發育成的殼斗附著於基部，如：青剛櫟、油葉石櫟、栗子等。但某些植物的堅果特小，無殼斗包圍，稱小堅果，如：益母草、薄荷、康復力等。

4. **翅果**：具有幫助飛翔的翼，翼有單側、兩側或沿著週邊產生，果實內含1粒種子，如：槭樹科植物。

5. **雙懸果**：由2心皮所形成，果實成熟後，心皮分離成2個分果，雙雙懸掛在心皮柄上端，心皮柄的基部與果梗相連，每個分果各內含1粒種子，如：當歸、小茴香、蛇床子等。雙懸果為繖形科植物特有的果實。

6. **胞果**：由合生心皮雌蕊上位子房所形成，果皮薄，膨脹疏鬆地包圍種子，而使果皮與種皮極易分離，如：臭杏、裸花鹼蓬、馬氏濱藜等。

(四)肉質果類：

果皮肉質多漿，成熟時不裂開。

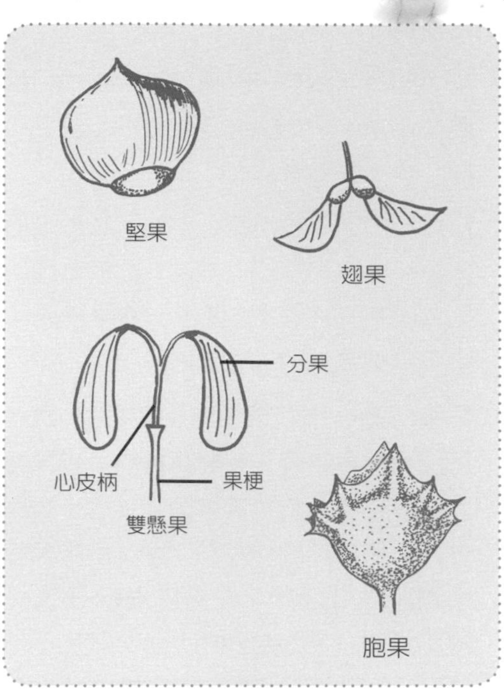

1. **漿果**：由單心皮或多心皮合生雌蕊，上位或下位子房發育形成的果實，外果皮薄，中果皮及內果皮肉質多漿，內有1至多粒種子，如：枸杞、番茄等。

2. **柑果**：為漿果的一種，由多心皮合生雌蕊，上位子房形成的果實，外果皮較厚，革質，內富含具揮發油的油室，中果皮與外果皮結合，界限不明顯，中果

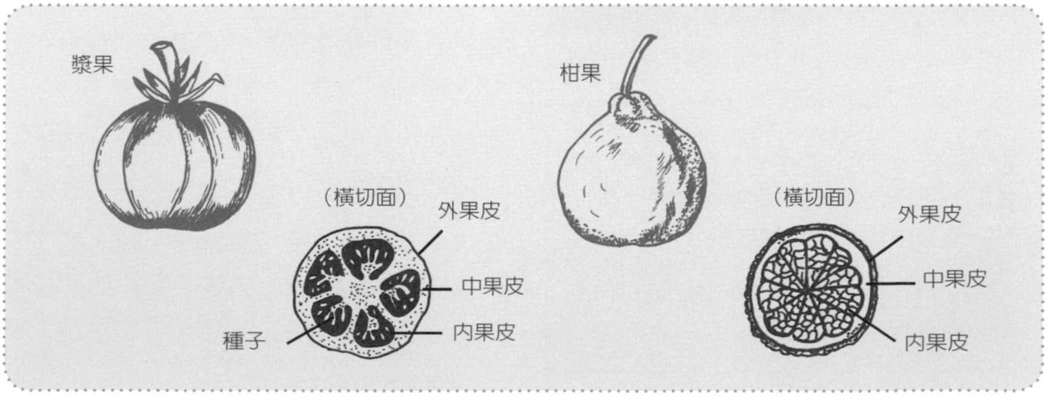

皮疏鬆，白色海綿狀。內果皮多汁分瓣，即為可食部分。柑果為芸香科柑橘屬(*Citrus*)所特有的果實，如：柳丁、柚、橘、檸檬等。

3. **核果**：由單心皮雌蕊，上位子房形成的果實，內果皮堅硬、木質，形成堅硬的果核，每核內含1粒種子。外果皮薄，中果皮肉質。如：桃、梅等。

4. **梨果**：為一種假果，由5個合生心皮、下位子房與花筒一起發育形成，肉質可食部分是原來的花筒發育而成的，其與外、中果皮之間界限不明顯，但內果皮堅韌，故較明顯，常分隔成2～5室，每室常含種子2粒，如：梨、蘋果、山楂等。

5. **瓠果**：為一種假果，由3心皮合生雌蕊，具側膜胎座的下位子房與花托一起發育形成的，花托與外果皮形成堅韌的果實外層，中、內果皮及胎座肉質部分，則成為果實的可食部分。瓠果為葫蘆科特有的果實，如：絲瓜、冬瓜、羅漢果等。

編　語

植物果實的發育過程，花的各部分會發生很大的變化，花萼、花冠一般脫落，雌蕊的柱頭、花柱以及雄蕊也會先後枯萎脫落，然後胚珠發育成種子，子房逐漸增大發育成果實。而由子房發育成的果實稱真果，如：桃、橘、柿等。但某些植物除子房外，花的其他部分(如：花被、花柱及花序軸等)也會參與果實的形成，這類果實則稱假果，如：無花果、鳳梨、梨、山楂等。

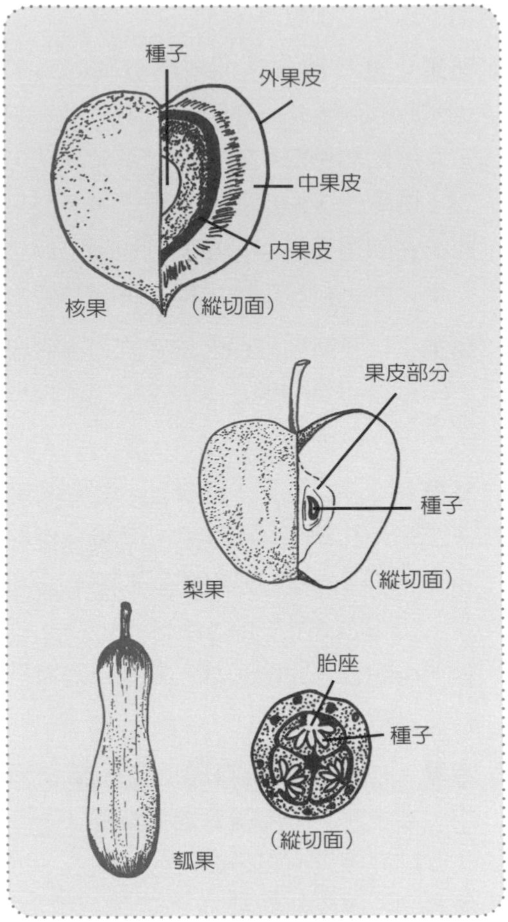

五、種子

由植物之胚珠受精後發育而成的，其形狀、大小、顏色、光澤、表面紋理、附屬物等會隨植物種類不同而異，有時亦可作為植物特徵之一。

1. **形狀**：有圓形、橢圓形、腎形、卵形、圓錐形、多角形等。

2. **大小**：差異有時相當懸殊，較大種子有檳榔、銀杏、桃、杏等；較小的種子有菟絲子、葶藶子等；極小的有白芨、天麻等。

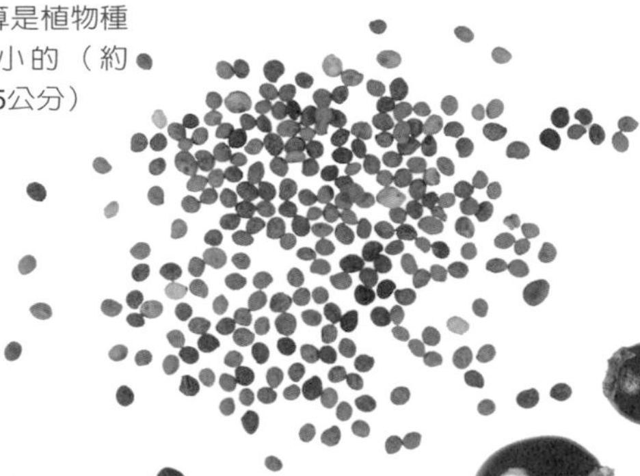

菟絲子算是植物種子中較小的（約0.1~0.15公分）

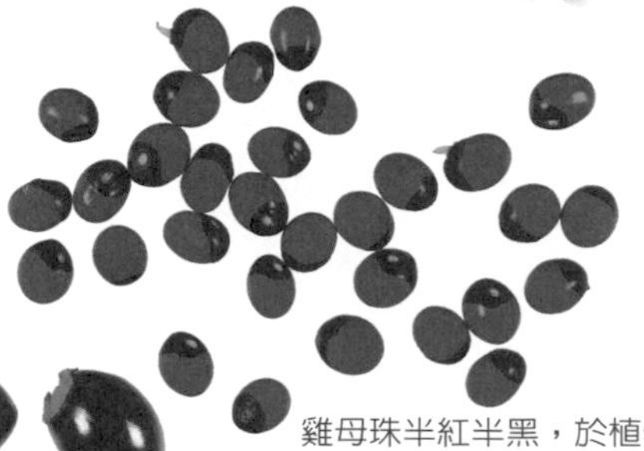

雞母珠半紅半黑，於植物種子中算是很顯眼的。

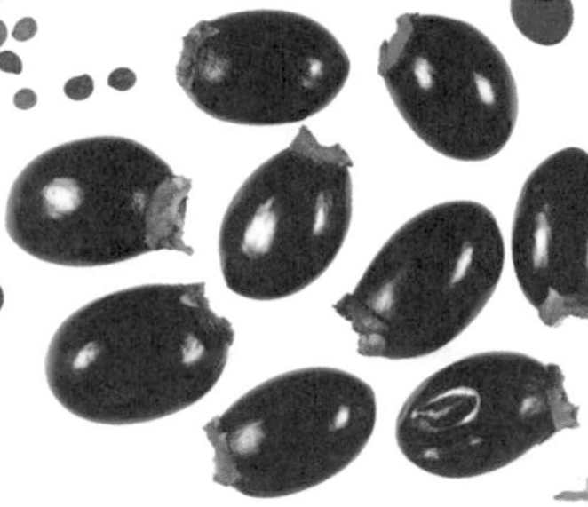

荔枝種子表面具光澤

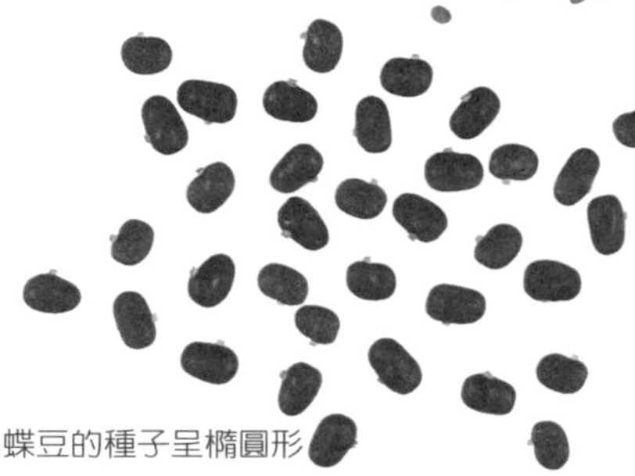

蝶豆的種子呈橢圓形

荔枝的假種皮(箭頭處)，即為其可食部分。

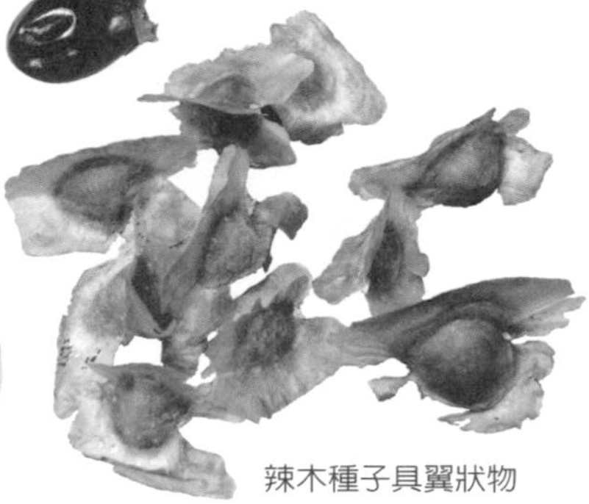

辣木種子具翼狀物

蓖麻種子表面具暗褐色斑紋，並具種阜(箭頭處)，形如牛蜱。

3.**顏色**：許多植物種子的色彩極富多樣性，例如：綠豆為綠色，刀豆為粉紅色，白鳳豆為白色，雞母珠(相思的種子)則半紅半黑，蔦蘿的種子呈黑色。

4.**光澤**：有的表面光滑，如：孔雀豆、望江南、荔枝；有的表面粗糙，如：天南星。

5.**表面紋理**：蓖麻種子表面具暗褐色斑紋，倒地鈴種子表面具白色心形圖案。

6.**具附屬物**：黑板樹種子具毛狀物，辣木種子具翼狀物，木棉種子密被棉毛。

7.**其他**：有的種皮外尚有假種皮，且呈肉質，如：龍眼、荔枝；某些植物的外種皮，在珠孔處由珠被擴展形成海綿狀突起物，稱種阜，如：蓖麻、巴豆。

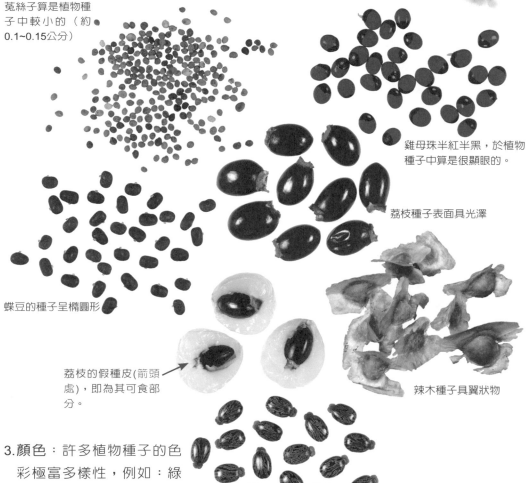

六、根

有吸收、輸導、支持、固著、貯藏及繁殖等功能，具有向地性、向濕性和背光性等特點，其吸收作用主要靠根毛或根的幼嫩部分進行，根通常呈圓柱形，生長在土壤中，形態上，根無節和節間之分，一般不生芽、葉及花，細胞中也不含葉綠體。

(一)根之類型：

1. **主根及側根**：植物最初長出的根，乃由種子的胚根直接發育而來的，這種根稱為主根。在主根側面所長出的分枝，則稱側根。在側根上再長出的小分枝，稱纖維根。

2. **定根及不定根**：此乃依據根的發生起源來分類。主根、側根與纖維根都是直接或間接由胚根生長出來的，具固定的生長部位，故稱為定根，如：人參、甘草、黃耆的根。但某些植物的根並不是直接或間接由胚根所形成的，而是從其莖、葉或其他部位長出的，這些根的產生沒有一定的位置，故稱不定根，如：玉蜀黍、稻、麥的主根於種子萌發後不久即枯萎，而另從其莖的基部節上長出許多相似的鬚根來，這些根即為不定根。

假人參的根系屬於直根系，其各級根之間的界限相當明顯。

3. **根系形態**：植物地下部分所有根的總和稱為根系，分為兩類：(1)直根系：由主根、側根以及各級的纖維根共同組成，其主根發達粗大，主根與側根的界限也非常明顯，多見於雙子葉植物、裸子植物中；(2)鬚根系：由不定根及其分枝的各級側根組成，其主根不發達或早期死亡，而從莖的基部節上長出許多相似的不定根，簇生成鬍鬚狀，無主次之分，多見於單子葉植物中。

(二)根之變態：

植物為了適應生活環境的變化，在根的形態、構造上，往往產生了許多變態，常見的有下列幾種：

1. **貯藏根**：根的部分或全部形成肥大肉質，其內存藏許多營養物質，這種根稱貯藏根，其依形態不同可分為：

(1) 肉質直根：由主根發育而成，每株植物只有一個肉質直根。有的肥大呈圓錐形，如：蘿蔔、白芷；有的肥大呈圓球形，如：蕪菁；有的肥大呈圓柱形，如：丹參。

(2) 塊根：由不定根或側根發育而成，故每株植物可能形成多個塊根，如：麥門冬、天門冬、粉藤、萱草等。

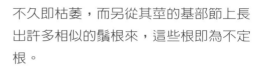

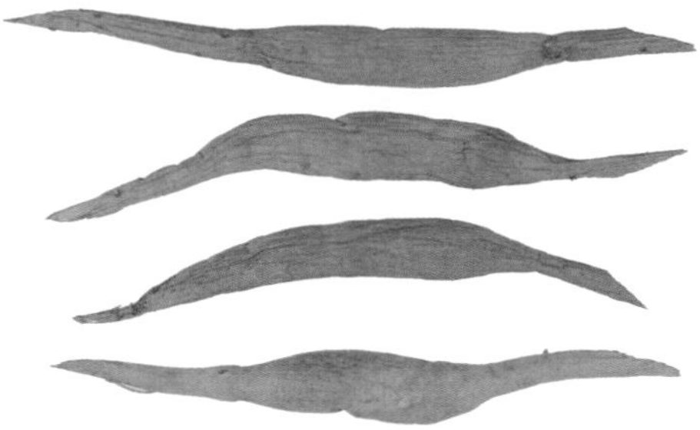

萱草的塊根

2.支持根：自莖上產生的不定根，深入土中，以加強支持莖幹的力量，如：玉蜀黍、甘蔗等。

3.氣生根：自莖上產生的不定根，不深入土中，而暴露於空氣中，它具有在潮濕空氣中吸收及貯藏水分的能力，如：石斛、榕樹等。

4.攀緣根：攀緣植物在莖上長出不定根，能攀附墻垣、樹幹或它物，又稱附著根，如：薜荔、常春藤等。

5.水生根：水生植物的根呈鬚狀，飄浮於水中，如：浮萍、水芙蓉等。

6.寄生根：寄生植物的根插入寄主莖的組織內，吸取寄主體內的水分和營養物質，以維持自身的生活。如：菟絲、列當、桑寄生等。但寄主若有毒，寄生植物亦可通過寄生根的吸收作用，把有毒成分帶入其體內，如：馬桑寄生。

七、莖

有輸導、支持、貯藏及繁殖等功能，通常生長於地面以上，但某些植物的莖生於地下，如：薑、黃精等。有些植物的莖則極短，葉由莖生出呈蓮座狀，如：蒲公英、車前草等。有些植物的莖能貯藏水分和營養物質，如：仙人掌的肉質莖貯存大量的水分，甘蔗的莖貯存蔗糖，芋的塊莖貯存澱粉。形態上，莖有節和節間之分，可與根區別。

(一)莖之類型：

1.依莖的質地分類：

(1) 木質莖：莖質地堅硬，木質部發達，這類植物稱木本植物。一般又分為3類：(a)若植株高大，具明顯主幹，下部少分枝者，稱喬木，如：杜仲、銀樺等；(b)若主幹不明顯，植株矮小，於近基部處發生出數個叢生的植株，稱灌木，如：白蒲姜、杜虹花等；(c)若介於木本及草本之間，僅於基部木質化者，稱亞灌木或半灌木，如：貓鬚草。

(2) 草質莖：莖質地柔軟，木質部不發達，這類植物稱草本植物。常分為3類：(a)若於1年內完成其生長發育過程者，稱1年生草本，如：紅花、馬齒莧等；(b)若在第2年始完成其生長發育過程者，稱2年生草本，如：蘿蔔；(c)若生長發育過程

編　語
多年生草本植物若地上部分某個部分或全部死亡，而地下部分仍保有生命力者，稱宿根草本，如：人參、黃連等；當植物保持常綠，若干年皆不凋者，稱常綠草本，如：闊葉麥門冬、萬年青等。

超過2年者，稱多年生草本。

(3) 肉質莖：莖質地柔軟多汁，肉質肥厚者，如：仙人掌、蘆薈等。

2. 依莖的生長習性分類：

(1) 直立莖：直立生長於地面，不依附它物的莖，如：杜仲、紫蘇等。

(2) 纏繞莖：細長，自身無法直立，需依靠纏繞它物作螺旋狀上升的莖。其中呈順時針方向纏繞者，如：葎草；呈逆時針方向纏繞者，如：牽牛花；有的則無一定規律，如：獼猴桃。

(3) 攀緣莖：細長，自身無法直立，需依靠攀緣結構依附它物上升的莖。其中攀緣結構為莖卷鬚者，如：葡萄科、葫蘆科、西番蓮科植物；攀緣結構為葉卷鬚者，如：豌豆、多花野豌豆；攀緣結構為吸盤者，如：地錦；攀緣結構是鉤或刺者，如：鉤藤；攀緣結構是不定根者，如：薜荔。

(4) 匍匐莖：細長平臥地面，沿地面蔓延生長，節上長有不定根者，如：金錢薄荷、雷公根、蛇莓。若節上無不定根者，稱平臥莖，如：蒺藜。

金錢薄荷的莖屬於匍匐莖

薑屬於根狀莖

編　語

凡具上述纏繞莖、攀緣莖、匍匐莖或平臥莖者，即為藤本植物，又依其質地分為草質藤本或木質藤本。

(二) 莖之變態：

1. 地下莖之變態：

(1) 根狀莖：常橫臥地下，節和節間明顯，節上有退化的鱗片葉，具頂芽和腋芽，簡稱根莖。有的植物根狀莖短而直立，如：人參的蘆頭；有的植物根狀莖呈團塊狀，如：薑、川芎、萎蕤等；有的植物根狀莖細長，如：白茅、魚腥草等。

魚腥草的根狀莖細長，節和節間明顯。

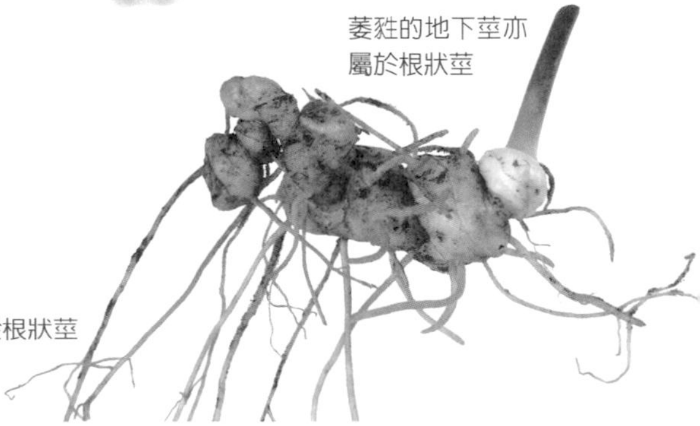
萎蕤的地下莖亦屬於根狀莖

(2) 塊莖：肉質肥大，呈不規則塊狀，與塊根相似，但有很短的節間，節上具芽及鱗片狀退化葉或早期枯萎脫落，如：馬鈴薯。

(3) 球莖：肉質肥大，呈球形或稍扁，具明顯的節和縮短節間，節上有較大的膜質鱗片，頂芽發達，腋芽常生於其上半部，基部具不定根。如：荸薺。

荸薺屬於球莖

(4) 鱗莖：球形或稍扁，莖極度縮短(稱鱗莖盤)，被肉質肥厚的鱗葉包圍，頂端有頂芽，葉腋有腋芽，基部生不定根，如：洋蔥、韭蘭。

2.地上莖之變態：

(1) 葉狀莖：莖變為綠色的扁平狀，易被誤認為葉，如：竹節蓼。

(2) 刺狀莖：莖變為刺狀，粗短堅硬不分枝或分枝，如：卡利撒。

(3) 鉤狀莖：通常鉤狀，粗短、堅硬無分枝，位於葉腋，由莖的側軸變態而成，如：鉤藤。

鉤藤藥材屬於鉤狀莖

(4) 莖卷鬚：見於具攀緣莖的植物，莖變為卷鬚狀，柔軟捲曲，如：野苦瓜。

(5) 小塊莖：有些植物的腋芽常形成小塊莖，形態與塊莖相似，具繁殖作用，如：山藥類的零餘子、藤三七的珠芽。

恆春山藥之零餘子屬於小塊莖

(三)重要名詞解釋：

(1) 節：莖上著生葉和腋芽的部位。

(2) 節間：節與節之間。

(3) 葉腋：葉著生處，葉柄與莖之間的夾角處。

(4) 葉痕：葉子脫落後，於莖上所留下的痕跡。

筆筒樹的莖幹具有明顯的葉痕(箭頭處)

葉的組成(圖例為長梗紫苧麻)

(5) 托葉痕：
托葉脫落後，
於莖上所留下
的痕跡。

烏心石屬於木蘭科植物，其節處具有明顯的托葉痕(箭頭處)。

(6) 皮孔：
莖枝表面隆起呈
裂隙狀的小孔，多呈淺褐色。

(7) 稈：禾本科植物(如：麥、稻、竹)的莖中空，且具明顯的節，特稱之。

八、葉

通常具有交換氣體、蒸散作用及進行光合作用以製造養分等功能，而少數植物的葉則具繁殖作用，如：秋海棠、石蓮花等。

(一)葉的組成

包括葉片、葉柄及托葉等3部分，其中葉片為葉的主要部分，常為綠色的扁平體，有上、下表面之分，葉片的全形稱葉形，頂端稱葉尖，基部稱葉基，周邊稱葉緣，而葉片內分布許多葉脈，其內皆為維管束，有輸導及支持作用。葉柄常呈圓柱形，半圓柱形或稍扁形，上表面多溝槽。托葉是葉柄基部的附屬物，常成對著生於葉柄基部兩側，其形狀呈多樣化，具有保護葉芽之作用。

(二)葉片形狀

此處的術語亦適用於描述萼片、花瓣

及其它扁平器官。

1.**針形**：細長而頂尖如針。

2.**條形**：長而狹，長約為寬的5倍以上，葉緣兩側約平行，上下寬度差異不大。

3.**披針形**：長約為寬的4～5倍，近葉柄1/3處最寬，向兩端漸狹。

4.**倒披針形**：與披針形位置顛倒之形狀。

5.**鐮形**：狹長形且彎曲如鐮刀。

6.**橢圓形**：長約為寬的3～4倍，葉緣兩側不平行而呈弧形，葉基與葉尖約相等。若葉緣兩側略平行，稱長橢圓形(或矩橢圓形)。若長為寬的2倍以下，稱寬橢圓形。

7.**卵形**：形如卵，中部以下較寬，且向葉尖漸尖細。

8.**倒卵形**：與卵形位置顛倒之形狀。

9.**心形**：形如心，葉基寬圓而凹。

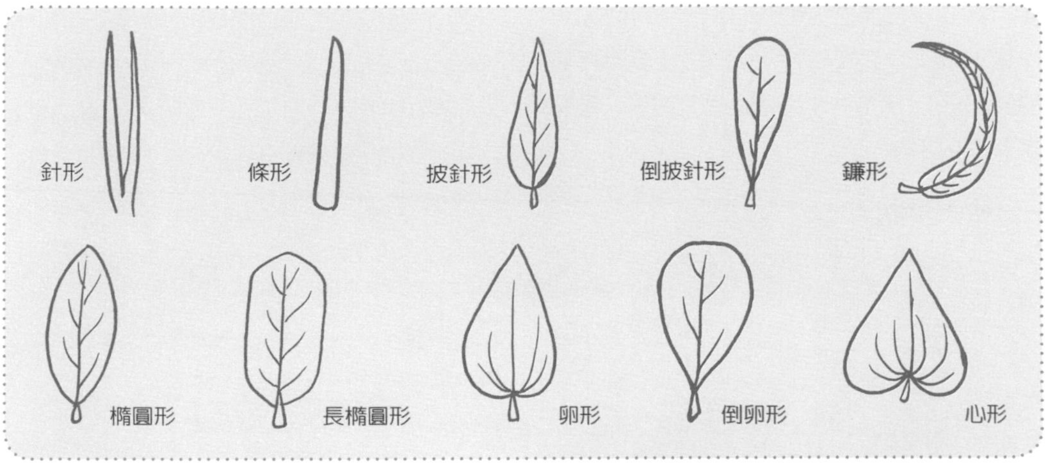

10.**倒心形**：與心形位置顛倒之形狀。

11.**腎形**：葉片短而闊，葉基心形，葉片狀如腎臟形。

12.**圓形**：形呈滾圓形者。

13.**三角形**：形似等邊三角形，葉基呈寬截形而至葉尖漸尖。

14.**菱形**：葉身中央最寬闊，上、下漸尖細，葉片成菱形者。

15.**匙形**：倒披針狀，但葉尖圓似匙部，葉身下半部則急轉狹窄似匙柄。

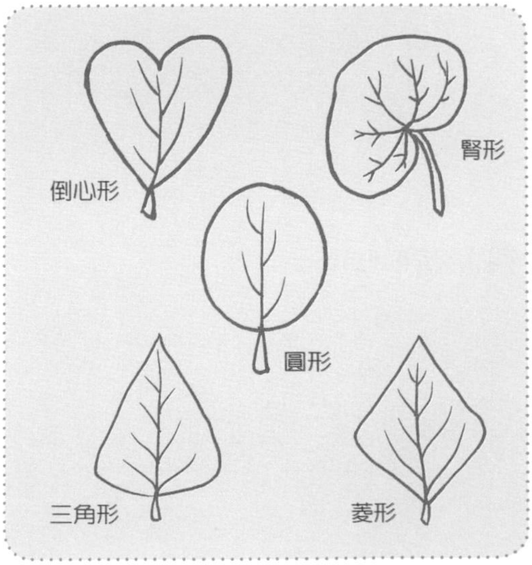

16.箭形：形似箭前端之尖刺。

17.鱗形：小而薄，形狀不定。

18.提琴形：葉身中央緊縮變窄細，狀如提琴者。

19.戟形：形似戟(古時槍頭有枝狀的利刃兵器)。

20.扇形：先端寬圓，向下漸狹，形如扇。

除了上述的葉片形狀外，還有許多植物的葉並不屬於上述的任何一種類型，可能是兩種形狀的綜合，如此就必須用其它的術語予以描述，如：卵狀橢圓形、長橢圓狀披針形等。

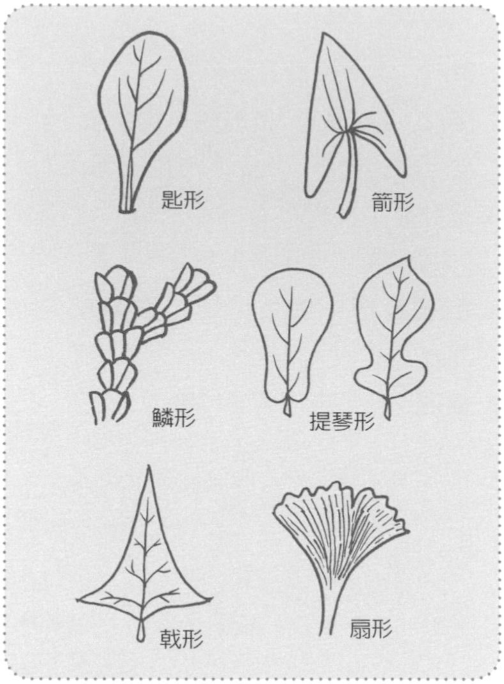

(三)葉尖形狀：

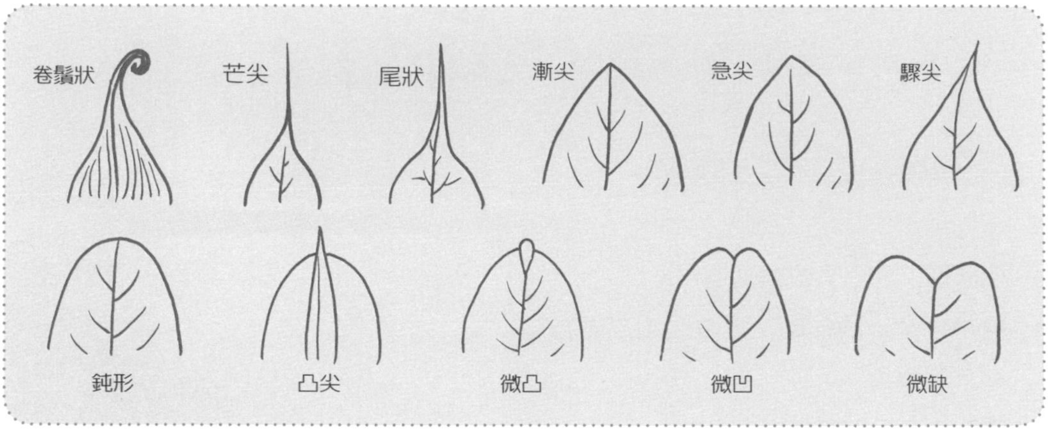

(四)葉基形狀：

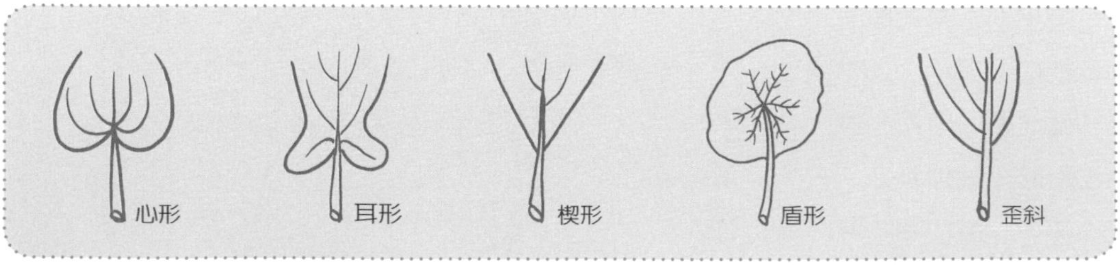

(五)葉緣種類

當葉片生長時，葉的邊緣生長若以均一速度進行，結果葉緣平整，稱全緣。但若邊緣生長速度不均，某些部位生長較快，有的生長較慢，甚至有的早已停止生長，其葉緣將不平整，而出現各種不同形的邊緣。

1. 波狀：邊緣起伏如波浪。
2. 圓齒狀：邊緣具鈍圓形的齒。
3. 牙齒狀：邊緣具尖齒，齒端向外，近等長，略呈等腰 三角形。
4. 鋸齒狀：邊緣具向上傾斜的尖銳鋸齒。若每一鋸齒上，又出現小鋸齒，則稱重鋸齒。
5. 睫毛狀：邊緣有細毛。

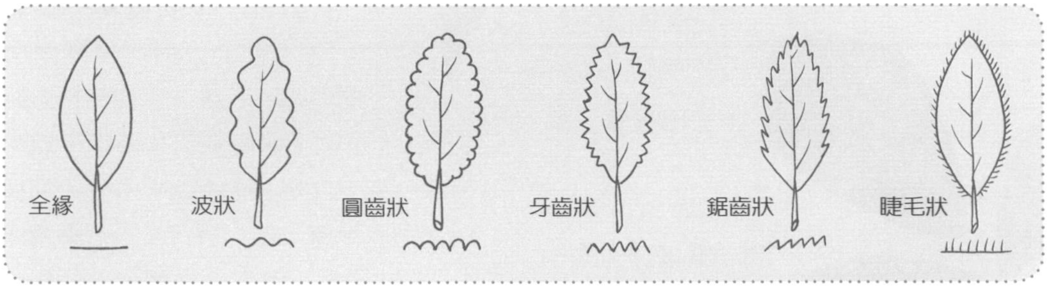

(六)葉片分裂

葉片的邊緣常是全緣或僅具齒或細小缺刻，但某些植物的葉片葉緣缺刻深而大，呈分裂狀態，常見的分裂型態有羽狀分裂、掌狀分裂及三出分裂3種。若依葉片裂隙的深淺不同，又可分為淺裂、深裂及全裂3種：

1. 淺裂：葉裂深度不超過或接近葉片寬度的1/4。
2. 深裂：葉裂深度一般超過葉片

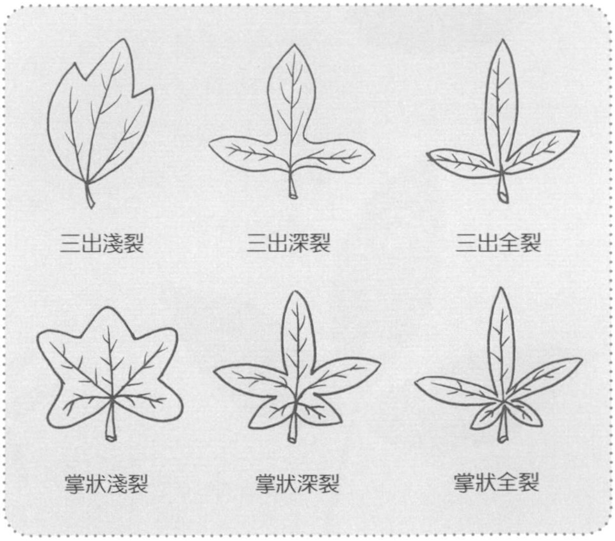

寬度的1/4。

3. **全裂**：葉裂幾乎達到葉的主脈，形成數個全裂片。

(七)單葉及複葉

植物的葉若1個葉柄上只生1個葉片者，稱單葉。但若1個葉柄上生有2個以上的葉片者，稱複葉。複葉的葉柄稱總葉柄，總葉柄以上著生葉片的軸狀部分稱葉軸，複葉上的每片葉子稱小葉，其葉柄稱小葉柄。而根據複葉的小葉數目和在葉軸上排列的方式不同，可分為下列幾種：

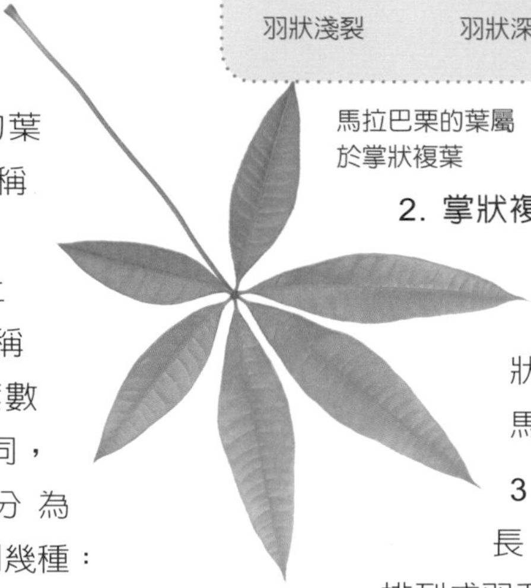

馬拉巴栗的葉屬於掌狀複葉

假木豆的葉屬於羽狀三出複葉

1. **三出複葉**：葉軸上著生有3片小葉的複葉。若頂生小葉具有柄的，稱羽狀三出複葉，如：扁豆、茄苳。若頂生小葉無柄的，稱掌狀三出複葉，如：半夏、酢漿草等。

飛龍掌血的葉屬於掌狀三出複葉

2. **掌狀複葉**：葉軸縮短，在其頂端集生3片以上小葉，呈掌狀，如：掌葉蘋婆、馬拉巴栗。

3. **羽狀複葉**：葉軸長，小葉在葉軸兩側排列成羽毛狀。若其葉軸頂端生有1片小葉，稱奇數羽狀複葉，如：苦參。若其葉軸頂端具2片小葉，則稱偶數羽狀複葉，如：望江南。若葉軸作1次羽狀分枝，形成許多側生小葉軸，於小葉軸上又形成羽狀複葉，稱二回羽狀複葉，如：鳳凰木。二回羽狀複葉中的第二級羽狀複葉(即小葉軸連同其上的小葉)稱羽片。

若葉軸作

黃連木的葉屬於奇數羽狀複葉

二次羽狀分枝，在最後一次分枝上又形成羽狀複葉，稱三回羽狀複葉，如：南天竹、辣木等。三回羽狀複葉中的第三級羽片稱小羽片。

4. **單身複葉**：葉軸上只具1個葉片，可能是由三出複葉兩側的小葉退化而形成翼狀，其頂生小葉與葉軸連接處，具一明顯的關節，如：柚子。

柚子的葉為單身複葉

(八)葉序種類

葉序指葉在莖或枝上排列的方式，常見有下列幾種：

1. **互生**：在莖枝的每個節上只生1片葉子。
2. **對生**：在莖枝的每個節上生有2片相對葉子。有的與相鄰的兩葉成十字排列成交互對生，如：薄荷。有的對生葉排列於莖的兩側成二列狀對生，如：女貞。
3. **輪生**：在莖枝的每個節上著生3或3片以上的葉，如：硬枝黃蟬、黑板樹等。
4. **簇生**：2片或2片以上的葉子著生短枝上成簇狀，又稱叢生，如：銀杏、臺灣五葉松等。
5. **基生**：某些植物的莖極為短縮，節間不明顯，其葉看似從根上生出，又稱根生，如：黃鵪菜、車前草等。

上述為典型的葉序型態，但同一植物可能同時存在2種或2種以上的葉序，像桔梗的葉序有互生、對生及輪生，而梔子的葉序也有對生及輪生。

藥用植物之採收

藥用植物採收時間之掌握，對其產量及質量有著重大的影響。因為不同的藥用部分都有著一定的成熟時期，有效成分的量各不相同，藥性的強弱也隨之有很大的差異。如茵陳(菊科植物)的變化，即是「春為茵陳夏為蒿，秋季拔了當柴燒」。《用藥法象》說：「根葉花實採之有時，失其時則性味不全」。而老師傅傳授學徒時，更是強調：「當季是藥，過季是草」，這些都說明了適時採收對保證藥材質量的重要性。藥材種類繁多，不同藥用部位採收季節也有差異，一般分為下列幾種情況：

一、根及根莖類藥材

通常於秋冬季節植物地上部分枯萎時及初春發芽前或剛露芽時採收為宜。此時植物生長緩慢，約處於休眠狀態，根及根莖中貯藏的各種營養物質最豐富，有效成分的含量較高，所以，此時採收根及根莖類藥材質量較好。

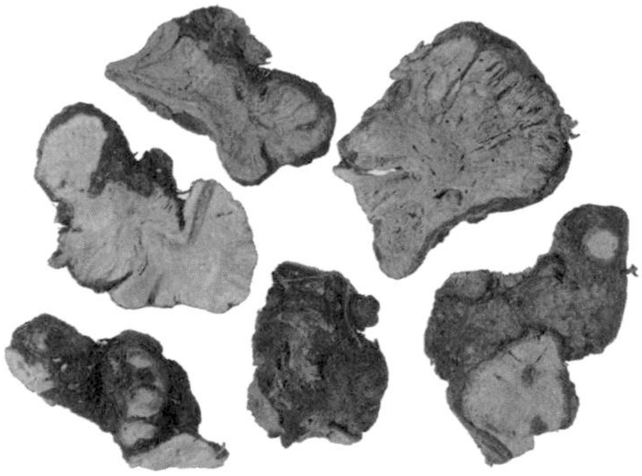

秤飯藤頭藥材為火炭母草的根

二、枝葉類藥材

通常以花蕾將開(花前葉盛期)或正當花朵盛開時植物枝葉茂密的全盛期(一般約在6～7月間)採收最好。如：荷葉於荷花含苞欲放或盛開時採收加工乾燥的，顏色綠、質地厚、氣清香，質量較好。

三、花類藥材

通常需於花含苞欲放或初開時採收，若盛開後採收的花不但有效成分含量降低，影響療效，而且花瓣容易脫落，氣味散失，影響質量。如：槐花和槐米，同一植物來源，前者為已開放的花，後者為含苞欲放的花蕾，都具清熱、涼血、止血的功效，分別測定其有效成分蘆丁(rutin)的含量，槐米約含23.5%，槐花約為13%，從某種意義來講，槐米藥用質量較槐花為優，用量小而效果好。

四、果實及種子類藥材

一般均在已經充分成長至完全成熟間採收，尤其是種子類，以免因果實過度成熟種子散落，不易收集。此時藥材本身貯存了一部分澱粉、脂肪、生物鹼、配醣體、有機酸等成分，又尚未用於供應種子有性繁殖時的營養消耗，相對的，有效成分含量較高，藥材質量較好。

五、全草類藥材

通常於植株充分成長，莖葉茂盛的花前葉盛期或花期採收，此時為植物生長的旺盛時期，有效成分含量最高。多年生草本植物割取地上部分即可，而一年生或較小植物則宜連根拔起入藥。

魚腥草藥材是以全草入藥

六、皮類藥材

莖幹皮大多於清明、夏至間採收最好，此時樹皮內液汁多，形成層細胞分裂迅速，皮木部容易分離、剝取，又氣溫高容易乾燥。而根皮則於秋末冬初挖根後，剝取根皮用之。但採收樹皮時，注意不可環剝，只能縱剝側面部分，以免植物死亡。

七、莖(藤木)類藥材

通常於植物生長最旺盛的花前葉盛期或盛花期採收，此時植物從根部吸收的養分或製造的特殊物質通過莖的輸導組織向上輸送，葉光合作用製造的營養物質由莖向下運送累積貯存，在植物生長最旺盛時採收，植物藤莖所含的營養物質最豐富。

菊花藤屬於莖(藤木)類藥材，其切面具有特殊的菊花紋路，極易辨別。

藥用植物之加工

藥用植物採集後，雖然鮮品或乾品均可使用，但一般以乾品為主，因為乾品有容易貯藏、避免腐敗以及可縮短煎煮時間等優點，若是作為百草茶原料，乾品更可提升飲品之風味，去除臭青味。大多數的藥用植物採收後，應迅速加工乾燥，防止其黴爛變質，降低其藥效，若需切製者，原則上宜趁鮮切製，再乾燥，某些莖類藥材新鮮切製時，容易樹皮脫落，通常需先乾燥約2成，再進行切製即可。以臺灣民間青草藥之應用而言，藥材的加工通常只有：(a)淨撿或洗淨；(b)切製；(c)乾燥等3大步驟，不像中醫師習慣使用之藥材(習稱中藥)，需有繁雜的炮製過程，現將其乾燥分類及注意事項敘述如下：

(1)**曬乾或烘乾**：一般將採收的藥材，均勻撒開在乾燥的場地日曬，或先洗淨泥土後切片或切段，再進行曬乾，曬乾可說是最具經濟效益的乾燥法。如遇雨天或連續陰天則需用火烘乾，現代已有烘箱，可以50～60℃進行烘乾最適宜。部分植物在乾燥期間，葉子容易脫落或莖易折斷者，可曬至半乾時紮束成小把再繼續曬乾。

(2)**陰乾或晾乾**：即將採收後的原料植物，攤開薄鋪於陰涼通風乾燥處，或可紮束小把懸掛於竹竿上或繩索上，至完全乾燥後始收藏貯備用。如花類、芳香類或富含揮發油類成分的藥材適用此類乾燥法。

(3)**燙後乾燥**：有些肉質的藥用植物，若無烘乾器具設備，不容易乾燥者，可用開水燙後日曬，便容易乾燥，如：馬齒莧、土人参等。部分原料植物葉子容易脫落者，也可以用此法迅速燙一下，然後曬至完全乾燥，就不會使葉子脫落損失。

土人參為肉質植物，宜採燙後乾燥方法處理。

藥用植物之應用

此處所談應用，以藥材之用量、煎法及服法三大項為主，敘述如下：

(1)**藥材之用量**：指藥材的內服或外用劑量，根據劑量與藥效的關係，凡不能發揮療效的劑量，稱為「無效劑量」；剛出現療效作用時的劑量，稱為「最小有效劑量」；出現療效最大的劑量，稱為「極量」；介於最小有效劑量與極量之間，可有效地發揮療效的劑量，稱為「治療劑量」。臨床應用上，對於大多數人最適宜的治療劑量，稱為「常用量」，也就是正常情況下通常指一次配伍量或一次治療量，多數中藥材的最常用劑量為10公克(約3錢，臺灣民間方則以10公分表示)，由於病情、藥性的不同，其用量也會酌情增減。一般而言，質堅、體重、性平、味淡的藥物和滋補性藥物，用量會較重；質鬆、體輕、性毒、味濃的藥物或解表的芳香性藥物，用量會較輕。

(2)**藥材之煎法**：配伍好的藥物，應按醫囑煎煮，一般原則是，按處方調配後，將藥材置於煎藥器(習慣用砂鍋或瓦罐)中，加入清水，水量以浸沒過藥材約2～4公分為宜，浸泡30分鐘，置火上以武火加熱煎煮，沸後，以文火保持沸騰30分鐘，用紗布篩濾出煎液。藥渣再加水煎煮20分鐘，濾液作為二煎備用。滋補性藥材可以再煎一次。而一般解表藥物、含有揮發性成分的藥物或輕薄的花葉類，可在其他藥物沸騰10～15分鐘後再放進鍋中，煎5～10分鐘即可，即所謂的「後下」，但薄荷於入百草茶時，可於火熄後，再置入密蓋，此時清涼效果最佳。

薄荷為典型的後下藥材

(3)**藥材之服法**：通常因病情而異，主要可考慮下列幾點：(a)服藥量：一般每天1劑、煎服2次。每劑藥物一般煎2次，有些補藥也可煎3次。每次煎好的藥汁約250～300毫升，可以頭煎、二煎分服，也可將二次煎汁混合後分2～3次服用。(b)服藥時間：一般補藥在飯前服；驅蟲藥或瀉藥，多在空腹服；健胃藥和對腸胃有較大刺激者應在飯後服；安神藥應在睡前服；急性病症應隨時服。(c)服藥的冷熱：湯劑一般均應溫服，但對於寒性病症則宜熱服，熱性病症應冷服。發散風寒藥，宜熱服；治嘔吐或解藥物中毒用藥時，宜冷服等。

民生報

CR4 城鄉采微

黃世勳 親近藥用植物

【記者唐惠彥／台中報導】家住鹿港，台中市藥用植物研究會總幹事黃世勳說，小時候他常光著腳丫子在綠地活動，帶著滿身青草味回家，對鄉下孩子來說，認識植物並不難。

漸漸長大，他考進中國醫藥大學藥學系，藥用植物是必修課程，重新認識生活周邊的各種植物及用途。

他回想著，小時候家人常取中藥燉補，高中上大學那段時間，因肝功能不佳，媽媽到鹿港田野間取常見的咸豐草，該草花舌是白色的，管狀花爲黃色，花謝之後管狀花形成針狀，常黏在過路人的衣褲上，民間稱它「恰查某」又有「鬼針」之稱，媽媽取它曬乾後燉煮給他服用，那是民間偏方，但他覺得對身體的確影響大。

還記得，小時候感冒咳嗽，長輩外出取「雞屎藤」曬乾，熬湯給他服用；胃潰瘍取紫茉莉根煮瘦肉等，因爲自小時候熟悉記憶，讓他念中藥草科目時，格外親切。

黃世勳說，在校時光，只要上藥用植物課程即很快樂，他勤於閱讀中藥草書籍，參與學校知名的社團「藥草會」當上會長，假日常與同學外出田野調查，核對書上記錄，並將調查結果與中部大學生分享。他說，中藥書籍內曾有「見青即是藥」道理深厚。

踏出校園之後與就讀中醫系畢業的太太洪心容合開中醫診所，黃世勳說，夫妻兩人對研究中藥草更投入，兩人假日一有空即外出調查各種藥用植物，並長期爲科博館撰寫藥用植物專欄，最近並集結出版「藥用植物拾趣」、「趣談藥用植物」、「台灣鄉野藥用植物」等系列著作。

黃世勳說，藥用植物在中國是起步早的科學，據說上古時代在炎帝神農氏爲了求得治人疾病的藥草，曾親嘗百草，並在一日之內遇上70種以上的有毒植物，雖然這只個傳說，但卻爲藥用植物奠基礎，許多寶貴的醫藥經驗都是由先民與天災、猛獸或疾病對抗過程中、一點一滴累積而成。

一般民衆家附近空地、山區繞一圈，可能可找到上百種藥用植物，黃世勳挑選居家常見的植物加以集結成書介紹，例如腎蕨、海金沙、馬齒莧、紫蓮、杜仲、枇杷、千日紅、茉莉、扁豆、檳榔、枸杞、荔枝、無患子、鳳仙花等等均是。

黃世勳喜用很簡單方的方式，介紹藥用植物與運用；夏天到來，他更常介紹如何熬煮青草茶、苦茶等大受歡迎，他說，希望用簡單與實用方式，引領更多民衆入門，大家一起認識植物多元與功用。

記者唐惠彥／攝影

黃世勳在鹿港長大，從小對藥用植物充滿好奇心。

作者於2006年3月28日
接受民生報人物專訪
暢談學習藥用植物之心得

牛樟芝 *Antrodia camphorata* (M. Zang & C. H. Su) Sheng H. Wu, Ryvarden & T. T. Chang

｜科名｜多孔菌科 Polyporaceae
｜別名｜樟芝、牛樟菇、樟菰、樟窟內菰、棺材花、血靈芝。
｜分布｜臺灣全境海拔450～2000公尺間山區。

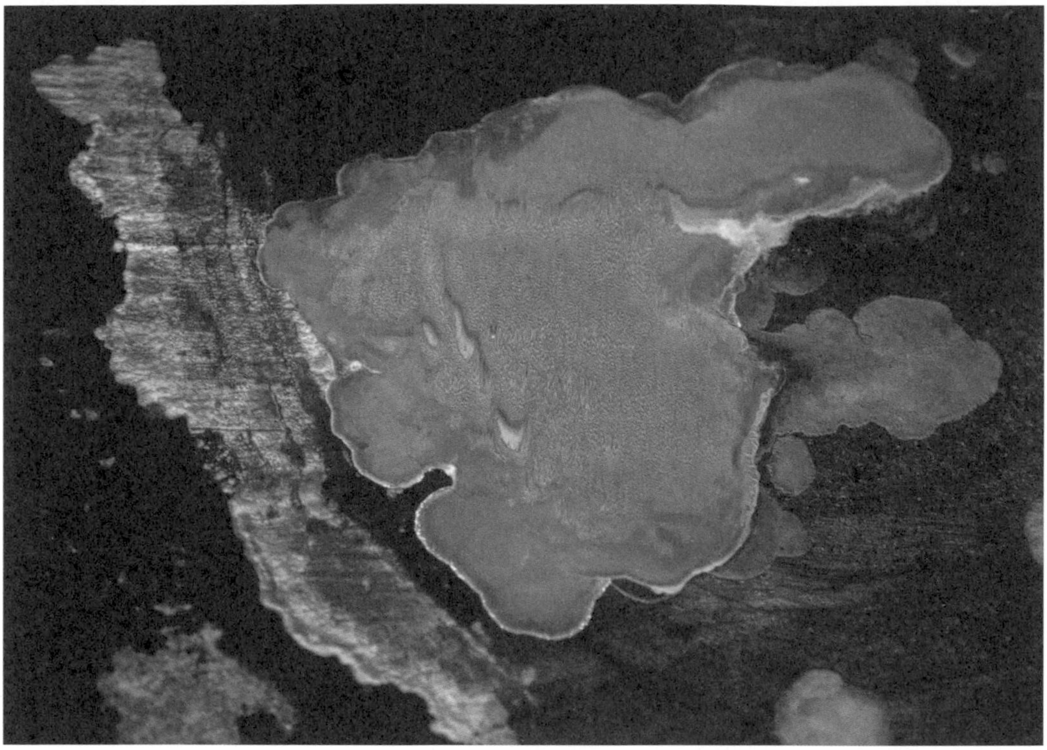

形態

子實體形態多變化，有板狀、鐘狀、馬蹄狀或塔狀，初生時鮮紅色，漸長變為白色、淡紅褐色、淡褐色或淡黃褐色。生長期約於6～10月。

藥用

子實體味極苦，能保肝、解酒、清熱、解毒、消炎、抗癌，治感冒、腹瀉、腹痛、高血壓、糖尿病、高血脂、痛風、失眠、疲勞、肝炎、肝硬化、氣喘、過敏體質、皮膚癢、咽喉腫痛、酒精中毒、肝癌、乳癌、卵巢癌、子宮頸癌、胃癌、口苦口臭等。

生長期(月)
1 2 3 4 5 **6**
7 **8** **9** **10** 11 12

編　語

目前主要分布於桃園(復興角板山)、苗栗(南庄鄉、三灣鄉)、南投(竹山、水里鄉)、高雄(六龜)、花蓮、台東山區等。牛樟芝為臺灣特有種，一般認為它僅寄生於牛樟樹(*Cinnamomum kanehirae* Hayata)上，尤其是老齡牛樟樹之中空樹幹內面，或枯死倒伏牛樟樹木材潮濕表面特別容易生長。

雲芝 *Coriolus versicolor* (L. *ex* Fr.) Quél.

｜科名｜多孔菌科 Polyporaceae
｜別名｜千層蘑、雲蘑、彩絨革蓋菌、瓦菌、白邊黑雲芝。
｜分布｜臺灣全境闊葉樹種之枯木樹幹上或枯枝上。

形態

子實體革質，無柄，覆瓦狀排列或平伏而反捲。菌蓋半圓形至貝殼狀，往往相互連接，長徑1～10公分，短徑1～6公分，厚0.1～0.3公分，有細絨毛，顏色多樣，有光滑、狹窄的同心環帶。邊緣薄，完整或波狀。菌肉白色，厚0.05～0.15公分。菌管長0.05～0.3公分，管口白色、淺黃色或灰色。孢子圓筒形至臘腸形，無色。生長期幾乎全年。

藥用

子實體能清熱、消炎、健脾胃、宣肺、化痰、抗癌、除濕，治慢性支氣管炎、肺疾、痰喘、慢性肝炎、B型肝炎、腫瘤等。

方例

治肺癌：九芎木桑黃、相思赤芝、白芝、松柏猴板凳、紫芝、龍眼芝各9公克，雲芝、青芝各6公克，梅薄樹芝、細本山葡萄各15公克，樟芝3公克，鮮金線蓮12公克，合冰糖少許，水適量，煎作茶飲。

生長期(月)

1 2 3 4 5 6
7 8 9 10 11 12

赤芝 *Ganoderma lucidum* (Leyss. *ex* Fr.) Karst.

｜科名｜多孔菌科 Polyporaceae
｜別名｜靈芝、紅芝、丹芝、靈芝草、萬年茸、仙草、瑞草。
｜分布｜臺灣全境平野至高海拔枯木基部或朽木自生，現已人工栽培居多。

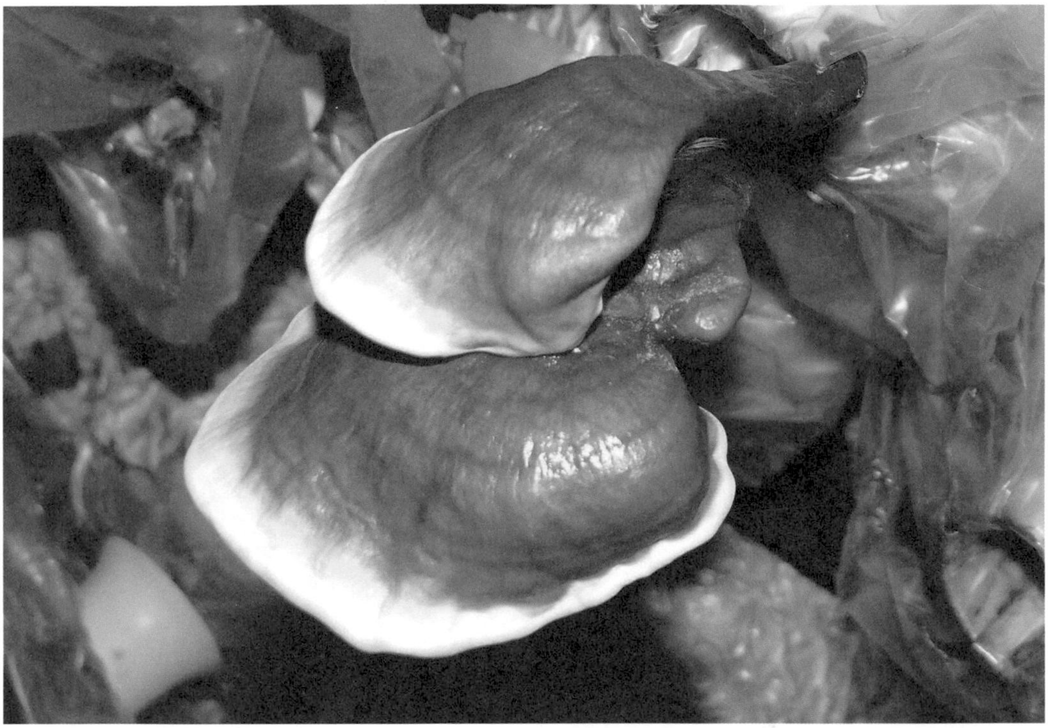

形態

子實體一年生，有柄，木栓質。菌蓋腎形、半圓形，罕近圓形，寬4～20公分，厚0.5～2公分，蓋面初黃色，漸變紅褐色，有環狀稜紋及輻射狀皺紋，皮殼有似漆樣光澤。邊緣薄或平截，常稍內捲。菌肉淡木色或木材色，近菌管處色漸深，味苦。管口初白色，後期淺褐色。菌柄側生，罕偏生，長5～19公分，粗達1～4公分，與菌蓋同色或呈紫褐色。孢子卵形，褐色。生長期於春至秋季。

藥用

子實體能補氣益血、養心安神、止咳平喘、扶正培本，治神經衰弱、頭暈、心悸、失眠、食慾不振、急性肝炎、腎虛腰痛、支氣管炎、虛勞咳喘等。

方例

(1)治心虛所致心悸、氣短、失眠、多夢：靈芝、五味子、茯神各9公克，丹參12公克，水煎服。(2)治脾虛食少：靈芝10公克、山藥15公克、白朮12公克、陳皮6公克，水煎服。

生長期(月)
① ❷ ❸ ❹ ❺ ❻
❼ ❽ ❾ ❿ ⑪ ⑫

筋骨草 *Lycopodium cernuum* L.

｜科名｜石松科 Lycopodiaceae
｜別名｜伸筋草、龍角草、過山龍、鹿角草、垂穗石松。
｜分布｜臺灣全境草原或灌木林內。

形態

多年生草本，高可達50公分，主莖粗而直立，長於叢林或草原內者甚多分枝，而長於暴露之山區者呈匍匐狀。地上部莖密生小葉，葉片線狀鑽形，長0.3～0.5公分，先端銳尖，基部寬卵狀錐形，全緣。孢子囊穗單生或成對，生於枝頂端，橢圓形或圓柱形，長0.5～1公分，黃色，下垂。孢子葉覆瓦狀排列，闊卵圓形，先端漸尖。孢子囊圓形，生於葉腋。孢子四面體球形，黃色。孢子期於夏末至冬季。

藥用

全草(藥材稱伸筋草)能清熱利濕、舒筋活絡、生肌止痛、活血止血，治風濕疼痛、肝炎、吐血、痢疾、風疹、跌打損傷、腰扭傷、乳腺炎、火燙傷等。

方例

(1)治跌打損傷，調和筋骨：伸筋草15公克，水煎服。
(2)治小便不利、夢遺失精：鮮伸筋草、鮮珍中毛各30公克，水煎服。

孢子期(月)
1 2 3 4 5 6
7 8 9 10 11 12

臺灣木賊 *Equisetum ramosissimum* Desf. subsp. *debile* (Roxb.) Hauke

｜科名｜木賊科 Equisetaceae
｜別名｜木賊(草)、節節草、節骨草、接骨草、接骨筒。
｜分布｜臺灣全境低海拔平野濕地、田路邊、濕溝旁、山澗邊。

形態

地上生蕨類植物，主莖直立，高30～100公分，徑寬0.1～0.5公分，綠色，中空，具接節，每節有1～5分枝，表面有數條溝和隆起的稜交互縱走。葉退化成鞘齒狀，極小，環生在節上，鞘狀葉下部呈綠色，齒葉早凋。孢子葉六角形，中央凹入，盾狀著生，排列緊密。孢子囊著生於葉邊緣，孢子同形。孢子葉毬長1.2～1.3公分，徑寬0.2～0.5公分，頂生。孢子期於秋、冬間。

藥用

全草能清熱利尿、清肝明目、祛風除濕、發汗解肌、收斂止血，治目赤腫痛、腸炎腹瀉、黃疸型肝炎、尿路結石、衄血、尿血、咳嗽、哮喘、腎炎水腫、小兒疳積、關節炎、瘡瘍疥癬；外用治跌打骨折。

方例

(1)治打挫傷：木賊草、澤蘭、金不換各12公克，黃金桂20公克，水煎服。(2)利小便：木賊草20公克，木通、白芍、枳殼、淮山各8公克，水煎服。

孢子期(月)

①②③④⑤⑥
⑦⑧❾❿⓫⓬

海金沙 *Lygodium japonicum* (Thunb.) Sw.

｜科名｜莎草蕨科 Schizaeaceae
｜別名｜珍中毛、珍中笔、珍東毛仔、藤東毛、鼎炊藤。
｜分布｜臺灣全境低海拔環境中，相當常見。

形態

草質藤本蕨類，常攀援他物，莖細如鐵線，長1～5公尺，根狀莖近褐色。葉有2型，不育羽片尖三角形，長寬幾乎相等，二回羽狀；可育羽片(或稱孢子葉)卵狀三角形，邊緣窄化、皺縮，亦為二回羽狀，羽片邊緣具多數深裂，裂片指狀。孢子囊堆著生於指狀裂溝之溝緣。孢子期幾乎全年。

藥用

成熟孢子(藥材稱海金沙)能清熱解毒、利尿通淋，治泌尿道感染、尿路結石、小便出血、白帶、白濁、腎炎水腫、肝炎、咽喉腫痛、痢疾、皮膚濕疹等。全草(藥材稱珍中毛)效用與孢子相近。

方例

(1)治急性小便淋痛：珍中毛(全草)30公克，筆仔草、黃花蜜菜、鈕仔茄根各20公克，梔子15公克，水煎服。(2)治盲腸炎：珍中毛(全草)75公克、黃連8公克，水煎服。

孢子期(月)

1 2 3 4 5 6
7 8 9 10 11 12

日本金粉蕨 *Onychium japonicum* (Thunb.) Kunze

｜科名｜鳳尾蕨科 Pteridaceae

｜別名｜野雞尾、本黃連、小本鳳尾蓮、鳳尾連、解毒蕨、小雉尾蕨。

｜分布｜臺灣全境海拔1000公尺以下林緣普遍可見。

形態

多年生草本，根狀莖橫走，被褐色鱗毛。葉呈叢生狀，葉片全形輪廓呈卵圓狀披針形，長10～35公分，寬6～15公分，三至四回羽狀深裂至複葉。末裂片細長，銳尖頭，其上假孢膜成對生長，幾乎整個背面皆被佔滿，開口朝向末裂片中脈。孢子葉卵狀披針形，營養葉較孢子葉小型，缺裂較淺。孢子囊群短，由假孢膜包被呈線形，與中脈平行。孢子期於秋、冬間。

藥用

全草能清熱解毒、收斂止血、和血利濕，治風熱感冒、痢疾、急性胃腸炎、胸痛、腹痛、黃疸、咳血、便血、尿血、尿道炎、盲腸炎、癰瘡腫毒、火燙傷等。

方例

(1)治大腸炎、下消：鳳尾連40～75公克，水煎服。(2)治赤白痢：鳳尾連20公克、白頭翁8公克，加黑糖20公克，煎濃當茶飲。

孢子期(月)

① ② ③ ④ ⑤ ⑥
⑦ ⑧ ❾ ❿ ⓫ ⓬

鳳尾草 *Pteris multifida* Poir.

｜科名｜鳳尾蕨科 Pteridaceae
｜別名｜鳳尾蕨、井邊草、雞足草、烏腳雞、仙人掌草。
｜分布｜臺灣全境山野石縫、路壁或矮疏林內，溪谷陰涼地。

形態

多年生蕨類，根莖短，被深褐色線形鱗片。1回羽狀複葉叢生，葉略二型。營養葉之葉柄較短而呈稻稈色，葉片長10～25公分，闊卵形，兩側羽片2～4對，對生，羽片線形，葉軸兩側具翅。生殖葉長卵形，羽片更長而窄，下部羽片通常2～3歧，除基部1對有柄外，其餘各羽片基部下延，於葉軸兩側形成狹翅。孢子囊群線形，生於葉背邊緣，褐色。孢子期於秋季。

藥用

全草能清熱、利尿、涼血、解毒，治腹痛、腸炎、霍亂、痢疾、淋病、傷風、瘧疾、肝炎、黃疸、眼疾、咽喉腫痛、扁桃腺炎、濕疹等。

方例

(1)治大便帶黏性之赤痢：鳳尾草、乳仔草、咸豐草、白花仔草及金石榴各20公克，加紅糖，水煎服。(2)治慢性盲腸炎：鳳尾草、枸杞根各40公克，艾頭、咸豐草頭各80公克，加鹽少許，水煎服。

孢子期(月)

①②③④⑤⑥
⑦**❽❾❿**⑪⑫

鳳尾蕉 *Cycas revoluta* Thunb.

｜科名｜鳳尾蕉科 Cycadaceae
｜別名｜鐵樹、蘇鐵、鳳尾棕、避火樹、番蕉。
｜分布｜臺灣各地零星作觀賞栽培。

形態

常綠木本，全株密被遺留的葉柄殘痕。一回羽狀複葉，連柄長80～150公分，線狀長橢圓形，幼嫩時密被淡黃色絨毛，老時光滑，深綠色，叢生莖頂，並向四方展開，葉柄圓菱形，近基部之數對小葉退化形成棘刺，小葉片長線形，全緣，質硬，葉緣向內側反捲。單性花，雌雄異株。雄花序長圓錐形，由多數鱗片狀雄蕊螺旋狀排列而成。雌花序近半圓形，由多數心皮組成，心皮羽毛狀，密被褐色絨毛。種子扁倒卵形，外種皮橙紅色。花期4～5月。

藥用

葉能收斂止血、解毒止痛，治癌症、高血壓、難產、肝氣痛等。種子(稱無漏果)能消食寬中、祛痰止咳、益氣潤顏，所含鳳尾蕉苷(cycasin)為抗癌成分之一。花能理氣止痛、益腎固精、活血化瘀，治胃痛、遺精、痛經、跌打等。根能祛風、活絡，可治風濕疼痛。

花期(月)

1	2	3	**4**	**5**	6
7	8	9	10	11	12

側柏 *Thuja orientalis* L.

｜科名｜柏科 Cupressaceae
｜別名｜柏、扁柏、香柏、黃柏、黃心柏、叢柏。
｜分布｜臺灣各地普遍栽植。

形態

常綠喬木，高可達20公尺，樹皮薄，縱裂成條片。葉鱗形，交互對生，長0.1～0.3公分，先端微鈍，位於小枝上下兩面之葉的露出部分倒卵狀菱形或斜方形，兩側的葉折覆著上下之葉的基部兩側，呈龍骨狀。雌雄同株，雌雄花均著生枝頂，雄花黃色。毬果卵圓形，熟前肉質，藍綠色，被白粉；熟後木質，紅褐色，並開裂。種子橢圓形，灰褐色，無翅或有稜脊。花期4～5月。

藥用

枝梢及葉(藥材稱側柏葉)能涼血止血、祛痰止咳、除濕消腫，治咯血、吐血、衄血、尿血、血痢、崩漏不止、腸風下血、咳嗽、痰多、風濕痛、丹毒、燙傷、痄腮等。種仁(藥材稱柏子仁)能養心安神、斂汗、潤腸通便，治神經衰弱、驚悸、失眠、健忘、遺精、盜汗、便秘。

花期(月)
①②③**④⑤**⑥
⑦⑧⑨⑩⑪⑫

楊梅 *Myrica rubra* (Lour.) Sieb. & Zucc.

｜科名｜楊梅科 Myricaceae
｜別名｜機子、聖生梅、白蒂梅、樹梅、珠紅。
｜分布｜臺灣全境低、中海拔森林或灌叢中。

形態

常綠喬木，高可達20公尺，直徑可達100公分，小枝光滑或幾乎光滑。單葉互生，並呈螺旋狀排列，叢生枝端，葉片長倒卵形或長橢圓形，長5～7公分，寬2～2.5公分，先端圓鈍，罕銳形，基部楔形，全緣或中部以上鈍鋸齒緣，革質。雄花排列成葇荑花序，單生、數個簇生或多個成圓錐狀。雌花排列亦成葇荑花序，但較雄花序短。核果球形，熟時淡紅色。花期2～3月。

藥用

樹皮(藥材稱楊梅皮、樹梅皮)能散瘀、止血、止痛、收斂，治吐血、血崩、痔血、跌打損傷、骨折、胃及十二指腸潰瘍、腸炎、痢疾、腹痛、牙痛。果實能生津、止渴，治口乾、食慾不振。

方例

(1)治胃寒病：樹梅皮150公克，燉赤肉服。(2)治慢性胃病、胃痛：樹梅皮75公克，半酒水煎服。

花期(月)

①❷❸④⑤⑥
⑦⑧⑨⑩⑪⑫

麵包樹 *Artocarpus incisus* (Thunb.) L. f.

｜科名｜桑科 Moraceae

｜別名｜巴刀蘭、羅蜜樹、麵磅樹、麵果樹、馬檳榔。

｜分布｜臺灣各地零星栽培。

形態

常綠喬木，高20～30公尺，樹皮灰褐色，枝葉繁茂，小枝粗大綠色，全株具白色乳汁。單葉互生，並密集於枝端，葉片三角狀卵形，長30～90公分，寬15～30公分，羽狀深裂，裂片3～9，或有時全緣。花單性，雌雄同株。雄花序棍棒狀，多數聚集成葇荑花序。雌花序生於雄花序上端，較遲開花，亦多數相聚，呈不整狀球形。聚合果圓形或卵形，熟時黃色，肉質。花期4～5月。

藥用

根及粗莖(藥材稱巴刀蘭)能解毒、止痛、利尿、降血糖，治糖尿病、腎臟病、項強直酸痛、腰酸背痛、四肢筋骨痛等。葉可治疱疹、脾腫等。

方例

(1)治糖尿病：巴刀蘭、紅豆杉各9～15公克，水煎服。

(2)治脾腫：麵包樹葉9～15公克，水煎服。

花期(月)

1 2 3 **4** **5** 6
7 8 9 10 11 12

構樹 *Broussonetia papyrifera* (L.) L'Hérit. *ex* Vent.

|科名|桑科 Moraceae

|別名|鹿仔樹、穀樹、楮樹、穀漿樹。

|分布|臺灣全境平野至低海拔山麓叢林內或伐採跡地。

形態

落葉中喬木，樹皮灰褐色，割之則流出白色乳汁，枝粗大，小枝密被短毛。單葉互生，葉片歪廣卵形，長7～20公分，寬5～6公分，先端銳尖，常3～5深裂，基部微歪心形，鋸齒緣，表面粗糙，背面被毛。雄花排列成葇荑花序，花密生，花被4裂，雄蕊4枚。雌花密生成球形，子房有柄，花柱絲狀，紅色。聚合果球形，由宿存之花被、苞片及多數瘦果所合成，熟時橘黃色。花期2～3月。

藥用

瘦果(藥材稱楮實)為強壯、利尿、明目藥，治腰膝酸軟、陽萎、肝熱目翳、水氣浮腫、眼目昏花、骨蒸夜汗、口苦煩渴、虛勞等。粗莖及根(藥材稱鹿仔樹根或鹿仔樹)為傷科藥，能清熱、活血、涼血、利濕，治咳嗽、吐血、水腫、血崩、跌打損傷等。葉能涼血、利水，治衄血、癬瘡、痢疾、疝氣、水腫、外傷出血、血崩、吐血等。

方例

(1)治氣喘：鹿仔樹根、破布子根及柿仔根各8公克，觀音串12公克，木瓜1個，燉冰糖服。(2)治大、小疝：鹿仔樹根、龍眼根、炮仔草、蚶殼仔草、虱母子草、鐵雞蛋各40公克，燉豬腰內肉服。

花期(月)

①❷❸④⑤⑥⑦⑧⑨⑩⑪⑫

天仙果 *Ficus formosana* Maxim.

|科名|桑科 Moraceae
|別名|臺灣榕、臺灣天仙果、小本牛乳埔、羊奶樹、仙人桃。
|分布|臺灣全島闊葉樹林內之陰濕地可見。

形態

常綠小灌木，高2～3公尺，小枝幼時疏被柔毛，具白色乳汁。單葉互生，葉形變化大，常呈倒披針形至長橢圓形，長7～12公分，寬2.5～4公分，中部以下漸狹，基部楔形或歪斜，先端漸尖，全緣或中部以上疏生鈍齒，偶有裂缺，兩面無毛。隱花果單獨腋生，卵形，微凸頭，綠色，有白斑，頂部臍狀突起，熟時橙紅色，果梗0.5～1公分。花期7～10月。

藥用

粗莖及根能祛風利濕、清熱解毒、潤肺通乳，治腰痛、黃疸、乳癰、乳汁不足、月經不調、產後或病後虛弱、下消、肺虛咳嗽久不癒、百日咳、瘧疾、齒齦炎、蛇傷、打傷咳嗽、小兒發育不良、風濕疼痛等。

方例

治下消：臺灣天仙果、龍眼根各30公克，芙蓉根、烏面馬、白馬鞍各15公克，半酒水燉小肚服。

花期(月)

①②③④⑤⑥
❼❽❾❿⑪⑫

薜荔 *Ficus pumila* L.

｜科名｜桑科 Moraceae
｜別名｜風不動、木蓮、石壁蓮、木瓜藤、天抛藤。
｜分布｜臺灣全境低海拔地區，常攀緣樹幹、石垣、牆壁而生。

形態

多年生常綠藤本，藉氣生根攀附樹幹或岩壁上升，嫩枝被毛。葉子有兩種，一種長在不結果的枝條上(稱不育枝或營養枝)，此種葉片小而薄，卵形，基部偏斜，近於無柄，另一種生於果枝上的葉，葉片大而厚，近於革質，橢圓形，基部圓形或稍心臟形，明顯有柄。隱花果呈倒圓錐狀球形，腋出，單生或成對，上半部散生白色斑點，成熟時呈暗紫色，果梗粗肥。花期7～10月。

藥用

藤莖(藥材稱風不動)能祛風、利濕、活血、解毒、消腫、強壯，治風濕痺痛、跌打損傷、咽喉腫痛、尿血、淋病、癰腫瘡癤、腰痛、早洩、夢遺、熱痢、疝氣等。隱花果能通乳、固精、利濕、活血、消腫，治遺精、淋濁、久痢、血痔、癰腫、疔瘡、乳汁不下等。

編語

大陸有些地區則將其不育幼枝作「絡石藤」(為中醫師治風濕常用藥材之一)使用，臺灣中藥市場也有這種現象。

花期(月)
1 2 3 4 5 6
7 **8** **9** **10** 11 12

桑 *Morus alba* L.

| 科名 | 桑科 Moraceae
| 別名 | 白桑、家桑、桑材仔、蠶仔葉樹。
| 分布 | 臺灣全境平野及山坡，但以栽培多見。

形態

落葉灌木或小喬木，小枝具顯著皮孔。單葉互生，葉片闊卵形，長8～15公分，寬6～10公分，基部截形或圓形，先端尾狀銳尖，銳鋸齒緣。單性花，雌雄異株。雄花為葇荑花序，長1.5～3公分，雄花花被4片，橢圓形，雄蕊4枚。雌花花序1～1.5公分，花被倒卵形，幾乎無花柱，柱頭2歧。聚合果長橢圓形，熟時暗紅色或帶紫色，係由許多瘦果所組成，各瘦果則包藏於多液汁之花被內。花期12月至翌年1月。

藥用

枝(藥材稱桑枝)能祛風、清熱、通絡、利關節，治關節酸痛麻木。葉(藥材稱桑葉)能疏風清熱、清肝明目，治風熱感冒、肺熱燥咳、頭痛頭暈、目赤昏花、水腫、咽喉腫痛等。果實(藥材稱桑椹)能補血滋陰、生津潤燥、補肝益腎，治眩暈耳鳴、心悸失眠、鬚髮早白、津傷口渴、神經衰弱等。除去栓皮之根皮(藥材稱桑白皮)能平喘、利尿、降血壓，治肺熱喘咳、水腫、高血壓、糖尿病等。

花期(月)

❶ ② ③ ④ ⑤ ⑥
⑦ ⑧ ⑨ ⑩ ⑪ ⓬

葎草 *Humulus scandens* (Lour.) Merr.

｜科名｜大麻科 Cannabaceae
｜別名｜山苦瓜、鐵五爪龍、大葉五爪龍、割人藤、穿腸草。
｜分布｜臺灣全境低海拔以下各地隨處可見。

形態

一年生纏繞性草本，長可達4公尺以上，莖枝和葉柄密生倒鉤刺，莖具縱稜。單葉對生，葉片掌狀5～7深裂，裂片卵形至闊披針形，先端急尖或漸尖，細鋸齒緣，上下表面生粗糙剛毛。花小，單性花，雌雄異株，花序腋生。雄花呈圓錐狀葇荑花序，花黃綠色，雄蕊5枚。雌花10餘朵集成近球形的短穗狀花序，呈毬果狀，苞片葉狀，每苞具2花。瘦果球形，微扁。花期7～10月。

藥用

全草能清熱利尿、活血解毒、清肺健胃，治肺結核潮熱、肺膿瘍、肺炎、胃腸炎、痢疾、感冒發熱、小便不利、腎炎、膀胱炎、泌尿系結石、梅毒等。

方例

治肺火久嗽不癒者：山苦瓜30公克，西瓜皮、青皮貓、木芙蓉花、萬點金各20公克，水煎服。(青皮貓藥材為鼠李科植物光果翼核木之莖及根)

花期(月)

①②③④⑤⑥
❼❽❾❿⑪⑫

密花苧麻 *Boehmeria densiflora* Hook. & Arn.

｜科名｜蕁麻科 Urticaceae
｜別名｜紅水柳、山水柳、水柳黃、水柳仔、木苧麻。
｜分布｜臺灣全境海拔1600公尺以下平野、山坡、溪岸、河岸、陰濕及荒廢地。

形態

常綠小灌木，高可達2公尺，常成群生，全株密被短柔毛。單葉對生，葉片披針形或卵狀披針形，長4.5～20公分，寬2～3.5公分，先端漸尖，基部鈍形，細鋸齒緣，3出脈。托葉披針形。單性花，雌雄異株，花密生，呈穗狀，腋生。雄花序長6～8公分，雄花被4裂，雄蕊4枚。雌花序長約10公分，花被先端作2～4淺裂，子房具長花柱。瘦果密被短柔毛，扁平狀。花期3～6月。

藥用

根及莖(藥材稱紅水柳、山水柳)為祛風良藥，能祛風止癢、利水調經，治風濕、黃疸、月經不調、皮膚搔癢、感冒、頭風痛、創傷等。葉煎水，洗滌亦可止癢。

方例

(1)治月內風：紅水柳150公克，半酒水燉赤肉服。(2)治手風、骨酸、頭風：紅水柳、三腳別、山葡萄及黃水茄各40公克，半酒水煎服。

花期(月)
1 2 **3** **4** **5** **6**
7 8 9 10 11 12

扛板歸 *Polygonum perfoliatum* L.

｜科名｜蓼科 Polygonaceae
｜別名｜三角鹽酸、犁壁刺、刺犁頭、穿葉蓼。
｜分布｜臺灣全境平野至山野灌木叢、水溝邊、田園或荒廢地。

形態

一年生蔓性草本，常成群生長，莖長1～2公尺，莖、葉柄與葉背脈上具逆刺。單葉互生，葉片三角形，薄質，帶粉白綠色或淡綠色，長及寬均為3～6公分。葉柄附莖處有一圓形托葉，大如指頭，其莖穿過托葉中心。花序短穗狀，基部具圓葉狀苞，小梗短，著生粒狀白色或淡紫色小花十餘朵。花萼5片。無花瓣。雄蕊8枚，雌蕊1枚。瘦果球形，熟時藍色，外被宿存萼。花期集中於夏季。

藥用

全草能清熱解毒、利水消腫、止咳止痢，治百日咳、氣管炎、上呼吸道感染、急性扁桃腺炎、腎炎、水腫、高血壓、黃疸、泄瀉、瘧疾、頓咳、濕疹、疥癬等。

方例

(1)治喉痛，清涼解毒：犁壁刺鮮品40公克或乾品14公克，水煎服。(2)治高血壓：犁壁刺40公克，水煎代茶飲。

花期(月)

①②③④❺❻
❼⑧⑨⑩⑪⑫

紫茉莉 *Mirabilis jalapa* L.

｜科名｜紫茉莉科 Nyctaginaceae
｜別名｜煮飯花、夜飯花、胭脂花、指甲花、七娘媽花。
｜分布｜臺灣各地人家零星栽培，偶見野生於村邊、路旁和曠野。

形態

多年生宿根性草本植物，塊根呈紡錘形，莖直立，多分枝，節處膨大。單葉對生，葉片卵形或卵狀三角形，長4～10公分，寬可達3.5公分，先端長尖，基部寬楔形或心形，邊緣微波狀。花被呈漏斗狀，有紅、黃、白、雙色或斑色等。每個總苞內可開1朵花，苞片五裂，呈萼片狀。不具花瓣，但萼呈花瓣狀。雄蕊5枚。子房上位。瘦果近球形，熟時黑色。種子白色。花期幾乎全年。

藥用

塊根(藥材稱七娘媽花頭)能利尿解熱、活血散瘀、解毒健胃，治熱淋、淋濁、白帶、肺癆咳嗽、關節痛、癰瘡腫毒、乳癰、跌打、胃潰瘍、胃出血等，為治肺癰之要藥。

方例

治胃潰瘍、胃出血，並預防其復發：取七娘媽花頭鮮品2～3塊切片，並與瘦肉、米酒頭加水共燉，內服具奇效。

花期(月)

1 2 3 4 5 6
7 8 9 10 11 12

藤三七 *Anredera cordifolia* (Tenore) van Steenis

｜科名｜落葵科 Basellaceae
｜別名｜洋落葵、落葵薯、雲南白藥、土川七、小年藥。
｜分布｜臺灣各地均有栽培，且已逸為野生狀。

形態

纏繞藤本，宿根，全株光滑，植株基部簇生肉質根莖，常隆起裸露地面。老莖灰褐色，皮孔外突，幼莖帶紅紫色，具縱稜，腋生大小不等的肉質珠芽，形狀不一，單個或成簇，具頂芽和側芽，芽具肉質鱗片，可長枝著葉。單葉互生，肉質，葉片卵圓形，長4～8公分，寬3～6公分，基部心形，先端鈍形或短突尖，全緣。花白色，排列成總狀花序。花期於夏、秋間。

藥用

全株或珠芽能滋補、活血、止痛、消炎，治病後體虛、跌打骨折、糖尿病、肝炎、高血壓、胃潰瘍、牙痛、頭暈、吐血、外傷出血、無名腫毒、腰膝酸痛、風濕症等。

方例

治胃潰瘍：藤三七珠芽洗淨烘乾後，研成粉末，早晚各服4～6公克，可降低潰瘍復發率。

花期(月)
①②③④⑤❻
❼❽❾⑩⑪⑫

臭杏 *Chenopodium ambrosioides* L.

|科名|藜科 Chenopodiaceae

|別名|臭川芎、臭莧、土荊芥、白冇癀、蛇藥草。

|分布|臺灣各處郊野至低海拔山區。

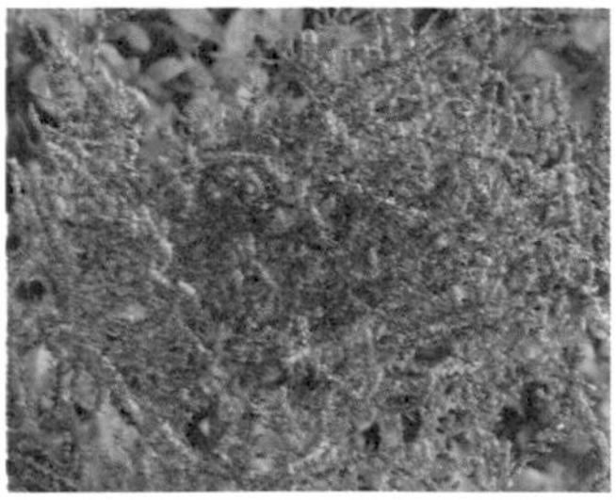

形態

一年生草本，高60～150公分，全株具特殊氣味。單葉互生，葉片長3～10公分，寬0.5～2公分，下部葉片披針形或橢圓形，齒牙狀波緣、鋸齒緣或深裂，被腺毛；上部葉線形，近全緣。單性花，雌雄同株，穗狀花序，花細小，綠色，花被3～5裂。雄花雄蕊5枚。雌花雌蕊1枚，花柱2～3裂。胞果極小，外包以宿存花被片。種子具光澤，成熟時紅褐色至亮黑色。花期5～8月。

藥用

全草(帶果穗)能祛風除濕、殺蟲止癢、活血消腫，治頭痛、蛔蟲病、蟯蟲病、鉤蟲病、頭風、濕疹、疥癬、風濕痺痛、經閉、經痛、咽喉腫痛、口舌生瘡、跌打、蛇蟲咬傷等。亦有僅取根或粗莖使用，稱臭川芎頭。

方例

(1)治打傷：臭川芎頭80公克，半酒水燉赤肉服。(2)治頭痛：臭川芎頭、蚊仔煙頭、土煙頭、艾頭各20公克，煎水服。

花期(月)

①②③④⑤⑥
⑦⑧⑨⑩⑪⑫

土牛膝 *Achyranthes aspera* L. var. *indica* L.

｜科名｜莧科 Amaranthaceae
｜別名｜牛膝、印度牛膝、牛掇鼻、掇鼻草(蔡鼻草)、白㗂鼻草。
｜分布｜臺灣全境路旁、耕地及荒廢地自生。

形態

粗壯草本植物，莖有稜，具毛茸。單葉對生，葉片倒卵形至披針形，長3～10公分，寬1.5～4公分，先端常有突尖，基部寬楔形，邊緣波狀，兩面密被柔毛。穗狀花序剛直，但結果後疏生反曲。苞片膜質；小苞2片，具明顯中肋及芒刺，兩者皆宿存。花被5片，幾乎同長。雄蕊5枚，花絲基部合生。胞果不開裂，為宿存花被所包藏，小苞宿存，先端呈剛硬針刺。花期9月至翌年2月。

藥用

全草能清熱、解毒、解表、利尿、消腫，治感冒發熱、百日咳、流行性腮腺炎、扁桃腺炎、白喉、腎炎水腫、風濕性關節炎、泌尿道結石等。

方例

(1)治高血壓：土牛膝15公克、夏枯草9公克，水煎服。(2)治痢疾：土牛膝、地桃花根各15公克，車前草12公克，青蒿9公克，水煎，沖蜜糖服。

花期(月)

1 2 3 4 5 6 7 8 9 10 11 12

綠莧草 *Alternanthera paronychioides* St. Hil.

｜科名｜莧科 Amaranthaceae
｜別名｜腰仔草、腎草、匙葉蓮子草、法國莧、莧草、豆瓣草。
｜分布｜臺灣各地多見栽培當觀葉植物，有時可見作藥用栽培，且已有少數逸為野生狀。

形態

多年生匍匐草本，全株光滑，高通常低於20公分，莖多節，伸長後呈半匍匐狀，節易生根，容易繁衍。單葉對生，葉片倒卵形或匙形，長1.5～2公分，寬0.3～0.5公分，先端漸尖，基部楔形，稍捲曲，全緣，葉腋易生幼芽。花細小，白色，簇生葉腋呈頭狀花序，該屬(蓮子草屬)植物皆具有每一莖節易開花的特性，亦喜歡日照充足的環境。花期於夏季。

藥用

全草能活血化瘀、消腫止痛、清熱解毒、利水、抗癌、利筋骨、潤腸，治風濕關節痛、類風濕關節炎、全身神經痛、高尿酸、痛風、手足拘攣、麻木、屈伸不利、胃炎、十二指腸潰瘍、尿毒症、急慢性腎炎、膀胱炎、膀胱癌、蛋白尿、高血壓、膽固醇過高、糖尿病、老花眼等。

編　語
本植物可供食用，亦可以炒食方式入藥。

花期(月)
1 2 3 4 **5** **6** **7** 8 9 10 11 12

滿天星 *Alternanthera sessilis* (L.) R. Br.

｜科名｜莧科 Amaranthaceae
｜別名｜紅田烏、田烏草、田邊草、紅花蜜菜、蓮子草。
｜分布｜臺灣全境原野、路旁、畦畔，喜生於濕潤處。

形態

一年生草本，匍匐性。單葉對生，幾乎無柄，平滑，葉片線狀長橢圓形或橢圓形，長2～5公分，寬0.6～1.3公分，先端鈍，葉呈綠色者最普通，亦有暗紅色品種。花腋生，白色，多數著生一起，花為數個頭狀花序，成球形。小苞小形。萼片5枚，長為小苞之2～3倍，卵狀披針形，鈍頭。雄蕊3枚，花絲短，藥卵形，假雄蕊3枚。瘦果倒心形，稍扁平。花期於夏、秋間。

藥用

全草能清熱、利尿、解毒、解熱、止血、消炎，治咳嗽吐血、腸風下血、淋病、腎臟病、痢疾、憂鬱症、各種出血等。

方例

(1)治吐血：紅田烏、紅竹葉、甜珠仔草、對葉蓮、黃花蜜茶、側柏葉等鮮品各40公克，絞汁，兌冰糖服。(2)治痢疾：紅田烏、鳳尾草、紅乳仔草、蝴蠅翼、蚶殼仔草、鼠尾癀各40公克，水煎汁，加紅糖服。

花期(月)
1 2 3 4 5 **6** **7** **8** **9** 10 11 12

刺莧 *Amaranthus spinosus* L.

｜科名｜莧科 Amaranthaceae
｜別名｜假莧菜、簕莧菜、土莧菜、刺莧菜、刺刺草。
｜分布｜臺灣全島低海拔荒地、庭園及路旁。

形態

一年生草本，高30～80公分，全體近光滑，莖直立，綠色或淡紫紅色，多分枝。單葉互生，具柄，葉片狹卵形至廣卵形，長3～8公分，寬1～4公分，基部楔形，先端鈍形，葉腋具2枚針刺，長約1公分。單性花，密生，綠色，雌雄同株。穗狀花序腋生，或集成頂生圓錐花序。苞片狹卵形，先端具細芒。花被5片，闊倒披針形。雄蕊5枚。柱頭2～3裂。胞果球形，明顯具皺紋，不完全橫向開裂。花期3～12月。

藥用

全草或根能涼血止血、清利濕熱、解毒消癰，治胃出血、便血、痔血、膽石症、膽囊炎、濕熱泄瀉、痢疾、小便澀痛、白帶、下消、淋濁、咽喉腫痛、牙齦糜爛、濕疹、蛇咬傷、癰腫、眼疾等。

編　語

臺灣民間習慣以莖及葉皆呈綠色的刺莧入藥，用部以根及幹為主，藥材名稱白刺杏、白刺莧等。

花期(月)

①②❸❹❺❻
❼❽❾❿⓫⓬

青葙 *Celosia argentea* L.

｜科名｜莧科 Amaranthaceae
｜別名｜白冠花、白雞冠、野雞冠、雞冠花、草決明。
｜分布｜臺灣各處郊野至低海拔山區。

形態

一年生草本，莖具縱稜數條，直立，高30～90公分。單葉互生，葉片披針形至狹卵形，長5～8公分，寬1～3公分，先端銳形或漸尖，基部漸狹而形成葉柄，全緣。穗狀花序頂生，圓柱形，花多數，密生。苞片和小苞片闊披針形，乾燥膜質。花被5片，披針形，先端銳尖，白色。雄蕊5枚，基部合生。胞果頂端有宿存花柱，蓋裂。種子黑色，扁圓形。花期6月至翌年1月。

藥用

種子(藥材稱青葙子)能祛風熱、清肝火、明耳目、益腦髓，治目赤腫痛、眼生翳膜、視物昏花、衄血、高血壓、皮膚風熱搔癢、瘡癬等。花序(藥材稱白冠花)能涼血止血、清肝明目，治吐血、衄血、崩漏、赤痢、血淋、熱淋、白帶、目赤腫痛、目生翳障等。

方例

治婦女白帶、經病：白冠花、定經草、當歸、川芎、白芍、熟地及白果各9公克，半酒水燉雞服。

花期(月)

❶ ② ③ ④ ⑤ ❻
❼ ❽ ❾ ❿ ⓫ ⓬

雞冠花 *Celosia cristata* L.

| 科名 | 莧科 Amaranthaceae

| 別名 | 雞冠、白雞冠花、雞髻花、雞公花、雞角槍。

| 分布 | 臺灣各地多見人家栽培。

形態

一年生草本，莖具縱稜數條，近先端則形扁平，高可達40～100公分。單葉互生，葉片卵形至長橢圓形，長5～15公分，寬3～8公分，基部楔形，先端漸銳尖，全緣。穗狀花序頂生，成扁平肉質雞冠狀、捲冠狀或羽毛狀，中部以下著生許多小花，花色有紅、紫紅、橘、黃、白或雜色。每花具苞3片，花被5片，乾燥膜質。胞果被宿存花冠所包被，蓋裂。種子黑色，具光澤。花期4～12月。

藥用

花序及種子皆為收斂劑，亦可治肝臟病及眼疾。花序(藥材稱雞冠花)能清濕熱、止血、止帶、止痢，治吐血、腸出血、衄血、婦人子宮出血、崩漏、血痔、帶下、久痢不止等。種子(藥材稱雞冠子)能涼血、止血，治腸風便血、痔瘡流血、淋濁等。

方例

治白帶、子宮炎：雞冠花、白肉豆根及白椿根各10公克，水煎服。

花期(月)

1 2 3 **4 5 6 7 8 9 10 11 12**

樟樹 *Cinnamomum camphora* (L.) Presl

｜科名｜樟科 Lauraceae

｜別名｜樟、樟仔、本樟、烏樟、香樟、樟腦樹。

｜分布｜臺灣北部海拔1200公尺及南部1800公尺以下之山地。

形態

常綠大喬木，幼樹樹皮光滑，成樹樹皮條狀裂，全株具有樟腦氣味。單葉互生，葉片闊卵形或橢圓形，長7～10公分，寬3～4公分，基部漸狹尖或鈍圓，先端銳尖，全緣或微波緣，上表面深綠，下表面粉白，主脈3出。圓錐花序腋生。花被6片，黃綠色。雄蕊12枚，成4輪，第4輪退化。雌蕊子房卵形，光滑。漿果球形，直徑約0.7～1.1公分，熟時紫黑色。花期4～8月。

藥用

根、幹、枝及葉能通竅、殺蟲、止痛、止癢，提製樟腦，治心腹脹痛、牙痛、跌打、疥癬等。

方例

(1)治急性胃腸炎：樟根、咸豐草、蚶殼仔草各20公克，水煎服。(2)治腹痛嘔吐：樟根、青木香、炮仔草、細辛、雙面刺各40公克，半酒水煎服。(3)治惡寒發熱，嘔吐下痢兼外感者：樟根、咸豐草、白狗蘇各16公克，水煎服。

花期(月)

①②③❹❺❻
❼❽⑨⑩⑪⑫

長序木通 *Akebia longeracemosa* Matsum.

｜科名｜木通科 Lardizabalaceae
｜別名｜臺灣木通、臺灣野木瓜、五葉長穗木通、本木通。
｜分布｜臺灣中、北部海拔300～800公尺山區灌叢中常見。

形態

藤本，落葉性。掌狀複葉互生，具長柄，小葉5枚，具小葉柄，革質，小葉片長橢圓形或倒卵狀長橢圓形，先端凹，基部楔形。雌雄同株，花暗紫紅色。雄花25～30朵，排成長總狀，花小形而密生，總梗略與葉柄等長，花萼3片，雄蕊6枚。雌花少，大形，花萼3片，心皮3枚。漿果長橢圓形，暗紫色。花期3～5月。

藥用

根及藤莖(藥材稱烏入石)能祛風除濕、活血解毒，治久年風濕、跌打損傷、瘡毒等。

方例

(1)治瘡毒：烏入石60公克，水煎服。(2)治跌打損傷：烏入石75公克，水煎服，或研末服。(3)治風濕骨節酸痛初起，發熱而偶帶惡寒者：烏入石40公克，黃金桂、淡竹葉、桑枝、豨薟草、甜珠仔草各20公克，一支香、鐵釣竿各12公克，水煎服。

花期(月)

① ② **③** **④** **⑤** ⑥
⑦ ⑧ ⑨ ⑩ ⑪ ⑫

木防己 *Cocculus orbiculatus* (L.) DC.

｜科名｜防己科 Menispermaceae
｜別名｜青木香、防己、青藤、牛入石、鐵牛入石。
｜分布｜臺灣全境平野至海拔約1000公尺叢林中。

形態

多年生纏繞性藤本，莖木質化，幼莖細長密生柔毛。單葉互生，葉形變化極大，葉片通常為廣卵形或卵狀橢圓形，常3淺裂，長3～12公分，寬2～8公分，基部心形或近截形，先端急尖、心形或或近截形，全緣或微波緣，兩面被毛。花單性，雌雄異株。雄花聚繖狀圓錐花序，腋生。花冠淡黃色，花瓣6枚，頂端2裂。雌花聚繖花序小形。心皮6，離生。核果近球形，熟時藍黑色。花期4～6月。

藥用

根及粗莖(藥材稱鐵牛入石)能祛風止痛、消腫解毒，治中暑、腹痛、水腫、風濕關節痛、神經痛、咽喉腫痛、癰腫瘡毒、毒蛇咬傷、跌打等。

方例

(1)治久年跌打：鐵牛入石40公克，酒水各半燉豬肉食。
(2)養筋，治筋骨抽痛、風濕病：鐵牛入石11公克，與木瓜、牛膝、桂枝及續斷等合用。

花期(月)

① ② ③ ❹ ❺ ❻
⑦ ⑧ ⑨ ⑩ ⑪ ⑫

毛千金藤 *Stephania japonica* (Thunb.) Miers var. ***hispidula*** Yamam.

｜科名｜防己科 Menispermaceae
｜別名｜黑藤、烏藤仔、九股藤、土防己、臺灣土防己。
｜分布｜臺灣西部平野之山麓、丘陵之林緣自生。

形態

多年生藤本，全株明顯被毛，老莖粗壯，深褐色，略具旋轉之縱溝，常相互絞纏。單葉互生，葉片長心臟形或心臟形，大小相差甚大，通常長1.2～6.5公分，寬1～5公分，基部心形，先端鈍形或略漸尖形，全緣。花單性，雌雄異株。雌花序由小總狀花組成圓錐花序，花被白色。雄花具雄蕊1枚，花柱樣，伸出花冠外。核果球形，果肉漿質，密生白色毛，熟時淡紅色。花期9～12月。

藥用

粗莖(藥材稱九股藤)能祛風、利濕、解毒、止痛、消腫，治風濕關節痛、腰腳疼痛、坐骨神經痛、全身酸痛等。

方例

治風濕關節痛、坐骨神經痛：九股藤、雙面刺各9～15公克，大葉千斤拔30公克，土牛膝、水丁香各15公克，水煎服。

花期(月)
①②③④⑤⑥
⑦⑧❾❿⓫⓬

蓮 *Nelumbo nucifera* Gaertn.

｜科名｜蓮科 Nelumbonaceae
｜別名｜荷花、蓮花、芙蕖。
｜分布｜臺灣各地零星栽培，少數地區大量栽種。

形態

多年生草本，根莖白色，多節，圓柱形。葉大而圓，盾形，葉柄生於葉背中央，有長柄，綠色，圓柱形，有短刺散生。花大，紅色、淡紅色或白色，很具觀賞價值。花萼4～5片，形小。花瓣倒卵形，有單瓣及重瓣之分。雄蕊多數，花藥黃色。果實橢圓形，生於海綿質之蜂窩狀花托中(外形呈倒圓錐狀)，熟時果皮堅硬，暗黑色。花期5～7月。

藥用

根莖(即蓮藕)能清涼止渴、解酒毒、止血。葉基部(稱荷葉蒂)能清暑、祛濕、止血、安胎。葉(藥材稱荷葉)能解暑清熱、升發清陽、散瘀止血。花蕾(稱蓮花)能清熱、散瘀、止血、祛濕、消風、養顏，治跌打嘔血。成熟花托房(藥材稱蓮房)能散瘀、止血、祛濕，治血崩、痔瘡。雄蕊(藥材稱蓮蕊鬚)能清心、益腎、澀精、止血，治遺精、血崩、瀉痢。成熟種子(藥材稱蓮子)能養心、益腎、澀腸、補脾，治夜寐多夢、煩熱、口乾、久痢、虛瀉、消化不良、淋濁、遺精、崩漏、帶下等。成熟種子之綠色胚芽(藥材稱蓮心)味苦，可清心、止血、澀精，治心煩、口渴、目赤腫痛、吐血、遺精等。花梗、葉梗汁液可治嘔吐及腹瀉。

花期(月)

① ② ③ ④ ❺ ❻
❼ ⑧ ⑨ ⑩ ⑪ ⑫

魚腥草 *Houttuynia cordata* Thunb.

｜科名｜三白草科 Saururaceae
｜別名｜蕺菜、紫蕺、臭瘥草、魚鱢草、九節蓮、狗貼耳。
｜分布｜臺灣全境低海拔山區。

形態

多年生草本，具腥臭味，根莖細長，莖直立，無毛。單葉互生，葉片闊卵形或卵形，長4～9公分，寬3～6公分，基部心形，先端銳尖，全緣。穗狀花序生於莖頂，長2～3公分，總苞片4枚，倒卵形，呈花瓣狀，白色，宿存。花小而密生，淡黃色，兩性，無花被。雄蕊3枚，花絲下部與子房合生。雌蕊1枚，子房上位。蒴果近球形，先端開裂，花柱宿存。花期5～8月。

藥用

全草能清熱解毒、利尿消腫、鎮咳祛痰，治肺炎、肺膿瘍、咳吐膿血、水腫、痔瘡、痰熱喘咳、子宮頸炎、癰瘡等，對於各種細菌感染引發之炎症如淋病、婦女白帶、尿道炎等，以及皮膚疾患如疥癬、濕疹、香港腳等，均有明顯的功效，而在狹心症的預防及治療也有很好的效果。

方例

治咳嗽：魚腥草70～100公克，水煎，沖雞蛋服。

花期(月)

①②③④**⑤⑥**
⑦⑧⑨⑩⑪⑫

三白草 *Saururus chinensis* (Lour.) Baill.

｜科名｜三白草科 Saururaceae
｜別名｜水檳榔、水荖草、水木通、白葉蓮、過塘蓮、水九節蓮。
｜分布｜臺灣全境平野至山地池沼邊或潮濕地。

形態

多年生草本，地下莖節上具鬚狀根，莖直立，或下部伏地，具縱稜，無毛。單葉互生，葉片卵形或卵狀橢圓形，長9～15公分，寬6～8公分，基部心形，先端銳尖，全緣，葉柄基部肥厚微抱莖。總狀花序穗狀，常與葉對生，花兩性，無花被。雄蕊6～7枚，花絲與花藥等長。雌蕊1枚，由4心皮合成，子房圓形，柱頭4裂，向外反曲。蒴果成熟後頂端開裂。花期4～8月。

藥用

地上部能清熱、利濕、消腫、解毒，治水腫、腳氣、黃疸、淋濁、帶下、癰腫、疔毒等。根莖(藥材稱水荖根)能利水、清熱、解毒，治腳氣、淋濁、帶下、癰腫、疥癬。

方例

治肝炎，退肺火：水荖根40～75公克，水煎服。

花期(月)

①②③❹❺❻
❼❽⑨⑩⑪⑫

楓香 *Liquidambar formosana* Hance

|科名|金縷梅科 Hamamelidaceae
|別名|楓、楓樹、楓仔樹、香楓、三角楓、三角尖。
|分布|臺灣全島平地至海拔2000公尺山區皆可見。

形態

落葉大喬木，徑可達1公尺，樹脂具特殊芳香，樹皮灰褐色，常方塊狀剝落。單葉互生，且叢集枝端，葉片心形，常3裂，幼時及萌發枝上的葉多為掌狀5裂，長6～12公分，寬8～15公分，裂片先端銳尖，基部心形，細鋸齒緣。花淡黃綠色，單性，雌雄同株，無花被。雄花呈葇荑花序，再排成短總狀，生於枝頂。雌花呈頭狀花序，單生。蒴果相互癒合而成頭狀之聚合果。花期2～4月。

藥用

聚合果(藥材稱路路通)能利尿、消炎、止痛、抗菌，治風濕痛、手足拘攣、腰痛、胃痛、腹脹、水腫、小便不利、經閉、乳少、癰疽、濕疹、痔漏、疥癬、蕁麻疹等。根治風濕關節痛、疔瘡、癰疽等。

方例

治耳內流黃水：路路通15公克，煎水服。

花期(月)

① **②** **③** **④** ⑤ ⑥
⑦ ⑧ ⑨ ⑩ ⑪ ⑫

落地生根 *Bryophyllum pinnatum* (Lam.) Kurz

｜科名｜景天科 Crassulaceae
｜別名｜倒吊蓮、生刀草、青刀草、生刀藥、腳目草。
｜分布｜臺灣各地多見人家栽培，現已歸化，於海邊及低地岩石處可見。

形態

多年生肉質草本，高可達150公分，莖上部紫紅色，密被橢圓形皮孔，下部有時稍木質化。單葉或羽狀複葉，對生，複葉有小葉3～5片，小葉橢圓形，先端圓鈍，邊緣有圓齒，圓齒底部易生芽，落地即長成一新植株。葉柄紫色，基部寬扁，半抱莖。圓錐花序頂生，花大，兩性，下垂。苞片呈葉片狀。花冠管狀，紫紅色，基部膨大呈球形。蓇葖果被宿存花萼及花冠所包圍。花期6～10月。

藥用

全草(藥材稱倒吊蓮)能涼血止血、清熱解毒、散風清血、消腫毒，治外傷出血、吐血、跌打損傷、癰疽熱毒、乳癰、乳岩、丹毒、潰瘍、燙傷、蛇傷、刀傷、胃痛、關節炎、肺熱咳嗽、肺炎、咽喉腫痛等。

方例

(1)治跌打：倒吊蓮75公克，水煎服。(2)治熱性胃痛：落地生根鮮葉5片，搗爛絞汁，調食鹽少許服。

花期(月)
① ② ③ ④ ⑤ **6**
7 **8** **9** **10** ⑪ ⑫

石蓮花 *Graptopetalum paraguayense* (N. E. Br.) Walth

| 科名 | 景天科 Crassulaceae
| 別名 | 風車草、神明草、蓮座草。
| 分布 | 臺灣各地多見人家栽培供觀賞或藥用。

形態

多年生肉質草本，初生單莖，葉叢生，漸長則分枝，葉脫落成長莖，多臥伏。莖上葉十字對生密集莖端，無柄，葉片呈白灰綠色，肥厚肉質，倒卵狀匙形或菱形，基部漸狹。花梗自葉腋抽出，花乳黃色或橙紅色。其繁殖主要依賴葉之無性生殖。花期3～5月。

藥用

全草(或葉)能清熱、涼血、利濕、平肝，治高血壓、糖尿病、高尿酸、黑斑、感冒、跌打損傷、咽喉痛、熱癤、赤白帶等症，尤其對於濕熱型(急性且發熱、面黃、尿黃赤)肝炎效佳。

方例

(1)治高血壓：採新鮮石蓮花葉片洗淨，絞汁，調冰糖服飲。(2)治肝病、肝硬化：石蓮花、白鳳菜、白鶴靈芝、咸豐草等鮮品，水煎服。

花期(月)

① ② ❸ ❹ ❺ ⑥
⑦ ⑧ ⑨ ⑩ ⑪ ⑫

伽藍菜 *Kalanchoe laciniata* (L.) DC.

｜科名｜景天科 Crassulaceae

｜別名｜雞爪癀、大還魂、(大)返魂草、雞爪三七、假川連。

｜分布｜臺灣各地可見零星栽培。

形態

多年生草本，莖直立，高50～100公分，全株光滑、肉質。葉對生，葉形多變化，不整形羽狀深裂，裂片披針形，大小長短不一，全緣或不規則鈍鋸齒緣，莖上部葉漸小。聚繖花序頂生，花多數，直生。花萼綠色，4深裂。花冠黃色或帶橙色，高腳碟形，長1.5～2公分，裂瓣急尖。雄蕊8枚，2輪，花絲短。心皮4枚。果實為蓇葖果。種子多數，細小。花期幾乎全年。

藥用

全草能清熱、解毒、散瘀、止血、消腫，治腦膜炎、高血壓、濕疹膚癢、瘡瘍腫毒、創傷出血、燙火傷等。

方例

(1)治發高燒、腦膜炎：大還魂鮮葉絞汁，兌蜂蜜或冰糖服。(2)治打撲傷：大還魂鮮葉和酒水各半煎服。

花期(月)

1 2 3 4 5 6 7 8 9 10 11 12

臺灣佛甲草 *Sedum formosanum* N. E. Br.

｜科名｜景天科 Crassulaceae
｜別名｜臺灣景天、東南佛甲草、白豬母乳、豬母乳、石板菜。
｜分布｜臺灣北部及東部、蘭嶼、綠島之海拔100公尺以下路旁砂礫地、懸崖石壁或老房屋等潮濕地群生，現臺灣各地偶見零星栽培入藥。

形態

多年生草本，高10～15公分，肉質，莖簇生，斜上生長，綠色，分枝2歧或3歧。單葉對生或互生，葉片倒卵形至近匙形，長1.5～2.5公分，寬0.8～1.2公分，基部窄楔形，先端鈍或短尖形，全緣。聚繖花序頂生或腋生，花多數密生。苞片呈葉狀。萼片5片，線狀披針形。花瓣5片，鮮黃色，長0.6～0.7公分，窄披針形，先端漸尖。蓇葖果直立，披針形，花柱宿存。花期3～8月。

藥用

全草(藥材稱白豬母乳)能清熱、理氣、涼血、消腫、止痛、止渴，治咽喉腫痛、糖尿病、食積腹痛、腸炎痢疾等。

方例

治糖尿病：白豬母乳、有加利心葉、那拔仔心葉各20公克，燉排骨服。

花期(月)
①②❸❹❺❻
❼❽⑨⑩⑪⑫

虎耳草 *Saxifraga stolonifera* Meerb.

｜科名｜虎耳草科 Saxifragaceae。
｜別名｜石荷葉、石丹藥、老虎耳、耳聾草、佛耳草。
｜分布｜臺灣中、北部之中、低海拔陰濕地歸化，各地亦散見栽培當觀賞或藥用。

形態

多年生小草本，全株被粗毛，肉質，莖匍匐細長，紅紫色。單葉叢生，葉片圓形腎狀，長、寬3～8公分，基部心形凹入，先端渾圓，邊緣有淺裂片和不規則細鋸齒，上面綠色，常有白色斑紋，下面有時帶紫紅色。花莖高達25公分，有分枝，圓錐花序。花瓣5枚，白色，2大3小。雄蕊10枚，花藥紫紅色。子房球形。蒴果卵圓形，先端2深裂，呈喙形。花期4～7月。

藥用

全草能疏風、清熱、止咳、涼血、解毒，治中耳炎、耳膿、風火牙痛、咳嗽、咳血、肺癰吐膿血、痔瘡腫痛、血熱月經過多、崩漏、丹毒、濕疹、毒蟲咬傷、火燙傷。

方例

治皮膚風疹：虎耳草、蒼耳子、紫草、蘆根各15公克，水煎服。

花期(月)
①②③❹❺❻
❼⑧⑨⑩⑪⑫

海桐 *Pittosporum tobira* (Thunb.) Ait.

| 科名 | 海桐科 Pittosporaceae
| 別名 | 七里香、金邊海桐。
| 分布 | 臺灣北部海岸叢林很常見。

形態

常綠大灌木，枝條多分歧，幼嫩部份被短柔毛。單葉互生，並叢生於小枝條頂端，葉片倒卵形或長橢圓形，長4～10公分，寬1.5～3.5公分，基部楔形，先端圓形或鈍形，全緣，稍向外捲。花序呈繖房或總狀，頂生，被絨毛。花瓣5枚，白色後變黃色，平滑。雄蕊5枚，花藥黃色。雌蕊1枚，柱頭肥大。蒴果三稜狀球形，直徑約1.5公分。種子紅紫色。花期3～5月。

藥用

枝或葉能解毒、殺蟲，治腫毒、疥瘡、痢疾、疝氣、風濕疼痛、皮膚癢、打傷等。

方例

(1)治中毒性皮膚病：七里香葉60公克，煎水洗。(2)降血壓：七里香葉75公克，煎水服。

花期(月)

1 2 **3** **4** **5** 6
7 8 9 10 11 12

龍芽草 *Agrimonia pilosa* Ledeb.

｜科名｜薔薇科 Rosaceae

｜別名｜仙鶴草、牛尾草、馬尾絲、黃龍牙、七葉枸杞。

｜分布｜臺灣全境低海拔地區之路旁或草地。

形態

多年生草本，莖質硬，全株被粗毛。奇數羽狀複葉互生，小葉大小不一，普通為2對，長橢圓狀披針形，長約3.5公分，寬約2公分，兩面有毛，粗齒牙緣。苞片葉狀。總狀花序生於梢端，長約10公分，其上著生花十餘朵。萼片綠色，尖裂為5，裂片基部具鈎狀毛。花瓣5片，鮮黃色。雄蕊5～10枚。花盤倒圓錐形。瘦果長約0.3公分，具5條縱溝，包被於花盤中。花期7～9月。

藥用

全草(藥材稱仙鶴草，常用收斂止血劑)能收斂、止血、截瘧、止痢、解毒，治吐血、尿血、便血、衄血、崩漏、跌打出血、外出血、腹瀉、痢疾、勞傷、瘧疾等。

方例

(1)治習慣性衄血：仙鶴草40公克、枸杞根30公克、梅乾20公克，水煎服。(2)治齒齦無腫痛而齒出血者：仙鶴草40公克，葡萄乾、炒梔子各20公克，水煎服。

花期(月)

①②③④⑤⑥
❼❽❾⑩⑪⑫

蛇莓 *Duchesnea indica* (Andr.) Focke

｜科名｜薔薇科 Rosaceae
｜別名｜蛇波、蛇婆、蛇抱、地莓、龍吐珠。
｜分布｜臺灣全境平野至中海拔之路旁、草生地、農園或村落空墟地皆可見。

形態

多年生匍匐草本，莖細長，全株被長柔毛。葉為三出複葉，小葉卵狀圓形或橢圓形，基部楔形，先端鈍形，疏生粗齒牙緣。花單立或雙生，腋生，黃色。花萼5裂，裂片卵形，先端銳尖形，副花萼5裂，裂片倒卵形，先端3裂，包圍於花萼之外，較花萼略大。花瓣闊倒卵形，先端微凹。雄蕊多數。瘦果細小，粒狀，紅色，成熟時散布在球形的海綿質花托表面，形成聚合果。花期5～10月。

藥用

全草能清熱、涼血、止血、散瘀、消腫、解毒、殺蟲，治熱病、小兒驚風、咳嗽、百日咳、白喉、吐血、腹痛、腸炎、痢疾、咽喉腫痛、癰腫、疔瘡、蛇蟲咬傷、火燙傷、黃疸、肝炎、糖尿病、小兒胎毒、腮腺炎、乳腺炎、月經過多、帶狀疱疹、無名腫毒、跌打、久年傷、牙疳(指牙齦紅腫、潰爛疼痛、流腐臭膿血等症)。

花期(月)

①②③④❺❻
❼❽❾❿⑪⑫

梅 *Prunus mume* Sieb. & Zucc.

｜科名｜薔薇科 Rosaceae
｜分布｜臺灣各地皆有栽培。

形態

落葉小喬木，小枝綠色。單葉互生，柄具腺點，葉片卵形或闊橢圓形，長4～10公分，寬2～4公分，基部鈍形，先端尾狀尖，細鋸齒緣。花無梗或具短梗，單立或雙出，有時3朵叢生。花萼外側暗紅色，內側黃綠色。花瓣5片，白色或淡紅色，圓形。雄蕊多數，著生於花托之周緣。雌蕊1枚，被絨毛。核果近球形，一側具淺溝。核具淺皺紋及凹點。花期1～2月。

藥用

近成熟果實焙爛成「烏梅」，為常用中藥材之一，能斂肺、澀腸、生津、驅蟲，治肺虛久咳、蛔蟲寄生、虛熱煩渴、久瀉、痢疾、牛皮癬等，或作止血輔助藥，如便血、崩漏之治療。根(藥材稱梅根)可治風痺、膽囊炎、頸部淋巴結核等。帶葉枝梗能治習慣性流產。葉治月水(指月經)不止、霍亂。花蕾能疏肝、和胃、化痰，治梅核氣(即患者自覺咽喉如有梅核堵塞，多由肝鬱氣滯痰凝，咽部痰氣互結所致)、肝胃氣痛、食慾不振、頭暈等。種仁能清暑、明目、除煩等。

花期(月)

❶ ❷ ③ ④ ⑤ ⑥
⑦ ⑧ ⑨ ⑩ ⑪ ⑫

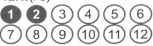

桃 *Prunus persica* (L.) Stokes

｜科名｜薔薇科 Rosaceae
｜別名｜苦桃、毛桃、白桃、紅桃、桃仔、脆桃。
｜分布｜臺灣各地普遍種植。

形態

多年生落葉小喬木，高2～5公尺，樹皮淺灰褐色，鱗芽被毛。單葉互生，具葉柄，柄長約0.5～1公分，上端具腺體，葉片長披針形或長橢圓狀披針形，長8～15公分，寬1.5～3.5公分，基部鈍形，先端漸銳尖，細鋸齒緣。托葉披針形。花先葉開放，具短梗，單立或雙生。花萼倒圓錐形，外被絨毛。花瓣倒卵形，粉紅色。核果闊卵形，有1縱凹溝，先端銳尖，外被細毛。花期1～3月。

藥用

果實能生津、潤腸、活血、消積，治津少口渴、腸燥便秘、經閉、積聚等。種子(藥材稱桃仁)能活血祛瘀、潤腸通便，治經痛、經閉、產後瘀滯腹痛、癥瘕結塊、瘀血腫痛、腸燥便秘。根或根皮(藥材稱桃仔根)能清熱利濕、活血止痛、消癰腫，治黃疸、腰痛、風濕疼痛、跌打、經閉、吐血、衄血、痔瘡等。

方例

治跌打損傷：桃樹根皮(鮮)、南五味子根各15公克，水煎，酒送服。

花期(月)
❶ ❷ ❸ ④ ⑤ ⑥
⑦ ⑧ ⑨ ⑩ ⑪ ⑫

相思 *Abrus precatorius* L.

｜科名｜豆科 Leguminosae
｜別名｜相思子、相思豆、土甘草、雞母珠、鴛鴦豆。
｜分布｜臺灣中、南部之平原、河岸及山麓。

形態

攀緣性灌木，幼嫩部位被毛。偶數羽狀複葉互生，長5～8公分，寬2～3公分，小葉對生，8～12對，小葉片長橢圓形，長2～3公分，寬0.3～0.6公分，基部鈍形，先端具芒尖，全緣。總狀花序腋出或頂生，密花。花冠蝶形，呈碧紫或白色。雄蕊9枚。莢果長橢圓形，內藏種子3～6粒。種子(有劇毒，不可誤食)長約0.7公分，橢圓形，紅色而帶一帽狀黑點(請參閱本書第9頁)。花期8～10月。

藥用

根能清熱、利尿，治咽喉腫痛、肝炎、黃疸、支氣管炎等。藤(莖)葉能清熱、利尿、生津、止渴、潤肺，治咽喉腫痛、肝炎、咳嗽痰喘、乳瘡。

編語

本植物(根、莖葉)具甘甜味，有很好的矯味作用，是市售青草茶常用材料之一，但其種子有劇毒，採集時需避免混入，以免誤食中毒。

花期(月)

1 2 3 4 5 6 7 **8** **9** **10** 11 12

相思樹 *Acacia confusa* Merr.

｜科名｜豆科 Leguminosae

｜別名｜相思仔、相思、細葉相思樹、香絲樹、假葉豆。

｜分布｜臺灣全境平原至海拔600公尺以下山麓。

形態

常綠喬木，樹皮幼時平滑，老則粗糙。幼苗著生羽狀複葉，待其成長，則全變為假葉。假葉互生，革質，葉片披針形而略作鐮刀狀彎曲，長6～10公分，寬0.5～1公分，兩端漸尖，全緣，平行脈5～7條。頭狀花序腋生，直徑約0.5～0.8公分，金黃色。花瓣4片，基部合生。雄蕊多數，挺出花外。花柱較雄蕊長。莢果扁平，兩端截形，熟時黑褐色，內藏種子5～8粒。種子扁平，黑褐色，光滑。花期4～6月。

藥用

嫩枝葉(俗稱相思仔心)能行血散瘀、祛腐生肌，治跌打新傷、打傷嘔血、毒蛇咬傷等；外洗治爛瘡。樹皮治跌打損傷。葉治糖尿病。

方例

(1)治新傷：相思仔心鮮品40公克，搗汁沖米酒服。(2)治打傷不省人事：相思仔心(別稱還魂丹)鮮品20公克，搗汁灌服。

花期(月)

①②③❹❺❻
⑦⑧⑨⑩⑪⑫

金合歡 *Acacia farnesiana* (L.) Willd.

｜科名｜豆科 Leguminosae

｜別名｜鴨皀樹、蕃仔刺、莿仔花、楹樹、牛角花、刺毬花。

｜分布｜臺灣中、南部及東部現已有野生者。

形態

多年生灌木，落葉性，樹皮粗糙，淡褐色，枝椏屈曲，枝上有托葉所變成之棘針(成對出現)，長約2公分。二回羽狀複葉，羽片4～8對，小葉10～25對，線形，長約0.5公分。花鮮黃色，芳香，葉腋抽花梗二、三枝，花著生成頭狀，直徑約1公分。莢果圓筒狀線形，先端尖，不開裂，熟時黑色，內藏多數種子。花期於春、夏間。

藥用

根及粗莖(藥材稱蕃仔刺)能收斂、止血、止咳、解熱、去風，治遺精、白帶、脫肛、外傷出血、咳喘、瘧疾、丹毒、痙攣、痲痺、關節痛、骨酸、手腳無力、年久風傷等。

方例

(1)治瘡癤，有消散之功：蕃仔刺、鈕仔茄、黃水茄、水茬根、冇骨消根、狗頭芙蓉、六月雪及萬點金各15公克，半酒水，煮青皮鴨蛋服。(2)去風，治產婦腰酸：蕃仔刺110～150公克，燉赤肉服；若治手腳風，則改燉豬腳服。

花期(月)

①②❸❹❺❻
⑦⑧⑨⑩⑪⑫

菊花木 *Bauhinia championii* (Benth.) Benth.

｜科名｜豆科 Leguminosae
｜別名｜黑蝶藤、烏蛾藤、紅花藤、龍鬚藤、鈎藤。
｜分布｜臺灣全境山麓叢林以至海拔1400公尺之林內。

形態

常綠木質大藤本，著生卷鬚，嫩枝密布皮孔，與花序均著生黃色絨毛。單葉互生，葉柄先端粗大成為一關節，葉片闊心形，長5～9公分，寬4～6公分，基部心形，先端2淺裂，裂凹間常有1芒刺，葉脈7～9條。總狀花序頂生，花黃白色，小形。花瓣5片，邊緣曲皺，基部有柄。雄蕊10枚，其中三枚可孕，餘則甚小或缺。莢果扁長橢圓形，暗紫色，內藏種子4～6粒。花期8～10月。

藥用

根能袪風濕、行氣血，治跌打損傷、風濕骨痛、心胃氣痛。藤能袪風、去瘀、止痛，治風濕骨痛、跌打、胃痛、消化性潰瘍等。葉能退翳。種子能理氣止痛、活血散瘀，治跌打損傷。

方例

(1)治心胃氣痛：菊花木根15公克，水煎服。(2)治消化性潰瘍：菊花木(藤)30公克、兩面針9公克，水煎服。

花期(月)

1 2 3 4 5 6
7 **8** **9** **10** 11 12

樹豆 *Cajanus cajan* (L.) Millsp.

｜科名｜豆科 Leguminosae
｜別名｜木豆、蒲姜豆、番仔豆、花螺樹豆、白樹豆、觀音豆。
｜分布｜臺灣各地常可見零星栽培，尤其以原住民較多。

形態

矮灌木，高1～3公尺，全株密被灰白色柔毛。葉為三出複葉，互生，小葉片長橢圓狀披針形，長5～9公分，寬1.5～3公分，兩端均呈銳形，全緣。總狀花序頂生或腋出，具梗。花冠蝶形，黃色或橙色，龍骨瓣內曲。雄蕊10枚，二體。莢果長橢圓形，先端具尖嘴，表面有4～5橫溝，外被粗毛。種子圓形，5～6粒，一端扁平，通常呈褐色，惟具白色小臍。花期2～11月。

藥用

種子能清熱解毒、止血止痢、散瘀止痛、排膿消腫，治風濕痺痛、跌打腫痛、瘡癤腫毒、脚氣、水腫、便血、衄血、產後惡露不盡、黃疸型肝炎、膀胱或腎臟發炎等。根能清熱解毒、利濕止血，治咽喉腫痛、癰疽腫毒、血淋、痔瘡出血、水腫、小便不利等。

方例

(1)治肝腎水腫：樹豆種子、薏苡仁各15公克，水煎服。
(2)治貧血：樹豆根15公克，燉瘦肉服。

花期(月)
① ❷ ❸ ❹ ❺ ❻ ❼ ❽ ❾ ❿ ⓫ ⑫

白鳳豆 *Canavalia ensiformis* (L.) DC.

｜科名｜豆科 Leguminosae
｜別名｜洋刀豆、關刀豆、菜刀豆、立刀豆、矮性刀豆。
｜分布｜全島各地零星栽培或野生。

形態

一年生直立性草本，株高60～100公分。三出複葉互生，小葉片卵狀或橢圓形，長5～10公分，寬4～9公分，基部楔形，先端銳尖，全緣。總狀花序腋生，下垂。蝶形花冠紫紅色，長2.5～3公分，旗瓣略圓形，微凹頭，翼瓣較短，約與龍骨瓣等長，龍骨瓣彎曲。雄蕊10枚，形成二體。子房具短柄。莢果廣線形，邊緣有隆脊，熟時褐色。種子橢圓形，白色，種臍長度約為種子長度的一半。花期6～8月。

藥用

種子能溫中下氣、益腎補元、祛痰通便，治虛寒呃逆、嘔吐、腹脹、腎虛腰痛、痰喘、喉痺等。

編　語

種子有毒，直接食用易引發嘔吐、腹瀉等。因此，必須先煮熟後，用水浸泡2～3小時，再剝去豆皮才可食用。

花期(月)
1 2 3 4 5 **6** **7** **8** 9 10 11 12

銳葉小槐花 *Desmodium caudatum* (Thunb.) DC.

｜科名｜豆科 Leguminosae
｜別名｜小槐花、抹草、磨草、鬼仔豆、山螞蝗。
｜分布｜臺灣北部低海拔之荒地及叢林內。

形態

灌木，高約1公尺。三出複葉互生，柄具薄翼，頂生小葉片長7～12公分，寬2～3公分，披針形，葉基、葉尖均為漸尖形，全緣，上下表面葉脈均隆起；側生小葉較小。托葉針尖狀。花序呈總狀或圓錐狀，腋生或頂生。花萼裂片漸尖形，被毛。花冠蝶形，花瓣黃色或綠白色。雄蕊10枚。花柱內曲，柱頭小。莢果長5～7公分，扁平，4～6節，節呈窄橢圓形，被褐色鈎毛。花期7～11月。

藥用

葉(藥材稱抹草葉)能去風邪、解表，治吐血、衄血、帶下、癰腫、產後血行及腹痛等，外洗小兒受驚、皮膚癢。根(藥材稱抹草頭)能消炎、散血、解毒、殺菌、降火氣，治癰疽、無名腫毒、肺癰、皮膚癢、腹痛、胃酸過多、眼疾、下消、小兒軟骨(指發育不良)等。

方例

(1)治肺癰：抹草頭、王不留行各40公克，燉赤肉服。(2)治打傷：抹草頭、石榴頭、冷飯藤頭各40公克，煮酒服。(3)治臭頭：抹草頭40公克，燉排骨服。

花期(月)

①②③④⑤⑥
❼❽❾❿⓫⑫

三點金草 *Desmodium triflorum* (L.) DC.

｜科名｜豆科 Leguminosae
｜別名｜小葉三點金、蝴蠅翼、蠅翅草、三耳草、四季春。
｜分布｜臺灣全境平野之路旁、田畔、河堤、開闊草地多見。

形態

細小草本，匍匐性，莖纖細，全株被短白毛。葉為三出複葉，互生，小葉膜質，倒卵狀楔形或倒卵狀截形，先端微凹或截形，頂生小葉長0.6～1公分，寬0.7～0.8公分。托葉長約0.35公分，銳尖形。花單生或2～3朵簇生於葉腋，花梗細長。花冠蝶形，紫紅色。莢果扁平，呈鐮狀彎曲，長0.8～1.5公分，寬0.3公分，2～5節，背脊端直，腹脊縊縮，具鉤毛及網紋。種子長方形。花期4～10月。

藥用

全草能理氣和中、祛風活血，治中暑腹痛、疝氣、泄瀉、經痛、月經不調、產後關節痛、跌打損傷、乳腺炎、漆瘡、疥癬、黃疸、淋病等。

方例

(1)治中暑腹痛：三點金草、積雪草、地錦草、地膽草各30公克，水煎服。(2)治痢疾：蝴蠅翼、鳳尾草、乳仔草、丁豎杇各40公克，半酒水煎服。

花期(月)

①②③❹❺❻
❼❽❾❿⑪⑫

大葉千斤拔 *Flemingia macrophylla* (Willd.) Kuntze *ex* Prain

｜科名｜豆科 Leguminosae
｜別名｜白馬屎、紅藥頭、臭空仔、木本白馬屎、大葉佛來明豆、一條根。
｜分布｜臺灣全境低海拔山野及灌叢中。

形態

灌木，嫩枝具翼，被毛。葉為三出複葉，互生，頂生小葉橢圓形，長約8公分，寬約3公分，先端漸尖，兩側小葉基部歪形，全緣，葉柄有狹翼。托葉早落。總狀花序腋出，具短梗。花萼鐘形，深5裂，裂片線形，先端漸尖。花冠蝶形，粉紅色，旗瓣近圓形，先端略呈凹缺。雄蕊10枚，二體。子房被毛。莢果長橢圓形，長約1.4公分，具2粒種子。花期8～10月。

藥用

根(藥材稱白馬屎)能舒筋活絡、強腰壯骨、祛風利濕、健脾補虛、清熱解毒，治風濕性關節炎、腰肌勞損、四肢痿軟、偏癱、氣虛足腫、勞傷久咳、跌打損傷、腎虛陽萎、咽喉腫痛、疥瘡、月經不調、帶下、腹脹、食少、痢疾等。

方例

(1)腎虛陽萎：白馬屎60公克、獼猴桃藤(俗稱豬哥藤)30公克，泡酒飲。(2)治月內風：白馬屎、蘄艾各60公克，半酒水燉瘦肉服。

花期(月)

1 2 3 4 5 6 7 **8** **9** **10** 11 12

千斤拔 *Flemingia prostrata* Roxb.

｜科名｜豆科 Leguminosae
｜別名｜一條根、菲律賓千斤拔、蔓性千斤拔、菲島佛來明豆。
｜分布｜臺灣全境低海拔草生地。

形態

攀緣性灌木，全株密被柔毛，主根粗如人指，一枝直下，很難拔取，故名。葉為三出複葉，互生，具長柄，頂生小葉狹橢圓形，長3～8公分，寬1.5～2.5公分，先端鈍形，兩側小葉基部歪形。托葉線狀披針形。總狀花序腋生，較葉短，花小。花萼深5裂，裂片線形。花冠蝶形，紫紅色。雄蕊10枚，二體。莢果長橢圓形，長約0.9公分，肥大，具2粒種子。花期5～8月。

藥用

根(藥材稱一條根)能補氣血、助陽道、祛風利濕、止痛，治腰肌勞損、偏癱痿痺、風濕骨痛、氣虛腳腫、勞傷久咳、咽喉腫痛、跌打損傷等。

方例

治風濕疼痛：(1)一條根、穿山龍、黃金桂、海芙蓉、土菸頭各20公克，水煎服；(2)一條根、芙蓉頭、白馬屎、金英根、烏不宿、紅竹根各20公克，煎冰糖或燉赤肉服。

花期(月)

①②③④❺❻❼❽⑨⑩⑪⑫

扁豆 *Lablab purpureus* (L.) Sweet

｜科名｜豆科 Leguminosae

｜別名｜(白)肉豆、白扁豆、蛾眉豆、鵲豆、沿籬豆。

｜分布｜臺灣各地零星栽培。

形態

纏繞性藤本，長可達6公尺以上，莖常帶紫色。三出複葉互生，頂生葉卵形，側生葉兩側不等，基部鈍形，先端銳形或漸尖，全緣。花單生或通常稍微叢生成總狀花序，腋生。花萼鐘形，4裂。花瓣白色或紅至紫色，旗瓣非常寬，基部呈葉耳狀，翼瓣與龍骨瓣合生。雄蕊為二體雄蕊。柱頭頂生，柱頭下之花柱有鬚。莢果扁平，長橢圓形，筆直或稍彎曲。種子2～5粒。花期8～12月。

藥用

根或藤莖(藥材稱白肉豆根)能補腎、消渴，治便血、下消、敗腎、白帶、霍亂、痢疾、糖尿病等。種子(藥材稱白扁豆)能健脾化濕、清暑止瀉，治嘔吐、泄瀉、消化不良、帶下等。

方例

(1)治下消、婦人赤白帶：白粗糠(根)、荔枝根、龍眼根、白石榴根、白龍船花根、白肉豆根各20公克，燉小肚服。(2)治熱性風濕病：白埔姜75公克，觀音串、龍眼根各40公克，牛乳埔、白肉豆根及枸杞根各20公克，半酒水燉赤肉服。(3)助小兒發育，治敗腎：牛乳埔、白龍船花、白肉豆根、丁豎杇、枸杞根各30公克，燉雞服。

花期(月)

①②③④⑤⑥⑦ **❽❾❿⓫⓬**

牌錢樹 *PPhyllodium pulchellum* (L.) Desvaux

｜科名｜豆科 Leguminosae
｜別名｜龍鱗草、金錢草、排錢草、紙錢塹(紙錢占)、拉里蘭仔。
｜分布｜臺灣全境平野至低海拔山區曠野、山坡或墓地。

形態

亞灌木或權木，上部多分枝，枝條細長，被毛。三出複葉互生，頂小葉特大，長橢圓形，長8～12公分，寬3～5公分，基部圓形，先端鈍形或近尖形，背面有毛，側生小葉較小，全緣或微波緣。總狀花序頂生或腋生，由小繖形花序所組成，每個小繖形花序由2片葉狀苞片合包於內，白天展開。苞片近圓形。花冠蝶形，淡黃白色。雄蕊10枚，2體。莢果矩圓形，2節。花期於夏、秋間。

藥用

根及粗莖(藥材稱紙錢塹頭)能疏風解表、祛風利水、散瘀消腫，治感冒發熱、風濕痺痛、咽喉腫痛、牙痛、肝脾腫大、腹水、慢性傳染性肝炎、肝病、關節炎、月經不調、跌打損傷、毒蟲咬傷等。

方例

(1)治手風：紙錢塹頭、紅雞屎藤、風藤、楦梧根、青山龍各40公克，半酒水燉排骨服。(2)治小兒發育不良：紙錢塹頭160公克，煎水服。

花期(月)
1 2 3 4 5 **6**
7 **8** **9** 10 11 12

狐狸尾 *Uraria crinita* (L.) Desv. *ex* DC.

｜科名｜豆科 Leguminosae
｜別名｜狗尾草、九尾草、狗尾苔仔、通天草、兔尾草。
｜分布｜臺灣全境平野至低海拔山區之荒地或山坡地雜草叢中，今幾乎都是大量栽培。

形態

亞灌木狀草本，高約1.5公尺，枝條堅硬，被短粗毛。葉為奇數羽狀複葉，小葉3～7枚，小葉片長橢圓形或卵狀披針形，長5～10公分，寬2～4公分，基部鈍形，先端漸尖，全緣。總狀花序頂生，花密集，長可達30公分。花冠蝶形，紫色，旗瓣圓形，翼瓣刀形，龍骨瓣線形。雄蕊10枚，二體，對著旗瓣的1枚分離。子房上位，花柱內彎，線形。莢果3～7節。種子腎形。花期5～10月。

藥用

全草能清肺止咳、散瘀止血，治肺熱咳嗽、肺癰、積聚、乳吹(即妊娠乳腫)、脫肛、子宮脫垂、吐血、尿血、外傷出血、白帶、關節炎等。根能驅蟲、益腎、理氣、化痰，治小兒驚癇、蟲積所致發育不良、腎虛遺精、心胃氣痛、痰飲咳嗽等。臺灣民間習慣取其粗莖及根入藥，偶帶少許葉子，藥材稱「狗尾草」，為小兒開脾良藥。

方例

助小兒發育，殺蟲，治胃痛：狗尾草40公克、使君子根75公克，水煎服。

花期(月)
①②③④❺❻
❼❽❾❿⑪⑫

酢漿草 *Oxalis corniculata* L.

｜科名｜酢漿草科 Oxalidaceae
｜別名｜黃花酢漿草、鹽酸仔草、山鹽酸、酸味草、黃花草。
｜分布｜臺灣全島低至中海拔荒地常見。

形態

多年生草本，莖匍匐或斜生，節間細長，節處生根。葉互生，掌狀複葉，柄長3～7公分。小葉3枚，倒心臟形，長寬通常均不長於2公分，全緣。花1至數朵，繖形花序排列，腋生，花序柄與葉柄約等長。萼片5枚，長0.2～0.3公分。花瓣黃色，5枚，倒卵形。雄蕊10枚，花柱5裂。蒴果圓柱狀，具5稜。種子多數，闊卵形，具7～9條皺紋，褐色。花期幾乎全年。

藥用

全草能清熱利濕、涼血活血、消腫解毒、生津止渴，治痢疾、脫肛、黃疸、淋病、赤白帶下、痲疹、發熱咳嗽、吐血、衄血、咽喉腫痛、痔瘡、疥癬、癰瘡腫毒、跌打損傷、火燙傷等。(本品為治喉痛之常用藥，其入藥多以鮮品為主)

方例

治喉痛：鹽酸仔草、白尾蝶花根莖、葉下紅、百正草皆取鮮品，各20公克，絞汁服。

花期(月)

1 2 3 4 5 6
7 8 9 10 11 12

小飛揚 *Chamaesyce thymifolia* (L.) Millsp.

｜科名｜大戟科 Euphorbiaceae
｜別名｜小本乳仔草、紅乳草、痢疾草、千根草、萹蓄草。
｜分布｜臺灣全境平地常見，生於田邊、路旁或山坡草地濕潤處。

形態

一年生草本，全株含白色乳汁，莖匍匐，通常帶紅色。單葉對生，葉片橢圓形至矩圓形，長約0.5公分，寬0.2～0.4公分，先端鈍，基部偏斜而截頭狀，邊緣有極小鋸齒。杯狀花序單生或少數聚繖狀排列於葉腋。總苞陀螺狀，淡紫色，腺體4，漏斗狀。花單性，無花被，雌、雄花同生於總苞內。雄花多數，但皆只具雄蕊1枚。雌花1，生於花序中央。蒴果有毛，卵狀三稜形。花期幾乎全年。

藥用

全草能清熱、收斂、利濕、止癢、解毒、消炎，治腸炎、瘧疾、濕疹、急性菌痢、過敏性皮膚炎、乳癰、小兒爛頭瘡、血痔、瘡癤、疥癬等。

方例

(1)治痢疾：紅乳草30公克、老茶葉15公克，煎水，沖蜜糖服。(2)治香港腳及一切皮膚疹：紅乳草20公克、埔銀及蒼耳草各16公克，水煎服。

花期(月)
1 2 3 4 5 6
7 8 9 10 11 12

扛香藤 *Mallotus repandus* (Willd.) Muell.-Arg.

｜科名｜大戟科 Euphorbiaceae

｜別名｜桶鉤藤、桶交藤、單鉤藤、糞箕藤、倒掛茶。

｜分布｜臺灣全境低海拔地區，近海岸處叢林中常見。

形態

常綠蔓性灌木，幼嫩部份被星狀毛，小枝堅韌，稍彎如鉤刺。單葉互生，柄先端有明顯轉折，葉片三角狀卵形至橢圓形，長4～8公分，寬3～5公分，基部圓、截平或稍呈心形，先端漸尖，全緣，脈掌狀，3條，兩面被星狀毛。總狀花序或下部稍分枝，花單性。雄花萼3～4裂，雄蕊多數。雌花萼5裂，子房3室。蒴果扁球形，密被黃褐色短絨毛。種子黑色，有光澤。花期3～8月。

藥用

根及粗莖(藥材稱桶交藤)能祛風除濕、活血通絡、解毒消腫、驅蟲止癢，治風濕痺腫、慢性潰瘍、毒蛇咬傷、蛔蟲寄生、跌打、癰腫瘡瘍、濕疹、腰腿痛、產後風癱等。

方例

(1)治小兒受驚、夜啼，頭暈痛：桶交藤16公克，防風、白芷、蔓荊子各8公克，金蟬、甘草各4公克，水煎服。(2)治腳酸：桶交藤75公克，水煎服。

花期(月)

①②❸❹❺❻❼❽⑨⑩⑪⑫

葉下珠 *Phyllanthus urinaria* L.

｜科名｜大戟科 Euphorbiaceae
｜別名｜珠仔草、紅骨櫸層珠仔草、珍珠草、真珠草。
｜分布｜臺灣全島各地可見。

形態

草本，高可達50公分，莖直立，光滑，具分枝，通常帶紅色，葉著生短枝上。單葉互生，葉片長橢圓形至長橢圓狀倒卵形，長0.7～1.5公分，寬0.3～0.6公分，基部斜圓，先端圓形，微凸頭，葉緣微糙澀。花單性，腋生，幾無花梗。雄花1～2朵著生於較上部，雄蕊3枚，花絲合生。雌花著生於下部，單出。蒴果扁球形，具密瘤。種子三角形，具橫皺紋。花期7～10月。

藥用

全草能清熱、解毒、利尿、消積、明目、消炎、平肝，治泄瀉、痢疾、傳染性肝炎、水腫、淋痛、小兒疳積、赤眼目翳、口瘡、頭瘡、無名腫毒、酒感、打傷等。

方例

(1)治眼膜紅疼痛多淚者：葉下珠30公克，山秀英、小本山葡萄各20公克，苦草(當藥)15公克，水煎服。(2)退五臟六腑之火，治高血壓：葉下珠75公克，水煎服。

花期(月)

①②③④⑤⑥
❼❽❾❿⑪⑫

蓖麻 *Ricinus communis* L.

｜科名｜大戟科 Euphorbiaceae
｜別名｜紅蓖麻、紅肚卑、肚蓖仔、牛蓖子草、杜麻。
｜分布｜臺灣各地平野隨處可見。

形態

大型灌木狀草本，光滑，幼嫩部份灰白色，全株綠色或稍帶紫紅色。單葉互生，叢集枝梢，葉片圓形盾狀，直徑20～60公分，掌狀裂，具7～9裂片，鋸齒緣。單性花，雌雄同株，總狀花序，雄花著生花軸下部，雌花著生於上部。雄花的花被5枚，雄蕊多數。雌花的花被亦5枚，較小，子房3室，花柱3枚，紅色，柱頭2歧。蒴果球形，被肉刺。種子具暗褐色斑紋。花期5～10月。

藥用

種子(藥材稱蓖麻子)為消腫、瀉下藥，可治便秘、喉痛、水腫腹滿、疥癩癬瘡、瘰癧、癰疽腫毒等。根及粗莖(藥材稱紅肚卑頭)能祛風散瘀、鎮靜解痙，治破傷風、跌打損傷、風濕疼痛、癲癇、瘰癧等。

方例

(1)治慢性盲腸炎：紅肚卑頭40公克、咸豐草頭60公克、無頭土香20公克，半酒水煎服。(2)治風濕病：紅肚卑頭150公克，去皮，半酒水燉鱔魚服。

花期(月)
①②③④❺❻
❼❽❾❿⑪⑫

芸香 *Ruta graveolens* L.

｜科名｜芸香科 Rutaceae

｜別名｜臭芙蓉、臭節草、臭草、心臟草、猴仔草。

｜分布｜臺灣各地零星栽培。

形態

多年生草本，高可達100公分，全株具強烈氣味，光滑，有腺點。葉為2～3回羽狀複葉，互生，長5～15公分，小葉片卵長圓形、倒卵形或匙形，長1～2公分，全緣或鈍鋸齒緣。花序為聚繖花序，頂生或腋生，花金黃色。花萼4～5枚，細小。花瓣4～5片。雄蕊8～10枚。子房4～5室。蒴果熟時開裂。種子腎形，黑色。花期於春季。

藥用

全草能清熱解毒、散瘀止痛，治感冒發熱、牙痛、月經不調、小兒濕疹、瘡癤腫毒、跌打損傷、經痛、經閉、蛇蟲咬傷等。

方例

(1)治高血壓、腹痛：芸香15公克，水煎服。(2)治心肌梗塞、心臟衰竭：芸香7節，生地、黃耆、福肉各15公克，水煎服。

花期(月)

① ❷ ❸ ❹ ⑤ ⑥ ⑦ ⑧ ⑨ ⑩ ⑪ ⑫

香椿 *Toona sinensis* (A. Juss.) M. Roem.

｜科名｜楝科 Meliaceae

｜別名｜父親樹、椿、紅椿、豬椿、春陽樹、香樹。

｜分布｜臺灣各地散見人家栽培，花市常見販售樹苗。

形態

落葉性喬木，髓心大，全株具濃郁氣味。羽狀複葉互生，小葉近對生，小葉片長圓形至長圓狀披針形，先端短尖，基部偏斜狀近圓形或闊楔形，全緣或疏細鋸齒緣，葉背淡綠色。圓錐花序頂生，芳香，花白色。蒴果橢圓形，熟時五角狀之中軸分離為5裂片。種子上端具翅。花期5～6月。

藥用

葉能祛暑化濕、消炎解毒、殺蟲，治暑濕傷中、噁心、嘔吐、食慾不振、痔瘡、痢疾、腸炎、高血壓、糖尿病、痛風、疥瘡、癰疽腫毒等。樹皮及根皮(需去除外部黑皮，藥材稱椿白皮)能除熱、燥濕、澀腸、止血、殺蟲，治痢疾、泄瀉、小便淋痛、便血、血崩、帶下、風濕腰腿痛等。

方例

(1)治尿路感染、膀胱炎：椿白皮、車前草各30公克，川柏9公克，水煎服。(2)治糖尿病：香椿葉、明日葉各15公克、芭樂葉6公克，水煎服。

花期(月)

①②③④❺❻
⑦⑧⑨⑩⑪⑫

倒地鈴 *Cardiospermum halicacabum* L.

｜科名｜無患子科 Sapindaceae
｜別名｜扒藤炮仔草、白花炮仔草、粽仔草、假苦瓜、風船葛。
｜分布｜臺灣全島平地至低海拔向陽處。

形態

纏繞性草本，莖質柔軟，稍具柔毛。葉通常為二回三出複葉，互生，葉片卵狀披針形，邊緣具粗大鋸齒。花序腋生，梗長5～7公分，近頂端部分枝處有2～3枝卷鬚。花數朵排列成近繖形的聚繖花序，花分為兩性花與雄花。兩性花之花瓣4枚，白色，大小不等，其中兩片特大，常與萼片黏合。雄花與兩性花相似，但雌蕊退化。蒴果膜質，膨脹成倒卵形，具三稜。花期7～8月。

藥用

全草能清熱、利尿、健胃、涼血、活血、解毒，治糖尿病、疔瘡、疥癩、便秘、小便不利、肺炎、肝炎、黃疸、淋病、結石症、風濕症、疝氣腰痛、陰囊腫痛、跌打損傷等。

方例

(1)治不明發熱，且體溫時退時升：倒地鈴15公克，水煎服。(2)治諸淋：倒地鈴9公克、金錢薄荷6公克，水煎服。

花期(月)
①②③④⑤⑥
⑦⑧⑨⑩⑪⑫

荔枝 *Litchi chinensis* Sonnerat

｜科名｜無患子科 Sapindaceae
｜別名｜離枝、麗枝、荔支、丹荔、火山荔、勒荔。
｜分布｜臺灣全境平地至山地廣為栽培，中南部尤多。

形態

常綠喬木，高10～15公尺，幼枝被褐色毛，幼葉呈淺紅色。羽狀複葉互生，小葉2～4對，互生或近對生，革質。小葉披針形或長橢圓形，長7～15公分，寬3～6公分，基部鈍或楔形，先端漸尖形，全緣。圓錐花序頂生，花多數而小，淡黃色，雜性，無花瓣。雄蕊7～8枚。子房上位，具短柄。核果球形，外果皮具瘤狀突起，熟時深紅色。種子矩圓形，黑褐色光滑。花期4～5月。

藥用

種子(藥材稱荔枝核)能溫中、理氣、止痛、散結，治胃脘痛、疝氣痛、睪丸腫痛、痛經、婦女血氣刺痛等。果皮(藥材稱荔枝殼)能清心降火、解荔枝熱、除濕收斂，治產婦口渴、感冒頭痛、腹痛、腸風、痢疾、脫肛、濕疹、痘瘡透發不快、血崩、呃逆等。

花期(月)

①②③❹❺⑥
⑦⑧⑨⑩⑪⑫

岡梅 *Ilex asprella* (Hook. & Arn.) Champ.

｜科名｜冬青科 Aquifoliaceae
｜別名｜釘秤仔、燈秤仔、燈稱花、萬點金、烏雞骨、山甘草。
｜分布｜臺灣全境山麓，再生林伐採跡地或灌叢中、草地。

形態

落葉灌木，高可達4公尺，根粗如人腿，外被白斑，莖綠色，光滑，密生白色小斑點(皮目)，故名「萬點金」。單葉互生，葉片卵形，長3～5公分，寬1.5～2公分，細鋸齒緣。花白色，與新葉同時開放，腋生，數朵成叢，花梗纖細，基部有苞。萼片4～5裂，覆瓦狀，具有緣毛。花瓣4～5裂，白色，橢圓形。雄蕊4～5枚，著生於花冠上。核果橢圓形，熟時黑色，具宿存萼。花期3～5月。

藥用

根及粗莖(藥材稱萬點金)能清熱解毒、生津止渴、活血，治感冒、肺癰、乳蛾、咽喉腫痛、淋濁、風火牙痛、瘰癧、癰疽疔癤、過敏性皮膚炎、痔血、蛇咬傷、跌打等。

方例

(1)開中氣，治久年跌打傷、風痛：萬點金40公克、紅骨雞屎藤頭及白馬屎各75公克，用豬尾，以半酒水，文火燉服。(2)治咳嗽乏力：萬點金、澤蘭及對葉蓮各110公克，燉豬肉服。

花期(月)

①②❸❹❺⑥
⑦⑧⑨⑩⑪⑫

大棗 *Ziziphus jujuba* Mill.

｜科名｜鼠李科 Rhamnaceae

｜別名｜美棗、紅棗、良棗、南棗、刺棗、半官棗。

｜分布｜臺灣各地人家零星栽培，但以苗栗縣的公館鄉種植面積最大。

形態

落葉灌木或小喬木，高可達10公尺，小枝具棘刺。單葉互生，橢圓狀卵形或卵狀披針形，長3～7公分，寬2～3.5公分，先端稍鈍，基部偏斜，細鋸齒緣，基出3脈。花較小，淡黃綠色，2～8朵著生葉腋，呈聚繖花序。花瓣5片。雄蕊5枚，著生於花盤邊緣。花盤厚，肉質。子房下部與花盤合生。核果卵形至長圓形，熟時深紅色，味甜。核紡錘形，兩端銳尖。花期4～6月。

藥用

果實能補脾和胃、安神、益氣生津，治胃虛少食、脾弱便溏、倦怠乏力、產後體虛、過敏體質、婦人臟躁症等。根能治丹毒、胃痛、吐血、月經不調、關節酸痛等。

編語

將採收的生棗，連續曝曬約1星期，待水份蒸乾後，所得紅色棗乾即「紅棗」。若將已成熟的大棗果實，置入加有棉子油、松煙的水中煮沸，再取出晾乾，以煙火燻烤，連續3天即成「黑棗」。

花期(月)

①②③❹❺❻
⑦⑧⑨⑩⑪⑫

木槿 *Hibiscus syriacus* L.

|科名|錦葵科 Malvaceae
|別名|水錦花、白水錦花、朝開暮落花、籬障花。
|分布|臺灣各地多見觀賞栽培。

形態

落葉灌木，枝條細長。單葉互生，葉片卵形、闊卵形或菱形，有時呈3淺裂，長4～7公分，寬2.5～4公分，粗鋸齒緣。花具短梗，腋出，單立。小苞6～7枚，線形。花萼杯形，5裂，裂片為三角形，與小苞均密被褐色星狀毛。花冠鐘形，淡紫色、桃紅色或白色，5裂，裂片倒卵形，基部與雄蕊筒合生，有時為重瓣者。蒴果長橢圓形，外被金黃色星狀毛。花期5～10月。

藥用

根皮及莖皮能清熱、利濕、解毒、止癢，治黃疸、痢疾、腸風瀉血、肺癰、腸癰、帶下、痔瘡、脫肛、陰囊濕疹、疥癬。花能清涼解毒、利濕，治中暑、肺熱咳嗽、吐血、腸風便血、痢疾、痔血、白帶、癰腫瘡毒。根能清熱解毒、利濕消腫，治咳嗽、肺癰、腸癰、痔瘡腫毒、帶下、疥癬。

方例

治白帶：水錦花(以花入藥)7公克，水煎服。

花期(月)
①②③④❺❻
❼❽❾❿⑪⑫

山芙蓉 *Hibiscus taiwanensis* S. Y. Hu

｜科名｜錦葵科 Malvaceae
｜別名｜狗頭芙蓉、三醉芙蓉、千面美人。
｜分布｜臺灣全境平地至海拔1000公尺山麓。

形態

落葉大灌木或小喬木，全株密生長毛。單葉互生，葉片略呈半圓形，3～5淺裂，裂片為闊三角形，邊緣有鋸齒，基部心形，長6～9.5公分，寬6～10公分。花腋生，單立，具長梗，白色、粉紅色或紅色。總苞8片，線形。萼鐘形，5裂，裂片為三角狀橢圓形，外被星狀絨毛。花冠淺鐘形，基部合生，有毛。蒴果球形，直徑約2公分，有毛。花期5～10月。

藥用

根及粗莖能清肺止咳、涼血消腫、解毒，治肺癰、惡瘡、關節炎、濕性肋膜炎、膿胸、牙痛等，為民間外科之消炎劑、解毒藥、解熱劑。

方例

(1)治肋膜炎：山芙蓉根、山甘草、雙面刺及豨薟草各20公克，水煎服。(2)治無名腫毒：山芙蓉根、雙面刺、埔銀各55公克，王不留行140公克，用湯少許，燉排骨及青皮鴨蛋服。

花期(月)
1 2 3 4 **5** **6** **7** **8** **9** **10** 11 12

木棉 *Bombax malabarica* DC.

| 科名 | 木棉科 Bombacaceae

| 別名 | 加薄棉、斑芝樹、棉樹、古貝、吉貝、英雄樹。

| 分布 | 臺灣中南部平地及山麓，各地行道樹、公園、私人庭院亦見栽培。

形態

落葉大喬木，樹幹有大瘤刺，側枝橫展，輪生。掌狀複葉，互生，小葉5～7片，長橢圓形，長10～15公分，寬4～6公分，基部銳形，先端銳尖，全緣。花先葉開放，橘紅色，肉質，直徑約10公分。花萼杯形，多為2裂。花瓣5枚，倒卵形，兩面均被星狀毛。雄蕊多數。柱頭5裂，濃紅色。蒴果橢圓形，長約15公分，5裂。種子卵圓形，直徑約0.3公分，密被棉毛。花期3～4月。

藥用

花能清熱、利濕、解毒、止血，治腸炎、菌痢、血崩、瘡毒、金創出血、暑熱、肝病等。根或根皮(藥材稱木棉根)為著名的催淫劑，能清熱利尿、收斂止血、散結止痛，治肝炎、黃疸、胃潰瘍、慢性胃炎、產後浮腫、赤痢、痰火、瘰癧、跌打扭傷、糖尿病等。樹皮(藥材稱木棉皮)效用與木棉根相近。

花期(月)

①②❸❹⑤⑥
⑦⑧⑨⑩⑪⑫

椬梧 *Elaeagnus oldhamii* Maxim.

｜科名｜胡頹子科 Elaeagnaceae
｜別名｜柿糊、福建胡頹子、鍋底刺。
｜分布｜臺灣全境平地至海拔500公尺山區。

形態

常綠灌木或小喬木，小枝及葉柄被有淡褐色鱗片，短枝常成針狀。單葉互生，叢集枝梢，葉片倒卵形，長3～6公分，寬1～2.5公分，先端圓形而常微凹，基部銳形，全緣，表面濃綠而有鱗片，背面除痂狀銀白色鱗片之外，尚混生褐色斑點。花2～3朵叢生，腋出。花被筒長約0.5公分，4裂，裂片卵圓形，外被鱗痂。核果球形，徑0.2～0.5公分，熟時紅色，果肉味香。花期4～7月。

藥用

根及幹能祛風理濕、下氣定喘、固腎，治疲倦乏力、泄瀉、胃痛、消化不良、風濕關節痛、哮喘、久咳、腎虧腰痛、盜汗、遺精、帶下、跌打、小兒發育不良等。

方例

(1)治風濕、跌打：椬梧根、黃金桂、萬點金、蔡鼻草頭各20公克，煮酒服。(2)治胃熱口渴，產後口渴：椬梧根、觀音串、有骨消根各20公克，水煎服。

花期(月)

①②③❹❺❻
❼⑧⑨⑩⑪⑫

臺灣堇菜 *Viola formosana* Hayata

｜科名｜堇菜科 Violaceae
｜別名｜蚶殼錢、紅含殼草、紅鍋蓋草、臺灣茶匙癀。
｜分布｜臺灣全境海拔1400～2500公尺之中海拔山區。

形態

草本，根莖粗短。根生葉叢生，柄長3～5公分，托葉側生葉柄基部。葉片心臟形或近圓形，長1.5～4公分，寬1.5～3公分，基部凹心形，先端鈍形至漸尖形，鈍鋸齒緣，上面暗綠色，背面多紫紅色。花冠淡粉紅色至紫紅色，花梗長於葉柄一倍。花瓣5枚，上瓣與側略同形，長倒卵形，先端鈍圓形或略凹入，下瓣最大，先端凹入或淺裂，距囊狀。蒴果長柱形。花期3～8月。

藥用

全草(藥材稱蚶殼錢)為兒科、婦科良藥，能清熱解毒、活血通經、益脾胃、解鬱、去胎毒，治感冒、咳嗽、小兒疳積、小兒發育不良、消化不良、胎毒、月經不調、經痛、白帶、風濕病等。

方例

(1)治小兒發育不良：蚶殼錢20公克，燉赤肉服，但不可放麻油。(2)治婦女經來腹痛：蚶殼錢40公克，半酒水煎服。(3)祛風(較蚶殼草為佳)：蚶殼錢20公克，水煎服。

花期(月)

①②❸❹❺❻
❼❽⑨⑩⑪⑫

西番蓮 *Passiflora edulis* Sims.

｜科名｜西番蓮科 Passifloraceae
｜別名｜百香果、熱情果、耶穌受難花、雞蛋果、時計果。
｜分布｜臺灣全境低海拔地區或森林邊緣。

形態

木質藤本，莖光滑。單葉互生，具柄，近先端具2腺點，葉片闊卵形或心形，長10～20公分，寬12～22公分，具3裂，裂片卵狀長橢圓形，鋸齒緣，但其幼葉不裂。花單一，腋生，花梗長，但包於總苞內。花瓣5片，長橢圓形，白色。花冠外圍有絲狀副冠，約與花冠等長，白色，但基部呈紫色。雌蕊柄長約1.5公分。漿果橢圓球形，成熟時深紫色。種子亮黑色。花期4～6月。

藥用

果實能清熱解毒、鎮靜安神、和血止痛、除膩解酒、潤燥通便、健胃止渴，治痢疾、經痛、失眠、頭痛等。根治關節炎、骨膜炎。

方例

(1)治婦女經痛：百香果30公克、白花益母草60公克，水煎服。(2)治暑熱頭昏痛：百香果、鮮荷葉、夏枯草各12公克，水煎服。

花期(月)
①②③❹❺❻
⑦⑧⑨⑩⑪⑫

絞股藍 *Gynostemma pentaphyllum* (Thunb.) Makino

｜科名｜葫蘆科 Cucurbitaceae

｜別名｜七葉膽、五葉參、金絲五爪龍、五爪粉藤、龍鬚藤、小苦藥。

｜分布｜臺灣全境海拔600～2000公尺間的陰濕地草叢中、路旁或疏林內。

形態

攀緣性藤本，莖細長而柔弱，綠色，具稜，有卷鬚。葉互生，掌狀複葉似鳥趾狀，小葉5～7枚，披針形或卵狀長橢圓形，基部楔形，先端尖，疏鋸齒緣，二側葉片較小。花單性，黃綠色，雌雄異株，總狀疏散圓錐花序，雌花序較雄花序短。雄花萼短，5裂，雄蕊5枚。雌花子房球形，花柱3枚。漿果徑長0.6～1公分，球形，熟時紫黑色。種子卵球形。花期6～8月。

藥用

全草能消炎解毒、祛痰止咳、強壯止痛，治高血壓、低血壓、糖尿病、肝病、腎臟病、胃及十二指腸潰瘍、胃痛、(偏)頭痛、神經痛、腰痛、風濕疼痛、慢性支氣管炎、喘息、便秘、下痢、壓力性白髮、過敏性體質、膽結石、體虛症、失眠、食慾不振等。

方例

調養身體：將七葉膽略打成碎片，每3～4公克包成一茶包，當茶沖飲。

花期(月)

①②③④⑤❻
❼❽⑨⑩⑪⑫

拘那 *Lagerstroemia subcostata* Koehne

|科名|千屈菜科 Lythraceae
|別名|九芎、小果紫薇、南紫薇、猴不爬、猴難爬。
|分布|臺灣全境平地至海拔1600公尺之山區。

形態

落葉喬木或灌木，高可達14公尺，樹皮薄，平滑，小枝近圓柱形或有明顯4稜。單葉互生或近對生，葉片長圓形或長圓狀披針形，稀卵形，長2～10公分，寬2～4公分，先端漸尖，基部闊楔形，全緣。圓錐花序頂生，花小，密生，白色。花瓣6片，具長瓣柄，瓣面波狀皺曲。雄蕊多數，其中5～6枚較長。花柱細長，柱頭頭狀。蒴果長橢圓形，3～6瓣裂。種子有翅。花期6～8月。

藥用

花或根能解毒、散瘀、截瘧，治癰瘡腫毒、瘧疾、腹痛、蛇咬傷、鶴膝風等。

方例

治瘧疾：九芎根15公克，水煎服。

花期(月)
1 2 3 4 5 **6**
7 **8** 9 10 11 12

指甲花 *Lawsonia inermis* L.

｜科名｜千屈菜科 Lythraceae
｜別名｜散沫花、染指甲、番桂、指甲木、手甲木。
｜分布｜臺灣各地零星栽培。

形態

大灌木，高可達6公尺，莖圓柱形，小枝略呈四稜形。單葉交互對生，葉片橢圓形、橢圓狀長圓形或卵形，長2～5公分，寬1～2公分，先端漸尖，基部楔形，全緣。圓錐花序頂生或腋生，具濃郁花香，花白色、綠白色或粉紅色。花瓣4枚，闊卵形，略長於萼裂片，邊緣內捲。雄蕊通常8枚，伸出花冠外。子房近球形，花柱絲狀。蒴果球形，不規則開裂。種子有稜。花期4～8月。

藥用

葉能收斂、止血、消腫、消炎，治指疔(俗稱蛇頭)、膿性指頭炎、喉痛、聲啞、胃病、創傷出血、遺精、白帶、頑性痘瘡、皮膚病、風濕病等。根可治小兒瘡癤、眼疾、軟骨發育不全(身高低矮)。

方例

治指疔(生蛇頭)、膿性指頭炎：取鮮葉搗敷患部。

花期(月)
①②③❹❺❻❼❽⑨⑩⑪⑫

仙人球 *Echinopsis multiplex* (Pfeiff.) Zucc. *ex* Pfeiff. & Otto

｜科名｜仙人掌科 Cactaceae

｜別名｜八卦癀、八角癀、八卦莿、八仙拳、刺球。

｜分布｜臺灣各地常見人家栽培。

形態

多肉植物，莖球形或橢圓形，綠色，有縱稜數條，隆起明顯，稜上有刺10～20枚叢生，中心之刺最長，黃褐色，側者黑褐色、白色相交。花淡紅色，花筒基部密生白色短毛，上部則生暗色長毛，花瓣多數，外片狹披針形，漸至內部而成卵形。花期集中於夏季。

藥用

全草或莖(藥材稱八卦癀)能解熱涼血、清暑降火、消腫退癀、順行氣血、滋氣養血、止痛，治腦膜炎、肝炎、氣管炎、肺炎、吐血、咳嗽、氣喘、高燒不退、腹脹、鬱悶不舒、中風不語、半身不遂、關節炎、癰疽腫毒、犬蛇咬傷、小兒發育不良、高血壓、新傷等。

方例

治肺炎：鮮八卦癀1個、鮮耳鉤草110公克、石膏20公克，搗汁，加鹽少許服，若燒熱，趁熱服，神效。

花期(月)

1 2 3 4 **5** **6** **7** 8 9 10 11 12

曇花 *Epiphyllum oxypetalum* (DC.) Haw.

｜科名｜仙人掌科 Cactaceae
｜別名｜鳳花、金鉤蓮、葉下蓮、瓊花、月下美人。
｜分布｜臺灣各地常見零星栽培。

形態

灌木狀肉質植物，高1～2公尺，主枝直立，圓柱形，莖不規則分枝。莖節葉狀扁平，長15～60公分，寬約6公分，綠色，邊緣波狀或缺凹，無刺，中肋粗厚，無葉片。花自莖節邊緣的小窠發出，大形，僅於夜間綻放數小時。花被管比裂片長，花被片白色，乾時黃色。雄蕊細長，多數。花柱白色，長於雄蕊，柱頭線狀，16～18裂。漿果長圓形，紅色，具縱稜。種子黑色，多數。花期6～10月。

藥用

花能清熱、止血、清肺、止咳、化痰、平喘、安神，治氣喘、肺癆、咳嗽、咯血、高血壓症、崩漏、心悸、失眠等。莖能清熱、解毒，治咽喉腫痛、疥癬。

方例

(1)治子宮出血：曇花2～3朵，豬瘦肉少許，燉服。(2)治肺結核咳嗽、咯血：曇花3～5朵、冰糖15公克，水燉服。

花期(月)
① ② ③ ④ ⑤ ❻
❼ ❽ ❾ ❿ ⑪ ⑫

番石榴 *Psidium guajava* L.

｜科名｜桃金孃科 Myrtaceae
｜別名｜那拔仔、菝仔、雞矢果、芭樂、番桃樹。
｜分布｜臺灣各地作果樹栽培，野外亦見逸生。

形態

常綠灌木或小喬木，高可達10公尺，樹皮鱗片狀脫落，小枝四稜形。單葉對生，厚而粗糙，葉片矩狀橢圓形，長5～12公分，寬2.5～4公分，先端短尖或鈍，基部闊楔形或鈍圓，全緣，羽狀脈明顯。花單生葉腋或2～3朵生於同一總梗上，花梗長。花冠白色，芳香，花瓣4～5枚，長橢圓形。雄蕊多數。漿果球形或梨狀卵圓形，具宿存萼，熟時淡黃色或淺紅色。花期以夏季為主。

藥用

葉或果實能收斂、止瀉、止血、驅蟲，治痢疾、泄瀉、小兒消化不良。鮮葉可外敷跌打損傷、外傷出血、瘡久不收口。果皮治糖尿病。未成熟幼果能收斂止瀉、消炎止血，治痢疾。根能倒陽，為知名的制慾劑。

編 語

本植物可說是治療糖尿病之聖藥，其全株不同部位皆具有不同程度的強效降血糖作用。

花期(月)
1 2 3 4 **5** **6** **7** 8 9 10 11 12

桃金孃 *Rhodomyrtus tomentosa* (Ait.) Hassk.

｜科名｜桃金孃科 Myrtaceae
｜別名｜哆哖仔、山棯、紅棯、水刀蓮、正毛拔仔。
｜分布｜臺灣北部山麓較乾燥地區。

形態

小灌木，嫩枝密被柔毛。單葉對生，葉片長橢圓形，長4～7公分，寬2～4公分，先端鈍或微凹，基部鈍形，上表面具光澤，下表面被絨毛，全緣，具明顯三主脈。花1～3朵成短聚繖狀，腋出，粉紅色。花萼杯形，5裂，基部具2苞片，被毛。花瓣5片，長1～1.5公分，橢圓形。雄蕊多數。漿果長約1.2公分，橢圓形，有毛，熟時淡紫色。種子多數。花期4～5月。

藥用

根及幹(藥材稱哆哖根)能收斂止瀉、祛風活絡、補血安神、除濕、止痛止血，治吐瀉、胃痛、消化不良、肝炎、痢疾、白濁、風濕關節痛、神經痛、腰肌勞損、打傷、崩漏、脫肛等。

方例

(1)治腰酸：哆哖根、校殼刺、山葡萄、走馬胎、小號白馬鞍藤各16公克，燉豬腳服。(2)治白濁：哆哖根、牛乳埔各60公克，水加酒少許，燉豬小腸服。(3)治肝膽胃部神經痛：哆哖根、六月雪、炙梔子、金錢薄荷各20公克，香茅、野桐根各16公克，水煎服。

花期(月)

①②③❹❺⑥⑦⑧⑨⑩⑪⑫

野牡丹 *Melastoma candidum* D. Don

｜科名｜野牡丹科 Melastomataceae
｜別名｜王不留行、大金香爐、山石榴、九螺仔花。
｜分布｜臺灣全境低海拔山野、林緣、空曠地。

形態

常綠小灌木，莖略呈方形，嫩枝、葉及萼均密生淡褐色倒伏狀之剛毛。單葉對生，葉片長橢圓形至卵狀橢圓形，長5～12公分，寬2～6公分，主脈5～7條，全緣。花紫紅色，4～7朵排列成聚繖花序，頂生或近於枝頂。萼筒壺形，齒裂，裂片狹三角形，外被分歧長毛及細鱗。雄蕊10枚，有長短2型。漿果肉質，壺狀球形，直徑約1.2公分，外被褐色剛毛。花期4～7月。

藥用

根及粗莖(藥材稱王不留行)能清熱利濕、消腫止痛、活血散瘀、止血解毒，治消化不良、食積腹痛、瀉痢、肝炎、頭痛、跌打、風濕痺痛、癰腫、外傷出血、衄血、咳血、吐血、便血、月經過多、月經不調、崩漏、產後腹痛、白帶、乳汁不下、腸癰、瘡腫、毒蛇咬傷等。

方例

治風濕、骨折：王不留行、橄欖根、牛乳埔、椿根及埔鹽各20公克，半酒水，燉赤肉或雞服。

花期(月)
①②③❹❺❻
❼⑧⑨⑩⑪⑫

使君子 *Quisqualis indica* L.

｜科名｜使君子科 Combretaceae
｜別名｜山羊屎、留求子、史君子、四君子、五稜子。
｜分布｜臺灣各地多見零星栽培。

形態

多年生藤狀灌木，嫩枝及幼葉被黃色毛。單葉對生，葉片長圓狀披針形，長4.5～15公分，寬2～6公分，基部圓形或心臟形，先端漸尖，全緣。穗狀花序頂生，下垂，略具芳香，每花有苞片1枚，披針形或線形，脫落性。花瓣5枚，長圓形或倒卵形，花蕾多呈紫紅色，部分為白色，綻開後漸轉為紫紅色。雄蕊10枚，2輪。子房下位。果實呈橄欖狀，黑褐或棕色，具5稜。花期4～8月。

藥用

果實(藥材稱使君子)能殺蟲、消積、健脾，治蛔蟲腹痛、小兒疳積、瘡癬、乳食停滯、腹脹、腹瀉等。根能殺蟲、開胃、健脾，治咳嗽、呃逆。葉能消疳、開胃、殺蟲，治小兒疳積。

編語

據《開寶本草》對使君子之記載：「俗傳始因潘州郭使君療小兒，多是獨用此物，後來醫家因號為使君子也」。

花期(月)
①②③❹❺❻
❼❽⑨⑩⑪⑫

欖仁樹 *Terminalia catappa* L.

｜科名｜使君子科 Combretaceae
｜別名｜枇杷樹、古巴梯斯樹、鹿角樹。
｜分布｜臺灣各地零星栽培，或作行道樹應用，南部海岸地區可見自生。

形態

落葉大喬木，枝幹輪生，平展，具短枝。單葉叢生短枝梢，葉片倒卵形，長15～25公分，寬10～15公分，秋季落葉前，常變為紫紅色，基部鈍形，先端圓形，全緣。單性花，雌雄同株，花序呈穗狀，腋出，雄花長在花軸頂端，雌花長在花軸下部。花萼瓣狀，白色，5裂，裂片被絨毛。花瓣缺如。雄蕊10枚，2輪。核果扁橢圓形，長3～5公分，兩邊具有龍骨狀突起。花期6～7月。

藥用

落葉可治肝病。葉及嫩葉可治頭痛、發熱、風濕關節炎、疝痛、肺病等；取鮮葉汁，用於疥癬、痲風等皮膚病之治療。樹皮能收斂，治痢疾、腫毒。

方例

(1)治血脂肪過高：欖仁葉15公克，煎水作茶飲。(2)養顏美容、預防青春痘復發：薏苡仁、欖仁葉、菊花、山澤蘭、甘草等量，打粉製茶包。

花期(月)
①②③④⑤❻
❼⑧⑨⑩⑪⑫

水丁香 *Ludwigia octovalvis* (Jacq.) Raven

｜科名｜柳葉菜科 Onagraceae

｜別名｜水香蕉、假香蕉、針筒草、針銅射、毛草龍。

｜分布｜臺灣全境平地至低海拔溝旁、田邊、路旁、草叢中。

形態

亞灌木狀1～2年生草本，高可達4公尺，全株被細毛，多分枝，莖有稜，基部木質化。單葉互生，披針形，長2～14公分，寬0.5～3公分，基部楔形，先端漸尖，全緣。花單一，腋生。萼片4枚，卵形，被毛。花瓣4片，黃色，倒卵狀圓形，先端微凹。花盤、子房有毛。雄蕊8枚。蒴果具數條縱稜，暗紅褐色，長圓筒形，基部狹窄，萼宿存。種子多數，圓形。花期幾乎全年。

藥用

根及粗莖(藥材稱水丁香頭)能解熱、利尿、降壓、消炎，治腎臟炎、水腫、肝炎、黃疸、高血壓、感冒發熱、吐血、痢疾、牙痛、皮膚癢等。嫩枝葉(藥材稱水丁香心)能利水、消腫，治腎臟炎、水腫、高血壓、喉痛、癰疽疔腫、火燙傷。

方例

治高血壓：水丁香頭、蔡鼻草、桑樹根、仙草乾各40公克，水煎代茶飲。

花期(月)

1 2 3 4 5 6
7 8 9 10 11 12

雷公根 *Centella asiatica* (L.) Urban

｜科名｜繖形科 Umbelliferae
｜別名｜積雪草、老公根、蚶殼仔草、含殼草、崩大碗。
｜分布｜臺灣全境草地、田邊、山野、路旁或溝邊低濕處。

形態

多年生匍匐性草本，嫩莖及葉有毛，莖長達70公分，略帶淡紫色，隨處著地生根，節處生2個鱗片狀之退化葉，而普通葉則叢生於鱗狀葉之腋下，具長柄，腎圓形，直徑2.5～5公分，鈍鋸齒緣，近葉柄處有心形凹入，似缺口狀。花小，淡紫紅色，每葉腋著生2～5朵，呈小繖形花序，有2個宿存卵形總苞片。花瓣5片。雄蕊5枚。花柱短。果扁卵球形，分果具隆起網紋。花期3～9月。

藥用

全草能消炎解毒、涼血生津、清熱利濕，治傳染性肝炎、麻疹、感冒、扁桃腺炎、咽喉炎、支氣管炎、尿路感染、尿路結石、腹痛、嘔吐、胃腸發炎、霍亂吐瀉，解斷腸草、砒霜、蕈中毒等。

方例

治少年發育不良：蚶殼仔草140公克，水煎服，或取40公克、九層塔、四桂草及陳皮各75公克，燉雞服。

花期(月)

①②❸❹❺❻
❼❽❾⑩⑪⑫

天胡荽 *Hydrocotyle sibthorpioides* Lam.

｜科名｜繖形科 Umbelliferae
｜別名｜遍地錦、變地錦、破銅錢、落地金錢、小葉金錢草。
｜分布｜臺灣全境低海拔陰涼處，居家盆栽常見自生。

形態

匍匐性草本，莖平臥，節上長根，全株近光滑。單葉互生，具柄，葉片質薄，近圓形或圓腎形，長0.5～1.5公分，寬0.8～2.5公分，基部心形，不分裂或5～7淺裂，裂片鈍鋸齒緣。繖形花序與葉對生，單生於節上，具花5～15朵，花序軸長0.5～2公分。花瓣卵形，綠白色。雄蕊5枚。子房下位。雙懸果近圓形，兩側扁壓。花期幾乎全年。

藥用

全草能清熱利濕、解毒消腫，治黃疸、肝炎、痢疾、水腫、淋症、目翳、咽喉腫痛、癰腫瘡毒、帶狀疱疹、跌打損傷等。

方例

(1)治肝炎、膽囊炎：鮮天胡荽60公克，水煎，調冰糖服。(2)治石淋：鮮天胡荽60公克，海金沙莖葉30公克，水煎服，每日1劑。

花期(月)

1 2 3 4 5 6
7 8 9 10 11 12

烏芙蓉 *Limonium wrightii* (Hance) O. Kuntze

｜科名｜藍雪科 Plumbaginaceae

｜別名｜海芙蓉、石蓯蓉、磯松。

｜分布｜臺灣東部、南部及各離島岩岸。

形態

亞灌木，全株幾乎無毛，老枝黑褐色。葉簇生於莖枝頂部，具葉柄，葉片肥厚，倒披針形，長2～6公分，先端圓，下部漸狹成柄，脈不明顯，全緣。穗狀花序排列成繖房狀，花序軸由葉腋抽出。苞片褐色。花萼白或稍帶黃色，基部具10稜。花冠淡紫紅色，花瓣僅基部合生，宿存。雄蕊著生於花冠基部，花絲離生。子房上位。果實為胞果。花期7～11月。

藥用

根或全草(藥材稱海芙蓉)能祛風除濕、軟堅消腫、降壓，治風濕痺痛、神經痛、頭風、跌打損傷、高血壓、肺病、氣喘等。

方例

(1)治風濕病：海芙蓉、紅雞屎藤頭各75公克，半酒水燉豬腳服。(2)治小兒發育不良：海芙蓉、九層塔各110公克，牛乳埔60公克，冷飯藤40公克，水加酒少許燉赤肉服。(3)傷科藥：海芙蓉、黃金桂各75公克，半酒水煎服。

花期(月)

①②③④⑤⑥
❼❽❾❿⓫⑫

山素英 *Jasminum nervosum* Lour.

｜科名｜木犀科 Oleaceae
｜別名｜山四英、山秀英、白茉莉、白蘇英、大素馨花。
｜分布｜臺灣全境低、中海拔山區。

形態

蔓性常綠灌木，枝條纖細柔軟。單葉對生，葉片卵形或卵狀披針形，長2～5.5公分，寬1～2.5公分，基部鈍形至截形，先端銳形，全緣或有時波狀緣。花常為3朵聚繖花序或單生，腋生於小枝頂，幾無梗。花萼6～8裂，線形，結果時常會增大。花冠高腳碟狀，白色，冠筒長1.5～2公分，裂片披針形。雄蕊2枚，著生於冠筒中部。漿果球形，成熟時黑色。花期3～7月。

藥用

全草能清濕熱、解毒、斂瘡、行血、補腎，治痢疾、瘧疾、瘡瘍腫毒、潰爛不斂、眼疾、腰骨酸痛、發育不良、腳氣、濕疹、梅毒等。

方例

治眼痛、眼起白翳：山四英150公克，燉雞肝服，體質冷者，加酒少許服。

花期(月)

①②❸❹❺❻
❼⑧⑨⑩⑪⑫

桂花 *Osmanthus fragrans* Lour.

|科名|木犀科 Oleaceae
|別名|木犀、銀桂、嚴桂、丹桂。
|分布|臺灣各地常見庭園栽培。

形態

常綠大灌木或喬木，高可達12公尺，全株光滑。單葉對生，葉片橢圓形、狹長橢圓形或長橢圓狀闊披針形，長8～12公分，寬2～5公分，先端銳尖，基部銳形，葉緣全緣或具突尖細鋸齒，側脈7～9對。花數朵叢生，腋出。花萼短小，4齒裂。花冠徑約0.5公分，白色，深4裂。雄蕊2枚，花絲短小。核果長約1公分，闊橢圓形，熟時碧黑色。花期3～5月。

藥用

根(藥材稱桂花根)能順氣、和血、殺菌，為治胃痛常用藥，也可治胃下垂、鬱傷、咯血、血崩、黃疸、風濕痲木，筋骨疼痛等。枝及葉(藥材稱桂花枝或桂花心)能竄氣、行血，主治風濕、小兒受驚、牙痛等。

方例

(1)治胃痛：桂花根、香櫞根、橄欖根各40公克，加酒少許，燉雞服。(2)治胃下垂：桂花根、烏踏刺根各16公克，狗尾仔草頭20公克，走馬胎12公克，8份水，2份酒，燉豬肚服。

花期(月)

①②❸❹❺⑥
⑦⑧⑨⑩⑪⑫

絡石藤 *Trachelospermum jasminoides* (Lindl.) Lemaire

｜科名｜夾竹桃科 Apocynaceae
｜別名｜石龍藤、臺灣白花藤、鹽酸仔藤。
｜分布｜臺灣全境低至中海拔森林內、山區岩縫潮濕處。

形態

多年生藤本，小枝及葉背密被絨毛。單葉對生，葉片橢圓至倒披針形，長7～10公分，寬2～4公分，基部鈍形，先端鈍或銳尖，偶呈微凹，全緣。花白色，數朵呈聚繖花序，總梗有時較葉片長。花萼5裂，裂片線狀披針形，長0.2～0.6公分，先端平展或反捲。花冠筒口被毛，淡黃色，先端5裂，裂片向右相疊。花藥著生於花冠筒內。果實為蓇葖果。花期3～5月。

藥用

枝及葉(藥材稱絡石藤或椿根藤，臺灣民間習慣以全草入藥)能袪風、通絡、止血、散瘀、涼血、消腫、止痛，治風濕熱痺、吐血、跌打、筋脈拘攣、腰膝酸痛、喉痺、癰腫等。

方例

(1)治跌打脫臼：絡石藤、苦藍盤、穿山龍各40公克，半酒水煎服。(2)治癰疔瘡腫疼痛：絡石藤、山芙蓉各30公克，雨傘仔、鈕仔茄、魚尖草、武靴藤各20公克，水煎服。

花期(月)
①②❸❹❺⑥
⑦⑧⑨⑩⑪⑫

山黃梔 *Gardenia jasminoides* Ellis

｜科名｜茜草科 Rubiaceae

｜別名｜梔、山黃枝、山梔、黃梔子、枝子、恆春梔。

｜分布｜臺灣全境山麓至低海拔山野闊葉林內。

形態

常綠灌木或小喬木，小枝被短柔毛。單葉對生，葉片長橢圓形，長5～15公分，寬2～7公分，基部銳形，先端漸尖，全緣，上下表面光滑。托葉膜質，基部包合成鞘。花大型，單生，頂生或腋生，白色。花萼5～8裂，裂片線形，宿存。花冠鐘形，單瓣左旋，基部窄，裂片5～8片，倒卵形。雄蕊突出，花藥線形。花柱突出，柱頭頭狀。果實橢圓形，具稜，花萼宿存，熟時橙紅色。種子多數，含於肉質胎座內。花期3～6月。

藥用

果實(藥材稱梔子)能清熱瀉火、涼血止血、利尿解熱、散瘀、鎮靜，治熱病高燒、心煩不眠、實火牙痛、口舌生瘡、鼻衄、吐血、目赤紅腫、瘡瘍腫毒、黃疸、痢疾、腎炎水腫、尿血、糖尿病、胃熱、頭痛、疝氣；外用治外傷出血、扭挫傷、火燙傷。粗莖及根(藥材稱枝子根)能清熱、涼血、解毒，治風火牙痛、黃疸、吐血、淋症、癰瘡腫痛、高熱、痢疾、腎炎水腫、乳腺炎等。

方例

(1)退三焦火，治牙痛：梔子、元參各20公克，水煎服。(2)治黃疸、肝炎：枝子根75公克，燉雞服。(3)治齒齦炎腫痛：枝子根30公克，萬點金、豨薟草、咸豐草各20公克，雙面刺12公克，水煎服。

花期(月)

① ② ❸ ❹ ❺ ❻
⑦ ⑧ ⑨ ⑩ ⑪ ⑫

玉葉金花 *Mussaenda parviflora* Matsum.

｜科名｜茜草科 Rubiaceae
｜別名｜山甘草、白甘草、黏滴草、白茶。
｜分布｜臺灣全境山麓至低海拔山區灌叢中、林緣或路旁。

形態

常綠蔓狀灌木，小枝被毛。單葉對生，葉片卵狀矩圓形至卵狀披針形，長6～12公分，寬2.5～5公分，基部鈍形或漸尖形，先端尖或漸尖形，全緣。托葉線形，2深裂。聚繖花序呈繖房狀，頂生。花萼5深裂，裂片線形，有的萼片呈葉狀，卵圓形，白色或淡黃白色。花冠漏斗形，金黃色，先端5裂，裂片平展，先端尖。雄蕊5枚。柱頭2歧。漿果橢圓形。花期4～6月。

藥用

根及粗莖(藥材稱山甘草或黏滴)能清熱利濕、固肺滋腎、和血解毒，治肺熱咳嗽、感冒、中暑、支氣管炎、扁桃腺炎、腎虛腎炎、腎炎水腫、腰骨酸痛等。

方例

(1)治支氣管炎、喉痛：山甘草15公克，半枝蓮、刀傷草各12公克，半邊蓮、耳鈎草各24公克，水煎服。(2)治腎炎、腸炎：山甘草、雙面刺、龍眼根各24公克，水煎服。

花期(月)
① ② ③ ❹ ❺ ❻
⑦ ⑧ ⑨ ⑩ ⑪ ⑫

雞屎藤 *Paederia foetida* L

｜科名｜茜草科 Rubiaceae
｜別名｜牛皮凍、臭(腥)藤、五德藤、雞香藤、白雞屎藤。
｜分布｜臺灣全境低至中海拔地區常見。

形態

纏繞性草質藤本，莖纖細，平滑。單葉對生，葉片披針形或卵形，長3～11公分，寬1.5～5公分，基部圓形或心形，先端銳形，上下表面均無毛。托葉三角形，2枚對生，並與對生葉互成十字對生。2～3回分歧圓錐狀聚繖花序，腋生或頂生。花冠筒外面白色，密被柔毛，內面紫色，被長絨毛。雄蕊5枚，不等長，下端與花冠筒合生。核果球形，熟時橙黃，光滑。花期4～5月。

藥用

根及粗莖能鎮咳祛痰、收斂止瀉、祛風活血、消食導滯、止痛解毒、除濕消腫，治感冒久咳、風濕疼痛、跌打損傷、無名腫毒、痢疾、腹痛、氣虛浮腫、肝脾腫大、腎臟疾病、腸癰、瘰癧、月內風、氣鬱胸悶、頭昏食少等。

方例

治咳嗽：(1)雞屎藤、枇杷葉、大風草葉、紅竹葉各20公克，水煎汁，加鹽少許服；(2)雞屎藤、臭瘥草、澤蘭、菅蘭各40公克，水煎服，或燉赤肉服。

花期(月)
① ② ③ ❹ ❺ ⑥
⑦ ⑧ ⑨ ⑩ ⑪ ⑫

九節木 *Psychotria rubra* (Lour.) Poir.

| 科名 | 茜草科 Rubiaceae
| 別名 | 山大刀、山大顏、牛屎烏、青龍吐霧、散血丹。
| 分布 | 臺灣全境闊葉樹林內。

形態

常綠灌木，高1～3公尺，全株光滑。單葉對生，葉片長橢圓形或倒披針狀長橢圓形，長10～20公分，寬3～7公分，基部漸狹，先端銳或突尖，全緣。托葉膜質，闊卵形，常與葉柄連生。聚繖花序頂生，呈圓錐狀，花多數。花冠漏斗形，白色，長約0.5公分，5裂。雄蕊5枚，與花冠裂片互生。子房2室。核果近球形，直徑約0.6公分，熟時紅色。種子背面有縱溝。花期4～5月。

藥用

嫩枝及葉能清熱解毒、祛風除濕、活血止痛，治感冒發熱、咽喉腫痛、痢疾、白喉、腸傷風、瘡瘍腫毒、風濕痺痛、跌打損傷、蛇咬傷等。根能清熱、解毒、祛風、除濕、消腫，治感冒發熱、咽喉腫痛、風濕痛、胃痛、瘧疾、跌打損傷、瘡瘍腫毒、痔瘡等。

花期(月)

①②③❹❺⑥
⑦⑧⑨⑩⑪⑫

紅根草 *Rubia akane* Nakai

｜科名｜茜草科 Rubiaceae
｜別名｜紅藤仔草、茜草、金劍草、金線草、過山龍。
｜分布｜臺灣全境平地曠野及低海拔山麓或闊葉樹林內。

形態

多年生草本，攀緣性，枝條粗糙，具4稜，被倒刺。單葉輪生，具長柄，葉片心形或三角狀卵形，長2～6公分，寬1～3公分，基部心形或圓形，先端銳形，全緣，具5主脈。托葉呈葉狀，與葉混成4～12枚輪生。聚繖花序，腋生或頂生。花冠鐘形，白色或乳白色，5裂。雄蕊5枚，突出，位於花冠口部。子房2室，花柱2裂。漿果雙生或單生，熟時黑色。種子2粒。花期5～7月。

藥用

根(藥材稱紅根仔草根)能行血止血、通經活絡、止咳化痰，治吐血、衄血、尿血、便血、血崩、經閉、泄精、產後血暈、乳結、黃疸、慢性氣管炎、風濕痺痛、瘀帶腫痛、跌打。莖及葉(藥材稱紅根仔草)能涼血、止血、和血、行血、破瘀、調經、解熱、利尿，治吐血、血崩、便血、風痺、腰痛、癰疔、跌打閃挫、關節炎、眼疾、痰火癧、肺癰、月經不調、月經不通等。

方例

(1)退火祛濕：紅根仔草70公克、薏仁40公克、蒼朮20公克，水煎服。(2)治閃挫：紅根仔草、黃柏各8公克，木賊草、歸尾、名精、杭菊各6公克，荊芥、防風、茯苓、支子、柴胡、生地、元參、金蟬、甘草各5公克。

花期(月)
① ② ③ ④ ❺ ❻ ❼ ⑧ ⑨ ⑩ ⑪ ⑫

菟絲 *Cuscuta australis* R. Br.

|科名|旋花科 Convolvulaceae
|別名|無根草、無根藤、豆虎、南方菟絲、黃藤。
|分布|臺灣全境低海拔地區。

形態

纏繞性寄生草本，常糾纏成一大片，莖纖細，光滑，淡黃色。葉退化成細小的鱗片狀。花白色，梗甚短，密集簇生。花冠短鐘形，5裂，裂片闊橢圓形。花萼約與花冠筒等長，5裂，裂片橢圓形至圓形。雄蕊突出，較花冠裂片短。子房橢圓形，花柱較子房短，柱頭頭狀。蒴果扁球形，2室，每室具種子2粒。種子長約0.15公分，闊卵圓形，淡褐色，平滑。花期3～10月。

藥用

全草能清熱、解毒、涼血、利水，可治黃疸、痢疾、吐血、衄血、便血、淋濁、帶下、疔瘡、痱疹等。種子(藥材稱菟絲子)能補腎益精、養肝明目、固胎止泄，治腰膝酸痛、遺精、陽萎、早泄、不育、消渴、遺尿、淋濁、目暗、耳鳴、胎動不安、流產、泄瀉等。

花期(月)
① ② ❸ ❹ ❺ ❻
❼ ❽ ❾ ❿ ⑪ ⑫

馬蹄金 *Dichondra micrantha* Urban

｜科名｜旋花科 Convolvulaceae
｜別名｜馬茶金、茶金、小金錢草、落地金錢、小銅錢草。
｜分布｜臺灣全境低海拔地區。

形態

多年生匍匐小草本，莖纖細，被短毛，節上生根。單葉互生，葉片腎形至圓形，直徑0.5～2.5公分，基部闊心形，先端寬圓形或微缺，全緣。花單生於葉腋，花梗短於葉柄。花冠鐘狀，淡黃色或白色，裂片披針形或銳形。雄蕊5枚，著生於花冠2裂片間彎缺處。子房2室，柱頭頭狀。蒴果近球形，直徑約0.15公分，膜質，下部具宿存花萼。種子黃褐色，球形，無毛。花期3～9月。

藥用

全草能清熱解毒、利濕退黃、祛風消炎，治風寒、黃疸、痢疾、腸炎、腦炎、砂淋、白濁、水腫、疔瘡腫毒、跌打損傷、疝氣、小兒驚風、小兒高燒不退、小兒胎毒、糖尿病等。

方例

(1)小兒解熱：馬蹄金20公克，水煎代茶。(2)治糖尿病、高血壓：鮮馬蹄金、鮮茅根各250公克，玉米鬚150公克，水煎服。

花期(月)
① ② ❸ ❹ ❺ ❻ ❼ ❽ ❾ ⑩ ⑪ ⑫

甘藷 *Ipomoea batatas* (L.) Lam.

|科名|旋花科 Convolvulaceae
|別名|番薯、地瓜、山芋、過溝菜、鴨腳蹄。
|分布|臺灣全境各地皆可見栽培。

形態

草質藤本，全株具乳汁，莖匍匐地面，易長不定根，塊根白色、紅色或黃色。單葉互生，葉片闊卵形或心狀卵形，基部截形或心形，先端漸尖，葉緣全緣或分裂。花序為聚繖花序，有時單一，腋生，花紅紫色或白色。花萼深5裂，裂片不等長。花冠鐘狀漏斗形，先端5裂，裂片不開展。雄蕊5枚，不等長，基部膨大，被毛。子房2室。果實為蒴果。種子卵圓形。花期9月至翌年2月。

藥用

塊根熟食能補中益氣、涼血和血、補脾胃、寬腸胃、通便秘；若生食則能生津止渴、解暑熱、利小便。澱粉可治中暑、發熱、咳嗽、音啞。莖葉能清熱解毒、利腸通便、降血糖，治糖尿病、便秘、便血、血崩、吐瀉、乳汁不通、癰瘡、創傷發炎等。

方例

(1)撞傷腫脹：新鮮甘藷塊根搗爛，敷患處。(2)治便秘：甘藷煮熟食或煮稀飯食數次，即可獲效。(3)治中暑、發燒：甘藷粉(澱粉)以冷水沖勻，加紅糖攪勻服。

花期(月)

1 2 ③ ④ ⑤ ⑥ ⑦ ⑧ 9 10 11 12

狗尾蟲 *Heliotropium indicum* L.

｜科名｜紫草科 Boraginaceae
｜別名｜狗尾草、貓尾草、大尾搖、耳鈎草、蟾蜍草。
｜分布｜臺灣全境原野田間常見。

形態

一年生草本，全株密被粗毛，高可達60公分。單葉互生，葉片卵形，長3～10公分，寬2～6公分，基部鈍形，先端銳形，鈍鋸齒緣，表面皺縮。穗狀花序頂生，花密生，花軸通常會延伸，末端捲成彎曲樣，所有的花長在花軸的同一側，且花由花軸下方往上呈單向漸綻放。花冠盆形，白色，5深裂，裂片圓形。子房4室。果實廣卵形，成熟時分裂為2個有嘴之瘦果。花期3～9月。

藥用

全草能清熱利尿、消腫解毒，治肺積水、肺炎、肝炎、咽痛、口腔糜爛、膿胸、咳嗽、膀胱結石、小兒急驚、癰腫等。單取根用水煎服治疲勞。

方例

(1)治肺炎：耳鈎草75公克，馬尾絲、小金英各40公克，水煎代茶飲。(2)治肝病：耳鈎草300公克、蘆薈1葉，燉赤肉服。

花期(月)
① ② ❸ ❹ ❺ ❻
❼ ❽ ❾ ⑩ ⑪ ⑫

藤紫丹 *Tourneforfia sarmentosa* Lam.

｜科名｜紫草科 Boraginaceae
｜別名｜冷飯藤、清飯藤、倒爬麒麟、疽草、黑藤。
｜分布｜臺灣南部近海乾燥林中。

形態

略木質化匍匐藤本，長度不定，全株疏被褐色剛匐毛。單葉互生，紙質而稍粗糙，長橢圓披針形至卵形，長8～11公分，寬3～5公分，基部圓凸形，先端銳形，全緣，葉面的側脈部稍凹下。聚繖花序頂生，蠍尾狀，花白色至淡綠色。雄蕊合著，生於花冠筒近基部。子房4室，每室具胚珠1枚，花柱短。果實為核果狀，初綠熟白色，具4分核，每核含種子1粒。花期於秋、冬間。

藥用

全草(或僅用根及粗莖，藥材稱倒爬麒麟)能祛風、解毒、消腫，治筋骨酸痛、創傷出血、潰爛、帶狀疱疹等。

方例

(1)治心臟無力或氣虛頭痛：倒爬麒麟60公克，水煎服。(2)孩童發育不良或風傷骨節酸痛：倒爬麒麟120公克，當歸、熟地各15公克，白芍12公克，川芎9公克，半酒水燉雄雞角，連服數劑。

孢子期(月)
① ② ③ ④ ⑤ ⑥
⑦ ⑧ **9** **10** **11** **12**

白花杜虹 *Callicarpa formosana* Rolfe forma *albiflora* Sawada & Yamam.

｜科名｜馬鞭草科 Verbenaceae

｜別名｜白花粗糠樹、白粗糠仔。

｜分布｜臺灣早期只產於新店的石碇山區，現各地偶見栽培作藥用或觀賞。

形態

常綠灌木，全株密被褐色星狀絨毛。單葉對生，葉片長橢圓形或闊卵形，長7～15公分，寬3～7公分，基部鈍或圓形，先端銳尖或尾狀漸尖，鋸齒緣，側脈8～11對。聚繖花序腋生，花密生。花萼4淺裂，裂片三角形。花冠白色，花筒長約0.2公分。雄蕊4枚，伸出花冠外。子房球形，柱頭粗大。核果球形，直徑約0.3公分，熟時紫色。花期3～5月。

藥用

根及粗莖(藥材稱白粗糠)能補腎滋水、清血去瘀，治風濕、手腳酸軟無力、下消、白帶、咽喉腫痛、神經痛、牙痛、眼疾、呼吸道感染、扁桃腺炎、肺炎、支氣管炎、咳血、吐血、衄血、創傷出血、淋病、月經不調、糖尿病等。

方例

(1)治老年人手腳酸軟無力：白粗糠60公克，半酒水燉赤肉服。(2)治白帶：白粗糠40公克，大金英、雞冠花、龍眼花、茺蔚花各10公克，水煎服。(3)治四肢風痛：白粗糠、山肉桂、楦梧頭、大風草、王不留行、黃金桂、番仔刺各20公克，半酒水燉豬腳服。

花期(月)

①②❸❹❺⑥
⑦⑧⑨⑩⑪⑫

大青 *Clerodendrum cyrtophyllum* Turcz.

｜科名｜馬鞭草科 Verbenaceae

｜別名｜鴨公青、觀音串、臭腥仔、埔草樣、細葉臭牡丹。

｜分布｜臺灣全境低至中海拔山區可見。

形態

灌木，嫩枝及花序被毛，具特殊臭味。單葉對生，葉片長橢圓形或披針狀長橢圓形，長8～15公分，寬2.5～6公分，基部鈍形或圓形，先端銳尖，全緣或疏齒緣。繖房狀聚繖花序頂生，分歧，花疏生。花萼狹鐘形，5裂，裂片卵形。花冠管狀，白色，外側被毛，先端5裂，裂片橢圓形。雄蕊4枚，伸出花冠外。核果球形，直徑約0.6公分，初綠熟時藍紫色，內藏種子4粒。花期3～8月。

藥用

根及莖(藥材稱觀音串)能清熱解毒、祛風除濕、解熱止渴、祛瘀清血，治腦炎、腸炎、黃疸、咽喉腫痛、感冒頭痛、麻疹併發咳喘、痄腮、乳蛾、傳染性肝炎、痢疾、淋症、月內風、月內口渴、白帶、梅毒等。

方例

治產婦月內感冒或口乾：(1)觀音串、過山香、荔枝殼各20公克，酒煎服；(2)觀音串60公克，水煎代茶飲；(3)觀音串、荔枝殼各30公克，酒煎服。

花期(月)

① ② ❸ ❹ ❺ ❻ ❼ ❽ ⑨ ⑩ ⑪ ⑫

石莧 *Phyla nodiflora* (L.) Greene

｜科名｜馬鞭草科 Verbenaceae
｜別名｜鴨舌癀、鴨嘴癀、鴨嘴篦癀、鳳梨草、雷公錘草。
｜分布｜臺灣全境及澎湖、蘭嶼等地平野至低海拔山區潮濕處。

形態

多年生草本，全株被短毛，莖細長呈匍匐狀分歧，節上隨處生不定根。單葉對生，具短柄，葉片倒卵形，長2～4公分，寬0.8～1.5公分，基部楔形，先端圓形或鈍形，上半部疏粗鋸齒緣。穗狀花序短圓柱形，花多數密集，腋出，具長總梗，單生。花冠紫紅色，由苞片間抽出，呈狹筒狀，唇形，下唇稍長。子房2室。果實為核果狀，長約0.2公分，廣倒卵形。花期5～8月。

藥用

全草(藥材稱鴨舌癀)能清熱解毒、散瘀消腫，治痢疾、跌打損傷、咽喉腫痛、牙疳、癰疽瘡毒、帶狀疱疹、濕疹、疥癬、不孕症等。

方例

(1)治月經痛、經期腰痛：新鮮鴨舌癀(嫩莖葉)60公克，煎麻油、雞蛋，酌量米酒熱食。(2)治痢疾：新鮮鴨舌癀120公克，水煎服。

花期(月)
1 2 3 4 **5** **6** **7** **8** 9 10 11 12

單葉蔓荊 *Vitex rotundifolia* L. f.

｜科名｜馬鞭草科 Verbenaceae
｜別名｜海埔姜、山埔姜、白埔姜、蔓荊、沙荊。
｜分布｜臺灣全境海岸及砂灘可見。

形態

小灌木，匍匐或斜上升，小枝方形，全株密被灰白色柔毛，具濃厚香氣。單葉對生，葉片倒卵形、闊卵形或橢圓形，長2～5公分，寬1.5～3公分，基部銳形，先端圓形，全緣。總狀花序頂生，花密生。花冠唇形，紫色或深藍色，2唇裂，上唇2裂，下唇3裂，中裂片最大，花筒內部被毛。雄蕊4枚，2長2短，伸出花外。花柱較花長。核果球形，具宿存萼。種子4粒。花期5～9月。

藥用

果實(藥材稱蔓荊子)能疏散風熱、清利頭目，治風熱感冒、頭痛、偏頭痛、牙齦腫痛、目赤腫痛多淚、目睛內痛、頭暈目眩、濕痺拘攣等。

方例

(1)治感冒頭痛：蔓荊子、紫蘇葉、薄荷、白芷、菊花各9公克，水煎服。(2)治目翳：蔓荊子15公克、石決明9公克、木賊6公克，水煎服。

花期(月)

① ② ③ ④ ❺ ❻ ❼ ❽ ❾ ⑩ ⑪ ⑫

散血草 *Ajuga bracteosa* Wall.

｜科名｜唇形科 Labiatae

｜別名｜白尾蜈蚣、八正草、有苞筋骨草、大苞筋骨草、臺灣筋骨草。

｜分布｜臺灣全境各處平地郊野。

形態

草本，高可達20公分，全株被毛。單葉根生或對生，葉片橢圓形、窄倒卵形至倒卵形，長6～15公分，寬1～4公分，基部楔形，先端鈍形或圓形，葉緣深波狀。花序呈密生穗狀或總狀花序，腋生。花冠筒狀，2唇裂，淡紫色或白色，下唇較上唇長，上唇2裂，下唇3裂。雄蕊4枚，2枚著生下唇，較長，另2枚著生上唇，較短，均伸出花冠外。果實為小堅果狀，橢圓形，表面呈微網紋。花期7月至翌年3月。

藥用

全草(藥材稱白尾蜈蚣)能涼血、止血、清熱、解毒、消腫，治肺熱咳血、肺炎、咽喉腫痛、肝炎、牙痛、腹瀉、腹痛、腫毒、跌打損傷、蛇傷等，臺灣民間常單味使用，對咽喉腫痛及因火氣大所引起之牙痛、口臭尤其有效。

方例

洗膚癢：七里香、白花蓮、白尾蜈蚣、白埔姜、三角鹽酸各40公克，煎水洗。

花期(月)

1 2 3 4 5 6 7 8 9 10 11 12

金錢薄荷 *Glechoma hederacea* L. var. *grandis* (A. Gray) Kudo

｜科名｜唇形科 Labiatae

｜別名｜金錢草、連錢草、地錢草、茶匙癀、大馬蹄草。

｜分布｜臺灣全境平野至中海拔濕潤地。

形態

多年生草本，全草具芳香味，多分枝，匐散或斜生，莖略方形。單葉對生，葉片腎形或心形，長1.5～2公分，寬2～2.5公分，皺縮不平，兩面被毛茸，鈍鋸齒緣。花腋生，每生1～3朵，小花梗具毛。萼筒5裂，裂片先端刺芒狀。花冠淡紫紅色，先端2唇裂，上唇頂端微凹，下唇4裂，內面被深紫色斑點。雄蕊4枚。柱頭2歧。小堅果橢圓形，稍扁，光滑。花期2～10月。

藥用

全草(藥材稱金錢薄荷)能解熱、利尿、行血、降血壓、止痛、消腫、止痢，治感冒、咳嗽、肺炎、頭風、中風、高血壓、咳血、失音、眼疾、耳痛、口齒痛、肝病、咽喉腫痛、胸痛、腹痛、腸炎、痢疾、腰骨痛、月經痛、泌尿系統感染、結石症、癰瘡腫毒等。

方例

(1)治吐血：蛇婆、金錢薄荷、對葉蓮、龍舌癀、甜珠仔草、紅三七等鮮草各40公克，搗汁，兌冰糖服。(2)藥洗方：山埔崙、老公鬚、金錢薄荷、雙面刺、澤蘭各40公克，鐵牛入石、落水金光各8公克，米酒一瓶，浸40天，可推跌打、行血。

花期(月)

1 **2** **3** **4** **5** **6** **7** **8** **9** **10** 11 12

白冇骨消 *Hyptis rhomboides* Mart. & Gal.

｜科名｜唇形科 Labiatae
｜別名｜頭花假走馬風、頭花香苦草、冇廣麻、山丹花、尖尾風。
｜分布｜臺灣全境平地至低海拔山區可見。

形態

多年生亞灌木，莖四方形。單葉對生，葉片卵形至橢圓形，長5～10公分，寬2～5公分，基部楔形，先端銳尖，兩面被細毛，葉緣銳淺裂鋸齒狀。聚繖花序呈頭狀排列，腋生或頂生，總花梗方形，花近無梗。苞片披針形。花萼鐘形，基部與邊緣被細毛，5齒裂，齒裂片扁針狀。花冠白色，筒形，唇裂狀。雄蕊4枚，2長2短。花柱底生，柱頭2裂。小堅果橢圓形，平滑。花期7～10月。

藥用

全草能解熱、行血、消腫，治感冒、麻疹、氣喘、乳癰、腹痛、中暑、肺疾、淋疾等。

編語

「冇」字指膨鬆中空之意，而本植物之莖髓部膨鬆中空，又民間俗稱植物之莖為「骨」，再加上其開白花，故名為「白冇骨消」。

花期(月)

①②③④⑤⑥
❼❽❾❿⑪⑫

白花益母草 *Leonurus sibiricus* L. forma *albiflora* (Miq.) Hsieh

｜科名｜脣形科 Labiatae
｜別名｜白益母草、益母艾、鴨母草。
｜分布｜臺灣各地原野可見。

形態

草本，高可達100公分，莖方形，被細柔毛。單葉對生或根生，葉片有缺刻或羽狀淺裂，卵形或闊卵形，長3～10公分，寬2～8公分，基部楔形，先端銳形，上下表面被細柔毛。輪生聚繖花序呈密繖狀，腋出，花白色。花冠筒狀，長1～1.5公分，瓣緣2唇裂，約裂至筒長之1/2處，上下唇等長，上唇3裂，中裂片微凹頭。雄蕊4枚，2長2短。小堅果呈三稜形。花期3～9月。

藥用

全草(藥材稱益母草)能利水、調經、活血，治腳氣浮腫、月經不調、胎漏難產、胞衣不下、產後血暈、血崩、尿血、癰腫瘡瘍等，常與理血調經的方劑搭配使用。成熟果實(藥材稱茺蔚子)能解熱、順氣、活血、疏風、清熱，效用與益母草基本相同，但在破瘀之中兼有收斂作用，行血的同時又兼有補益作用，適宜治療月經過多或血崩不止，常與止血藥如當歸炭、血餘炭等同用。另外，茺蔚子還有明目之效，代表方為茺蔚子丸，主治病後體虛所致的眼花目昏、眼生翳膜。

花期(月)

①②❸❹❺❻
❼❽❾⑩⑪⑫

仙草 *Mesona chinensis* Benth.

｜科名｜唇形科 Labiatae
｜別名｜涼粉草、仙人草、仙人凍、仙草舅。
｜分布｜臺灣全境山區沙質地草叢中。

形態

一年生草本，高可達1公尺，莖上部直立，下部伏地，四稜形。單葉對生，葉片橢圓形至卵形，長3～7公分，寬1～3公分，基部楔形，先端銳尖，鋸齒緣。輪繖花序多花，組成總狀花序，頂生或生於側枝。花冠筒狀唇形，白色或淡紅色，上唇3裂，中裂片較寬，下唇船形。雄蕊4枚，前對較長，後對花絲近基部具齒狀附屬物。子房深4裂，柱頭2淺裂。小堅果長圓形，黑色。花期7～10月。

藥用

全草能清熱、解毒、涼血、消暑、止渴，治中暑、關節炎、肌肉痛、高血壓、感冒、黃疸、急性腎炎、糖尿病、泄瀉、痢疾、風火牙痛、燒燙傷、丹毒、梅毒、漆過敏等。

方例

治小兒發育不良：仙草、含殼仔草各60公克，燉雞服用。

花期(月)

①②③④⑤⑥
❼❽❾❿⑪⑫

九層塔 *Ocimum basilicum* L.

｜科名｜唇形科 Labiatae
｜別名｜羅勒、香菜、翳子草、千層塔、香佩蘭、蔡板草。
｜分布｜臺灣各地人家零星栽培，偶見野生於村邊、路旁和曠野。

形態

一年生草本，高30～80公分，全株芳香，主根圓錐狀，莖四稜形。單葉對生，卵形至卵狀長圓形，長2.5～5公分，寬1～2.5公分，先端鈍或短尖，基部漸狹，近全緣。輪繖花序排列成頂生總狀花序，苞片小，常有顏色，早落。花萼鐘形，果時會增大宿存。花冠唇形，淡紫色或白色。雄蕊4枚，2強，均伸出花冠外。花柱與雄蕊近等長。小堅果長圓狀卵形，黑褐色。花期6～9月。

藥用

全草能疏風解表、解毒消腫、活血行氣、化濕和中，治外感頭痛、發熱咳嗽、中暑、食積不化、腹脹氣滯、胃脘痛、嘔吐、泄痢、跌打、風濕疼痛、濕疹、遺精、月經不調、口臭、牙痛等。

方例

(1)治小兒發育不良：九層塔頭(僅取粗莖及根)75公克，常與蚶殼仔草等合用，其效尤著。(2)治風濕筋骨酸痛：九層塔頭約200公克，用米酒燉豬前蹄服用。

花期(月)

①②③④⑤❻
❼❽❾⑩⑪⑫

紫蘇 *Perilla frutescens* Britt. var. *crispa* Decaisne forma *purpurea* Makino

｜科名｜唇形科 Labiatae

｜別名｜蘇、赤蘇、紅紫蘇。

｜分布｜臺灣全境普遍作蔬食調味或藥用栽培，並有野生。

形態

一年生草本，株高50～150公分，有香氣，莖4稜形，紫色或綠紫色，多分枝。單葉對生，葉片皺狀，卵形或圓卵形至心形，長4～12公分，寬3～10公分，基部圓形或鈍形，先端尖形或尾尖形，鋸齒緣。總狀花序頂生或腋生。苞片卵形。花萼鐘形，2唇裂。花冠管狀，紫色或紫紅色，唇形，下唇2裂，下唇3裂。雄蕊4枚。子房4裂，柱頭2裂。小堅果卵形。花期6～9月。

藥用

莖(藥材稱紫蘇梗)能理氣、寬中、和血、安胎，治脾胃氣滯、胎動不安、水腫腳氣、脘腹痞滿等。葉(藥材稱紫蘇葉)能發汗散寒、消痰止咳，治風寒感冒、傷風頭痛等。果實(藥材稱紫蘇子)能潤肺消痰、調理腸胃。

編　語

早期農業生活中，每當秋收農忙之時，一天辛勤工作結束，有的農人會以紫蘇葉配上薄荷、荊芥等發汗解表藥煎水一起服用，不但能達到預防及治療感冒的效果，更能使人神清氣爽、通體舒暢。

花期(月)

1 2 3 4 5 **6** **7** **8** **9** 10 11 12

到手香 *Plectranthus amboinicus* (Lour.) Spreng.

｜科名｜唇形科 Labiatae

｜別名｜倒手香、著手香、左手香、過手香、廣藿香。

｜分布｜臺灣全境普見人家栽培。

形態

多年生草本，全株被毛，株高30～100公分，具濃郁香氣，多分枝或叢生，基部木質化，上部斜生或直立，淡綠色。單葉對生，葉片近心形，肥厚肉質狀，長2～5公分，寬l～4公分，基部楔形或心形，先端鈍圓形或突尖，粗鋸齒緣。輪繖花序，小花多數。唇形花冠淡紫色，長0.8～1.2公分。雄蕊4枚，2強，基部聯合成管狀。子房球形，花柱伸出花冠外。果實為瘦果。花期於春、秋間。

藥用

全草能清暑解表、化濕健胃、涼血解毒、消腫止癢，治暑濕感冒、發燒、口腔炎、口臭、扁桃腺炎、咽喉腫痛、胸悶氣滯、食積不快、腹痛、腦膜炎、高血壓、嘔吐泄瀉等。

方例

(1)治火燙傷所致發燒、皮膚紅腫：到手香鮮葉洗淨，搗汁和蜂蜜服，並取葉渣敷患處。(2)治喉嚨痛：到手香鮮葉搗汁，含口中徐徐飲下。

花期(月)

①②❸❹❺❻
❼❽❾⑩⑪⑫

半枝蓮 *Scutellaria barbata* D. Don

｜科名｜唇形科 Labiatae
｜別名｜向天盞、昨日荷草、溪邊黃芩、牙刷草、並頭草。
｜分布｜臺灣全境平野濕潤地、田畔、溝旁自生。

形態

多年生草本，高可達30公分，莖直立。單葉對生，無葉柄或下部葉片具葉柄，葉片窄卵形至卵形，長1～3公分，寬0.5～1公分，基部楔形至截形，先端銳形至鈍形，下部葉片粗鋸齒緣，上部葉片全緣。偏向總狀花序，多頂生，花輪2花並生。苞片披針形。花冠藍紫色，筒形，2唇裂。果實為小堅果狀，圓筒形，具乳頭狀突起。花期10月至翌年4月。

藥用

全草能清熱解毒、活血祛瘀、消腫止痛、抗癌、行氣，治跌打、驚風、肺炎、喉痛、腹痛、胎毒、腸炎、盲腸炎、吐血、黃疸、癌症、毒蛇咬傷等。

方例

(1)治打傷、久年傷：半枝蓮110公克，半酒水燉赤肉服。(2)解小兒胎毒：半枝蓮、馬蹄金、龍吐珠、鐵馬邊、射干各20公克，搗汁，兌冬蜜服。(3)治慢性腸炎：半枝蓮、小號蝴蠅翅、紅乳仔草、一支香各20公克，煎紅糖服。

花期(月)

❶ ❷ ❸ ❹ ⑤ ⑥ ⑦ ⑧ ⑨ ❿ ⓫ ⓬

枸杞 *Lycium chinense* Mill.

|科名|茄科 Solanaceae
|別名|地骨、地筋、苦杞、枸棘、甜菜子、紅珠子刺。
|分布|臺灣全境低海拔地區。

形態

落葉灌木，常呈蔓生狀，莖幹較細，外皮灰色，具短棘，生於葉腋。單葉互生或簇生，葉片披針形、長橢圓形或倒卵形，長2～6公分，寬1.5～3公分，基部楔形，先端銳或鈍形，全緣。花單一或2～4朵簇生，腋出。花冠漏斗狀，5裂，裂片卵形，紫色，花冠喉部具暗紫色脈紋，花冠筒淡紅色。雄蕊5枚，著生花冠內。漿果橢圓形，先端突尖，熟時紅色。種子黃色。花期6～8月。

藥用

果實(藥材稱枸杞子，性平)能滋肝補腎、祛風明目、安神潤肺，治肝腎虧虛、頭暈目眩、目視不清、腰膝酸軟、陽萎遺精、虛勞咳嗽、消渴引飲等。根皮(藥材稱地骨皮，性寒)能清虛熱、瀉肺火、涼血，治陰虛勞熱、骨蒸盜汗、小兒疳積發熱、吐血、尿血、衄血、消渴、肺熱喘咳等。

編語

臺灣青草藥舖習慣取粗莖及根入藥，稱枸杞根或枸杞頭，能解毒、消炎，治風濕、肝炎、眼病、腰酸、腎虧、牙痛、慢性盲腸炎、糖尿病等。

花期(月)
1 2 3 4 5 **6**
7 **8** 9 10 11 12

苦蘵 *Physalis angulata* L.

｜科名｜茄科 Solanaceae

｜別名｜炮仔草、燈籠草、天泡草、蝶仔花、劈朴草。

｜分布｜臺灣全境低海拔較潮濕地區。

形態

一年生草本，高30～50公分，疏被短柔毛，枝條具稜。單葉互生，葉片闊卵形至卵狀橢圓形，長3～6公分，寬2～4公分，基部楔形，先端漸尖，不明顯齒牙緣或近全緣。花單生於葉腋，花梗纖細。花冠闊鐘形，淡黃色，喉部常有紫斑，5淺裂。雄蕊5枚。子房2室。萼片花後宿存，結果時膨大，具數稜，裹住果實。漿果球形，熟時黃綠色。種子圓盤狀。花期4～8月。

藥用

全草能清熱、解毒、利尿、消腫、祛風，治感冒、肺熱咳嗽、咽喉腫痛、牙齦腫痛、濕熱黃疸、痢疾、熱淋、水腫(陽水實證)、婦女經來腹痛、子宮炎、輸卵管炎、卵巢炎等，鮮品搗爛外敷，治疔瘡甚效。

方例

治腹痛兼嘔吐者：炮仔草、細辛、馬蹄金、樟根、雙面刺各20～40公克，半酒水煎服。

花期(月)

① ② ③ ❹ ❺ ❻ ❼ ❽ ⑨ ⑩ ⑪ ⑫

山煙草 *Solanum erianthum* D. Don

｜科名｜茄科 Solanaceae
｜別名｜土煙、樹茄、山番仔煙、蚊仔煙、假煙葉樹。
｜分布｜臺灣全島中、低海拔山區。

形態

灌木至小喬木，高可達4公尺，全株被白色星狀毛，具特殊臭味。單葉互生或近對生，葉片卵狀披針形或橢圓形，長10～20公分，寬5～10公分，基部銳形，先端銳尖，全緣，上下表面密被星狀毛。聚繖花序呈繖房狀排列，頂生。花冠白色，5裂，淺鐘狀。雄蕊5枚，著生花冠筒上部，花藥黃色。雌蕊1枚，子房上位。漿果球形，熟時黃色。種子扁圓形，白色。花期幾乎全年。

藥用

莖及根(藥材稱土煙)能祛風、除濕、解熱、止痛、強壯，治傷風感冒、風濕痛、腰部神經痛、坐骨神經痛、腹痛、疝氣、白帶等。葉治痛風、血崩、牙痛、濕疹、瘰癧、癰瘡等。

方例

(1)治頭部神經痛或頭暈，乃至周身之神經痛：土煙30公克、豨薟15公克，水煎服。(2)治久年頭暈、頭痛，屬虛弱者：土煙40公克，水煎服或燉赤肉食用。

花期(月)
1 2 3 4 5 6
7 8 9 10 11 12

黃水茄 *Solanum incanum* L.

｜科名｜茄科 Solanaceae
｜別名｜野茄、白絨毛茄。
｜分布｜臺灣南部低海拔地區，或各地零星栽培。

形態

矮灌木狀草本，高可達100公分，全株密佈白色星狀毛。單葉互生，葉片卵形，長7～20公分，寬5～12公分，基部歪截形，先端漸尖，葉緣為不整齊深波狀緣或分裂。花藍紫色，腋出。花萼鐘形，5裂，先端銳尖，宿存，密被星狀毛及疏刺。花冠鐘形，5淺裂，裂片闊三角形。雄蕊5枚，花絲短。漿果近球形，光滑，直徑約3公分，熟時橘黃色。花期10～11月。

藥用

全草或果實能消炎、解毒、祛風、止痛、清熱，治頭痛、牙痛、咽喉腫痛、胃痛、風濕關節痛、跌打損傷、癰瘡腫毒、肝炎、肝硬化、淋巴腺炎、胸膜炎、水腫、鼻竇炎、眼疾等。(市售黃水茄藥材仍以粗莖及根為主)

方例

(1)治瘡癤：蕃仔刺、鈕仔茄、黃水茄、水荖根、冇骨消根、狗頭芙蓉、六月雪及萬點金各15公克，半酒水煮青皮鴨蛋服。(2)治慢性肝炎：黃水茄、桶交藤各110公克，金針頭20公克，燉赤肉服。(3)治急性肝炎：黃水茄、化石草各75公克，紅糖20公克，水煎服。

花期(月)
①②③④⑤⑥
⑦⑧⑨**⑩⑪**⑫

白英 *Solanum lyratum* Thunb.

｜科名｜茄科 Solanaceae
｜別名｜柳仔癀、鈕仔癀、白毛藤、鬼目菜、排風藤。
｜分布｜臺灣全境低海拔地區。

形態

蔓性草本，莖纖細，全株被柔毛。單葉互生，葉片提琴形或長橢圓卵形，長3～8公分，寬2～4公分，基部心形，近基部具一對圓形裂片，先端銳形，葉緣3～5裂，上下表面被柔毛。花序為二出聚繖花序，總花梗與葉對生，花多數。花冠深5裂，白色，偶帶紫色。雄蕊5枚，花藥長橢圓形，頂端孔裂。子房球形，花柱長約1公分，絲狀。漿果徑0.8～1公分，熟時紅色。花期5～12月。

藥用

全草或地上部分(藥材稱白毛藤)能清熱解毒、祛風利濕、活血化瘀，治濕熱黃疸、風濕關節痛、帶下、水腫、淋症、丹毒、疔瘡、癌瘤等。果實能明目，治目赤、牙痛等。

方例

(1)治子宮癌、胃癌：半枝蓮、白毛藤各30公克，水煎服。(2)治風濕關節痛：白毛藤、忍冬、五加皮各30公克，好酒1斤泡服。

花期(月)
①②③④❺❻
❼❽❾❿⓫⓬

龍葵 *Solanum nigrum* L.

｜科名｜茄科 Solanaceae
｜別名｜烏子仔菜、烏支仔菜、苦葵、烏子茄、烏甜菜。
｜分布｜臺灣全境郊野至低海拔較潮濕地區。

形態

一年生草本，高可達80公分，莖梢具稜，多分枝。單葉互生，柄近葉基部具翅，葉片卵形或闊卵形，長4～10公分，寬2～4公分，基部圓或廣楔形，先端銳或鈍形，全緣或呈波狀淺齒牙緣。繖形花序腋生，總花梗長1～3公分。花萼5裂，裂片三角形至卵圓形。花冠白色，深5裂。雄蕊5枚，花藥狹長橢圓形，黃色。漿果球形，熟時黑色，宿萼細小。花期3～6月。

藥用

莖及根(藥材稱烏支仔菜頭)能清熱解毒、消腫散結、活血、利尿，治癰腫疔瘡、丹毒、癌症、跌打、慢性咳嗽痰喘、水腫、痢疾、淋濁、帶下等。成熟果實治扁桃腺炎、疔瘡。

方例

(1)治脫肛：烏支仔菜頭40公克，燉赤肉服。(2)治慢性氣管炎：龍葵30公克、桔梗9公克、甘草3公克，水煎服。

編　語

本植物花萼反捲，植物學者認為它應是龍葵的近緣植物光果龍葵(*S. americanum* Miller)，而真正的龍葵則是花萼緊貼果實。雖然如此，但臺灣民間早已習慣將本種作為龍葵應用，而相關藥用植物文獻多數也以本種作為龍葵，故此處仍給予本種龍葵之學名。

花期(月)

1 2 **3** **4** **5** **6**
7 8 9 10 11 12

鈕仔茄 *Solanum violaceum* Ortega

｜科名｜茄科 Solanaceae
｜別名｜柳仔茄、刺柑仔、印度茄、小顛茄、金鈕頭、黃水茄。
｜分布｜臺灣全境低海拔山區中。

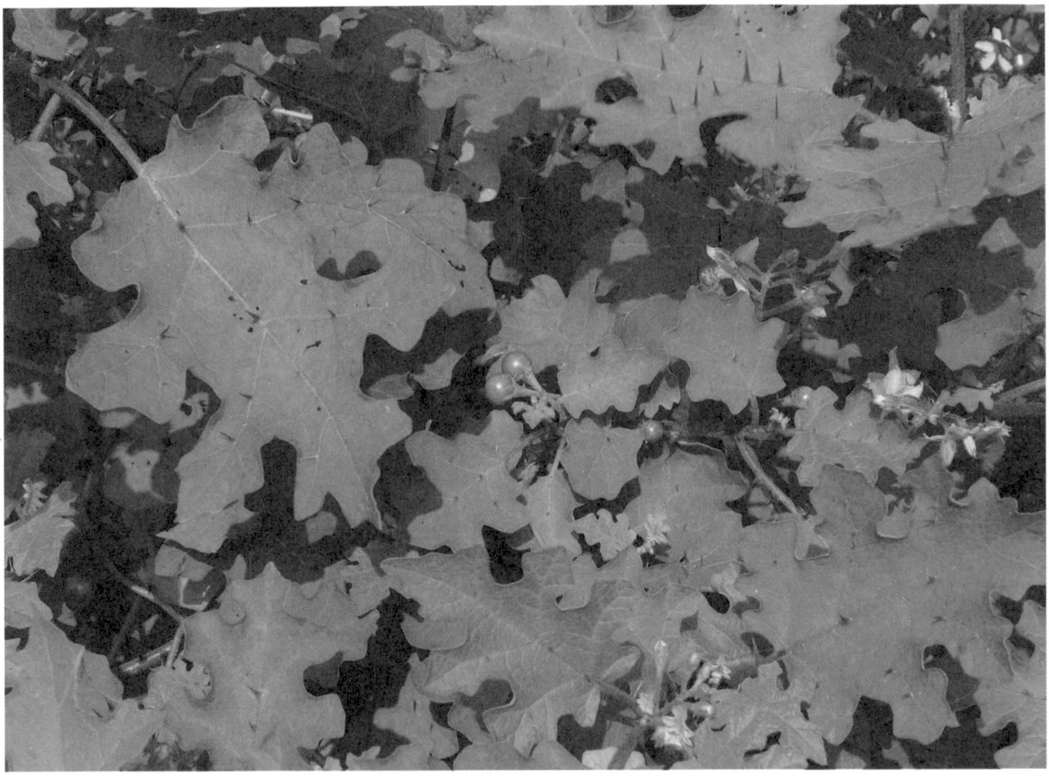

形態

有刺亞灌木，高1～1.5公尺，多分枝，刺常彎曲。單葉互生，葉片卵形，長5～11公分，寬2～8公分，基部鈍形，先端銳形，葉緣分裂或波狀緣，兩面密被星狀毛，沿葉脈具刺。總狀花序腋生，被星狀毛。花冠白色或藍紫色，直徑約2公分，5裂。雄蕊5枚，花藥長橢圓形。子房卵形，柱頭頭狀。漿果球形，成熟時橙黃色，直徑約1公分，包裹在展開的宿萼裂片中。花期幾乎全年。

藥用

全草能祛風、清熱、解毒、止痛，治喉痛、淋巴結炎、鼻淵、頭痛、牙痛、胃病、跌打損傷、風濕痺痛、癰瘡腫毒等。

方例

(1)治感冒風熱：鈕仔茄根40公克，酒水各半煎服。(2)竄筋、散血：鈕仔茄全草75公克、穿山龍110公克，半酒水煎服。

花期(月)
1 2 3 4 5 6
7 8 9 10 11 12

甜珠草 *Scoparia dulcis* L.

｜科名｜玄參科 Scrophulariaceae
｜別名｜甜珠仔草、珠仔草、野甘草、假甘草、土甘草。
｜分布｜臺灣全境郊野、耕地，中、南部多見。

形態

直立草本或亞灌木狀，高可達1公尺，全株光滑，莖多分枝。單葉對生或3葉輪生，葉片菱狀披針形或長橢圓形，長1～2.5公分，寬0.5～1公分，基部漸狹，先端銳形，鋸齒緣。花單朵或成對生於葉腋，白色。花萼4深裂，裂片卵狀長橢圓形。花冠輻形，4裂，裂片先端鈍形。雄蕊4枚，近等長，花藥箭形。花柱挺直，柱頭截形。蒴果卵圓形至球形，較宿萼稍長。花期5～9月。

藥用

全草能清熱利濕、疏風止咳，治感冒發熱、肺熱咳嗽、氣管炎、肺炎、咳血、吐血、失聲、咽喉腫痛、中氣不足、夏天過勞、口乾、腸炎、腹痛、熱痢、月經過多、小便不利、小便帶赤、淋病、腳氣水腫、濕疹、痱子、高血壓等。

方例

治發熱、咳嗽兼咽喉痛：甜珠仔草、咸豐草、一枝香各10公克，炮仔草(燈籠草)、雞角刺根各14公克，水煎服。

花期(月)
①②③④❺❻
❼❽❾⑩⑪⑫

穿心蓮 *Andrographis paniculata* (Burm. f.) Nees

｜科名｜爵床科 Acanthaceae
｜別名｜苦心蓮、欖核蓮、苦草、苦膽草、萬病仙草。
｜分布｜臺灣各地多見零星栽培。

形態

一年生草本，高50～80公分，莖直立，近方形，多分枝，節處稍膨大。單葉對生，葉片長橢圓形至披針形，長3～7公分，寬1～3公分，先端漸尖，基部楔形，葉緣淺波狀或全緣，葉片大小常隨著植株的成長到開花結果，很明顯變得較細小、稀疏，甚至有些皺縮。總狀花序頂生和腋生，集成疏散的圓錐花序。花冠白色，唇形，常有淡紫色條紋。蒴果長橢圓形，成熟時2瓣開裂。花期9～10月。

藥用

全草能清熱解毒、涼血消腫、瀉火燥濕，治肺炎、氣管炎、急性菌痢、腸胃炎、感冒、流行性腦炎、百日咳、肺結核、肺膿瘍、膽囊炎、高血壓、衄血、癰腫瘡癤、燙傷、咽喉腫痛、口臭、濕疹等。

方例

治陰囊濕疹：穿心蓮粉30公克，甘油加至100毫升，調勻塗患處。

花期(月)

1 2 3 4 5 6 7 8 **9** **10** 11 12

駁骨丹 *Justicia gendarussa* Burm. f.

｜科名｜爵床科 Acanthaceae
｜別名｜澤蘭、尖尾鳳、小駁骨丹、接骨筒、接骨草。
｜分布｜臺灣全境荒廢地或人家刻意栽培。

形態

草本狀灌木，高80～150公分，全株光滑，莖節膨隆。單葉對生，具短柄，葉片狹披針形，兩端尖，全緣或微波緣，通常基生莖之葉較大，莖分枝之葉較小。穗狀花序頂生，常呈圓錐花叢。花苞線形，易脫落。花萼5裂，裂片針形。花冠唇形，白或粉紅色，具紫紅色斑點，上唇平直，下唇向下彎。雄蕊2枚，著生於花冠，突出。蒴果棒狀。花期於夏季。

藥用

全草能行血祛風、解熱調經，治跌打損傷、風濕、感冒、月經不調等。臺灣各地青草藥舖多用枝、葉，隨採隨用，為民間藥洗秘方重要組成藥材之一。

方例

(1)治跌打損傷：駁骨丹、臭川芎各40公克，共搗，加酒少許，外推患處。(2)治月經不調：駁骨丹、益母草、鴨舌癀各40公克，半酒水燉赤肉服。

花期(月)

①②③④❺❻
❼⑧⑨⑩⑪⑫

白鶴靈芝 *Rhinacanthus nasutus* (L.) Kurz

| 科名 | 爵床科 Acanthaceae
| 別名 | 仙鶴草、白鶴草、仙鶴靈芝草、癬草、靈芝草。
| 分布 | 臺灣各地多見零星栽培。

形態

灌木，高80～150公分，莖圓柱形，被毛，節稍膨大。單葉對生，葉片橢圓形，長3～7公分，寬2～3公分，先端稍鈍或尖，基部楔形，全緣，下面葉脈明顯，兩面均被毛。花單生或2～3朵排列成小聚繖花序。花冠呈高腳碟狀，白色，花冠筒長約2公分，上部為2唇形，整個花冠形似白鶴棲息之狀。雄蕊2枚，著生花冠喉部。花盤杯狀，子房下位。蒴果長橢圓形。種子具種鉤。花期夏至秋季。

藥用

枝及葉能清熱潤肺、殺蟲止癢，治勞嗽、疥癬、濕疹、便秘、高血壓、糖尿病、肝病等。

方例

(1)治早期肺結核：鮮白鶴靈芝枝及葉30公克，加冰糖水煎服。(2)治心臟病：白鶴靈芝根或葉約30公克，加豬心燉水服。

花期(月)

①②③④❺❻
❼❽❾❿⑪⑫

消渴草 *Ruellia tuberosa* L.

｜科名｜爵床科 Acanthaceae
｜別名｜三消草、糖尿草、塊根蘆莉、蘆莉草、紫莉花。
｜分布｜臺灣各地散見零星栽培。

形態

越年生草本，高20～70公分，全株光滑，莖單一直立或由基部分生成叢生，節處膨大。單葉對生，葉片長卵形或廣披針形，長7～14公分，寬4～6公分，基部楔形，翅狀延伸成翼柄狀，先端鈍形，微突尖。花序腋生，每個花序含花單一、雙生或3朵簇生。花冠漏斗形，淡紫色，5裂。雄蕊4枚，2強，著生花筒喉部。蒴果長角形柱狀，兩側具縱裂溝，頂端尖，熟時褐色。花期於夏至秋季。

藥用

全草能消炎、止痛、生津、消渴、利尿、解毒，治糖尿病、坐骨神經痛、胃潰瘍、尿毒症、牙痛、腎虛耳鳴、腎炎水腫、皮膚發癢、高血壓、咽喉腫痛、尿酸過高、跌打、肝病等。

方例

(1)治糖尿病：消渴草60公克、倒地鈴30公克，水煎服。(2)治四肢無力：消渴草根90公克，馬鞍藤、牛膝各30公克，水煎服。

花期(月)
①②③④❺❻
❼❽❾❿⑪⑫

車前草 *Plantago asiatica* L.

｜科名｜車前草科 Plantaginaceae
｜別名｜五斤草、枝仙草、錢貫草、牛舌草、豬耳朵草。
｜分布｜臺灣全境平地到高山均可見，尤以北部最多。

形態

光滑草本，根莖短，具許多鬚根。單葉基出，叢生，葉柄幾與葉片等長，基部擴大，葉片寬橢圓形或卵形，有5～7條平行的弧形脈，全緣或不規則波狀淺齒。穗狀花序數條，自葉叢中抽出，小花淡綠色。蒴果卵狀長橢圓形，約為花萼之2倍長，近中部橫周開裂。種子長橢圓形，黑褐色。花期4～10月。

藥用

全草能解熱利尿、祛痰止咳、解毒消炎、清肝明目、止血，治皮膚潰瘍、濕熱泄瀉、喉痛、咳嗽、目赤腫痛、黃疸、水腫、小便澀痛、尿血、熱痢、吐血、衄血、帶下等。種子亦入藥，藥材稱「車前子」，其與全草效用相近。

方例

(1)治泌尿道感染：車前草、虎杖、馬鞭草各30公克，白茅根、蒲公英、海金沙各15公克，忍冬藤、紫花地丁、十大功勞各9公克，水煎服。(2)治風熱目暗澀痛：車前子、黃連各30公克，為末，食後溫酒服3公克，日2服。

花期(月)
①②③❹❺❻
❼❽❾❿⑪⑫

有骨消 *Sambucus chinensis* Lindl.

｜科名｜忍冬科 Caprifoliaceae
｜別名｜七葉蓮、陸英、臺灣蒴藋、接骨草。
｜分布｜臺灣全境平野至低海拔2000公尺灌木叢中。

形態

常綠小亞灌木，高可達3公尺，小枝平滑。奇數羽狀複葉對生，小葉2～3對，對生，小葉片狹披針形，長9～15公分，寬2.5～4公分，基部圓形或鈍形，略呈歪形，先端漸尖，細鋸齒緣。複聚繖花序呈繖房狀排列，頂生，略被絨毛。腺體為黃色，短筒形。花白色，花冠輻狀鐘形，5裂。雄蕊5枚，著生冠筒基部，而與瓣片互生。柱頭3裂。核果呈漿果狀，球形，熟時黃紅色。花期5～9月。

藥用

全草能消腫解毒、解熱鎮痛、活血化瘀、利尿，治肺癰、風濕性關節炎、無名腫毒、腳氣浮腫、泄瀉、黃疸、咳嗽痰喘；外用治跌打損傷、骨折。

方例

(1)治腳風：有骨消根150公克，燉豬腳服。(2)治慢性風濕症、腰痛、坐骨神經痛：有骨消根、桑寄生、雙面刺及天竺黃各10公克，桶交藤、王不留行、臭腳庭及松節各7公克，水煎服。

花期(月)
1 2 3 4 **5** **6** **7** **8** **9** 10 11 12

六神草 *Acmella oleracea* (L.) R. K. Jansen

｜科名｜菊科 Compositae

｜別名｜六神花、印度金鈕扣、金鈕扣、鐵拳頭、金再鈎。

｜分布｜臺灣全境散見藥用或觀賞栽培。

形態

直立草本，高可達30公分，莖暗紫色，多分枝。單葉對生，具柄，葉片廣卵形至三角形，先端銳尖，基部楔形，3出脈，疏鋸齒緣。頭狀花序頂生或腋生，卵圓形，長1～2.5公分，形如「拳頭」，花序軸細長。花未開時，紫色或暗紫色，花開時，黃色或鮮黃色，幾乎全為管狀花，每小花具舟形小苞。瘦果扁平，成熟時不具木栓化的邊緣。花期於夏季。

藥用

全草能解毒消腫、麻痺止痛、活血補血、促進食慾，治牙痛、胃寒痛、感冒咳嗽、腹瀉、跌打、風濕痛、疔瘡腫毒等。花序能鎮痛，治牙痛、胃痛、喉痛。

方例

(1)治牙痛：取新鮮六神草花序適量，塞於蛀牙處或牙縫。(2)治腹痛：六神草6公克，水煎服。

花期(月)

①②③④❺❻
❼⑧⑨⑩⑪⑫

艾 *Artemisia indica* Willd.

｜科名｜菊科 Compositae
｜別名｜五月艾、蒿、艾蒿、祈艾、醫草。
｜分布｜臺灣全境平地至高海拔山地皆可見。

形態

多年生草本，但於中海拔以上多成亞灌木，外形變異極大。中部莖葉具葉狀的假托葉，葉互生，葉片長橢圓形或卵形，羽狀分裂，裂片2或3對，裂片卵形或長披針形，先端鈍形，全緣或齒緣，上表面被蛛絲狀毛或近無毛，下表面密被白絨毛。頭狀花序排列成複總狀，由多數管狀花所組成。瘦果平滑，具冠毛。花期集中於夏季。

藥用

葉為婦科聖藥，能溫經止血、散寒止痛、祛濕止癢，治吐血、衄血、便血、崩漏、妊娠下血、經痛、月經不調、胎動不安、心腹冷痛、久痢、霍亂、帶下、濕疹、疥癬、痔瘡等。除去小枝葉之全草(藥材稱艾頭、艾根)治頭痛、腹水、慢性盲腸炎。

方例

治頭風：艾頭、蘿蔔各150～300公克，燉豬頭，約2～3次可根治。

花期(月)
①②③④**⑤⑥⑦**⑧⑨⑩⑪⑫

艾納香 *Blumea balsamifera* (L.) DC.

｜科名｜菊科 Compositae
｜別名｜大風艾、大風草、牛耳艾、冰片艾、大艾。
｜分布｜臺灣全境平野至低海拔山麓，南部較常見。

形態

多年生木質狀草本，高可達6公尺，全株密被黃色絨毛，具芳香味。單葉互生，葉片橢圓形，長10～25公分，寬2～7公分，基部狹窄，下延成葉柄狀或近深裂，不規則鋸齒緣，兩面密被絨毛。頭狀花序頂生，繖房狀。總苞片數輪，外輪較短，覆瓦狀排列。管狀花黃色，花序周圍者為雌花，中央為兩性。雄蕊呈聚藥。子房下位。瘦果10稜，冠毛淡白色。花期3～5月。

藥用

葉及嫩枝(藥材稱大風草葉)能祛風消腫、溫中活血、發汗祛痰、殺蟲，治寒濕瀉痢、感冒、支氣管炎、風濕、跌打、瘡癤、濕疹、皮膚炎、腫毒、腹脹、胸腹絞痛、中暑等。根及幹(藥材稱大風草頭)能祛風消腫、活血散瘀，治風濕、跌打。

方例

治咳嗽：大風草頭、雞屎藤各20公克，尖尾峰12公克，水煎服。

花期(月)

① ② ❸ ❹ ❺ ⑥
⑦ ⑧ ⑨ ⑩ ⑪ ⑫

石胡荽 *Centipeda minima* (L.) A. Br. & Asch.

｜科名｜菊科 Compositae
｜別名｜鵝不食草、小返魂、珠仔草、砂藥草、散星草。
｜分布｜臺灣全境田埂、菜園、休耕農地、路旁、屋邊或荒野濕地上。

形態

一年生矮小草本，莖匍匐狀，多分枝。單葉互生，長橢圓狀倒卵形至倒披針形，長0.7～2公分，寬0.3～0.6公分，先端鈍，基部楔形，前端具3～5粗鋸齒緣。頭狀花序腋生，扁球形。總苞2輪，半球形，總苞片長橢圓形。花序外圍雌花多層，花冠細管狀，黃綠色；中央為兩性花，花冠管狀，淡紫色。瘦果橢圓形，具4稜，邊緣有長毛，無冠毛，褐色，表面具細斑點。花期5～10月。

藥用

全草能通鼻竅、祛風、止咳、消腫、解毒，治風寒頭痛、咳嗽痰多、鼻塞不通、鼻淵、鼻息肉、百日咳、慢性支氣管炎、結膜炎、瘧疾、喉痺、耳聾、目赤、痢疾、風濕痺痛、跌打損傷、腫毒、疥癬、糖尿病等。

方例

(1)治眼病：鮮珠仔草切碎，麻油煎雞蛋服。(2)治鼻炎、鼻竇炎、鼻息肉、鼻出血：鵝不食草、辛夷各3公克，研末吹入鼻孔，每日2次；或加凡士林20克，作成膏狀塗鼻。

花期(月)

①②③④❺❻
❼❽❾❿⑪⑫

蘄艾 *Crossostephium chinense* (L.) Makino

｜科名｜菊科 Compositae

｜別名｜芙蓉菊、芙蓉、千年艾、海芙蓉、白石艾。

｜分布｜臺灣北部海濱可見自生，全境各地亦見零星栽培。

形態

亞灌木，全株被灰白色短毛，具芳香味，高30～70公分，多分枝。單葉互生，並於枝端形成冠狀，葉片長橢圓狀倒卵形，長1.5～3.5公分，寬約0.7公分，先端鈍形，常呈2～4淺裂，基部楔形，全緣。頭狀花序球形，直徑約0.4公分，單生，或著生成複總狀花序。花黃色，皆為管狀花，雜性，花序外圍2列為雌性花，中央為兩性花。瘦果長橢圓形，具5稜。花期集中於早春。

藥用

根及粗莖(藥材稱芙蓉頭)能祛風、除濕、止痛、解熱、固肺、轉骨、解毒，治風濕、痛風、打傷、刀傷、胃寒疼痛、小兒發育不良、頭風、月內風、傷風、肺病、敗腎、下消等。

方例

(1)治風濕病：芙蓉頭、赤芍各75公克，燉排骨服。(2)治下消：芙蓉頭、龍眼根、牛乳埔、小本山葡萄及馬鞍藤各40公克，燉豬腸服。

花期(月)

①❷❸④⑤⑥⑦⑧⑨⑩⑪⑫

鼠麴草 *Gnaphalium luteoalbum* L. subsp. *affine* (D. Don) Koster

｜科名｜菊科 Compositae
｜別名｜鼠麴、黃花麴草、佛耳草、清明草、黃花艾。
｜分布｜臺灣全境海拔2000公尺以下農田、路旁、荒廢地，甚至海濱亦可見。

形態

草本，莖高15～40公分，密被白色絨毛。單葉互生，葉片匙形，長2～6公分，寬0.5～1公分，先端圓形，基部狹窄，全緣，上下表面皆被白色絨毛。頭狀花序呈繖房狀排列，頂生。總苞片3輪，淡黃色，外層總苞片闊卵圓形，內層總苞片長橢圓形，先端鈍。單性花花冠長0.15～0.2公分；兩性花長約0.2公分。瘦果長橢圓形，扁平。冠毛纖細，淡黃色。花期3～5月。

藥用

全草能止咳平喘、祛風除濕、降血壓、化痰，治咳嗽痰多、氣喘、感冒風寒、筋骨痛、癰瘍、帶下、無名腫痛、對口瘡、胃潰瘍、高血壓等。

方例

(1)治咳嗽痰多：鼠麴草15公克，與等量冰糖同煎服。
(2)治毒疔初起：鮮鼠麴草適量，合冷飯粒及食鹽少許搗敷。

花期(月)

①②❸❹❺⑥
⑦⑧⑨⑩⑪⑫

豨薟草 *Sigesbeckia orientalis* L.

｜科名｜菊科 Compositae
｜別名｜苦草、豨薟、毛梗豨薟、豬屎菜、狗咬癀。
｜分布｜臺灣全境原野、山地之荒地、路旁、村落周圍。

形態

草本，莖直立，高60～120公分，分枝二叉狀。單葉對生，葉片三角狀卵形，長8～15公分，基部截形或楔形，葉緣為不整齊淺裂，3出脈，上下表面密被毛。頭狀花序呈聚繖狀排列，花序軸長1～4.5公分。總苞5枚，長約0.5公分，棒狀圓柱形，被腺毛。舌狀花冠2～3淺裂，黃色。管狀花兩性，可孕，花冠筒長約0.2公分，黃色。瘦果長約0.3公分，4稜，無冠毛。花期5～10月。

藥用

全草(藥材稱苦草或豨薟草)能祛風濕、利筋骨、降血壓、解熱、鎮痛、消炎、利尿，治風濕性關節炎、四肢痲木、腰膝無力、半身不遂、肝炎等；外用治疔瘡腫毒、毒蟲咬傷。

方例

(1)治關節腫毒初起：豨薟草、過山香、走馬胎、接骨草各20公克，水煎服。(2)治肋膜炎：山芙蓉根、山甘草、雙面刺、豨薟草各20公克，水煎服。

花期(月)
1 2 3 4 **5** **6** **7** **8** **9** **10** 11 12

五爪金英 *Tithonia diversifolia* (Hemsl.) A. Gray

｜科名｜菊科 Compositae
｜別名｜王爺葵、假向日葵、太陽花、腫柄菊、菊藷。
｜分布｜臺灣全境海濱至海拔1000公尺山區。

形態

多年生灌木狀草本，宿根性，高可達3公尺，莖粗壯，密生短柔毛。單葉互生，葉片卵形或楔形，長10～30公分，寬6～10公分，全緣或3～5裂，先端銳尖或漸尖。頭狀花序大型醒目，頂生或側生。總苞片4層，外層橢圓狀披針形，內層長披針形。舌狀花l輪，黃色，舌片長卵狀披針形，先端2歧。管狀花黃色，密集，先端5裂。瘦果長橢圓形，長約0.4公分。花期於夏、秋間。

藥用

全草能利尿解熱、清肝解毒、消腫止痛，治肝炎、黃疸、急性胃腸炎、膀胱炎、青春痘、癰瘡腫毒、糖尿病等。

方例

治肝癌：五爪金英、豨薟草、小號山葡萄、土牛膝、耳鉤草、馬鞭草、黃水茄、蒼耳根、化石草、大風草、青果根，以上適量，水煎服。

花期(月)
①②③④⑤❻
❼❽❾⑩⑪⑫

蟛蜞菊 *Wedelia chinensis* (Osbeck) Merr.

｜科名｜菊科 Compositae
｜別名｜黃花蜜菜、蜜仔菜、四季春、路邊菊、田烏草。
｜分布｜臺灣全島平地稍濕地、溝旁、田畔等處常群生。

形態

多年生草本，莖細長，匍匐於地上，上部略直立，全株粗澀，節部有不定根。單葉對生，葉片線狀長橢圓形或倒披針形，長2.5～7公分，寬0.8～1.3公分，全緣或鈍鋸齒緣。頭狀花序腋生，單一。總苞長約0.7公分，半球形。舌狀花長橢圓形，雌性，長約1公分，2～3齒裂，黃色。花序中央為管狀花，兩性，花冠長約0.4公分。瘦果倒卵形，具3稜，截頭。花期5～10月。

藥用

全草能清熱、利尿、活血、消腫、解毒，治感冒發熱、肺癆發熱咳嗽、白喉、百日咳、咽喉腫痛、齒齦炎、腹痛、痢疾、肝炎、黃疸、跌打、煩熱不眠等。

方例

治白喉：鮮蟛蜞菊60公克、甘草6公克、通草1.5克，水濃煎服，日1～4劑。另用鮮蟛蜞菊搗爛絞汁，加相當於藥液四分之一的醋，用棉籤蘸藥液塗抹偽膜，日2～3次。

花期(月)
①②③④❺❻
❼❽❾❿⑪⑫

朱蕉 *Cordyline fruticosa* (L.) A. Cheval.

｜科名｜百合科 Liliaceae
｜別名｜紅竹、宋竹、紅葉鐵樹、觀音竹、鐵蓮草。
｜分布｜臺灣各地人家庭園普遍栽培。

形態

多年生常綠灌木，高可達3公尺，莖直立，通常不分枝。單葉密生莖頂，呈2列狀旋轉聚生，葉柄具鞘抱莖，葉片紫紅色或綠色，披針狀橢圓形，長30～50公分，寬5～10公分，基部漸狹尖，先端漸尖。圓錐花序生莖頂葉腋，花序主軸上的苞片，條狀披針形，分枝上花基部的苞片較小，卵形。花淡紅色至紫色。花被片條形，約一半長相互聚合成花被筒。雄蕊6枚。蒴果球形。花期6～9月。

藥用

葉能清熱利尿、涼血止血、散瘀止痛，治肺熱吐血、肺癆咯血、衄血、便血、尿血、月經過多、胃痛、腸炎、痢疾、跌打腫痛、筋骨痛。花能清熱化痰、涼血止血，治痰火咳嗽、咯血、吐血、尿血、血崩、痔瘡出血。

方例

治咳嗽：鮮紅竹葉4枚、鮮紅三七葉6枚，煎冰糖服。

花期(月)
① ② ③ ④ ⑤ ❻
❼ ❽ ❾ ⑩ ⑪ ⑫

闊葉麥門冬 *Liriope platyphylla* Wang & Tang

｜科名｜百合科 Liliaceae
｜別名｜麥門冬、麥冬、山韭菜。
｜分布｜臺灣全境平地至低海拔山區。

形態

草本，根莖短而呈水平發展，具塊根。單葉叢生，葉片線形，長30～50公分，寬0.8～1.2公分，先端鈍，基部楔形，全緣，上下表面光滑，脈11～15條。密生總狀花序長8～12公分，5～9輪，每輪具花2～4朵。花小，淡紫色，花被6片，橢圓形。雄蕊6枚，花藥橢圓形。子房上位，花柱圓柱形。蒴果近球形，直徑約0.8公分。種子徑0.5～0.7公分，球形，黑色。花期7～9月。

藥用

塊根(藥材稱麥門冬)能潤燥生津、消炎解熱、鎮咳祛痰、強心利尿，治陰虛肺燥、咳嗽痰黏、胃陰不足、口燥咽乾、腸燥便秘等。

編　語

麥門冬藥材在臺灣的中藥市場上，常被簡寫成「麥冬」，也因其大小約在一寸長而得「寸冬」之別名。

花期(月)

①②③④⑤⑥
❼❽❾⑩⑪⑫

肝炎草 *Murdannia bracteata* (C. B. Clarke) O. Kuntze *ex* J. K. Morton

｜科名｜鴨跖草科 Commelinaceae
｜別名｜百藥草、痰火草、竹仔菜、大苞水竹葉、青鴨跖草。
｜分布｜臺灣各地散見人家栽培供觀賞或藥用。

形態

多年生匍匐草本，鬚根多而細，常群生。基生葉叢生，線形或闊線形；莖生葉互生，上部漸短，先端急尖，基部呈鞘狀，全緣。花序多生於枝端，小花近側生，花具焰苞，透明狀，舟狀廣卵形。萼片3枚，分離。花瓣3枚，長卵形凹陷，淡紫色至紫藍色，易凋落。發育雄蕊3枚，退化雄蕊2～4枚。子房上位，花柱細尖。蒴果卵狀三稜形，具腺液。花期幾乎全年。

藥用

全草能化痰散結、清熱通淋、解毒消腫、止咳，治瘰癧痰核、熱淋、感冒發熱、咳嗽、咽喉腫痛、口腔炎、肺炎、肝炎、肝硬化、心臟病、腎炎、水腫、高血壓、白內障、痢疾、癰瘡腫毒等。

方例

(1)治肺炎發燒：新鮮肝炎草、魚腥草各60公克，打汁加蜜服。(2)治皮膚搔癢：肝炎草、艾草、埔姜葉、雞屎藤等適量，煮水作藥草浴。

花期(月)

1 2 3 4 5 6
7 8 9 10 11 12

蚌蘭 *Rhoeo discolor* Hance

｜科名｜鴨跖草科 Commelinaceae
｜別名｜紅川七、紅三七、紫背鴨跖草、紫背萬年青、荷包花。
｜分布｜臺灣各地人家庭園普遍栽培。

形態

多年生草本，高40～60公分，莖較粗壯，不分枝。單葉基生，密集覆瓦狀，無柄，葉片多肉質，長披針狀劍形，長20～50公分，寬3～7公分，基部鞘狀，先端漸尖，全緣，背面紫紅色。聚繖花序生於葉的基部，包藏於苞片內。苞片2枚，呈蚌殼狀，大形紫色。花瓣3片，白色，卵圓形。花萼3片，花瓣狀。雄蕊6枚。子房I枚，3室。蒴果球形。花期5～7月。

藥用

葉能涼血止血、去瘀解鬱、清熱潤肺，治跌打損傷、尿血、便血、吐血、肺熱燥咳、痢疾等。花能清肺、化痰、涼血、止痢，治肺熱喘咳、百日咳、咯血、鼻衄、血痢、便血、瘰癧等。

方例

(1)治吐血：鮮紅川七葉約200公克，搗汁服。(2)治勞傷、小兒發育不良：鮮紅川七葉約10片，燉排骨服用。

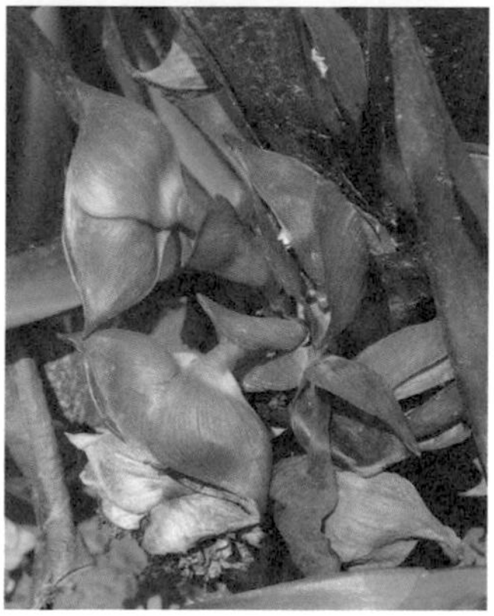

花期(月)
①②③④❺❻
❼⑧⑨⑩⑪⑫

怡心草 *Tripogandra cordifolia* (Sw.) Aristeg.

｜科名｜鴨跖草科 Commelinaceae
｜別名｜腰仔草、紅葉腰仔草。
｜分布｜臺灣各地多見栽培，現已有多數逸為野生狀。

花期(月)

① ② ③ ④ ⑤ ⑥
⑦ ⑧ ⑨ ⑩ ⑪ ⑫

形態

匍匐性草本，全株光滑，莖多節，伸長後呈匍匐狀，節易生根，常見懸垂生長，葉緣、葉鞘及莖蔓常帶紫色。單葉互生，抱莖而生，葉片薄肉質狀，心形，長1～1.5公分，寬0.3～0.5公分，先端漸尖，基部心形，全緣，葉背紫色。少見開花。

藥用

全草能治高尿酸、痛風及糖尿病等。本植物可供食用，亦可以炒食方式入藥。

編　語

據筆者調查發現本植物約於西元2002年左右開始盛行於臺灣民〔約較綠莧草(請參閱本書第48頁)晚1年流行〕，因傳其全草能治療糖尿病，故名腰仔草(目前，與綠莧草同是臺灣民間青草藥舖重要的「腰仔草」藥材來源植物，綠莧草特稱青葉腰仔草，怡心草則稱紅葉腰仔草)。據說最初民眾紛紛搶購，甚至缺貨，喊價則高達每斤鮮品200～300元，目前，每斤鮮品僅為80～100元，臺灣南部更便宜，3把100元，每把約半斤。

香附 *Cyperus rotundus* L.

｜科名｜莎草科 Cyperaceae
｜別名｜莎草、香頭草、土香、肚香草。
｜分布｜臺灣全境隨處可見，為農人最苦惱的雜草之一。

形態

草本，根莖細長呈匍匐狀，先端生有小形塊莖，稈高10～60公分，通常較葉為長，纖細平滑，具三稜。葉片寬0.2～0.6公分，褶疊狀狹線形。葉鞘淡棕色，末端裂成平行細絲。葉狀苞片2～3枚，狹線形，著生稈頂。花序單生或分枝，小穗線形，暗紫褐色。穎片長橢圓形至卵圓形，略呈紫棕色。雄蕊3枚。柱頭3歧。瘦果長約0.15公分，三稜狀長橢圓形，暗褐色。花期於春、夏間。

藥用

塊莖(藥材稱香附)能理氣解鬱、止痛調經，治月經不調、氣鬱不舒、腹痛、頭痛、感冒、各種疼痛、帶下等。

方例

(1)治婦人經風：香附、高良姜及益母草等分，米酒煎服，痛時飲之。(2)治盲腸炎：香附、金英、白芍、桃仁、防風、赤茯苓各8公克，當歸4公克，細辛2公克，冬瓜糖12公克，水煎代茶飲。

花期(月)
①②❸❹❺❻
⑦⑧⑨⑩⑪⑫

水蜈蚣 *Kyllinga brevifolia* Rottb.

｜科名｜莎草科 Cyperaceae
｜別名｜短葉水蜈蚣、無頭土香、臭頭香、金鈕草、三莢草。
｜分布｜臺灣全境平地路旁、田邊、荒廢地等潮濕處。

形態

多年生草本，根莖橫臥伸長而纖細，稈直立，柔軟，高10～30公分。葉片窄線形，長5～10公分，寬0.2～0.3公分。葉鞘薄膜質，棕色或紫棕色，下部者幾無葉片。頭狀花序通常單生，著生在莖頭，球形或卵球形，密生多數小穗，淡綠色。總苞片3片。小穗闊披針形，先端銳形，扁平，基部連合。瘦果長約0.15公分，倒卵形，棕色。花期3～8月。

藥用

全草(藥材稱無頭土香)能清熱利濕、止咳化痰、散風舒筋、活絡祛瘀、利尿消腫，治風熱感冒、寒熱頭痛、筋骨疼痛、肝炎、黃疸、盲腸炎、咳嗽、痢疾、瘡瘍腫毒、皮膚搔癢、腹痛、腎臟炎、尿道炎、高血壓等。

方例

(1)治跌打損傷：無頭土香30公克，酒、水各半煎服，藥渣搗爛外敷。(2)治痢疾：無頭土香、鳳尾草、乳仔草、白花仔草、蚶殼仔草、紅田烏、橄欖根各20公克，水煎汁，加冰糖或冬蜜服。

花期(月)
1 2 **3** **4** **5** **6**
7 **8** 9 10 11 12

薏苡 *Coix lacryma-jobi* L.

｜科名｜禾本科 Gramineae
｜別名｜鴨母珠、菩提子、川穀。
｜分布｜臺灣各地零星種植。

形態

多年生草本，稈高1～2公尺，直立，單一。葉片長15～35公分，寬2～3公分。葉舌長約0.1公分，堅硬。花序直立或下垂，腋生。小穗單性；雌性小穗基生，為總狀花序，由一堅硬球狀總苞所包圍；雄性小穗成對，1具柄，另1無柄。外穎革質，內穎較外穎稍小，膜質。外稃寬，抱住小穗；內稃狹長，具稜脊。雌蕊具1延長花柱。穎果長約0.5公分。花期5～10月。

藥用

種仁(藥材稱薏仁)能健脾益胃、補肺上氣、清熱利濕、解毒排膿、滋補止咳、抗癌，治脾虛泄瀉、慢性胃腸病、咳吐膿血、風濕疼痛、筋急拘攣、腳氣病、淋濁、白帶等，一般認為其可養顏美容，使肌膚潔白，預防青春痘，也應用於減肥方中。

編語

早期由日本藥廠所研發之治癌藥品「W.T.T.C.」，即以紫藤瘤、訶子、菱角、薏仁合製而成，臨床應用發現可增加癌症患者的存活率，對於胃癌、食道癌、直腸癌、子宮癌效果顯著。

花期(月)
1 2 3 4 **5** **6** **7** **8** **9** **10** 11 12

牛筋草 *Eleusine indica* (L.) Gaertner

｜科名｜禾本科 Gramineae
｜別名｜牛頓棕、牛頓草、蟋蟀草、扁草、稷子草。
｜分布｜臺灣全境平野草地、空墟地、農園或路旁。

形態

一年生草本，高15～90公分，鬚根多數，稈叢生。葉鞘包稈，被疏毛，鞘口具柔毛。葉片帶狀扁平，長10～15公分，寬約0.4公分，全緣。穗狀花序指狀，2～5個分叉排列於稈頂，每個長3～10公分。穎披針形，具脊。第I外稃長約0.35公分，卵形，脊背具狹翼。內稃短於外稃，具2脊，脊背亦具狹翼。穎果長約0.15公分，卵形，橫斷面三角形，具明顯波狀皺紋。花期5～10月。

藥用

全草或根能清熱利尿、化瘀解毒、涼血止血，治傷暑發熱、黃疸、肝炎、肝硬化、風熱目痛、高血壓、尿道炎、小便不利、尿黃短赤、尿血、便血、衄血、淋病、痢疾、遺精、小兒急驚、勞傷、腦膜炎、腦脊髓炎、瘡瘍腫毒、跌打損傷、風濕性關節炎。

花期(月)

1 2 3 4 **5** **6**
7 **8** **9** **10** 11 12

毛節白茅 *Imperata cylindrica* (L.) P. Beauv. var. ***major*** (Nees) C. E. Hubb. ***ex*** Hubb. & Vaughan

| 科名 | 禾本科 Gramineae

| 別名 | 白茅、茅仔(園仔)、茅草、茅菅、地筋、穿山龍。

| 分布 | 臺灣全境平野至低海拔山區的荒野、墓地或山坡，常成大面積群生。

形態

多年生草本，根莖橫走地下，密被鱗片。稈直立，高可達80公分，具2～3節，節上具柔毛，故名。單葉扁平，粗糙，叢生，葉片寬線形，長20～50公分，寬0.7～1.2公分，基部漸狹，先端銳尖。葉舌截形，甚短。葉鞘平滑，往往有長毛。圓錐花序銀白色，圓柱形，長10～20公分。第一穎較狹小，第二穎稍大。雄蕊2枚。柱頭黃紫色，細長。花期於春、夏間。

藥用

根莖(藥材稱白茅根或園仔根)為優良利尿劑，又能清熱、涼血、止血、解酒毒，治鼻衄、咳血、尿血、小便不利、腎臟病水腫、膀胱或尿道炎、熱性病口渴、肺熱喘急、噁心、嘔吐、肝炎、黃疸、高血壓等。臺灣民間視本藥材為麻疹及痘病之解熱、解毒聖品。

方例

(1)治小兒麻疹：白茅根110公克、桑葉20公克，水煎服。或與冬瓜、甘蔗頭等合用。(2)治淋病：白茅根、筆仔草各40公克，水煎服。(3)入涼茶，解暑：白茅根、五斤草及桑葉各40公克，水煎服。

花期(月)

1 2 3 4 5 6

7 8 9 10 11 12

淡竹葉 *Lophatherum gracile* Brongn.

｜科名｜禾本科 Gramineae
｜別名｜碎骨子、竹葉麥冬、迷身草、地竹、林下竹。
｜分布｜臺灣全境低海拔山野林下、樹蔭下及林緣山坡地。

形態

塊根肥厚，高可達100公分。單葉互生，葉片廣披針形，長10～20公分，寬2～5公分，先端漸尖，基部圓或截形，全緣，平行脈。鞘無毛或先端有短毛。葉舌截形，短。圓錐花序頂生，長15～30公分，小穗疏生。穎闊矩圓形，先端鈍，膜質緣。第二穎較第一穎長。外稃較穎長，披針形，具短芒；內稃較短，膜質透明。子房卵形，柱頭羽狀。花期於夏、秋間。

藥用

莖葉(藥材稱淡竹葉)能清熱(清心火)、除煩(爽心)、利濕、鎮咳祛痰，治熱病煩渴、小便赤澀、淋痛、淋濁、口舌生瘡、牙齦腫痛、鼻衄、急性腸炎、肺炎、失聲等。塊根能清熱利尿、墮胎催產、潤肺清胃，治咽喉腫痛、肺病咳嗽、水腫、難產等。

方例

(1)治小便淋澀作痛：淡竹葉、筆仔草、車前草、番麥鬚各20公克，水煎服。(2)治急性腸炎兼發燒、口渴、下痢、嘔吐者：淡竹葉、鳳尾連、咸豐草、曇花各40公克，綠竹茹20公克，水煎服。

花期(月)

①②③④⑤**❻**
❼❽❾⑩⑪⑫

蘆葦 *Phragmites australis* (Cav.) Trin. *ex* Steud.

｜科名｜禾本科 Gramineae

｜別名｜葦、(水)蘆竹、蒲葦、葦子草。

｜分布｜臺灣全境平野沼澤、池塘邊、河床、溪旁。

形態

多年生草本，稈高1～3公尺，根莖發達。葉片長20～50公分，寬可達2公分，葉舌長約0.1～0.15公分，上緣撕裂狀。圓錐花序長15～35公分，小穗有花常3朵。穎披針形，3條脈，具橫隔紋。內穎約為外穎2倍長。外稃紙質，披針形，3條脈，光滑。內稃背面具2條稜脊，邊緣被長細纖毛，先端截形。小花下之基盤延伸呈小軸狀，密被長絹毛。花期9～10月。

藥用

根莖(藥材稱蘆根)能清熱生津、滲濕利水、除煩止嘔、透疹，治胃熱嘔噦、熱病煩渴、肺熱咳嗽、肺癰吐膿、熱淋澀痛、麻疹等。

方例

(1)治胃熱消渴：蘆根15公克，麥門冬、地骨皮、茯苓各9公克，陳皮4.5公克，水煎服。(2)治麻疹不透：蘆根30公克、檉柳9公克，水煎服。

編　語

本植物另一常用異名為*P. communis* (L.) Trin.。

花期(月)

1 2 **9** **10** 3 4 5 6 7 8 11 12

金絲草 *Pogonatherum crinitum* (Thunb.) Kunth

｜科名｜禾本科 Gramineae
｜別名｜筆仔草、文筆草、黃毛草、牛尾草、眉毛草。
｜分布｜臺灣全境平原坡地及低山丘陵地。

形態

多年生草本，高10～30公分，稈直立，纖細，叢生。葉片線狀披針形，平行脈，長3～4公分，寬約0.25公分，具葉舌。穗狀花序單生於主稈和分枝的頂端，長1.5～3公分，穗軸纖細，軸關節處被毛。小穗成對，兩型，有柄小穗小於無柄小穗，兩者均具芒。穎紙質，第1外穎截頭，先端撕裂狀，具2條脈紋，不具芒，而內穎具長芒，有1條脈。花期5～9月。

藥用

全草能清熱、解毒、利尿、涼血、止血，治熱病煩渴、感冒發熱、中暑、小便不利、尿血、吐血、衄血、咳血、血崩、糖尿病、肝炎、黃疸、水腫、淋濁、帶下、瀉痢、疔瘡癰腫等。

方例

(1)治白帶：金絲草30公克、銀杏14枚，水煎服。(2)治黃疸型肝炎：金絲草30公克，龍膽草、梔子各15公克，水煎服。

花期(月)
1 2 3 4 **5** **6** **7** **8** **9** 10 11 12

石菖蒲 *Acorus gramineus* Soland.

｜科名｜天南星科 Araceae
｜別名｜九節菖蒲、石菖、菖蒲、石蜈蚣、金錢蒲。
｜分布｜臺灣全境低至中海拔河岸、山澗潮濕有流水的石隙上。

形態

多年生草本，根莖匍匐，全株具香氣。單葉根生，葉片線形，長30～45公分，寬0.4～0.7公分，先端漸尖，全緣。肉穗花序近直立，窄圓筒形，長5～10公分，多花，黃色。花軸長10～15公分，扁三角形，綠色。佛焰花苞長12～20公分，寬0.2～0.5公分，葉狀。花被6片，先端圓形。花藥黃色。漿果卵球形，種子基部被毛。花期1～4月。

藥用

根莖(藥材稱石菖蒲)能開竅化痰、理氣止痛、祛風除濕、化濕開胃、醒神益智，治脘痞不飢、噤口痢、神昏、癲癇、健忘、耳聾等。葉可洗疥瘡、大風瘡。花能調經、行血。

方例

(1)治淋病：石菖蒲、烏藥、益智仁各6公克，萆薢15公克，甘草3公克，水煎服。(2)骨折接好後，取新鮮石菖蒲100～150公克，半酒水煎汁，推患處，有助接骨之功。

花期(月)

❶ ❷ ❸ ❹ ⑤ ⑥
⑦ ⑧ ⑨ ⑩ ⑪ ⑫

林投 *Pandanus odoratissimus* L. f. var. *sinensis* (Warb.) Kanehira

｜科名｜露兜樹科 Pandanaceae

｜別名｜露兜樹、假菠蘿、勒菠蘿、山菠蘿、豬母鋸。

｜分布｜臺灣全境海濱常見植物。

形態

多年生有刺灌木，高可超過2公尺，幹生有多數支柱根，莖明顯具節，粗大。葉聚生於莖頂，長披針形，長達1.5公尺，寬3～5公分，先端尾狀漸尖，邊緣和背中脈有鉤刺。花具濃香氣，雌雄異株。雄花序稍倒垂，長約50公分，苞片披針形，近白色，花被缺，雄花無數，花絲合生。雌花無退化雄蕊。果大，單生，近球形，熟時黃紅色，由50～70或更多的倒圓錐形、稍有稜角、肉質的小核果集合成複果，形似菠蘿(即鳳梨)，故別名中常見「菠蘿」稱呼。花期6～10月。

藥用

果實能補脾胃、固元氣、壯精益血、寬中消痰、解酒毒，治痢疾、目翳、小便不利、疝氣、糖尿病等。根部煮水喝可治療傷寒、目赤發熱等，外洗則能癒汗癬、治癰瘡。

方例

治腎炎水腫：林投根30～60公克，豬瘦肉適量，一起煮食。

花期(月)

①②③④⑤❻
❼❽❾❿⑪⑫

香林投 *Pandanus odorus* Ridl.

｜科名｜露兜樹科 Pandanaceae
｜別名｜芋香林投、七葉蘭、香露兜樹、印度神草、避邪樹。
｜分布｜臺灣各地多見人家栽培。

形態

灌木植物，近地面之莖有許多氣生根，常分生成叢生狀。單葉密生莖上，無柄稍抱莖，葉片劍形或狹披針形，葉面微直線褶折，先端漸尖至銳尖形，上部偶具細鋸齒緣或細刺緣，兩面皆無毛。罕見開花結果。

藥用

葉能生津止咳、潤肺化痰、清熱利濕、解酒止渴，治糖尿病、高血壓、肝病、痛風、感冒咳嗽、肺熱氣管炎、宿酒困倦、小便不利、水腫等。

方例

(1)治糖尿病：香林投葉60公克、麥門冬全草30公克、山藥90公克，水煎服。(2)治高血壓：香林投葉60公克、決明子30公克，水煎服。

編語

本植物因外形酷似波蘿(即鳳梨)，又全草具香芋味，旅居越南的華僑多稱其為「香波蘿」，可作料理香料或飲料調味用。臺灣民間取其鮮葉水煎，當茶飲，以解酒。

花期(月)
①②③④⑤⑥
⑦⑧⑨⑩⑪⑫

香蒲 *Typha orientalis* Presl

｜科名｜香蒲科 Typhaceae
｜別名｜水蠟燭、毛蠟燭、蒲黃草、蒲包草、東方香蒲。
｜分布｜臺灣全島池塘、沼澤地。

形態

多年生草本，株高100～150公分，根莖匍匐，莖直立，平滑，圓柱形，綠色。葉片狹長線形，向頂端漸尖，長50～100公分，寬約1公分，側面凸起，具明顯葉鞘。穗狀花序頂生，花單性，雄花序位於上部，而雌花序位於下部，雌雄花序緊密相連。雄花基部具葉狀苞片，或偶於中間部分具葉狀苞片，但雌花無苞片。果實鐘形，微小，果穗直立，長7～10公分，長橢圓形。花期6～12月。

藥用

花粉(藥材稱蒲黃)為祛瘀、止血藥，用於產後血瘀、小腹疼痛、惡露不下、跌打損傷、尿血、小便不利、便血等，蒲黃經炒炭後，止血功能增強，故臨床對蒲黃的使用，以炒黑治各種出血症，要行血祛瘀則生用。

方例

(1)治脫肛：蒲黃60公克，以豬脂和敷肛上，納之。(2)治丈夫陰下濕癢：蒲黃末敷之。

花期(月)
①②③④⑤❻
❼❽❾❿⓫⓬

月桃 *Alpinia zerumbet* (Pers.) Burtt & Smith

|科名|薑科 Zingiberaceae

|別名|豔山薑、良薑、虎子花、玉桃、本砂仁。

|分布|臺灣全境平野至低海拔山區相當常見。

形態

多年生草本，高2～3公尺。單葉互生，葉片披針形，長50～70公分，寬8～15公分，兩端漸尖形，葉緣被毛。圓錐花序頂生，長25～30公分，向下彎，花序軸被毛。花冠3片，粉紅色至白色，唇瓣卵形，黃色，自基部至近緣具紅色條紋。退化雄蕊2枚，只剩1枚可孕雄蕊。蒴果球形，具稜，熟時橘紅色，頂具宿萼，不規則開裂。種子多數，黑色，具白色膜質假種皮。花期2～11月。

藥用

種子能燥濕袪寒、除痰截瘧、健脾暖胃，治心腹冷痛、胸腹脹滿、痰濕積滯、消化不良、嘔吐腹瀉等。根莖能行氣止痛、調中止嘔，治赤白痢、血崩、胃下垂等。

方例

(1)治扁桃腺炎：臺灣天仙果、大青各24公克，射干、月桃根各15公克，水煎服。

(2)治失聲：月桃根適量，水煎服。

花期(月)

1 **2** **3** **4** **5** **6** **7** **8** **9** **10** **11** 12

閉鞘薑 *Costus speciosus* (Koenig) Smith

｜科名｜薑科 Zingiberaceae
｜別名｜絹毛鳶尾、土地公拐、虎子花、水蕉花、廣東商陸。
｜分布｜臺灣中、南部郊野至低海拔山區。

形態

草本，高1～2公尺，老枝常分枝。單葉互生，葉片披針形，長10～20公分，寬5～7公分，基部近圓形，先端漸尖或尾狀漸尖，下表面密被絹毛。葉鞘筒狀，不開裂。穗狀花序密集頂生，長5～15公分，花白色。苞片卵形，每苞片有花1朵。花冠筒長約1公分，裂片長約5公分，唇瓣卵形，白色，中部橙黃色。雄蕊長約4.5公分，花瓣狀。蒴果長約1.3公分，胞背開裂。花期7～11月。

藥用

根莖(藥材稱樟柳頭)能利水、消腫、拔毒，治水腫、小便不利、膀胱濕熱淋濁、無名腫毒、麻疹不透、跌打扭傷等。

方例

(1)治白濁、噤口痢：樟柳頭30公克，和豬瘦肉煎服二次。(2)治臌脹症：樟柳頭30公克，和豬肝煎服。

花期(月)

① ② ③ ④ ⑤ ⑥
❼ ❽ ❾ ❿ ⓫ ⑫

野薑花 *Hedychium coronarium* Koenig

|科名|薑科 Zingiberaceae

|別名|穗花山奈、蝴蝶薑、白蝴蝶花、薑花、路邊薑。

|分布|臺灣全境低海拔山邊、田野及水溝旁。

形態

多年生草本，高可達1公尺以上，根莖塊狀，肉質。單葉互生，排列成2列，葉片披針形，長30～40公分，寬3～8公分，基部楔形，先端銳形。葉舌披針形，膜質。穗狀花序頂生，直立，花具香味。苞片卵圓形，緊密覆瓦狀排列，每一苞片內有花2～3朵。花冠白色，花冠筒纖細，裂片披針形。退化雄蕊花瓣狀，白色。唇瓣帶淡黃色。果實橢圓形，3瓣狀，具宿萼。花期6～10月。

藥用

根莖(藥材稱薑花根)能祛風散寒、溫經止痛，治風寒表證、頭痛身痛、風濕痺痛、脘腹冷痛、跌打損傷、經寒腹痛等。果實能溫中散寒、止痛，治寒濕鬱滯、脘腹脹痛等。花(藥材稱野薑花)可治失眠。

方例

(1)治感冒風寒、鼻塞頭痛：薑花根15公克，紫蘇、水蜈蚣各9公克，水煎服。(2)治失眠：野薑花3克，泡茶飲。

花期(月)

①②③④⑤❻
❼❽❾❿⑪⑫

盤龍參 *Spiranthes sinensis* (Pers.) Ames

|科名|蘭科 Orchidaceae
|別名|綬草、青龍纏柱、青龍天柱、清明草、一線香。
|分布|臺灣全境海拔1000公尺以下之平原、山坡地。

形態

地生草本，根甚粗，圓柱狀，數條簇生，莖甚短。葉2～5片，基生，條形或條狀倒披針形，肉質。穗狀花序頂生，長10～20公分，具多數密生之小花，呈螺旋狀著生。花粉紅色，稀全白，半張。花萼和花瓣基部微合生。唇瓣近長圓形，邊緣呈波狀，基部二側各具1肉突。果實為蒴果。花期3～5月。

藥用

全草能益氣滋陰、生津退火、清熱解毒，治病後虛弱、陰虛內熱、咳嗽吐血、衄血、頭暈、血熱頭痛、口乾、久年下痢、腦膜炎、小兒發育不良、腎臟炎、腰痛酸軟、糖尿病、遺精、淋濁、帶下、咽喉腫痛、火燙傷、瘡瘍癰腫、毒蛇咬傷等。

方例

(1)治病後體虛：盤龍參、當歸各9公克，黃耆15公克，水煎服。(2)治糖尿病：鮮盤龍參根30～60公克、銀杏15公克、豬胰1條，水煎服。

花期(月)

①②❸❹❺⑥
⑦⑧⑨⑩⑪⑫

參考文獻

(一)圖書類(依作者或編輯單位筆劃順序排列)

※甘偉松，1964～1968，臺灣植物藥材誌(1～3輯)，臺北市：中國醫藥出版社。

※甘偉松，1991，藥用植物學，臺北市：國立中國醫藥研究所。

※李時珍(明)，1994，本草綱目，臺北市：國立中國醫藥研究所。

※林宜信、張永勳、陳益昇、謝文全、歐潤芝等，2003，臺灣藥用植物資源名錄，臺北市：行政院衛生署中醫藥委員會。

※邱年永，2004，百草茶植物圖鑑，臺中市：文興出版事業有限公司。

※邱年永、張光雄，1983～2001，原色臺灣藥用植物圖鑑(1～6冊)，臺北市：南天書局有限公司。

※洪心容、黃世勳，2002，藥用植物拾趣，臺中市：國立自然科學博物館。

※洪心容、黃世勳，2004～2007，臺灣鄉野藥用植物(1、2輯)，臺中市：文興出版事業有限公司。

※洪心容、黃世勳，2006，臺灣婦科病藥草圖鑑及驗方，臺中市：文興出版事業有限公司。

※洪心容、黃世勳，2007，實用藥草入門圖鑑，臺中市：展讀文化事業有限公司。

※洪心容、黃世勳、黃啓睿，2004，趣談藥用植物(上、下)，臺中市：文興出版事業有限公司。

※國家中醫藥管理局《中華本草》編委會，1999，中華本草(1～10冊)，上海：上海科學技術出版社。

※張永勳等，2000，臺灣原住民藥用植物彙編，臺北市：行政院衛生署中醫藥委員會。

※黃世勳，2009，彩色藥用植物解說手冊，臺中市：臺中市藥用植物研究會。

※黃冠中、黃世勳、洪心容，2009，彩色藥用植物圖鑑：超強收錄500種，臺中市：文興出版事業有限公司。

※臺灣植物誌第二版編輯委員會，1993～2003，臺灣植物誌第二版(1～6卷)，臺北市：臺灣植物誌第二版編輯委員會。

※鄭武燦，2000，臺灣植物圖鑑(上、下冊)，臺北市：茂昌圖書有限公司。

(二)研究報告(依發表時間先後次序排列)

※甘偉松、那琦、張賢哲，1977，南投縣藥用植物資源之調查研究，私立中國醫藥學院研究年報8：461-620。

※甘偉松、那琦、江宗會，1978，雲林縣藥用植物資源之調查研究，私立中國醫藥學院研究年報9：193-328。

※甘偉松、那琦、廖江川，1979，臺中縣藥用植物資源之調查研究，私立中國醫藥學院研究年報10：621-742。

※甘偉松、那琦、許秀夫，1980，彰化縣藥用植物資源之調查研究，私立中國醫藥學院研究年報11：215-346。

※甘偉松、那琦、江雙美，1980，臺中市藥用植物資源之調查研究，私立中國醫藥學院研究年報11：419-500。

※甘偉松、那琦、廖勝吉，1982，屏東縣藥用植物資源之調查研究，私立中國醫藥學院研究年報13：301-406。

※甘偉松、那琦、胡隆傑，1984，苗栗縣藥用植物資源之調查研究，私立中國醫藥學院中國藥學研究所。

※甘偉松、那琦、張賢哲、蔡明宗，1986，桃園縣藥用植物資源之調查研究，私立中國醫藥學院中國藥學研究所。

※甘偉松、那琦、張賢哲、廖英娟，1987，嘉義縣藥用植物資源之調查研究，私立中國醫藥學院中國藥學研究所。

※甘偉松、那琦、張賢哲、李志華，1987，新竹縣藥用植物資源之調查研究，私立中國醫藥學院中國藥學研究所。

※甘偉松、那琦、張賢哲、郭長生、施純青，1988，臺南縣藥用植物資源之調查研究，私立中國醫藥學院中國藥學研究所。

※甘偉松、那琦、張賢哲、黃泰源，1991，高雄縣藥用植物資源之調查研究，私立中國醫藥學院中國藥學研究所。

※甘偉松、那琦、張賢哲、吳偉任，1993，臺北縣藥用植物資源之調查研究，私立中國醫藥學院中國藥學研究所。

※甘偉松、那琦、張賢哲、謝文全、林新旺，1994，宜蘭縣藥用植物資源之調查研究，私立中國醫藥學院中國藥學研究所。

※謝文全、謝明村、張永勳、邱年永、楊來發，1996，臺灣產中藥材資源之調查研究

(四)花蓮縣藥用植物資源之調查研究，行政院衛生署中醫藥委員會八十六年度委託研究計劃成果報告。

※謝文全、謝明村、邱年永、黃昭郎，1997，臺灣產中藥材資源之調查研究(五)臺東縣藥用植物資源之調查研究，行政院衛生署中醫藥委員會八十六年度委託研究計劃成果報告。

※謝文全、陳忠川、邱年永、洪杏林，2003，臺灣西北海岸藥用植物資源之調查研究，私立中國醫藥學院中國藥學研究所。

※謝文全、張永勳、邱年永、陳銘琛，2004，臺灣東北海岸藥用植物資源之調查研究，中國醫藥大學中國藥學研究所。

※謝文全、陳忠川、邱年永、羅福源，2004，臺灣西南海岸藥用植物資源之調查研究，中國醫藥大學中國藥學研究所。

※謝文全、張永勳、郭昭麟、陳忠川、邱年永、陳金火，2005，臺灣東南海岸藥用植物資源之調查研究，中國醫藥大學中國藥學研究所。

中文索引

(依筆劃順序排列)

【八劃】

【九劃】

【十劃】

【十一劃】

【十二劃】

【十六劃】

【十七劃】

【十八劃】

【十九劃】

【二十劃】

【二十一劃】

【二十二劃】

【二十三劃】

【二十四劃】

【二十五劃】

【二十九劃】

外文索引

(依英文字母順序排列)

植物圖片索引
(依科別排列)

多孔菌科
Polyporaceae

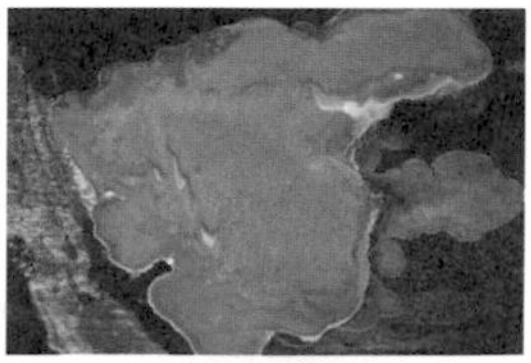
牛樟芝 (P25)

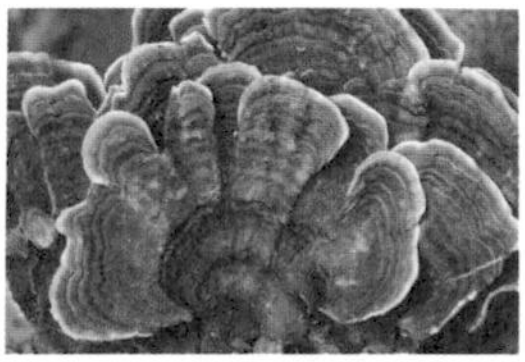
雲芝 (P26)

赤芝 (P27)

石松科
Lycopodiaceae

筋骨草 (P28)

木賊科
Equisetaceae

臺灣木賊 (P29)

莎草蕨科
Schizaeaceae

海金沙 (P30)

鳳尾蕨科
Pteridaceae

日本金粉蕨 (P31)

鳳尾草 (P32)

鳳尾蕉科
Cycadaceae

鳳尾蕉 (P33)

柏科
Cupressaceae

側柏 (P34)

楊梅科
Myricaceae

楊梅 (P35)

桑科
Moraceae

麵包樹 (P36)

構樹 (P37)

天仙果 (P38)

薜荔 (P39)

桑 (P40)

大麻科
Cannabaceae

葎草 (P41)

蕁麻科
Urticaceae

密花苧麻 (P42)

蓼科
Polygonaceae

扛板歸 (P43)

紫茉莉科
Nyctaginaceae

紫茉莉 (P44)

落葵科
Basellaceae

藤三七 (P45)

藜科
Chenopodiaceae

臭杏 (P46)

莧科
Amaranthaceae

土牛膝 (P47)

綠莧草 (P48)

滿天星 (P49)

刺莧 (P50)

青葙 (P51)

雞冠花 (P52)

樟科
Lauraceae

樟樹 (P53)

木通科
Lardizabalaceae

長序木通 (P54)

防己科
Menispermaceae

木防己 (P55)

毛千金藤 (P56)

蓮科
Nelumbonaceae

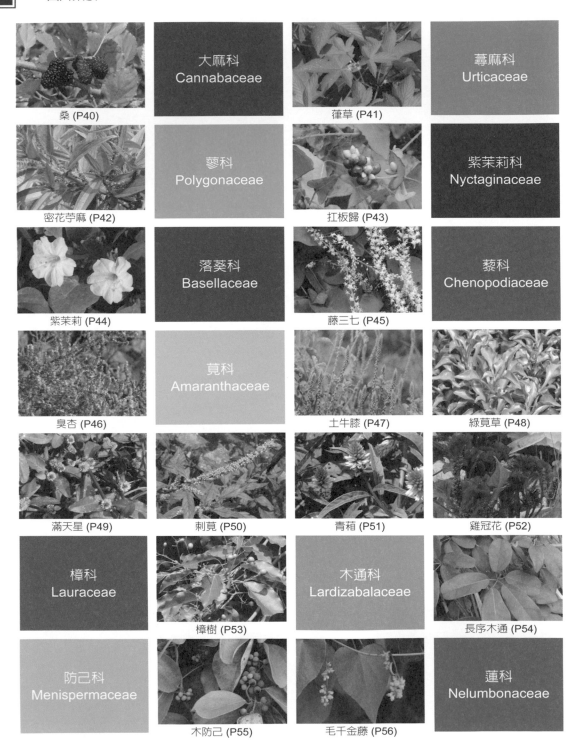

蓮 (P57)

三白草科
Saururaceae

魚腥草 (P58)

三白草 (P59)

金縷梅科
Hamamelidaceae

楓香 (P60)

景天科
Crassulaceae

落地生根 (P61)

石蓮花 (P62)

伽藍菜 (P63)

臺灣佛甲草 (P64)

虎耳草科
Saxifragaceae

虎耳草 (P65)

海桐科
Pittosporaceae

海桐 (P66)

薔薇科
Rosaceae

龍芽草 (P67)

蛇莓 (P68)

梅 (P69)

桃 (P70)

豆科
Leguminosae

相思 (P71)

相思樹 (P72)

金合歡 (P73)

菊花木 (P74)

樹豆 (P75)

白鳳豆 (P76)

銳葉小槐花 (P77)

三點金草 (P78)

大葉千斤拔 (P79)

千斤拔 (P80)

扁豆 (P81)

牌錢樹 (P82)

狐狸尾 (P83)

酢漿草科
Oxalidaceae

酢漿草 (P84)

大戟科
Euphorbiaceae

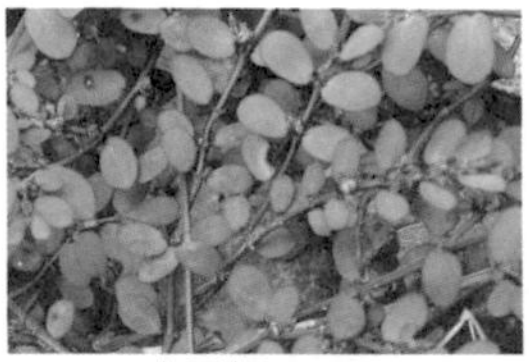
小飛揚 (P85)

扛香藤 (P86)

葉下珠 (P87)

蓖麻 (P88)

芸香科
Rutaceae

芸香 (P89)

楝科
Meliaceae

香椿 (P90)

無患子科
Sapindaceae

倒地鈴 (P91)

荔枝 (P92)

冬青科
Aquifoliaceae

岡梅 (P93)

鼠李科
Rhamnaceae

大棗 (P94)

錦葵科
Malvaceae

木槿 (P95)

山芙蓉 (P96)

木棉科
Bombacaceae

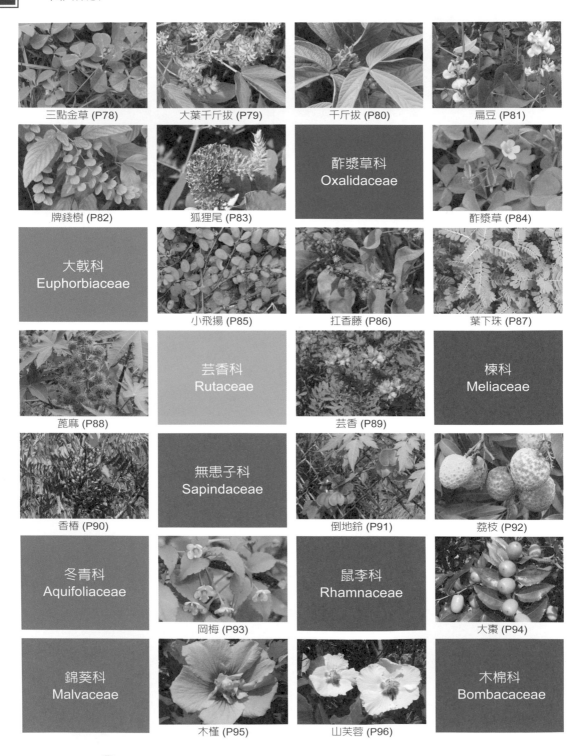

木棉 (P97)

胡頹子科
Elaeagnaceae

椬梧 (P98)

菫菜科
Violaceae

臺灣菫菜 (P99)

西番蓮科
Passifloraceae

西番蓮 (P100)

葫蘆科
Cucurbitaceae

絞股藍 (P101)

千屈菜科
Lythraceae

拘那 (P102)

指甲花 (P103)

仙人掌科
Cactaceae

仙人球 (P104)

曇花 (P105)

桃金孃科
Myrtaceae

番石榴 (P106)

桃金孃 (P107)

野牡丹科
Melastomataceae

野牡丹 (P108)

使君子科
Combretaceae

使君子 (P109)

欖仁樹 (P110)

柳葉菜科
Onagraceae

水丁香 (P111)

繖形科
Umbelliferae

雷公根 (P112)

天胡荽 (P113)

藍雪科
Plumbaginaceae

烏芙蓉 (P114)

木犀科
Oleaceae

山素英 (P115)

桂花 (P116)

夾竹桃科
Apocynaceae

絡石藤 (P117)

茜草科
Rubiaceae

山黃梔 (P118)

玉葉金花 (P119)

雞屎藤 (P120)

九節木 (P121)

紅根草 (P122)

旋花科
Convolvulaceae

菟絲 (P123)

馬蹄金 (P124)

甘藷 (P125)

紫草科
Boraginaceae

狗尾蟲 (P126)

藤紫丹 (P127)

馬鞭草科
Verbenaceae

白花杜虹 (P128)

大青 (P129)

石莧 (P130)

單葉蔓荊 (P131)

唇形科
Labiatae

散血草 (P132)

金錢薄荷 (P133)

白冇骨消 (P134)

白花益母草 (P135)

仙草 (P136)

九層塔 (P137)

紫蘇 (P138)

到手香(P139)

半枝蓮 (P140)

茄科
Solanaceae

枸杞 (P141)

苦蘵 (P142)

山煙草 (P143)

黃水茄 (P144)

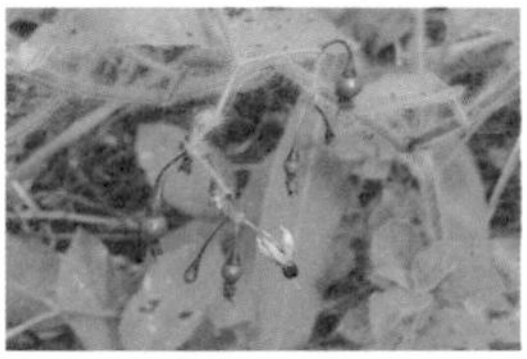
白英 (P145)

龍葵 (P146)

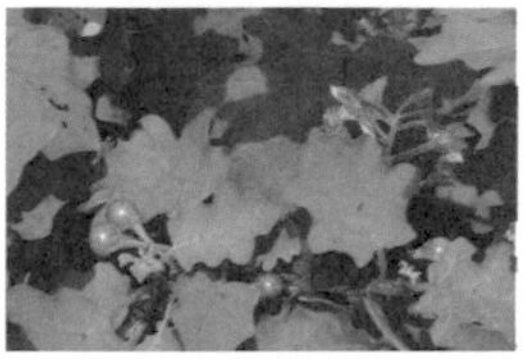
鈕仔茄 (P147)

玄參科
Scrophulariaceae

甜珠草 (P148)

爵床科
Acanthaceae

穿心蓮 (P149)

駁骨丹 (P150)

白鶴靈芝 (P151)

消渴草 (P152)

車前草科
Plantaginaceae

車前草 (P153)

忍冬科
Caprifoliaceae

冇骨消 (P154)

菊科
Compositae

六神草 (P155)

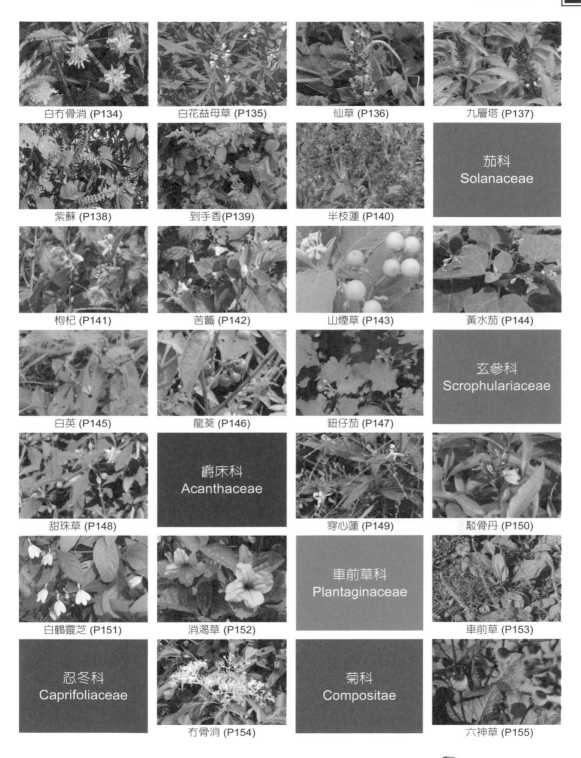

艾 (P156)

艾納香 (P157)

石胡荽 (P158)

蘄艾 (P159)

鼠麴草 (P160)

豨薟草 (P161)

五爪金英 (P162)

蟛蜞菊 (P163)

百合科
Liliaceae

朱蕉 (P164)

闊葉麥門冬 (P165)

鴨跖草科
Commelinaceae

肝炎草 (P166)

蚌蘭 (P167)

怡心草 (P168)

莎草科
Cyperaceae

香附 (P169)

水蜈蚣 (P170)

禾本科
Gramineae

薏苡 (P171)

牛筋草 (P172)

毛節白茅 (P173)

淡竹葉 (P174)

蘆葦 (P175)

金絲草 (P176)

天南星科
Araceae

石菖蒲 (P177)

露兜樹科
Pandanaceae

林投 (P178)

香林投 (P179)

香蒲科
Typhaceae

香蒲 (P180)

薑科
Zingiberaceae

月桃 (P181)

閉鞘薑 (P182)

野薑花 (P183)

蘭科
Orchidaceae

盤龍參 (P184)

總計70科160種

觀察筆記

觀察筆記

國家圖書館出版品預行編目（CIP）資料

臺灣常用藥用植物圖鑑 / 黃世勳編著 . -- 再版 .
-- 臺中市：文興印刷出版：臺灣藥用植物教育學會發行，民 106.04
面；　公分 . --（神農嚐百草；2）
ISBN 978-986-6784-28-6(平裝)

1. 藥用植物 2. 植物圖鑑 3. 臺灣

376.15025　　　106005631

神農嚐百草 02(SN02)

臺灣常用藥用植物圖鑑 第2版

Illustration of Commonly Used Medicinal Plants in Taiwan

出版者	文興印刷事業有限公司
地址	407 臺中市西屯區漢口路 2 段 231 號
電話	(04)23160278
傳真	(04)23124123
E-mail	wenhsin.press@msa.hinet.net
網址	http://www.flywings.com.tw
發行者	臺灣藥用植物教育學會
會址	407 臺中市西屯區漢口路 2 段 231 號
會務熱線	(0922)629390
作者	黃世勳
發行人	黃文興
總策劃	賀曉帆、黃世杰
美術編輯 封面設計	鋭點視覺設計 (04)22428285
總經銷	紅螞蟻圖書有限公司
地址	114 臺北市內湖區舊宗路 2 段 121 巷 19 號
電話	(02)27953656
傳真	(02)27954100
再版	中華民國 106 年 4 月
定價	新臺幣 450 元整
ISBN	978-986-6784-28-6（平裝）

歡迎郵政劃撥　戶　名：文興印刷事業有限公司
帳　號：22785595

GAEA

Gaea

前夜

林衡道的紀實文學

林衡道 著

推薦序

緬懷古蹟芬芳——追懷博學多聞的古蹟仙

中華民國文化資產維護學會前理事長／古蹟學者　李乾朗

林衡道先生在關心臺灣鄉土文化的人心中，是一位古蹟專家，他早在一九五〇年代即投入心力調查研究臺灣的民俗掌故與各地的名勝古蹟，他的研究方法最令人敬佩的是用腳力走遍大小鄉鎮，特別是窮鄉僻壤的小巷，將幾乎被人遺忘的古厝、古廟發表在《臺灣文獻》刊物上，他將書籍記載的歷史文獻與現場可觸摸的實體古蹟連結起來。一九八〇年代，當時的行政院文化建設委員會（今文化部）開始對全臺的古蹟作評鑑，林老師不辭辛勞地到現場勘查。因此可以說，今天臺灣所指定的主要古蹟，大多數經過林老師的慧眼加以品評鑑定。

林老師不是坐在書桌前或埋首圖書館的學者，他是以雙眼與雙腳來作學問，因而也啟動了古蹟之旅的風氣。有許多學校的社團或社會上喜好文史的朋友，相繼邀請林老師利用假期安排行程，坐大巴士到中南部遊覽古蹟，可謂開啟知性遺產之旅的先河。他那臺灣古蹟百科全書式的講解風格，既博學又幽默，人們因而尊稱他為「古蹟仙」。甚至國防部的軍隊莒光日教育課，也聘請林老師上電視臺教學，他講述臺灣古蹟與中國歷史密不可分的關係，符合當年國防部的政治目標。

熟悉林老師的人都認為他雖出身板橋林本源富豪家庭，但其成長、受教育與社會歷練皆非常人能比。他個性天真，為人親切又平易近人，實踐富而好禮的處世精神。聽他講課或介紹古蹟，可以獲得書本裡找不到的知識，他常說「歷史記載是假的，小說陳述才是真的」，因為歷史經常是刻意修飾的產物，小說描述的才是真實人生。在勘查古蹟的巴士中，他從不休息睡覺，反而對著同行的人述說他一輩子精彩而豐富的經歷，從一九二〇年代開始，福州、臺北、東京、仙台、紐約、上海、蘇州及南京等城市都有他的蹤跡，他的故事真是說也說不完，聽他講故事真是一種享受。

林老師多采多姿的經歷，是伴隨著大時代的歷史發生的。他所處的大時代是亞洲面臨大風暴的時代，從一八九五年乙未割臺，臺灣被日本帝國主義殖民統治，臺灣首富板橋林本源家族面臨了複雜的歷史抉擇。而在日本殖民五十年中，林老師得到高等教育薰陶，他為家族企業學習經濟學，但興趣卻是文學與歷史。他一輩子不能忘懷的是文學，中西歷史名著及大文豪的小說皆有涉獵。日本的詩歌也是林老師熟悉的領域，他曾在淡江大學日文系講授日本文學。無奈造化弄人，他沒有走上成為文學家的路，反而從商從政，但其內心深處，對文學的熱情並沒有完全熄滅。終於，誕生了這本小說《前夜》，讀這篇小說的人一眼就明白，小說鋪陳的即是日治時期臺灣富豪家庭的矛盾與處世之道，明顯影射當時臺灣上流社會的某些家族。小說中寫到的大稻埕建昌街、鐵道飯店、北門、市役所、北投、松山等都是臺北真實的場景，也是林老師最熟悉的地方，以這些地點作為小說的背景，更是反映了一些實虛相生的情節。如果運用這些場景，其實可以拍攝出一部動人的紀錄片。

但林老師畢竟還是樂觀的，他的小說以「前夜」為名，暗示著「前夜雖然漫長，但破曉終會到來」。我其實並非林衡道老師教授過的學生，但有幸經由古蹟連結，長期請教他關於臺灣古蹟史事，受益匪淺，於是跟著大家尊稱他為老師。經由拜讀過他大部分的著作，包括《臺灣勝蹟採訪冊》、《臺灣的歷史與民俗》、《臺灣公路史蹟》、《鯤島探源》、《臺灣的寺廟》等，我們吸收了他寶貴且獨到的觀點，例如他認為一九三〇年代間興建的臺北郵局、中山堂及臺灣大學校園建築等多用的淺綠色或褐色面磚，被稱為國防色，具有防空保護色作用，為戰時體制之一環，屬於真知灼見，令我每次走過中山堂及臺北郵局，就會想起侃侃而談的林老師。他常說很欣賞大正民主時期的建築，例如公賣局、鐵道飯店、鐵道部等，這些紅磚建築都接近英國式，反映較自由的氛圍。

一九八〇年代，文建會展開古蹟勘查與鑑定工作，我們一群歷史與建築的研究者們有幸跟隨前輩，可謂無役不與，回想起來，現在文化部古蹟有關業務之奠定基礎，實得助於林衡道教授。如今林老師與同輩份的楊雲萍先生、陳奇祿先生皆已作古，回憶他們為臺灣文化所作之貢獻，並熱心提攜後進，令人更感到典型在夙昔之風采。二〇一五年是林老師百歲誕辰，欣逢林老師的小說《前夜》重刊面世前夕，殊為難得。先前之版本，我尊敬的陳三井教授已有精闢的推薦序文，我不揣淺陋地寫此追憶感言，實不敢稱序，而是藉此緬懷林老師精彩的一生，祈請讀者諒察賜正。

民國一〇四年四月
謹識

推薦序
〈灰色都市〉和大內楊家

老夫子哈媒體股份有限公司董事長　邱秀堂

春寒料峭與家人專程到大內探訪「楊家古厝」，尋找「古蹟仙」林衡道短篇小說〈灰色都市〉裡，男主角楊世英生長的背景。彳亍在鋪有烏磚的庭院，彷彿進入歷史穿越劇，虛實交錯，如夢似幻，如幻似真。

恩師林衡道教授（一九一五—一九九七年）在世時，我長期跟在他身邊做訪談，他曾說：「無論東方或西方國家，聞名的古蹟大都有文學作品做襯托，不但提高身價，獲得關注，更進而為世人所嚮往。」

林老師舉例說，如武昌古蹟黃鶴樓，歷代的文人墨客吟誦「去年下揚州，相送黃鶴樓，眼看帆去遠，心逐江水流」、「黃鶴樓頭吹玉笛，江城五月落梅花」、「晴川歷歷漢陽樹，芳草萋萋鸚鵡洲」等膾炙人口的詩詞，使黃鶴樓名聞中外；又如莎士比亞《威尼斯的商人》、雨果《鐘樓怪人》、狄更斯《塊肉餘生錄》，使得威尼斯、巴黎聖母院、英國倫敦的藍橋（今滑鐵盧橋）和橋南的喬治客棧，成為全世界觀光旅客都不願錯過的古蹟。

林老師也告訴我，日本人最喜歡將文學作品和古蹟相結合。如德富蘆花著的小說《不如歸》，使逗子海濱一時成為人人必訪的勝蹟；尾崎紅葉的小說《金色夜叉》，也讓自古有名的熱海溫泉得到新的評價，遊人大增。

或許是受到林老師的影響，我從大學開始，跟隨林老師走訪臺灣各處古蹟，對臺灣鄉土和古蹟為背景的小說特別神往。例如臺灣光復後第一代作家吳濁流著《亞細亞的孤兒》、鍾理和《笠山農場》、鍾肇政《濁流》，分別以新埔、美濃、大溪為背景；楊逵很多作品以臺中大肚山為背景，現代作家蕭麗紅的《千江有水千江月》，乃至於年輕作家楊富閔《花甲男孩》，以嘉義布袋、大內為背景，類例繁多，引人入勝。

林衡道老師寫的小說〈灰色都市〉，我尋覓多時，終於在去年底從網路拍賣買到一本一九六五年出版的《本省籍作家作品選集》，正收錄了林衡道〈灰色都市〉與〈姊妹會〉兩篇小說。

〈灰色都市〉是以中日戰爭時的日本為背景，書中女主角日本人平川敏子，在早稻田大學圖書館工作，男主角楊世英則是從臺灣臺南州大內到日本早稻田留學的大學生。當我掩卷為楊世英命運悲嘆垂淚時，即下定決心，非要走訪他的故鄉不可。

「大內楊家」原屬臺南縣，今行政區已劃為臺南市，吸引我想去一探楊家古蹟，是書中有一段男女主角溫馨的對話：

「楊先生的故鄉臺灣是熱帶，所以風景一定很美吧，我眞希望能夠去看看。」

「我的故鄉是臺南州的一個叫大內的地方，山雖然不怎麼高，不過樹木和竹子長得很茂盛，村子四周全是檬果樹，每年到了夏天，便出產很多有冰淇淋味道的檬果。」

「你的家是什麼樣的房子呢？大地主的邸宅，一定很漂亮吧？」

「古老的紅瓦，牆壁是白的，有三棟並排在一塊。院子裡鋪著紅磚，屋頂好像鳥兒展開翅般，兩端往上翹起來，所以跟日本內地的茅頂農家，看去是很不相同的。」

「那是不是像童話裡的龍宮嗎？眞好哇。」

今年，就在細雨霏霏的大年初四中午，九十一歲的媽媽、另一半王澤和妹妹、妹婿陪我，從屏東出發，約一小時來到大內楊氏古厝。站在已是斷垣殘壁猶如廢墟的「楊家大厝」（今楊長利公厝），我低迴沉思良久。

這座古厝今為「楊長利」派下宗祠，據說約在乾隆五十五年（一七九〇）左右，由考取臺灣府學歲貢生的楊光謨（字君典，號蘭堂，外號公治長）所建造，是「三落百二門」燕尾大厝。小說中形容的燕尾屋脊已不復見，但內舖紅磚、外舖烏磚，仍依稀可尋。可我怎麼都難以想像地方上流傳的一句諺語：「有公治長厝，嘛嘸公治長富；有公治長富，嘛嘸公治長厝。」

多麼抽象的現實啊！這座破落的兩百多年楊家古厝，真的是林衡道教授筆下〈灰色都市〉男主角楊世英的老家嗎？當我們向古厝告別，沿路聞到一陣陣檬果花香，甜蜜中飄著感傷。《少年維特的煩惱》作者歌德曾說：「凡是讓人幸福的東西，往往又會成為他不幸的源泉。」觀照楊世英和敏子的中日、姊弟之戀，看似幸福，終究結局是絕美淒苦的愛情。

民國一〇九年三月

推薦序
我讀「前夜」

前中研院近代史研究所所長　陳三井

在臺灣史蹟研究會上認識林衡道教授，屈指一算，轉瞬已經有十幾年的時光了。如大家所知，衡道先生是研究臺灣史的前輩，素有「臺灣史蹟百科」的美譽，不僅著作等身，而且風雨無阻率領著年輕同好到處勘考古蹟，更經常在電視上開講民俗，在報章雜誌上發表社會科學方面的論述，係知名度甚高的文化人之一。但林教授會寫小說，並早在二十年前便已出版長篇小說《前夜》，恐怕是比較鮮為人知的一面。

提起《前夜》，不能不先對它的時空背景有所瞭解。

小說是時代的反映。《前夜》的主題意識十分明顯，它呈現給讀者的是從抗戰爆發到臺灣光復前夕的這一段期間，在日本統治下的臺灣社會的一幅眾生相。

丁炎代表的是御用紳士的典型，他貴為總督府評議員，集社長、土財主與首富於一身，妻妾成群，有日本顧問為其策劃牽線，雇用臺灣祕書為其跑腿辦事，然而他所追逐的是名利和肉慾，所玩弄的是權謀術數，所關心的是如何在戰爭中聚斂更多的財富。「戰爭一開始，他就趕緊從臺灣銀行借出很多錢，來買土地及股票，也做點事業，發了一筆大財，後來，隨著戰爭的延燒，通貨膨脹，紙幣跌價，他就用貶值了的紙幣來向臺銀還債。這樣，就等於不花分文而來賺錢一樣。」在飽暖思淫慾的情況下，他最擅長假借行善事而覬覦女色。當「皇民化運動」一起，丁炎一家率先響應，全都改了日本姓名，當美國於廣島投下原子彈，日本已告日暮窮途之際，丁炎又取出封箱已久的長衫馬褂，準備改頭換面，搶先去歡迎國軍的到來，他的寵妾也由日本軍歌改哼中國平劇，類此這般投機政客的嘴臉和行徑，實在既令人不齒又厭惡，作者運用寫實的手法，把御用紳士醜陋的一面暴露出來，十分成功而富警示作用。

對比之下，青年張志平代表的是知識份子苦悶的典型，他違逆醫生父親要他學醫的命令，專攻的是沒有出路的英國文學。在東京慶應義塾大學求學期間，因參加讀經會而認識了宮田洋子，並與這位家道中落的貴夫人有一段純純的愛，就像歌德的《少年維特的煩惱》中的維特，對夏綠蒂的感覺一樣，思慕一個年紀比自己大的女人，而自以為這是神聖純潔的行為，但在家庭與社會的壓力下，最後不得不面對現實而與表妹素琴結婚。回到臺灣後，除偶爾讀讀勞倫斯的《查泰萊夫人的戀史》、莫里哀的《蝴蝶夢》消遣外，幾乎變成無所事事的閒人。太平洋戰爭爆發前，志平應徵當翻譯官，在上海虹口的日本海軍武官府當通譯，嘗到了離鄉背井之苦，也經歷了戰爭中的悲歡離合，更親眼目睹日本將校們的靡爛生活，除役後，他雖能路經東京，有緣與年輕時的偶像宮田洋子再見一面，卻不幸因所乘軍艦於返臺途中誤觸美國海軍魚雷，而葬身海底，魂斷異域。造化弄人，思之不勝唏噓！

在一些悲劇性的人物之間，作者不忘隨時穿插日本軍閥殘暴和狡黠的一面。這批手操臺胞生殺大權的軍部人員，也是御用紳士用心巴結的對象，透過他們的關係，才能把臺灣的煤炭一手包辦，輸出到上海去，而大發橫財，也增加特權的享受。相反的，知識份子在他們的淫威下，隨時隨地都有平白被捕的危險，生活得多麼卑屈、多麼地沒有尊嚴！

作者出身名門望族，在大家庭複雜的環境中長大，故對上層社會生活的靡爛以及大家庭中的缺乏人情味，乃至勾心鬥角，都有深刻的體驗，因此在他的筆下，對陳家爭產的無情無義，玉梅的橫死，都有獨到而生動的描述！

一部感人的小說，不能離開真實的生活舞臺。作者主要以臺北、東京、上海三地為故事主人翁活動空間。對張志平來說，東京和上海無異是他的「雙城記」。東京是他求學、編織綺麗的初戀的地方，上海則是他投身軍旅，雖生猶死、危機四伏的場所，兩者呈現強烈的對照。作者對兩地街名的傳聞強記，於各處風光民情的細膩描寫，顯見確是身歷其境而且頗為用心的。隨著故事情節的發展，作者還把活動舞臺由上海展伸到無錫、蘇州、鎮江、杭州、金華、諸暨等，讓讀者有幸也能一覽太湖、虎邱山、金山寺、西湖、靈隱禪寺、古羅敷山（西施故鄉）、周家祠堂等名勝古蹟，於此不能不佩服作者所展現的「行千里路讀萬卷書」的豐富常識！

狄更斯的《雙城記》，一開頭便說：「那是最美好的時代，也是最惡劣的時代，是智慧的時代，也是愚蠢的時代，是信仰的時代，也是懷疑的時代，是光明的季節，也是黑暗的季節，是充滿希望的春天，也是使人絕望的冬天，我們的前途充滿了一切，但什麼也沒有，我們一直走向天堂，也一直走向地獄——總之，那個時代和現在這時候是這樣的相像。」

《前夜》是為這個充滿光明和黑暗時代的苦難臺灣同胞而寫的，它也道出了日治時期臺灣知識份子苦撐待變的心境。對於飽受日本殖民統治的臺灣同胞而言，這將是一個否極泰來的時代。作者在結尾時說得好：

「前夜雖然漫漫，但終有破曉時分。黑夜將盡，黎明就在眼前了！」

是的，熬過了漫漫長夜，黎明還會遠嗎？留得青山在，總有否極泰來的一天！

直此《前夜》付梓再版之際，個人有幸重讀這一段令人刻骨銘心的時代紀錄，僅略抒所感，實未敢言序。

民國一〇四年四月

前夜

林衡道的紀實文學

目次

前夜

一

一九三七年春天，新綠的春郁氣息，開始悄悄陶醉著每一位行人。在這個美好的春日裡，臺灣總督府評議員丁炎跟隨著祕書黃鴻運，兩人並肩乘坐在東海道線上行的特別快車中；此時，車子正朝著東京方面急急奔馳著。在華麗的頭等車廂中的一隅，堆放著好幾個大型皮包，在每一個大皮包上面，都貼有「YAMATO HOTEL DAIREN」等字樣的小卡紙。人們走過那裡，只要稍用眼睛一瞥，就可以想像得到，這兩位先生必是剛由「滿洲」回來的大闊佬。

然而，不知到底是為了什麼，那位叫丁炎的先生，一路上老是繃緊臉，胖胖的面孔上顯露出極不高興的樣子，彷彿他有滿懷心事卻無法發洩似地惱怒著。火車經過駿河灣時，從左邊的車窗口，可以眺望富士山的高峰，車子愈向前走，就覺得遠處的山峰愈來愈近。如果回轉頭來，從右邊的窗戶看過去呢，啊！那兒正是一片遼闊的海洋，海邊廣植著整排的大松樹林，滔天的海浪正在松樹後面翻滾，構成了一幅極為壯觀的圖畫。只可惜車窗外這麼美好的風景，對丁炎的心情卻似乎一點兒也不起作用。丁炎，看起來約莫五十四、五歲光景，這位給人的第一印象就覺得是精力充沛的紳士，從剛才起，就一直靜靜地坐在一旁，不斷猛吸著雪茄煙。他那與生俱來的油頭粉面，以及一對逼人的炯炯目光，使人一看見他，就可以想知，這個人對金錢及女人必是最貪圖不厭的。

「社長，馬上就要到沼津車站了，你要不要拍個電報到什麼地方去？」

「我看，並沒有什麼地方好發電報的。」丁炎只漠然地敷衍著。

一路上，祕書黃鴻運始終很殷勤地侍候著丁炎。提起丁炎，可以說是無人不曉的，丁炎不但在臺灣擁有廣大的田地與住宅地，同時他在東京市區，以及箱根、輕井澤這些地方，也都有龐大的地皮資產。為了便於管理這些繁雜的土地產業，他不得不組織一家「炎記土地建物株式會社」，由自己當社長。就因為這個原因，所以，黃鴻運老是稱呼他為社長。

「對了，你現在馬上拍個電報到東京給岡田勝夫先生，」丁炎好像一下子想起了什麼似的，忽然說：「請他立刻到熱海大飯店來，我想改在熱海下車，在那兒休息一下。」

「那麼，你今天是不是不回東京了？要不要我也拍個電報給太太們知道？」

「也好！」丁炎只心不在焉地淡淡回一句。

社長這種遇事三心兩意，以及變幻無常的作風，在黃鴻運來說，已經是司空見慣、習以為常了。所以，對於社長這次又忽然變更旅程，他一點也不覺奇怪。黃鴻運對於處理任何事情，一向是很精細的，因此，他沒有忘了也要拍個電報給太太們。丁炎除了大太太外，還擁有好幾位姨太太，所以，對丁炎家裡的太太，黃鴻運均慣以複數稱呼，這個稱呼，在他已慣用許久了。

火車在沼津車站停靠了一會兒，便鑽進黑暗的丹那隧道裡去了。飛馳過第二個山洞後，車子就在那被譽為溫泉鄉的熱海車站停車。這美麗的臨海勝地，它背負箱根連山，面臨汪洋大海，是個景色優美的小城，靠著山坡既窄又多的大街小巷，兩旁櫛比著數不盡的純粹日本式旅館，還有許多「和洋折衷」式的旅社。

丁炎和黃鴻運從車站下車，便叫了的士直駛熱海大飯店去。熱海大飯店的大廳前，有著鋪滿朝鮮草的廣大草坪，是個可以展望滄浪碧波的好地方。遠遠瞭望過去，山岬盡處好像浮起一個初島，十分壯麗。這天，因為天氣晴朗，所以，在遠處的天空上，彷彿也可以望得見大島的山影。

「真是太不巧了，由於事先沒有預約，所以您們所常用的房間，今早已被人訂去了。不知道可不可以請您們選用別的房間？」

熱海大飯店的經理，小心翼翼地對丁炎說著話，他對這位常來的顧客，真是惟恐巴結不上。丁炎一聽見常用的房間已有人住了，感到很掃興，他心想，還是乾脆換個旅館比較好。

「既然這樣，我們要換到山梅莊去了，」丁炎說：「等一下岡田先生會來，您就告訴他我在那邊。」

「是！是！」

熱海大飯店的經理，只得唯唯是諾，眼巴巴地看著他們離去。

山梅莊是一家純粹日本式旅館，連後面的山都被圍繞在花園裡面。環境十分幽靜，且富有山間情調。從鋪滿榻榻米的客房遙望出去，只見花園裡滿植著許多黑色杉木林，叢叢的杉林後面，若隱若現地點綴著幾朵紅色的櫻花。雖然說，早春已過去了，但它們卻仍未凋謝。花園裡的假山與石燈籠，古色蒼蒼的，望著它，令人心曠神怡。然而，當你聽見那從筧裡出來的悅耳的流水聲時，你一定又會覺得那是益加令人喜愛了。

「我想叫下女把被鋪好，睡一下，」丁炎對祕書說：「你現在可以自由行動了。」

「好的！」

黃鴻運遵命地回到另一間房間去。下女進來鋪好床，丁炎就將臃腫的身體倒下去睡了。然而，不知為何，他始終翻來覆去地睡不著。因為他又想起了在「滿洲」時，很意外地接到關東軍的「退去命令」❶而不得不撤退回來的事，所以，至今丁炎仍悶著一肚子的氣。他剛剛特地叫祕書打一個電報請顧問岡田到熱海來，也正是為了這件事。他準備好好的跟岡田商量善後的計策。

除此之外，還有一件事也令丁炎的心情老是惶惶不得終日。這件事發生在兩個禮拜前，也就是他要到「滿洲」去的前夜。臺灣的望族顏家，在東京帝國飯店舉行了一次場面豪華的婚禮，就在許多觀禮的賓客中，他發現了一位貌美迷人的日本女士，年紀大約二十八、九歲，而在婚禮的整個過程中，一直沒有出現過一位類似她丈夫的男人陪伴著她。在赴「滿洲」的兩個星期旅程中，不管是走到那裡，丁炎的腦海中，總是時刻不停地浮現出這個女人的倩影。那烏黑柔密的秀髮，以及似海而黑亮的眸子，簡直使他一刻都不能忘。他還清晰地記得，那一天宴會時，他幾乎忘記一切，只是目不轉睛地注視著她，眼睛一直跟著她的影子在轉，只要她回眸一笑，他的心頭也會隨著蕩漾起陣陣漣漪。

「好，只等岡田一來，我就不顧一切地向他問個清楚，他一定知道這個女人究竟是什麼樣的一個人。」

丁炎不知不覺間，獨自喃喃自語著。

這一天，春天的腳步已近黃昏了，熱海街上，霓虹燈滿街輝煌，處處弦歌不輟，顯出了一派春夜的熱鬧。也就在這個時候，岡田顧問適時地到達了山梅莊，兩人一陣寒暄後，丁炎便與岡田舉杯共飲，並一同用晚餐。腦筋精細的祕書黃鴻運心裡明白社長與岡田會面，必定是有祕密事相商，所以，他就獨自離開到另一個房間吃飯。岡田勝夫是個年約七十歲的老人，從前在臺北時，是個無人不曉的最厲害的律師。丁炎能以一個貧苦的國語學校❷畢業生之身，而僅僅在一、二十年的時間內就能搖身一變為臺灣的首富，這完全是靠岡田的一手提攜之力。所以，直到現在，丁炎仍很信任他，不管事無大小，逢事必與他商量。

「怎麼樣？在『滿洲』不大如意是不是？」岡田舉起杯子，笑說：「想不到你這麼快就回來。」

---

❶退去命令：離開或出境的命令。

❷國語學校：為日人在臺設立的綜合教育機關，成立於日治初期，後為臺北師範學校。是臺灣人尋求中等教育的少數選擇，其畢業生不乏在政經領域中居要位者。

「是啊！這次碰了個大釘子，」丁炎憤憤地說：「我是為求日本帝國對支那大陸的政策推行得更順利，才準備將隱居天津的安福系那位邵剛將軍的小姐，撮合給『滿洲國』的皇族憲明。我以為這是最好不過的。我曾為這件事去做媒，可是關東軍❶卻說，這是違反軍部政策的，並把我痛罵一頓。結果我竟接到『退去命令』，使得我不得不匆匆忙忙趕回來。」

「社長，你不聽我勸告才會吃這個虧，我不是早告訴你嗎？關東軍裡『皇道派』❷的將校最多，你想在『滿洲國』做點事，就非先勾結『皇道派』不可。這件事你還記得吧？」

「記得！記得！」丁炎連連頷首：「我現在是不得不欽佩你的眼光了。」

丁炎又一度舉杯勸岡田，岡田從容地一飲而盡，然後便開始大吃起桌上的生魚片及魚頭來。於是酒酣耳熱之餘，他的話匣子也打開了。

「你可不必灰心，社長，現在軍部對支那決定開戰的日子已不遠了。所以重工業與軍需工業的股票也跟著一天天漲價了。你不是曾搶購了許多古河、住友、三菱造船的股票嗎？這幾天才真漲得厲害哪。換句話說，光是你在『滿洲國』旅行的兩週中，你已經坐而獲利五十萬了。假使真的打起戰來的話，那你的財運更是不可限量了。」

「哦！是真的嗎？戰爭真的快開始了嗎？」

丁炎的一雙炯炯目光，驀地更發亮了。彷彿眼前正飛舞著無數鈔票，引誘他的眼神發光。他衷心希望著戰爭早日爆發，只要戰爭一開始，他就可以再發一筆股票財了，那是絕無問題的。假如軍部占領了中國，那不是又有一宗大事業可做嗎？一想到這裡，他的精神也立刻振作起來了。對於前日在「滿洲國」的失敗，早已忘得一乾二淨。於是，吃過晚飯，下女將水果及茶送來以後，丁炎稍微躊躇了一下，接著，便鄭重其事地，以嚴肅口吻向岡田提起另一個問題。素來，他與岡田之間，是連肺腑之言都是無所不談的，所以，他也就毫無顧忌地說出了。

「岡田先生，上次在帝國飯店，曾有過一次顏家的婚禮，那次你不是也參加了嗎？在那天婚禮中，有一位常陪伴在新娘旁邊，照應著她的那個女人，你認識嗎？」

「那天參加觀禮的女士們那麼多，我怎能一一記得呢？」岡田接下去說：「社長，你指的是哪一位？長相怎樣的女人？」

「就是那位右邊的嘴巴有顆黑痣，年約二十八、九歲，長得很漂亮迷人的女人。」

岡田側著頭，想了一下終於恍然大悟了：「哦！那就是宮田洋子嘛！她是以前臺北帝國大學醫學部副教授宮田文夫的夫人，很可能她的先生因為發瘋，已進入精神病院很久了。這個女人也就是山中子爵的小姐，她的父親因事業失敗，不得已宣告破產，已於兩年前去世了。這正可以套一句叫『紅顏薄命』。」

---

❶關東軍：為一九一九年到一九四五年間日本駐紮在中國東北地區的部隊。

❷皇道派：為一九二〇年到一九三〇年間日本陸軍內部的政治派系，主張尊皇。

丁炎簡直緊張得屏住呼吸聽岡田在說話，雖然岡田的話已告一段落了，但他卻仍無法滿足於這簡短的描述。他忍不住又進一步地追問岡田，好像非把岡田所知道的一切，一五一十地打聽清楚不可。

「照你這樣說，她現在住什麼地方呢？」丁炎緊接著問：「她的生活情況如何？你知道嗎？」

「大體上我是知道的。」

話才講一半，岡田便停下來，把丁炎的面孔又重新仔細地端詳了一下。

「洋子自她先生進入精神病院以後，就與母親住在一起，像他們這些已沒落的貴族，生活是相當窮苦和寂寞的。她們家住在麻布的長坂附近的小巷子裡面，當山中子爵還在世時，我曾去過那個地方……不過，社長，」岡田抿了一下唇，猶豫一會兒，才又接下去說：「在東京，只要你不吝嗇花錢的話，新橋、柳橋，最紅的大姐，或者是名門閨秀的小姐，你都可以毫不費力地弄到手的。依我看，你最好還是不要動這些有夫之婦的腦筋比較保險，萬一發生什麼糾紛的話，對你遠大的前途必定是有害無益的，同時，對你聲望也有很大的影響。」

岡田這幾句開門見山的話，像一根細針一樣，一下子就把丁炎的心事給穿破了，這使得丁炎也大吃一驚。素來，岡田對丁炎的忠告都是很認真而誠懇的，因為岡田目前能一邊過著花天酒地的生活，一邊還能不停增加他的地皮、股票等的財產，這一切的利益，全是靠丁炎的一手幫扶。所以，他對丁炎前程的得失勝敗，比對任何人都關心。

「好了！好了！你的好意我非常感激，」丁炎故意笑道：「你不用這樣緊張的，我只不過想再看她一次而已。」

岡田又一度注視丁炎，心照不宣地大聲笑了：「社長你真不愧是個色狼……哈……哈……」

在一陣笑聲中，兩人把話匣子告一段落了。

等岡田離開到另一個房間後，丁炎便剩下獨自一人了。他深深地吸了一口氣，便進入旅館特設的專用浴室裡去，準備舒舒服服地在浴缸裡泡一下。這個浴缸是用檜木做成的，有一股撲鼻的芳香。從全開的浴室窗戶望出去，可以清晰地看見，黑叢叢的杉木樹枝頂上，春日的半弦月，正懸掛在朦朧的夜空中。

丁炎心想，像這樣富於情調且安靜的溫泉旅館，實在是一個獨自閉目思慕佳人的最好地方。想起那美麗的容貌，他的全身都感到舒服了。幾十年來，他日夜追逐名利與肉慾外，還包括玩弄權謀術數，而這一切，也就是他生命的全部。然而，難得像今天這樣的，長久徘徊於情感的渦漩中，在他來講，這經驗過去是沒有過的。他心裡暗想，今天自己好像有點兒不對頭，否則怎麼這樣呢？過了好一會兒，他才從浴室出來，然後坐在走廊的藤椅上，把雪茄點燃。

「社長，剛才我已用長途電話跟東京的警視廳通過話了，據說在大連想刺死你的那個嫌疑犯已捕獲了。」黃鴻運看見了社長，便立刻走過來諂媚：「這個人，也就是年前被解散的臺灣民眾黨的黨員。」

「是嗎？那很好！」

祕書來報告這段消息，使得丁炎如夢幻中醒來一樣。說起臺灣民眾黨，丁炎心中不覺有所感觸，因為過去向臺灣總督府建議立刻取締中國國民黨的分身——臺灣民眾黨，同時還逮捕及收買它的幹部，這一切全是由他一手導演的。

二

在臺灣，那些所謂大紳士們的家庭，往往喜歡把子女自幼就送到日本內地去。使他們早些學得一口正確的日本話，同時希望他們能更深入的去體會日本的風俗習慣，期望兒女們外表與日本人無異，這種觀念已蔚為一種風氣了。甚至於還有一些人，認為自己的兒女完全忘記了臺灣話而只能說日語，對這件事視為是一種榮耀。臺中市聞名的醫生張泰岳的家庭，就是屬於這樣的類型。他的兒子張志平，自從初中一年級起，就去東京留學，現在已是慶應義塾大學英文科三年級的學生了。

最近，張志平讀到一本東京帝大教授矢內原忠雄[1]著的《帝國主義下的臺灣》[2]。由於對這本書起了共鳴，所以張志平對於臺灣總督府的政策，懷抱著很強烈的反抗心理，這個帶給了他

---

[1] 矢內原忠雄：日本經濟學者，專長研究帝國主義。信仰基督教，關懷殖民地社會中被殖民者受到的壓迫與剝削，主張和平，反對戰爭，被稱為「日本知識份子的良心」。

[2]《帝國主義下的臺灣》是矢內原忠雄依三次實際來臺調查結論所發表的政治經濟學論文，出版後遭當時臺灣總督府查禁。

機緣，使他更醉心於矢內原教授的無教會主義基督教。因此，最近這些日子來，他每逢星期日，便到東京郊外自由丘的矢內原公館去，在那裡和同道們一起聽聖經講義。

平常，張志平是住在青山，但每到禮拜天，他一早就從澀谷車站搭乘東橫電車到自由丘去。自由丘這個地方，仍然保留有若干雜木林和草原，多少還蘊蓄幾分郊野的清新氣氛。在這一帶，到處可以看見許多紅瓦、綠瓦的「文化住宅」❶，若與東京的舊市區比起來，總有點新鮮之感。矢內原教授的家，是一座日本式的房子，正好被這一帶的紅綠瓦文化住宅包圍在中間。

第一次正式參加聖經講義的當天，張志平就由同道們的介紹而認識了宮田洋子。他的座位正好被安排在這位穿和服的美麗女郎身邊，所以，坐在那兒，使得他也感到心跳。他時時把視線集中在她身上，每一次，當志平抬眼望住了洋子時，洋子便以微笑回答他。他禁不住感到有點兒窒息。那晚，他久久不能入眠，洋子一雙黑而亮的瞳子底光芒，好幾次射入他的夢中。

在第三次自由丘集會的那個星期天，當聖經講義完畢後，大家便在一起聚餐。餐後，很意外的，矢內原教授把張志平與宮田洋子叫住，並要他們暫時留下來。

「張先生！你不是英文科的學生嗎？我想，你對英文的造詣一定很深才對。這位宮田夫人，她對池坊流花道相當有研究，」矢內原教授微笑說：「她最近正計劃想用英文發表一篇論文，你能不能幫她忙？就是為她做點英文翻譯的工作就行了。」

「好是好，只不過我對花道一竅不通，我怕翻譯不出來。」

事實上，他在心中已憧憬著洋子很久了，因此，今天矢內原教授要他將洋子的論文譯成英文，對於他，那真是求之不得的事。然而，張志平到底是老實人，所以，他還是把自己對花道是外行這點老老實實地聲明在先了。

「我想，這是不會有什麼問題的，一定得麻煩你多多幫忙，」宮田洋子在一旁誠懇地說話了：「不知道能不能現在就請你到我家去，我想先讓你看看花道的器具，並將若干術語說一些給你聽，我們現在就一起走吧！」

張志平好像被迫拖著走似的，只得站起來，跟著洋子搭上東橫電車。先到澀谷，然後再改乘市內電車，終於到達了麻布的長坂——洋子的家了。

具有東京女人特有的明朗氣質的洋子，一路上，她毫無顧忌地，不斷問起張志平的身世及家庭狀況，張志平不管被問到什麼事，他都很坦白地回答，但他並沒有反問洋子任何事。所以，洋子對這位老實謹慎的青年十分的喜愛。

如果認真來說，洋子對世間上的男人已經感到不敢領教了。當初，她是在許許多多追求者

---

❶ 文化住宅：日本大正時代中期流行的住宅風格，和風與洋風融合的建築樣式。財閥、政治家的住宅主要為西式，一般人的家仍是和風為主。大正的自由氣氛使得大眾文化成立，對洋風逐漸接受並嚮往，產生和洋折衷的文化住宅。

當中，眾星拱月似的情形下，嫁給她現在的丈夫的，沒想到婚後不久，丈夫竟發瘋了，他不但沒有給與她任何幸福，相反的，卻使得她揹了一身的包袱。由於丈夫在精神病院已很久了，所以，很多男人個個都以對寡婦的那種好色眼光來看她，這點，可以說是最使她覺得難以忍受的侮辱。但今天，出乎她意外的，在自由丘認識的這個青年，他是這樣的純真無邪，與別人迴然相異。想到這裡，洋子對張志平就愈加懷有好感。

靠近長坂的洋子家，是一座古老的日本式房屋，裡面只有剛換不久的榻榻米顏色是新的。走廊外，有狹狹的小花園，站在這裡，看得見斷崖底下的十番通，以及古川橋那邊極混雜的街道。遠遠地，還望得見品川海面的水光帆影，可以算是景勝之地。

「請你一邊吃紅茶和點心，一面聽我說明。」洋子很禮貌地說：「池坊流花道，主要是要表現花生長在山野中，漸漸成長出來的自然姿態，但假如是遠州流的話，則是要把花與樹枝的型態改變……這樣你懂嗎？」

洋子對花道的說明繼續了很久，張志平雖不十分懂，不過他是專心一意地把洋子說的全部詳細筆錄下來了。

「請不必這樣緊張，坐得輕鬆些，因為後面要說明的還很多。」

洋子以微笑請張志平放輕鬆點。由於並沒有什麼原稿，所以，只須將洋子講的話筆記下來。這工作一直到黃昏，還無法做得很多。張志平一看，夕陽已染紅西邊的天空了，俯看十番及古川橋的街道上，也已開始閃耀著燈光了。

「糟糕！糟糕……我竟忘了燒飯，」洋子看看手錶，著急地說：「對不起，請你稍等一下。」

洋子站了起來，走向廚房去。志平也把桌上的簿子以及紙張整理一下，準備回家。

「我該回去了，下次要我什麼時候來？」

一聽見志平要走，洋子立刻挽留他：「今天沒有準備什麼菜，你就在這兒吃了飯再走吧！」

「不！謝謝妳，不麻煩妳了。」

「我絕不能讓你這樣就回家去，今天你忙了這麼多工作，至少也得吃了晚飯再走。不過，沒有什麼的東西就是了，只要你不嫌棄就好了。」

張志平終於被挽留住了。看見他又坐在走廊的藤椅上，洋子這才放心地走開去指揮下女。不一會兒，長坂的一家最有名的老店「更科」的侍者，送來了幾份蕎麥麵，張志平與洋子面對面地舉起筷子來。

「這東西合不合你的胃口？」洋子問志平說：「真對不起，今天沒特地為你準備什麼好菜，明天晚上，我想正式請你吃飯，你能不能來？」

「不，不，這東西已經夠好吃了，長坂『更科』的蕎麥麵有兩百年歷史，是東京特產之一，我早就很喜歡這東西了。」

「哦！原來你什麼都內行。我還以為只有我一個人喜歡它，想不到你也喜歡，那真巧。」

張志平因洋子約他次日晚上再來，心中倒有點興奮得起伏不定。而洋子呢？也因為發現張志平與她趣味相同，心中暗暗自喜。

時間過了七點半時，張志平便起身告辭，離開宮田家，踏上歸途。為了再細細回味一次今天與洋子在一起的快樂時光，所以，他沒有坐電車，而獨自一人從長坂散步到青山的寓所去。這一帶地方，夜晚的住宅區顯得十分幽靜。一路上，洋子的笑聲，彷彿還清晰地留在他耳畔迴蕩著。還有，當擦身而過時，所聞到的香水味及粉香，仍會使得他的血液又再度地沸騰，也使得他眷戀不已。

張志平才離去不久。就有一位不速之客突來訪問宮田的家。

「真對不起，很久沒來拜訪你，今天路過此地，順便來拜望老太太。老太太！看見您這樣康健，真使我高興。」

對洋子的母親山中子爵夫人佐代，以如此隆重而殷勤的態度來請安的人，不是別人，就是丁炎的顧問岡田勝夫。他今天因為是懷有目的而來的，所以，手裡還提著一盒風月堂的糕餅。這位出身貴族，而一向顯得憨直大方的老太太，絕不會想到岡田是懷有心計而來的，所以，她便從容不迫地與岡田毫無顧忌地對談起來。

「你這樣客氣真不敢當，你現在都住東京，很少去臺灣嗎？」

「我們年紀大，不中用了，現在是深居簡出。」岡田說：「洋子小姐的先生現在身體好些了嗎？我知道老太太對這件事一定是非常掛心的。」

岡田為了向丁炎效忠，所以，今天特來打聽宮田洋子的家庭狀況。

「我那女婿還是老樣子，我女兒實在命苦。自從她父親去世後，連我這老人家也得連累女兒來奉養。做人還是早點死好，命太長還不是活著獻醜。」

老太太嘆息著，她滿以為岡田是懷著好意而來的。所以，她毫無考慮地，便將什麼話都一五一十地跟他說了。

「老太太，以前子爵還在世時，小的也曾受他的恩澤很多，現在您們有什麼困難，就跟我商量好了，我一定會盡力幫忙的。請原諒我說句不禮貌的話，你們的債務是不是已經還清很多了？……」

「唉！說起這個，真教人嘆氣，」老太太說：「我們的公館和鎌倉的別莊，抵押了以後，已被債權人拿去了。雖然這樣，目前我們還是負債很多，這棟小房子是以女兒名字登記的，所以，才得以幸運保留住。你知道，我們的洋子，從小嬌生慣養，所以，不能像別人家一樣自食其力。為了幫助家計，她現在教人家花道及舞蹈，但是總是經常得不償失。我真想不到，活了這大把年紀，還得吃這麼多的苦。」

岡田現在已經探查出宮田洋子家的經濟情形了，他心中暗喜，便又趁機會更進一步想了解一下洋子個人的興趣與嗜好。

「令嬡真是一位了不起的人，既孝順又多才多藝，您們身為貴族到底與人不同。老太太，我想請教妳，令嬡的花道老師是哪一位？她的舞蹈很高明，是屬於哪一派？」

子爵老太太一向最喜歡人家奉承及捧場，所以，一聽見有人對洋子這樣讚揚，她心裡真快慰極了。

「我們女兒總不肯專心於一藝，什麼都想試，這也是她的大缺點。她的花道是屬於池坊流，早已取得教師的資格。舞蹈方面，藤間靜枝女士就是她的老師。她們不久就要舉行一次舞蹈發表會，屆時，我會送門票給你，請你來參觀指教。」

岡田暗暗心中高興著，因為他已經知道宮田洋子家境很壞，而且她本身興趣又是多方面的，在這樣的情況下，丁炎只要肯花些錢，早晚總有一天，必可將這個女人征服，而且能順利弄到手。——這就是岡田今天訪問宮田家所得到的結論，他本來是反對丁炎追求宮田洋子的，所以，他曾經力勸丁炎放棄這個念頭。但現在岡田知道無法說服丁炎了，因此，他就決定不如就此順水推舟，賣點人情，比較來得合算。

三

在熱海休息了一夜之後，丁炎便又回到東京駒場的自宅。這公館的花園相當大，是一半洋式，一半日式的，顯得非常廣闊華麗。丁炎回家以後，就馬上將從「滿洲國」買回來的禮物，差人一一分送給許多要人們。其中跟臺灣因緣最深的北白川宮殿下，那是不用說的，就是前任的總督們，乃至軍部有力的將校們，都分別收到了他所送去的中國特產，例如玉器、金器、吉林人蔘等高貴物品。購買這些當然是需要一筆龐大的開支，不過，目前重工業以及軍需工業股票都在不停地上漲，所以，用去這些錢，在持有很多股票的丁炎看來是小意思，就像他身上被拔了一根毛一樣的不足為惜。

丁炎的正妻阿雪，為了看守龐大的財產，所以，很少離開臺北的家。丁炎的第二姨太太是「藝旦」[1]出身的，叫梅香，已於最近去世。所以跟他一起來東京的，是他的第三姨太太蘭心。這位年紀三十歲左右的女人，過去，曾經在臺北近郊新莊當過歌仔戲的正旦[2]，所以臉形秀麗，

[1] 藝旦：臺灣清領時期到二戰結束期間的一種女性行業，於宴會時陪侍或表演歌舞樂曲。主要於台北大稻埕及台南府城豪華酒家或大型慶典遊行演出。

身材苗條，只要稍一打扮，就很漂亮嫵媚。不過，可惜的是，以前在戲班演戲時，鴉片吃得太多了，以致身子變得很瘦，兩眼深陷，原屬潔白的牙齒，也因鴉片煙而燻為黃色了。

丁炎由「滿洲」剛回來的那天晚上，蘭心不停不休地使盡了迷態，企圖煽動丈夫的情慾，丁炎早就預料到這個女人的企圖。蘭心是想要求丁炎，將最近所購置的澀谷附近的土地，變更登記為她的名字。丁炎從外面赴宴回來，正想舒舒服服地洗個澡休息一下時，蘭心的兩隻白嫩的手臂，早已很快地攔住丁炎的肩，然後將紅色的雙唇印在丁炎的唇上。

「啊！妳這個搗蛋鬼，又瞞著我吃鴉片了。」

丁炎霍地跳起來，憤怒地大發雷霆，因為從蘭心的氣息裡他聞得出鴉片味。於是，蘭心的紕漏被暴露出來了。

「假如是在臺灣，只要妳領到牌子，要吃多少鴉片都沒有關係。但是，在日本抽鴉片是違法的，我早就跟妳警告過了，我禁止妳在這裡抽鴉片，妳為什麼偏要抽？將來，連臺灣也要禁止抽鴉片了。鴉片是要送到『滿洲』及支那，給那邊的人抽的，妳這個傻瓜，妳難道還不懂嗎？」

丁炎不斷地刮蘭心耳光，身材苗條的蘭心被打倒在床上了，她不禁放聲大哭，連喊著救命！救命！所以，住在樓下的所有日本人下女，以及臺灣人下女，全都打成一片趕上樓來一看究竟。

「老爺，請冷靜點，請你停手吧！唉呦！真怕人，太太，妳在流鼻血了。」

年紀較大的日本下女松，站在一旁看不過去，便立刻上前為他們勸架，一面安撫著丁炎的怒氣。

「太太，請妳到那邊洗個臉，休息休息吧！」

得到了松的保護，蘭心趁機從房門出去了，她的哭叫聲以及舉止步伐等，全和她以前演歌仔戲一樣。丁炎心想，這女人到底是演戲出身的，江山易改，品行難移。不過，說實在的，當七年前，丁炎熱戀著她時，每天晚上，他總是等不及她唱完戲，也等不及她洗臉或卸裝，使用車子把她載到北投的別莊去，把滿身大汗的她擁抱在懷裡。

「老爺，岡田先生來了！」

由於下女突然來通報岡田來訪，所以，丁炎這才息了怒，勉強裝出一副笑臉，下了樓到客廳去。賓主間簡單寒暄幾句，丁炎便向岡田提出了一個要求。

「岡田先生，你能不能為我安排一個機會，去會見一次宮田副教授的夫人？」

岡田早就預料到，丁炎會提出這個問題，所以，他立刻胸有成竹地回答他。

「對於這件事，當初，我是勸阻你的，但我知道你一直執迷不悟。所以，剛才我已去拜訪過

---

❷正旦：旦角是歌仔戲的女性角色，按照人物屬性可區分為正旦、花旦、武旦，正旦又稱青衣，角色多元，有苦旦（命運多舛的女性）、閨門旦（大家閨秀、公主）等等。

子爵老夫人，對於他們的家庭狀況，也打聽得很清楚了。」

岡田的這幾句話，使得丁炎無限驚喜。

「我真不知如何感激你才好，你真是我的諸葛亮。」

平常，最喜歡看臺灣歌仔戲的丁炎，不管遇到什麼事，總喜歡將戲裡的人物搬出來做比喻，這在他已成了一種習慣。

「現在，宮田洋子家的經濟狀況很壞，負債也相當多，你想想看，她的丈夫住進精神病院至今已三年了，這期間當然要花用一筆數目不少的錢。不僅如此，這個女人也跟一般貴族小姐一樣，對花道、舞蹈各方面都有興趣，虛榮心也很重，所以，她的家境當然會一天比一天苦了。照例，既寂苦而虛榮心又重的那些沒落貴族的女人，是最適合你的條件了。」

根據丁炎的人生觀，金錢與女人就是他人生的全部。他以為賺錢的目的，也只不過是為了取得女人的歡心。所以，丁炎心想，為了接近宮田洋子，就是要他花多少錢，他都是心甘情願的。

「岡田先生，不管用什麼方法，我定要跟她見一面，一切麻煩你去安排吧！」

「依我看，子爵老夫人最喜歡歌舞伎及謠曲，我想，最好用我與內人的名義，邀請子爵夫人和洋子到歌舞伎座去看戲，到時候我會特地留下隔壁的位置給你，你就裝著是偶然來看戲的。屆時，我會趁機會把你介紹給她們，或者藉『觀世流能樂』❶的公演機會，把她介紹給你也可以。」

「那不行，什麼歌舞伎，什麼能樂，什麼茶湯會，這些玩藝兒，我向來是最不敢領教的。」

丁炎極不高興地提出抗議。出身窮苦，且僅僅在國語學校唸過幾年書的丁炎，以日文寫簡單的信，或看日文報紙是可以的。但如果要他對歌舞伎、能樂、和歌、俳句、茶道等，凡是有關日本的文學或古典藝術的東西感興趣，那簡直要他的命。所以，平時他不得已而必須出席這樣的場合時，那他只好打瞌睡。蘭心所唱的歌仔戲，那卑穢的歌詞，才是他所能了解的文藝之全部。

「這也不行，那也不行，到底要怎麼辦？這樣好了，不如在我家開個園遊會，請子爵老夫人及洋子小姐來玩，這不就好了嗎？」

「這樣好，這樣好，你的設想，無論什麼時候都是最周到的。那麼，就請你舉辦個最豪華的園遊會吧！所有的一切費用，都由我負擔好了。」

丁炎對岡田的這番建議非常贊成，不覺面有喜色。岡田的家，是在二子玉川，有很大的花園，花園四周圍繞著櫸樹林，就好像有幾根大掃把倒豎在那兒一樣。這樣的環境，是最適於開

---

❶ 觀世流能樂：「能樂」是日本的古典歌舞劇，是世上現存最古老的表演藝術形式之一，能劇的主角稱為「仕手」，有主角資格的演員稱為「仕手方」，因仕手方有五個流派而俗稱「能樂五流」，觀世流為其中一個流派。其他分別為寶生流、金春流、金剛流、喜多流。

園遊會的。丁炎又想，如果真是個園遊會的話，還可以自由自在地跟洋子接近，若再順利一點的話，等她要回家時，還可帶她到哪個地方去吃頓晚飯，想到此，丁炎就愈覺得岡田的這個好計畫，真是再周到也沒有了。

「因為還需要有種種準備，所以，我想大概要到五月中旬才能舉辦這個園遊會。」

「那我們就決定在五月十日舉行吧！你一定得趕上這一天才好。」

丁炎巴不得園遊會能早一日來臨，所以，他仍興高采烈地繼續跟岡田商量如何舉行園遊會。就在這個時候，下女正好端茶進來，丁炎回轉頭，突然看見蘭心紅腫著雙眼，正站在門口偷聽他們的談話，這下子，不覺又使得丁炎怒火高燒了。

「滾開！快滾開！你被我打得還不夠嗎？」

岡田一看這尷尬情形，便即刻起身告辭了。

等待了許久的園遊會，就迫近在明天了。一想到明天就可以見到洋子，丁炎的心胸早已時刻跳躍不定，什麼事也無心做下去了。

午餐以後，照例他總是要午睡片刻的。但歪在床上，他卻因過於興奮而始終睡不著，因此，他便順便叫蘭心來為他搥背。不過，他心裡感到有些奇怪，近來一直對他不高興也不說話的蘭心，今天不知為什麼，老是對他咪咪笑著，他心知這個女人，最近大概又在搞什麼鬼了。

這個時候，丁炎由樓上聽見外面有汽車的聲音，接著，下女們的呼喚聲也隨著響起了。下女們爭先恐後地上樓來報告丁炎說他的正妻阿雪來了。這個突如其來的消息，使得丁炎心裡十分慌張。他想，阿雪事先也沒有打電報，卻忽然遠道從臺北乘飛機來，這到底是怎麼回事呢？哦！知道了！丁炎心想，一定是蘭心把明天園遊會的事誇大報告給阿雪的。一想到這裡，丁炎就愈加生氣，真恨不得把蘭心捉住，揍她幾個耳光。但此時蘭心早已敏捷地跑到樓下去了，她正在不斷地巴結阿雪，為她倒茶，送毛巾，忙個不停。

從小窮苦出身的丁炎，當年就是因為跟富有的丁家女兒阿雪結婚，做了贅婿，所以才能成為一位有地位的紳士，也以此為跳板，今天他才能有這樣的財勢。這原因也造成了他的懼內心理，他很懾於阿雪的權威。阿雪這個女人，生來就很好勝，且擅長於管理眾人，她對丁炎的所有眾妾，只不過把她們當下女看待而已，所以丁炎的所有姨太太都很怕她。阿雪此次來東京，除了帶她會社裡的事務員之外，還帶來一位臺灣的下女，所以，她簡直可以說是浩浩蕩蕩、堂堂皇皇地走進來的。

「妳來得正好，日本現在正是氣候最好的季節，妳可以到處去玩玩。不過，妳來時，為何不先來個電報通知我？」

丁炎雖然故意假裝平靜，以表示歡迎阿雪的到來。但他還是忍不住要加上一句對她突然不告而來的不滿。

「我是為了要趕上明天的園遊會，所以才選在今天到達。這個園遊會是為什麼人而開的？」

阿雪的話，單刀直入地刺進丁炎的心坎中。

「不，我不知道，這個園遊會是岡田開的，我也只不過是被邀請的一位客人而已。妳來得正好，明天妳也一起去吧！」

丁炎委曲求全，盡力討好她。

「你的話是真的？那麼，阿松，馬上打電話叫岡田來。」

由於阿雪來勢洶洶，所以丁炎只得趕快借故逃到書房裡去，但阿雪的火氣，還是愈來愈大。

「快叫岡田來，叫他馬上取消園遊會，我說得到就做得到。」

阿雪做事雖然一向就這樣武斷，但蘭心在一旁，還為她加上一個更毒辣的計策。

「太太，我想，別讓老爺去。但我們兩人明天也該跟著去園遊會看個究竟才對，因為對這個日本女人的底細，我們也該了解一下。」

「蘭心，這倒是個好主意。」

阿雪對蘭心的這項建議，似乎很欽佩。蘭心這女人，向來被稱為十三點❶，做什麼事都是傻傻的。但是，由於她以前唱過戲，且唱的全是香艷的愛情戲本，所以，有關男女間的事，她總是很有把握的。阿雪到今天為止，不管丁炎收了多少姨太太，她全忍受下去了。但是，如果她的丈夫真的要討個日本女人做姨太太的話，那她是非阻止不可的。這原因是在臺灣的大紳士家庭中，如果有人娶了日本女人做姨太太，那麼，正妻的地位就會馬上被貶低。這種前例，她已看過許多了。所以，阿雪認為，她的丈夫追求日本女人，她就非鬪爭到底不可。

不久，岡田顧問也慌慌張張地來到了駒場的丁炎公館。

岡田一看見阿雪，立刻謙卑地行個禮，說：「這次太太上東京來，我因事先不知道，所以沒有去機場迎接，失禮得很，還請多多原諒。寒舍明天正要舉行一個園遊會，請太太與社長一定得賞光才好。二位若能光臨，內人也必定會感到很榮幸。」

狡獪的岡田，一看阿雪的臉色，必知有異。所以，便立刻改變計畫，邀請阿雪參加次日的園遊會。他想，他樣做的話，也可以減少阿雪對他的懷恨。

「岡田先生，我請問你，這個園遊會是不是特為一個女人開的？我已知道你們在搞什麼把戲了。明天，我絕不讓丁炎去參加，不過，屆時我會跟蘭心一起去接受你們的招待，我這樣決定，你覺得行嗎？」

阿雪的話一針見血，這使得岡田不禁猝然心驚，但也不得不立刻用幾句話來應付她。

「喔？能請到太太們一起來，對我們來說那真是再榮幸也沒有了。雖然社長不能親自來，但只要太太們能來，我們就感到萬分高興了。」

---

❶十三點：上海話罵人做事沒腦子或舉止輕浮、言行不合常理，也指口無遮攔、瘋瘋癲癲的人。

岡田發現今天丁炎家的空氣有些不調和，所以，看著適當的時候，便起身告辭了。岡田離去後，阿雪便立刻把躲在書房裡的丁炎喊出來，向他鄭重宣佈有關次日園遊會的決定。

「你明天不許去參加園遊會，我跟蘭心代表你去就行了。我相信你不會有什麼異議吧？」

「這樣也好。」丁炎只淡淡回答一句。

本來，阿雪以為她的丈夫必會反抗到底，想不到丁炎倒這樣輕易地順從了她，這使得阿雪也息了些怒。於是，剛才顯得十分緊張的空氣，也隨著緩和了。

丁炎當然也有他的打算，他心中暗想，與其說與十三點的蘭心一起去，在洋子面前出洋相，那還不如等待別的機會再與洋子會面來得好。不過，一想到花用在園遊會的那筆為數不少的錢，心裡倒有點痛惜。因為岡田藉口開個園遊會，動用了丁炎的錢，連房屋花園都趁機會重新大大修整一番，這筆經費是非同小可的。

四

第二天，阿雪跟蘭心，穿戴上由臺灣帶來的最華麗的衣裳及首飾，到二子玉川的岡田公館去參加園遊會。在園遊會中，岡田從遠遠的地方指出宮田洋子給她們看，對宮田洋子的臉形以及身材，都看得一清二楚之後，兩人便離開了。因為她們的日本話講得不好，跟那麼多日本人在一起，都顯得很拘束。況且，園遊會所擺著的日本式食品，例如紅豆湯、壽司、關東煮等等，又都吃不慣。所以，她們覺得沒有多逗留在園遊會的必要，還是趕快回家算了。

「我還以為是什麼天仙似的美人，看了才知道，根本沒有什麼了不起的地方，只不過是皮膚白，眼睛大而已嘛！就是臺北，也還有比她更漂亮且如畫中美人一般的小姐，總之，這個婆娘並沒有什麼特別不得了的地方。」

回抵家後，阿雪馬上把宮田洋子的面貌，加以許多苛刻的批評，並下一個結論，認為沒什麼了不起。

「我倒不這樣想，」蘭心不以為然地說：「大體上而言，男人總是喜歡像她那樣，表情生動而甜甜蜜蜜的女人的。喜歡畫中美人的是女人，並非男人。所以我說，太太，妳是不能大意的。」

被人家指罵為十三點，且做任何事都不如人的蘭心，正因為以前唱戲時，時常扮演色情場面的主角，所以事關男女關係，她常常有徹底人情機微的見解。僅只這一點，阿雪就很重視她了。

「不過，那女人臉上的缺點太多了，妳看她只要一笑，犬齒便露出來。她右邊的嘴巴上，還生有一顆痣。」

阿雪還是沒有完全放棄她自己的看法。

「我們就是對這些特點不能大意。由我們女人看來，認為是缺點的，往往從男人眼中看來，認為是正因為有這些特徵，才更富有吸引力。總而言之，這女人的出現是很教人討厭的。」

有關性的問題，神經過敏的蘭心，早已以空想及幻想的方式，來設想丁炎與洋子之間已有很深密的交往，至少她已這樣誤會了。而阿雪這邊呢，對這個問題是更認真了。在她心目中始終認為，丁炎在臺灣的姨太太再多她也不怕，但若是日本姨太太，那是絕不能讓她插足進來的，否則，將來總督官邸如果有宴會的話，丁炎一定是會帶日本女人去的。所以，她想，無論如何，非阻止丁炎跟日本女人來往不可，她這次由臺灣出發來時，已早有準備了。

「蘭心，來，過來我跟妳講一句話，妳看怎樣？我想把那個瓊妹……」

阿雪把蘭心拉得很近，以很細小的聲音在她耳邊久久密談著。

瓊妹就是昨天阿雪從臺灣帶來的，那個年紀很輕的下女。她本是中壢附近一位貧苦茶農的養女，平常，有時出去採茶，有時則到煤礦坑裡工作，以貼補家計。雖然如此，但養母仍常虐待她。所以，居住在她家附近的一位鄰居，也就是丁炎的佃農，很同情她。於是，勸阿雪收下這個養女為下女，阿雪便以長期僱佣為名目，給了她養母幾佰元錢。事實上，是用錢把這個養女買過來一樣。阿雪打算利用這個女孩子來滿足她丈夫的情慾，以減低他對洋子的一股熱情。

「也好，至少可以解決眼前的麻煩，那麼我來……」

蘭心也不反對阿雪的這套計策，而且，她還自告奮勇要來說服瓊妹。因為，她生平最喜歡做拉皮條的工作，蘭心實在是個相當下流的女人。

這天晚上，丁炎從外面宴會歸來時，阿雪跟蘭心都故意表示很高興地歡迎他回來。丁炎心中滿以為今天必有大風暴降臨頭上，所以，他今晚戰戰兢兢地回家來。然而，出乎意外的，這兩個女人竟都表現得如此恭順，他這才放下心來，洗了個澡，回到寢室休息。

「我準備現在就帶蘭心跟阿松到箱根去住上一、兩天。」

更意外的是，阿雪又提出要去箱根旅行了。

「這麼晚了，妳還要去？哦！不，假如現在去的話，十二點鐘以前是可以到的。妳們慢慢玩玩再回來好了。阿松，妳要好好侍候太太。」

丁炎在心理暗想，這兩個女人一起出去旅行，在他來說，真是夢寐以求的事情。

「對了，還有一件事我要告訴你……」

阿雪以極低的聲音在丁炎耳邊耳語了好久。也不知道什麼時候，蘭心已帶了瓊妹站在那裡，蘭心同樣以低低的耳語跟瓊妹說了許多話。瓊妹垂著頭，滿臉通紅。丁炎對她們這意外的建議也吃了一驚，他不由得把瓊妹從頭到腳重新估計一下。這個不懂禮貌的鄉下姑娘，穿一套臺灣式的衫褲，除此之外，就沒有什麼其他裝飾了。那黑黑的臉蛋上，兩隻眼睛是閃亮的。因為她的皮膚很黑，所以，牙齒便顯得格外的白，總之，這個女孩子的臉形，長得還不令人討厭。

阿雪和蘭心，二人趕到東京車站去後，這個大公館，便顯得靜悄悄的了。瓊妹此刻仍孤獨地站在丁炎的臥室裡，丁炎關好房間的門戶之後，便很從容地在床上把瓊妹抱住。在煤礦坑工作時，常遭日本人調戲的瓊妹，現在，被一個五十多歲的男人擁抱住，她也不覺得驚異或稀奇的。常在茶園裡工作的這個年輕姑娘，她那健康而熱烘烘的氣息，頗使丁炎陶醉。丁炎發狂似地享受著瓊妹富有彈性且豐滿的胴體。丁炎心想，像他這樣窮苦出身的人，想來想去，到底還是這樣的鄉下姑娘最適合。他對瓊妹感到很滿意，同時對妻子阿雪的這一妥善安排，也大為感謝。他想，今後對十三點的蘭心，他更不會有所求的了。

慾望得到了盡情的滿足之後，丁炎就好像死去一般，一覺睡到天亮。早晨起床，丁炎馬上吩咐下女，打電話叫五品館婦人洋裝店的店員來，量好瓊妹的洋裝十套，然後就乾脆先將蘭心的新旗袍拿出來給瓊妹穿，使她更像個姨太太的樣子。不過，這些原係符合蘭心苗條身材的旗袍，現在穿在瓊妹豐滿的胴體上，當然是不合身的。因此腰圍縮起許多的縐紋，袖子底下，也開始有裂開的縫了。這天的早餐與午餐，瓊妹是與丁炎一起吃的。

到了下午，丁炎帶他的祕書黃鴻運去訪問軍部的人，然後又到東京郊外的豐島園去看土地，辦完一切事後，才回家來。抵家後，他好像又想起了另外一件事，便又叫下女陪瓊妹到霞町的瑪麗蓄斯去做頭髮，同時囑咐她們，回家時，要記得到六本木的間宮寫真館去拍張照片。過去，相當命苦，且曾嘗盡人生的甜酸苦辣的瓊妹，現在是一點也無顧忌地顯露出做姨太太的模樣了。

到晚上七點鐘時，瓊妹還沒有回來，所以丁炎一直沒有吃飯，而在等她。正在此時，門口有汽車聲，阿雪跟蘭心從箱根回來了。

「唉！真沒意思，那樣子的日本菜，真使人吃不消。」阿雪一進門就埋怨著：「所以，今天我們不得不又轉到橫濱南京町的杏花樓，去吃了一頓『中華料理』才回來的。我現在不想換衣服了，我馬上要去看伊澤前總督的夫人，阿松，把那包禮物拿過來。」

僅說了幾句話，阿雪便又帶著松坐汽車走了。此時，蘭心一個人被留在家中。

「昨天晚上過得怎樣？那個土頭土腦全是泥土味的鄉下姑娘，是不是又黑又臭？」

蘭心卑賤地蕩笑著，然後步步迫近丁炎的身旁，用極毒辣的話語來奚落瓊妹。平常，就帶點精神分裂現象的蘭心，似乎已經忘了昨天晚上，是她自己把瓊妹親手獻給丈夫的，現在她卻反過來打擊瓊妹。由於阿雪她們都不在，所以，蘭心的那一套又來了，她又將隻臂圍繞在丁炎肩上，用唇蓋住丁炎的嘴，她私心裡以為這是玩弄男人的最好方法。丁炎從剛才起，一聽見蘭心講些下流話，已經是很倒胃口了。所以，看見她這樣，便憤怒地趁勢推開她，身材苗條的蘭心，險些被推倒沙發上去。

正在這時，瓊妹由外面回來了，蘭心抬頭一看，看見瓊妹由於做過頭髮，現在已變成個時髦的女人了。而她身上還穿著一件連她自己都不曾穿過的新旗袍，這使得蘭心的妒嫉之火更燃起來了。又想起剛才被丈夫推倒的醜態也被瓊妹看見，蘭心愈想愈冒火，一下子就衝過去瓊妹身旁。

「賤貨！妳竟敢偷我的衣服！」

蘭心揍了瓊妹好幾下耳光，從小就當養女的瓊妹，畢竟是比較會忍耐，她只咬緊雙唇，淚水如珍珠般落下來，她始終不敢向蘭心還手。但這樣一來，愈使丁炎不能袖手旁觀了。

「妳幹什麼？」

丁炎怒髮衝冠地打了蘭心一下，蘭心這次又被打倒在沙發上了。然而，蘭心是不甘示弱的，因此，她又很快站起來，把沙發旁邊，最有價值的橫山大觀❶作的金屏風，用腳將它踢破。丁炎嚇了一大跳，立刻過來抓住她的頭髮。但說時遲，那時候，蘭心的動作更加敏捷，她早已很快的用右手把壁櫥上丁炎所珍藏的古董，如宋瓷的碗、「高麗燒」的壺等等，用手刷一下，這些高貴的古董，便劈劈拍拍地，全掉落地上粉碎了。

「這傢伙已經發瘋了，我非把妳拖去精神病院不可。」

丁炎不知不覺中這樣大叫一聲。一說到精神病院的那時，他忽又想起丈夫居住於精神病院的宮田洋子的面貌了，於是，他的怒火愈高，因為他想，昨天之所以不能與洋子見面，也完全是蘭心搗鬼的，想到這裡他又忍不住再舉起拳頭，把蘭心用力揍幾下，體格瘦細的蘭心，竟被打到地板上。於是，她連放聲大哭的氣力也失去了。

丁炎因為蘭心把他珍貴的金屏風，以及瓷器書畫古董等全打破了，這對他彷彿損失了一筆大財產。他既痛心，又憤怒，他真恨不得一刀兩斷地把蘭心殺死。可是，人們都知道岡田在背地裡的批評：丁炎是個不學無術的人，對古董完全外行，他所收集的古董全是假的。假如岡田的話是事實，那麼，丁炎的損失是很有限的。他的損失最多只不過是大觀的金屏風一幅而已，而它的市價也僅只幾千元罷了，並沒什麼值得大驚小怪的。

「這樣的家，我怎能住下去？」丁炎說：「好！今晚我要到帝國飯店或者是車站飯店去住夜，瓊妹，妳跟我來。」

丁炎帶著瓊妹，坐汽車到日比谷的帝國飯店去了。門前有噴水池的帝國飯店，是美國名建築師萊特❷設計的，是以淺咖啡色的磁磚所蓋的矮矮建築物。丁炎本來就不喜歡這種低矮的房

---

❶ 橫山大觀（1868-1958），為日本明治、大正、昭和時期知名畫家、日本藝術院會員，授勳一等旭日大綬章、朝日獎、文化勳章、正三位獲得者，代表作如「屈原」、「夜櫻」等。

❷ 萊特（Frank Lloyd Wright, 1867~1959），美國建築家，為近代公認三大巨匠之一，一九二三年竣工的東京舊帝國大飯店為萊特在日本的經典之作。

子，所以，當侍者告訴他，已經沒有好房間時，他便立刻轉往東京車站飯店去了。這一座以紅磚建造的大廈……東京車站，門前櫛比著丸之內大廈、海上大廈、郵船大廈等七、八層的大建築，電車及巴士，如穿梭般來往，霓虹燈光閃爍華麗。從臺灣鄉村來的瓊妹，初次看見這大城市的風光，所以，對什麼都感覺十分驚奇，兩隻眼睛瞪得大大的。車站飯店，就設在這個車站的二樓。

「怎麼樣？妳喜歡東京嗎？」

到了車站飯店的大套房房間裡，丁炎便立刻安慰一下剛剛被蘭心打過的瓊妹，他說話的聲音，顯得十分溫和。

「這兒真是一個好地方……不過，老爺，我有一件事情，想求你幫忙。」

因為丁炎此刻顯得很愉快，所以，瓊妹便想趁機會，將自己的願望向他陳述。

「是什麼事？妳不必客氣說出來吧！不管是什麼事，我都會替妳去辦的。」

丁炎為了要博取瓊妹的歡心，所以只要她希望什麼，他必定是有求必應的。

「我覺得，像我這樣苦命的女孩子，還是去做尼姑好，我從小就曾這麼想……老爺，坦白說，我很怕你的太太們。回臺灣後，你把我送去任何一個尼姑庵，我都願意去的。」

丁炎滿以為瓊妹是想要求貴重的禮物，沒想到這女孩子是想進去尼姑庵，他幾乎不相信自己的耳朵了。

「什麼，是尼姑庵嗎？……哦，妳是想叫我蓋一個尼姑庵給你，是不是？哈……」

丁炎想，這倒是很有意思的，他回憶以前剛從國語學校畢業時，常常想，如果能擁有一次尼姑該多有趣。因為臺灣的尼姑有的是蓄髮的，裡邊也有很漂亮的。他想，蓋一座尼姑庵，把瓊妹養在裡面，那麼年輕的慾望，不就達到了嗎？丁炎不覺用力地拍一下膝蓋，覺得真是好主意。

「北投山邊，我有很多土地，好吧！我就當作是多蓋了一座別莊，把尼姑庵送給妳。一回臺灣，我就馬上動手蓋，現在，妳暫且忍耐一下吧！」

「你的話可是真的？」瓊妹高興得眼睛都亮起來了。

「當然是真的，妳的幻想實在好，來來來！先到什麼地方去吃飯吧！到阿拉斯加去？還是到A ONE去？」

丁炎開心得不得了，蓋一座尼姑庵，在他認為是最合算的算盤。第一、因為他本人非常迷信，平常很崇拜王爺、有應公等等不倫不類的神明。他以為蓋一座尼姑庵，把這些神，不管三七二十一全把祂供進去，必會帶給他幸運。他不知道佛教的寺庵裡，是不許供奉這些民間邪神的。

第二、新建寺廟可以向社會誇示他自己的財勢，他也很重視這點。第三、不用金屋藏嬌的方法，只要建一座寺庵，把瓊妹養在裡面，當然是比較合算的了。

「好，一回臺灣，我馬上就動工。」

丁炎回顧瓊妹，給了她堅定的諾言。

五

第一次到宮田洋子家的次日，張志平因為這天是被邀請去晚餐的，所以，等不及到黃昏，他便懷著一顆動盪的心去洋子家赴約了。晚飯之後，他們又開始以英文筆錄花道講義。這工作此後又繼續了一個月，也不知道要到何時才能告一段落，好在他們兩人並不為這件事的快慢而操心。

「假如是在白天的話，學花道的學生必會來得很多，她們全是些年輕漂亮小姐，什麼時候，我為你介紹一位好不好？」

洋子違背心意地故意這樣說，目的是在探查張志平的心事。

「常常讓妳請客，真不好意思。下次該輪到我來請妳了，明天我請客，妳喜歡到什麼地方去？」

張志平答非所問，對學花道的小姐們根本漠不關心，洋子心中暗暗感到滿意。

「說什麼常請你不敢當，還不是因我自己有事拜託你才請你的。至於你要回請我，那倒不必。對了，我雖是生在東京，但很少去過郊外，我想，你就帶我去郊遊好了，你一定知道許多好玩的地方。」

「我很喜歡東京郊外的雜木林及小丘，所以，到處都走遍了。野火止的平林寺，橫山的百草園，神代村的深大寺，都是風景幽靜的好地方。這樣好不好，我們就決定到深大寺去吧！如何？」

洋子心想，與體格魁偉又英俊的青年，並肩郊遊是多麼令人歡愉的事啊！

「很好，明天就去吧！你學校裡有沒問題？」

「明天都是些不想聽的課，學校是沒有關係的。」

次日下午，張志平跟洋子從新宿搭乘京王電車，然後在仙川下車。經過許多雜木林及小丘，走了一小時的路，才到達深大寺。一路上彎彎曲曲的土路兩旁，也有不少以茅草為屋頂的人家，在這樣的地方，許多農家裡面的櫟、櫸樹木，往往形成了一大片的綠蔭蓋在路面上。所以，在這彎曲的小路上散步，是非常涼爽而舒服的。

平常都是穿和服的洋子，這天是穿著淡灰色洋裝，著平底皮鞋，所以，較平日看來更年輕，走路的腳步也極輕快。洋子心裡很浮動，她把自己幼年時候的事，以及她父親山中子爵還沒有沒落前的生活，以很有趣味的語氣說給張志平聽。他們一面談一面走，不久，就到了黑森林杉林圍著的深大寺了。

深大寺古老的木造山門，寫著三個大字「浮岳山」。走過了充滿青苔的心字形古池，再步過白日裡也是黑暗而古木成蔭的庭院，登上幾個石階，就到了以茅草為屋頂的金堂。金堂的內部，供有一尊銅的佛像，那是模仿中國六朝時代的手法所塑造成的天平時代❶的作品，它現在已被指定為日本國寶。

「啊！真是個好地方，要不是你帶我來，恐怕我一輩子都無法看到這些了。」洋子衷心歡愉地感嘆這古寺風光。

「以前，我差不多每星期都到郊外去，專找這樣的地方散步。」

因為被洋子稱讚了一番，所以，張志平感到很得意。

深大寺庫裡❷的後面，是一片長滿雜木林的高地，前面正有兩對熱戀中的男女在散步著。洋子與張志平一面走一面談，不知什麼時候，也走進雜木林了。

「你明年畢業後，是不是立即回臺灣去？你今後打算做什麼？」

「我還想呆在東京，因為我要繼續羅斯金與卡萊爾❸的研究。一定要出了一本單行本後，才離開東京，」

「是嗎？那麼，是不是也要等出了單行本後再結婚？你理想中的對象，是什麼樣的人？」

洋子也自覺這句話問得過於唐突和露骨，但她不得不這樣問一下。

「像妳這樣的人，才是我的理想對象。」

張志平對她說的話並沒有感到有什麼不自然的地方，反而把自己心底話從容說出來了。

「你真會說笑，不過，你不管怎麼恭維我，我都不會信以為真的。」

張志平的話，是洋子所預料的。但是由於他說話太過於開門見山了，這使得洋子一時也不知如何回答才好。所以，只好推說是笑話來應付過去。

「走得很疲倦了，我們休息一下吧！」

洋子拖著張志平，在雜木林內的木頭椅子上坐下來。已經走得很疲倦的她，一點都沒有警戒的，便很自然地靠在張志平身上。如果在過去，張志平遇到這種機會的話，必會把女孩子順勢擁抱起來，他曾有過這樣經驗的。但是，不知什麼緣故，他對洋子並沒有這樣做。那可能是因為，年輕的男人往往把他們真正喜歡的女人過度美化，把她在精神上昇華起來，使她成為自己心中崇拜的偶像。所以，對這樣的女人，他就起了一種錯覺，認為對她一點都不感覺肉慾，他現在正陷入這錯覺中。

他屈膝地上，抱著洋子的腿，把臉埋在她的裙子裡，吻著她的裙子。

只是這樣，已足夠使他沉醉了。等他恢復到原位重坐在木凳上時，張志平不禁茫然地想著

---

❶天平時代：聖武天皇元號天平，稱為天平時代（約西元八世紀），當時積極輸入中國佛教文化，在日本蓬勃發展為天平文化。

❷庫裡：寺院的廚房或住持僧及其家屬的居室。

❸羅斯金與卡萊爾：約翰・羅斯金（John Ruskin, 1819-1900）和托馬斯・卡萊爾（Thomas Carlyle, 1795-1881），兩人皆為當時著名的藝術評論家。

但丁《神曲》中的「永久的女性」。洋子對於年紀比她輕的青年，這樣幼稚的舉動，她並不感覺失望。反而是他那純潔的心地，使她很傾心。

「你真是一位君子，我喜歡你這樣的人。」

洋子稱讚張志平的純情。

歸途時，他們不走原路，卻轉到小田急電車的成城學園那邊去了。這條路雖然遠一點，但是滿種著赤松的小丘，風景比來時更好。成城學園的文化住宅村，住有洋子的表姊濱田芳子，所以，洋子忽然想起要去訪問她。

芳子對洋子的突然來訪，表示十分歡迎。因為丈夫上班去了，小孩子也已上學去，都還沒回來，所以屋裡靜悄悄的。

「這位是慶應大學的學生張先生，他是臺灣人，英文非常好，現在替我撰寫英文的花道講義。剛才，偶然在路上碰見他，所以，我也就把他帶來了。」

洋子把張志平介紹給芳子。不過，她把郊遊的事隱瞞了她。

「怎麼樣？文夫的病有沒有起色？住院那麼久，妳必定很辛苦的。」

到剛才為止，心裡還很浮動的洋子，被芳子問起丈夫的病況，不覺一驚，她的心緒，又被拉回現實的世界來了。

「跟以前一樣，還是老樣子。」

洋子深深地嘆了一口氣，才回答芳子的話。

芳子泡好紅茶，便把不二家的蛋糕放在盤子裡，端出來接待他們。這兩個女人的談話，一開了頭，就不知何時才能結果。

「我想到花園裡走走！」

張志平想，兩個女人一定有她們的私話談，所以，便獨個兒下去花園裡看看杜鵑花，到藤棚底下去散步。

「洋子，這學生是不是對妳很鍾情？我一看就能直覺出來。」

「怎麼會呢？姐姐，妳未免太多心了。」

洋子有點兒做賊心虛，所以，連忙講句話搪塞過去，並把芳子的話打斷了。她很怕芳子洞悉出她對張志平很傾心。她想，芳子若把她的心事全講出來的話，那她一定會很尷尬的。但是，芳子卻不肯就此放過。

「妳不可這樣糊塗的。假如真的跟那年輕的孩子談戀愛，後果是不堪設想的。年輕人對女人特別專心，到後來妳就無法擺脫他。」

「姐姐，那人只不過是教會的朋友而已，妳對什麼事都愛往壞處想，那是很不好的。妳這樣欺負我，我現在要走了。」

洋子故意撒嬌一番，芳子才把話打斷。洋子便趁這個機會，起身告辭。然後，與張志平搭上小田急的電車，到了終點站的新宿時，已經是日落時分了，車站裡早已燈火輝煌。

洋子靠著張志平，從人群裡擠過去。好不容易下了電車時，有一個人正好與他擦身而過，洋子抬頭一看，那正是岡田勝夫老人，於是，她立刻避開張志平。但是，眼光敏銳的岡田並沒有放過她。張志平的運氣實在不好，他也正面跟岡田碰著了。他對這位素已相識的老人，不能不招呼一下就走開，只得上前行一禮，想就此敷衍過去。

「哦！是張先生嗎？好久不見了，怎麼樣？還在用功嗎？不久就畢業了吧！今天到那裡去，你一個人嗎？」

老獪的岡田，雖然車站裡人潮混雜，但他還是把張志平拉住，從容地與他交談起來。岡田一面說著話，還一面以銳利的目光，在人群裡搜尋洋子的蹤影。

「年紀一大，就很寂寞，我是很喜歡客人的，你如有空，來我家坐坐吧！你會不會下棋？什麼時候來我家吃便飯好不好？我隨時都在家的……啊！那麼，再見了。」

好費力地，才從遠遠的地方，看到站在大柱旁的洋子。岡田再仔細端詳一下，確定是洋子沒錯，這下子才把張志平給放開了。

「那位老先生是先父的朋友，跟我先生也有來往，原來你也認識他。」

「嗯！他以前在臺灣當律師很久，所有在東京的臺灣人，沒有人不認識他的。他很喜歡管閒事。所以，我總避免跟他相遇。」

「是呀！他看來好像是個很喜歡造謠的人，我也不大喜歡他。我上次跟媽媽到二子玉川他家去參加園遊會。那個會裡，臺灣人來得很多，可能是因為我以前也在臺北住過兩年，所以，他也請了我。」

好不容易的，從人山人海的車站地下道走過，在新宿站前，張志平請洋子坐上的士，直達帝國飯店去。這家飯店，雖是在東京的市中心，但可能是因為它的屋頂太低，所以，屋內很清靜。朦朧的色彩，黯淡的燈光，增添了不少夜晚的情調。

雪白的餐巾，銀色的花瓶，以及光亮的刀叉，在在都使人感覺很舒服。加以餐桌，點著蠟燭，這令人沉醉的氣氛，都是洋子與張志平所喜愛的。

「雖沒有什麼稀奇，但我覺得，招待妳一定要選擇這種高尚地方。」

「你怎麼知道我喜歡這地方呢？你的腦袋真好。」

洋子又一次稱讚張志平了，男人是最喜歡被女人讚美的。

「謝謝你給我帶來快樂的一天……我多麼希望能永遠這樣下去。」

餐後，步出帝國飯店，走上日比谷的大道時，洋子還在回憶這天的美妙時光。

「號外！號外！」

報販在路旁狂喊。路上的行人都在爭購標題印著「北支情勢告急，戰爭一觸即發」的號外。

六

這一年，到了梅雨紛飛的六月時節，華北的局勢，愈來愈緊張了。被稱為明治時代的古老洋房標本的東京三宅坂的陸軍❶，常常連夜趕開重要會議。每天晚上，到了午夜時，燈火仍輝煌。對於這種轉變，即使是最外行人看來，也可以知道，軍部對大陸的侵略，遲早就要開始了。走在東京街上，時常可以看見軍部操縱下的右翼團體集會，以及持著寫有「國體明徵」❷、「振興國民精神」、「膺懲排日貨的暴戾支那」❸等標語牌的群眾，在街頭示威遊行。過路的無知男女老幼發狂似地，也以歡呼相互響應，還有一些人以軍歌彼此唱和著。然而，也有少數的有心人，卻在憂慮戰爭的悲劇就要開始了。矢內原忠雄教授在他自由丘的家中做聖經講義的時候，他說，一個民族，對另一個民族只能有訪問權，如果對其他民族採取了超過訪問權的舉動，那就是侵略行為。這幾句話，使得張志平與洋子都深受感動。

軍需工業以及重工業，都顯著地擴大起來了，曾對這些工業投資的人當然也更加發財起來了。所以，原本呈現著不景氣的產業界，現在也轉變為很活潑了。就像丁炎這樣擁有股票與地皮的人，如今是可以開心地坐享其成了。難怪丁炎這些日來嘴角老是咪咪笑，連眼睛都笑成一條縫了。

六月中旬又過了，就在菖蒲花盛開的一天早上，丁炎在駒場的家中，突然接到臺灣軍司令部高級參謀山本中佐的電話。

「……局勢已經十分緊張了，現在，我為了要與中央聯絡，所以才到東京來。目前，情勢已經到了一觸即發的狀態了。處於這種情況下，我們必須研究一下如何處理臺灣與南方的問題。我有許多問題要請教你，你的意思怎樣？今天六點，你能不能到柳橋的三遊亭來跟我談談？我請客。」

「山本先生，你遠來東京，哪有你作東的道理？今天我應該盡地主之誼來請你客才對。下午六點，我在星岡茶寮等你。」

「好吧！那麼，今晚由你來請，明天晚上則由我來請客好了。」

所謂星岡茶寮，它是臨界於東京國會議事堂旁邊的日枝神社森林。這家建築於高地上的純粹日本式館子，不但非常幽靜，而且可以眺望遠方。所以，這兒常常被一般的閣僚們，以及代議士們，做為政治密談的好所在。

---

❶三宅坂的陸軍：三宅坂一帶為戰前日本陸軍參謀本部、陸軍省所在地，相當於陸軍中樞。
❷國體明徵：日本右翼與軍方勢力所發起的政治運動，反對主張日本天皇是行使統治權機關的「天皇機關說」。
❸膺懲排日貨的暴戾支那：中日戰爭時日本首相作出「暴支膺懲聲明」，為激烈的反華主張。

「久違！久違！上次真是太謝謝你了。」

山本中佐準時六點鐘到達。看見丁炎，便很客氣地與他寒暄，他所表現的謙虛與客套程度，簡直不像一個軍人，反而顯得有點格格不入。由於不久以前丁炎曾在鎌倉買過一棟房屋，送給留在日本內地的山本中佐的家眷，所以，山本此刻一見到他，便頻頻向他致謝。

「你這麼一說，我反而不好意思了。我看見你現在還是很忙吧？」

「嗯！戰爭快開始了，以後我是更忙了。不過，話說回來。丁先生，關東軍那批傢伙，對你下了『滿洲國』的『退去命令』，我真替你憤慨。你可不必為此介意，只要戰爭一開始，不管上海也好，厦門也好，就是汕頭也好，只要讓臺灣軍司令力量能到達的地方，我們會請你出來做點事。所以你不必念念不忘於『滿洲國』。」

「常常蒙你提拔，很感謝你。山本先生，在內地你的貴府，如果有什麼事須我效勞，請你盡量吩咐我好了。」

「好吧！以後我們就像相依為命了，哈……哈……」山本很高興地舉杯喝了許多酒。

「我說，丁先生，有件事現在還是祕密。我告訴你，戰爭若一爆發，軍部馬上就要採取急速工業化臺灣的政策。臺北近郊，還有新竹、基隆、高雄都會被指定為工業地區。你可以趁早去搶購那些地方的地皮，關於這件事，我只告訴你一人而已。」

丁炎聽到這個好消息，認為似乎沒有再多待在東京的必要了。他想，該早些回臺灣去搶購地皮才對。

「我們的密談就到此為止吧！對了，丁先生，我請問你，如果戰爭一起，臺灣島民會有怎樣的反應？根據我的看法，臺灣雖然歸入帝國的版圖已有四十多年，但是，大多數的人還是傾向於支那的。這怎麼了得？我們軍司令部認為，非把支那色彩從臺灣全部消除不可。所以，我們已限定至本月底止，斷行廢止《臺灣新民報》的漢文版。今後我們的方針，是要禁止使用日本語以外的語言。總有一天，我們要向臺灣島民徵兵，所以，從現在開始，就要將臺灣的青年與壯丁日本化起來，使他們習慣於日本的言語風俗。」

「關於這幾點，我提倡得比你還早，所以我認為內地人與臺灣島民的聯婚也應該鼓勵。還有，前幾年總督府解散了被稱為中國國民黨分家的民眾黨，也是採取我的建議的。目前的臺灣地方自治聯盟雖然有名無實，沒有什麼害處，但我想，還是把它解散比較好，非把這些團體全都消滅不可，否則，就很難使臺灣青年協助戰爭。」

「這真是好意見！好意見！軍部的構想也不過如此。想不到民間也有像你這樣的同志，你的建議使我們更有信心。」

丁炎與山本中佐的此次會面，可以說是在肝膽相照中結束的。不過，所得到的收獲，還是丁炎多，因為他已經得悉極重要的情報了。

夏天，炎熱的七月裡，丁炎帶著一家人，還包括祕書、事務員等隨從，由神戶搭上開往基隆的朝日丸輪船。坐在船上的頭等艙，海風很涼快，裡邊還有許多電扇的設備，當然比陸上舒服多了。乘坐在這樣的豪華輪船上，遊覽於有數不盡島岬的瀨戶內海，那是最快樂不過的事了。丁炎的妻子阿雪一心急於要趕回臺北的家，因為她急著要回去收租谷❶及地租。蘭心心裡也很高興，因回到臺北，抽鴉片總比在東京方便些兒。曾經跟蘭心吵過架，臉上被抓破而仍留有傷痕的瓊妹也有她的打算，她想快點回臺灣，好叫丁炎蓋一座尼姑庵讓她住，免得跟阿雪她們住一起很不自在。

過了九州的門司港，船開到五島沖❷時，艙內忽然嘈雜起來了。

「戰爭開始了，北平城外的蘆溝橋，目前正與支那軍激戰中。收音機還廣播說，政府準備當作局部事件來處理。」

「不，不，我相信一定會擴大到宣戰為止，還是這樣好。」

「萬歲！萬歲！」

「只要花兩個月時間，支那四百餘州就可以全部占領過來了，你說這不是很愉快的事嗎？」

站在甲板上的陸軍將校以及新聞記者們，因為戰爭開始了，他們都高興得心花怒放。阿雪因為暈船，所以被瓊妹侍候著倒在房間裡休息。丁炎則忙得不可開交，他在沙龍裡，有人跟他預先邀約，一到臺灣就要請他吃飯，有的人則是為子弟的求職事來請託他，還有一些人是再三拜託他到總督府說好話的，真可以說賓客紛紜。根據祕書黃鴻運估計，丁炎每天在沙龍裡，為應付這些客人所用去的汽水，一天三打都還不夠，十支裝的「皮斯」香煙，買了四十包還不夠招待。

丁炎最喜歡這些客人的逢迎，而且他自己也喜歡跟這些人吹牛皮。

「在東京時，陸軍大臣曾經要我擬定支那大陸對策，我也很忙，我覺得這事對我也是件苦差事。北白川宮家常賞賜點心給我，皇族下賜的點心規定是『落雁』❸，就是像我們臺灣的糕仔那種東西，等一下你到我房間來吧！我送一個給你。」

「丁先生，現在你不但是臺灣第一流人物，而且也已是日本帝國元老。我最近聽總督府的人說，不久你將被封為男爵。真該恭喜你。」

「哦！那只是謠言吧！不過，請你暫時要為我守祕密，假如給新聞記者知道，就麻煩了。」

丁炎整日被阿諛聲包圍著，盡說些虛虛實實的話，但他卻樂此不疲。

蘭心因為沒有人理睬她，從早上起，就不斷地到二等及三等的甲板上散步，因為在這樣的地方，才可以找到利用暑期回臺灣渡假的年輕男學生。蘭心因為最近一再受丁炎的欺侮，所以

---

❶ 租谷：農民向地主繳納的米，為地租的一種。

❷ 五島沖，五島列島，五島市。

❸ 落雁：是日本點心和菓子的一種。取名自近江八景的「堅田的落雁」中的「落雁」一詞。

已變得自暴自棄了。她認為，只有多接近男人，才是向丁炎報復的好辦法。所以，在中午以前，蘭心早已跟一個大學生，熱絡地並肩在二等甲板上散步了。

「我叫黃正雄，是早稻田大學的畢業生，家住臺北的大稻埕，妳是不是頭等艙中丁炎先生的家族？」

「哼！他們那裡還把我當作家族看待？像我這樣的女人，無非是個不幸的籠中鳥而已。今天，我雖然落得這樣，但想當年，我還是個相當走紅的女演員，我是因受他騙，才變得這樣不幸而見不得人。」

「妳是電影明星嗎？」

這個年輕的學生，一聽蘭心說是曾當演員，立刻對她投以憧憬的眼光。

「我以前拍過兩部臺詞影片，也曾在星光劇團演過戲。」

蘭心畢竟還是不敢將歌仔戲搬出來，只得瞎吹自己是電影明星與話劇演員。這女人，由於是演慣了戲，所以，不管撒什麼謊，都可以面不改色地說出來。

「妳真了不起！」

黃正雄感嘆得不知所以，聽她的話又看了一眼，他發現蘭心雖然顯得很疲勞，但眼睛、鼻子、嘴巴都長得很端正，可以想像出過去必是個美人兒。

「我現在有點困難，想求個人幫忙……如果你肯答應跟我商量這件事的話，那麼，請你在今晚十點，到船尾來一下。屆時，我會把詳細情形告訴你。」

「……我一定來。」

蘭心正跟學生約會時，來找她的瓊妹卻躲在船艙入口處，把他們的對話全偷聽下來了。這是蘭心所夢想不到的。

這天晚上，等到十點鐘過了時，丁炎才發覺到整天都看不見蘭心的影子。

「蘭心到那裡去了？瓊妹，妳去找她來。」瓊妹默默笑起來，一動也不動。

「笑什麼？妳快說出來。」

「如果我去叫她，一定會被她打死的。老爺，還是您自己到船尾去看吧。」

船尾是整條船中燈光最少也最黑暗的地方，丁炎過去曾捉姦過蘭心幾次，他一聽到「船尾」兩個字，不需要瓊妹再多加解釋，他就知道蘭心在那兒做些什麼事了。

不久，丁炎叫祕書黃鴻運來，跟他躡手躡足沿著甲板走向船尾去。果然不出所料，靠著船尾的欄杆，有一對男女擁抱在一起。就是遠遠地，從黑暗中也可以看得很清楚。

「喂！你們在那裡做什麼？」

經丁炎大聲一喝，不覺一驚而回頭過來的男女，不是別人，正是蘭心跟一個年輕男人。那個被手電筒照射著的青年面孔，臉上處處留著有東一塊西一塊的口紅痕跡。丁炎用力捉緊蘭心的頭髮，狠狠地打了她幾下耳光。黃鴻運也運用他最得意的柔道手腕，把這個青年抱起來，一不作二不休把他抛出去四公尺遠的地方，這個年輕人經這抛，好像受了傷，跛著手足，跑進船艙裡面去了。

「妳這樣不要臉，告訴妳，一回臺灣，我就要把妳趕出門去。」丁炎氣得連說話的聲音都發抖了。

「想不到你的膽子這麼大，假如你想一毛不拔地趕我出去的話，你就用通姦罪控告我好了。但假如你怕丟臉，而不敢這樣做的話，這樣好了，你拿錢出來，我們離婚，我就走。等老娘真顯出本領時，一定要把你的逃稅、走私的各種勾當，宣布出去讓人人知道。你假使不怕的話，你就盡管欺侮我好了。」

蘭心取出手帕把嘴邊揩一下，然後用手理一下散亂的頭髮，她坦然滿不在乎地跟丁炎攤牌，那樣子就跟歌仔戲閣惜姣❶的態度一模一樣。

「妳這賤貨，總有一天，我要跟妳算帳。」

丁炎氣得臉色都變青了，蘭心則大搖大擺地走向船艙的那邊去了。

七

丁炎回到臺北大稻埕建昌街❷他那豪華住宅來了。這棟紅磚洋房四面都有寬敞走馬樓，室內擺有不少廣東式紫檀及黑檀傢俱。從二樓，到處可以望見淡水河的水光帆影，以及平頂山的青黛山色。

「你在『滿洲』、東京各地旅行期間，楊修業這一派人活動得很厲害。本來，你老早就要被封為男爵的。就是因為他們到總督府去進讒言，家族中有抽鴉片的人，如果將他們列為貴族的話，就有損『華冑之族』的體面，所以，這件事也就被攔下來了。」

他回家後大約兩三天光景，那位每個月向他拿津貼的「臺日新聞社」記者小田久二，跑到大稻埕的建昌街來，向丁炎提供很多情報。他所說的楊修業這個人，也是個臺灣總督府的評議員。楊修業的財產與丁炎比起來，是微不足道的。可是，在中等以下的社會裡，他的徒黨很多，

❶閻惜姣：歌仔戲曲，改編自《水滸傳》中〈宋江怒殺閻婆惜〉的故事，閻惜姣與其他男子私通，最後被忍無可忍的宋江殺死。

❷建昌街：貴德街北段，是臺北最早的洋樓街，日本時代有各國大使館、洋行，亦有一些臺灣富商在此建豪宅。

在市會議員裡面，也有不少他的人在，所以，總督府對他也相當器重。楊修業借題於蘭心的抽鴉片，而故意來打擊他，對這件事丁炎認為必定事出有因。原來，丁炎自己也曾經到處向人宣傳說，楊修業雖然很富有，但其母病重時，卻不送母親進入公立的臺北醫院去診治，而竟把她送到林本源博愛醫院[1]去免費治療。他借著不孝順的罪名來打擊過楊修業。

「楊修業真是畜生。小田先生，你想想看，像我這樣對總督府忠心耿耿，而且經濟上也有貢獻的，總督府還覺得不夠嗎？為什麼還另外培養楊修業這一派人，這不是太辜負我了嗎？」

「這有什麼辦法，大凡歷任的臺灣總督，總是慣以樹立二派以上的均衡勢力，以為他們的統治策略。所謂以夷制夷，就是這個意思。他們對居住臺灣的日本內地人也一樣。關於這些，悶在我肚子裡無法說出來的牢騷，還多著呢！」

丁炎聽他這一說，方才緘默下來，而且，轉換一下話題，與他繼續交談。

「小田先生，其他還有什麼消息沒有？」

「有！有！這件事我想你一定聽到過了。就是本島數一數二的名門陳家爭產問題。陳家的當主陳友三，一向都住在厦門的鼓浪嶼，去年，他死了。之後，醞釀已久的遺族的爭產問題到最近才明顯地爆發出來了。」

「這一定是我不在臺灣的時候，楊修業等人故意去搬弄是非的。」

「一點也沒錯。陳先生在世時，他的太太與少爺都先他而死了。所以，在他死後，只有一個厦門人的姨太太叫林玉梅，算是他唯一的遺族，這份遺產當然該由玉梅承繼才對。但誰知道陳家家族卻先提出異議，凍結了財產。最近又有楊修業這傢伙竟把陳友三的異母弟仁德抬出來，教他提出異議。」

「什麼？果真這樣，玉梅這邊只要循法律來抗爭，不就行了嗎？」

「這是必然的，所以，現在雙方都請了律師準備訴訟。可是，總督府卻認為，本島名門家醜外揚的話，對一般島民的統治上必會有不良影響，所以，也就出面來調停。他們的調停方法，就是成立一個有臺灣銀行代表參加的親族會議，以此來決定財產的分配。因為陳家各房都曾向臺灣銀行借了很多款，假如他們不服從這個調停的話，銀行就要收回所放的款。」

「我知道，這一定是楊修業所策動的。」

「不錯，正是這樣，最初，親族會議幾乎決定將財產分為兩份，一份由仁德承繼，另一份由玉梅取得。但是，後來楊修業使出陰謀，故意叫仁德這邊提出許多玉梅的不貞資料，而且還有證人出席會議證明。因此，情勢就變得不利於玉梅了。他們竟決定將全部財產由仁德承繼，而

---

❶ 林本源博愛醫院：「林本源」家族族長林熊徵捐款於一九〇九年成立的醫療機構，普及醫療並提供多項獎學金以支持學術研究。林聰明在京都大學的研究經費便由林熊徵提供。一九七二年時因道路拓寬而拆除。

玉梅只能按月拿點贍養費而已。當然，玉梅對這決定是不服氣的，但她是厦門人，在臺灣無親無戚，又有什麼辦法？」

「什麼？有不貞的證人？這種證人還不是花幾個錢就可製造？楊修業這傢伙，用這種卑鄙手段向仁德賣弄人情，這一定是以後還想謀取陳家財產。」

丁炎簡直氣得怒髮衝冠。

「大體上確是這樣。社會上許多人正在傳說著，說楊修業與陳仁德要把陳友三的財產平分。但據我看，楊修業所得到的好處恐怕不止這些而已。聽說，他現在還要來當陳仁德的管家，以便管理及運用陳仁德的全部財產。陳仁德這個人，平常除了上酒家及跳舞外，做任何事都沒有能力。這樣一來，他的所有財產，一定任由楊修業怎樣去左右都可以了。當然，那些參加會議的親族們，必定每個人也都有一點好處才來幫忙陳仁德的。」

「不錯，他們所得到的好處是太多了。」

在過去，丁炎也曾干涉過中南部一些舊家的遺產問題，像這種爭產調停，如果成功，他每次起碼都可得到百分之二的謝禮，同時，還得到許多遺族們贈送的書畫古董等紀念品。不過，他從未碰到過像楊修業這次這樣能全權處理人家全部財產的機會。即使楊修業今天並非他的政敵，他對這點還是照樣會嫉妒的。

「現在我想走了，等下次我再為你帶點情報來。丁先生，聽說你一回臺灣，就開始搶購高雄及基隆的地皮，是不是？我們的消息特別靈通，早已知道了。」

小田記者起身告辭，但臨走前，他又回轉頭來，跟丁炎說了幾句話。

「哦！我幾乎忘了告訴你，聽說楊修業太太的姪兒黃正雄，曾在朝日丸輪船上，跟你的祕書黃鴻運打過架，並且還受了傷，他們對這件事是很懷恨的。」

丁炎這才恍然大悟，原來那天晚上，在朝日丸船上與蘭心幽會，而被黃鴻運打過的青年學生，是楊修業的親戚，他想，這真叫「冤家路窄」。

第二天，丁炎一早就在建昌街的住宅隔壁，自己開的炎記土地建物會社社長室辦公，處理土地搶購的事宜。但他心裡為楊修業的事氣憤著。昨天，小田久三回去之後，他經過再三考慮，認為非打破楊修業獨自包圍陳仁德的局勢不可。雖然他是遲了一步出面，但他一定要想辦法籠絡陳仁德，而使自己也能加入這個紛爭中混水摸魚才對。所以，昨天他連忙把從「滿洲國」買回來的西裝料，東京的虎屋羊羹，以及淺草海苔當作禮物叫人送到陳家去了。可是陳仁德到現在還沒來看他，他想，這一定又是楊修業在控制著陳仁德的。這樣一想，丁炎的怒氣就更沸騰了。

正在此時，女工友來通報有客來訪。

「有一位太太來，她說是陳友三的家族，叫林玉梅，您見不見她？」

「請她進來好了。」

這位女客的來訪，對丁炎來說，是非常意外的一件事。他想，既然陳仁德的這條路打不通，不妨見見林玉梅，打聽一下爭產的內幕也好。丁炎過去跟臺灣名門陳家兄弟也有相當交際，但陳友三到廈門去以後所娶的姨太太玉梅，他卻從未見過。

「我是陳友三的家裡人林玉梅，請多指教。今天因為有一點事情想拜託你，所以才突然冒昧來訪。」

進來社長室與丁炎對坐的玉梅，因為是名門眷屬，所以，雖是姨太太，但面對自命為臺灣第一流人物的丁炎，一點也不畏縮，且堂堂與他相見。

「初次領教，很榮幸。我因為前些時在『滿洲』、東京等地旅行，所以，太太由廈門回來，我也未能去拜訪，真失禮。我跟妳已故的先生是好朋友。」

丁炎很有禮貌地回答她。白手成家的丁炎，今天跟陳家這樣在臺灣極少數的名門的人見面，他總是覺得有點不自在。陳家的人們，雖然今天的財力勢力都比他低，但他一見到他們還是有點自慚形穢的感覺。

玉梅叫陪她來的那位女佣似的女郎打開皮包，取出許多文件擺在丁炎面前。

「今天突然來請教你，真對不起，我相信你已知道我的正當權利正受到侵害。」

講了幾句話後，玉梅就把陳仁德跟楊修業謀取她財產的經過，詳細地告訴丁炎。她懇求丁炎，帶她去看總督夫人，或者是民政長官夫人，因為她決定向她們訴願。

本來，對此事丁炎雖然晚了一步，但他還是想加入陣容較大的陳仁德那邊，所以，他根本無意為玉梅幫忙。不過，經過了一段長久時間的談話後，丁炎竟逐漸被這個女人的美麗姿色吸引住了。皮膚潔白，體態苗條的這位三十歲女人，因為她正在喪制中，所以，身上所穿的是較素色的衣服，但其華貴是臺北街上所無法看到的，那合身的高衩旗袍一看就可知是在上海訂製的。她戴著翡翠耳墜，藍寶石戒指，顯得非常高雅。不，就連玉梅所帶在身邊的那廈門人女佣，也都足以使丁炎注目。

丁炎心想——楊修業這傢伙，想管理陳家的財產，好！那我也想把陳家這個女人……不，假如能為這個女人爭些財產的話，那我不是人財兩得了嗎？——像他這樣遇事精明的人，今天突然向著絕對沒有可能取勝的玉梅身上打主意，那簡直可以說是慾令智昏了。要知道總督夫人是絕對不會見姨太太之流的。所以，丁炎想，這件事總得另外想辦法。

「太太，對於這個已滲雜有官方代表的親族會議，我們若想把它推翻，恐怕是很難的。不過，既然受你付託，當然是義不容辭的。這件事請讓我考慮一下吧！」

丁炎的答覆是滿腹熱誠的，所以，原來愁眉不展的玉梅，這時也露出笑容了。丁炎在一旁見她笑，心中不禁一怔。他想，世界上常有一些相似的人，沒想到面前這個女人竟如此像宮田洋子。那黑眸子如此明亮，只要一笑，犬齒也會露出來，雖然兩頰沒有什麼特徵，但唇邊也有一顆明顯的黑痣。這女人，簡直可以說是宮田洋子的分身。總之，兩個人是非常相像的。丁炎內心的渴望，現在又鼓動起來了。

「太太，我一定會為妳盡力的，妳現在住什麼地方？」

「我目前暫時借住在臺北車站前的鐵道大飯店❶，楊修業曾放出偵探，所以，我的一舉一動都受他的監視。有何指教，請隨時和我聯絡。」玉梅站起來說：「非常感謝你的幫忙，我現在就告辭了。」

玉梅對丁炎所表示的態度非常滿意，於是她起身告辭。

「太太，還有一件事須告訴妳，現在臺北街上，有軍部跟右翼團體操縱的本島人流氓，每天故意製造事端侮辱華僑。昨天有一位華僑婦女，走在路上時，有人用剪刀將她的旗袍剪破。妳不會說日本話，身上又穿著『上海服』，所以，妳出外時，一定要坐汽車，坐人力車是危險的。如果發生什麼緊急事，可以馬上打電話跟我聯絡，我一定幫忙。」

丁炎此刻彷彿已經以這個女人的護花使者自居了。

而現在，玉梅也把名門貴婦的架子丟開了，她以溫柔的口氣跟丁炎講話，這使得丁炎的心頭，不覺又泛起了滾滾浪潮。

玉梅坐上丁炎叫來的的士，從建昌街出了六館街❷，然後到達太平町的大路時，她看見路旁兩邊，以紅磚建築的二樓房屋亭仔腳裡面，有本島人的流氓正在打人，也有一些日本小孩，叫著「清國奴！清國奴！」來侮辱華僑。街上許多婦女正在示威遊行，她們手上拿著旗子，寫著

「征伐暴戾支那」、「膺懲英米依存的支那」等字樣。當然，這些都是官製的示威遊行。這些婦女們，肩上都披一條白布，寫著「愛國婦人會」❸，也有一些是日本內地人，也有本島人，她們都異口同聲地高喊「萬歲！萬歲！」高喊聲彷彿使得整個城市都要動搖起來。

汽車開到北門了，清光緒六年所建造的這個城門，是屬於一個境界。城門以南，是日本人住的城內，城門以北是本島人跟華僑住的大稻埕。所以，向北，是用砂包高疊成一座矮牆，牆內站有手持刀槍的衛兵，砂包牆內機關槍的槍口當然是向北的。因為跟中國的戰爭已開始了，日本人深怕臺灣住民萬一會有暴動事件發生，所以，才做這樣可怕的防備措施。一年以前，有一位中國國民黨黨員蔡淑悔❹，組織了祕密結社，叫做「臺灣眾友社」❺，企圖伺機暴動。雖然後來

---

❶鐵道大飯店：指的是臺灣鐵道飯店，為臺灣第一座也是當時唯一一座西式旅館，在一九四五年臺北大空襲中遭炸毀。原址在目前臺北車站對面的新光三越百貨及亞洲廣場大樓一帶。

❷六館街：清領時期劉銘傳在大稻埕建設的街道，以繁華聞名，「六館」一說為此街上有六間茶行，另一說為林家在此蓋了六間行館。為現在的南京西路的一部分。

❸愛國婦人會：日本的婦人團體，協助照顧受傷軍人與遺族。

❹蔡淑悔：赴北京求學，回臺後加入眾友會，積極推動武裝行動。

❺臺灣眾友社：又稱眾友會，成立於臺中清水的抗日組織，一九三四年起義失敗，牽連被捕者達四百多人。

沒有成功，而被日本人取締了，但是日本官方為了這件事也傷透了腦筋。

玉梅從的士的車窗，目睹街上這樣恐怖的情況，又想起剛才丁炎對她的警告，一路上不覺都提心吊膽的。不久，車子到了以紅磚建造的後期文藝復興式樣洋樓的門口，這就是以豪華著稱的官營鐵道大飯店。玉梅身後跟隨著那年輕女佣，她們好像避免人家的注目似地，很快地消失在飯店的大門內了。

玉梅回去後，丁炎便一個人坐在那兒胡思亂想，設想著該用什麼方法向這位貴婦進攻，他想了好半天，終於有了主意了。他以為，要使一個女人就範，最好的祕訣，就是製造只容許兩人知道的祕密——這就是多年來，丁炎占有許多女孩子及有夫之婦的珍貴結論。不過，若要下手進攻，就得先了解一下玉梅最近的處境，但到底該派誰去調查好呢？丁炎深深思慮著。

八

「社長，你回來了，我從報上得知你回臺灣來，所以，今天特來向你請安。我看你的氣色越來越好，有空時，歡迎你到我們的溫泉旅館來玩！」

有一天，一個日本女人出現在丁炎家裡！她正高聲與社長寒暄，這位打破社長室寂靜空氣的女人，也就是丁炎常去的北投第一流旅館——八藤園的女老板阿輕。阿輕是個五十多歲彌勒佛一樣肥胖的女人，她穿著盛裝的和服來向顧客請安。由於天氣很熱，所以，她滿身是汗，看來，對於她，光用一部電扇是不夠的，因為她手裡還不斷地搖著扇子。

「過幾天我會去妳那裡的，這次我從『滿洲』帶了點土產回來，準備送給妳，到時候我會帶去的。」

「像我們這樣沒有用的人，承蒙社長看得起，實在不敢當。」

一般來講，像阿輕這樣住在臺灣的日本人，大都是瞧不起本島人的。他們背後叫本島人是「支那人」、「清國奴」或「力仔」，非常輕視。無論公司的職員也好，工友也好，本島人的薪俸，總是比日本內地人要少三分之一，有些地方只能拿到一半待遇而已。所以，本島人被列於劣等地位，可以說，這已等於是制度化了。阿輕也只有對丁炎這樣有錢的本島人才肯低聲下氣地禮貌對待，而且還時時怕奉承不周呢！

丁炎認為阿輕的來訪是很湊巧的，因為這使他想起了何不利用阿輕來調查一下玉梅的一切情況呢！

「阿輕，我有一件事要特別拜託妳，不過，這件事得絕對保密，妳肯不肯幫我忙？如果妳肯幫忙的話，我一定會重重地賞妳。」

「哈……又是女人的事，是不是？社長，請你放一百個心吧！你知道我這個阿輕，對你一向是最忠實的，對你的任何事都很守祕密。即使要我受火烤嚴刑或舌頭要被割掉，我也絕不會透露半點的。」

以前，曾經替丁炎拉過藝伎及酒女皮條的阿輕，不須丁炎多言，她就能料到丁炎要說的是什麼事了。她的臉上露出了猥褻的笑容。

「阿輕，這件事我是很正經的，我告訴妳……」

丁炎以低微的聲音，把陳家爭產的概要向阿輕說明。他並且告訴阿輕，為了要查明已故的陳友三姨太太玉梅的近況，不得不請她幫忙。阿輕對於臺灣名門的陳家內幕，也是極清楚的。

「哦！就是那個擁有很多姨太太的陳家嗎？他們一家人，我大體上是認識的。本島的有錢人家庭裡，我奇怪為何姨太太都那麼多？差不多他們的正妻我都沒見過。」

「這是當然的道理嘛！因為太太只能有一個，而姨太太卻可以陸續討進門來。所以，姨太太當然會多了。而且大太太年紀大，必定會先死，所以，留下來的當然都是姨太太。這有什麼稀奇？妳不要多管這些閒事了，妳得先聽清楚我要說的話。我問妳，鐵道大飯店的侍者裡面，妳有沒有熟識的人？」

丁炎又一次把聲音放低，鄭重地拜託阿輕趕快將現在住在鐵道大飯店的林玉梅的近況，仔細為他調查出來。

「哈……社長，我猜的沒錯吧？果然是女人的事情嘛！我們不是外人，就因為是你吩咐的，所以，要我赴湯蹈火，我也是在所不辭的。好吧！我馬上就去替你調查。」

阿輕認為，這正是剝削丁炎的好機會，她心裡非常高興，把那肥胖得連移動一下都不方便的身體，搖擺著出去了。

當黃昏剛來臨時，阿輕早已把從大飯店的侍者那兒得來情報送來了。據她說，玉梅住在鐵道飯店已經三個月了。最初一個月的費用是以現款支付的，從第二個月起，房間以及餐廳的所有開支就用掛賬的了。由於沒有現款在手邊，所以，她把戒指、耳環都拿出去賣掉，而以這些錢來作為零用。不過，這個女人是非常闊氣的，給侍者的小費都很多，且對於來訪她的陳家各房的女客或小孩，她都請他們在大飯店的餐廳吃飯。對於小孩子，也給他們很多的錢以為見面禮，她也常買些糖果、玩具給孩子們。由於她出手很闊，所以，她所賣出去的寶石以及貴重金銀飾品，也已經到達極大的數目了。

「妳調查得真周到，我對妳會另外有賞。這些只是給妳的車費而已。」

丁炎拿出十張嶄新的百元鈔給阿輕。

「社長，你這樣做未免見外了。」

雖然嘴巴裡這樣說，但是，阿輕還是將錢接了過來，徐徐地塞進和服的腰帶裡去了。

「我還有件事情要拜託妳，請妳明天早一點到鐵道飯店去，把玉梅所欠的賬全部付清，錢我已準備好。對了，妳去時還得吩咐大飯店的人，叫他們以後玉梅的賬都到妳那裡去清，這筆賬全歸我付。不過，妳絕不能吐露出我的名字。如果大飯店的人問起，就說是陳家的一位朋友替她付的。」

「我知道了，社長！你對她真太痴情了。」

阿輕對丁炎這樣豪闊，不覺吃了一驚。丁炎對自己的家族也不會這樣闊的。尤其對於本島人，他更是分文不苟。但對日本人，他花錢卻是絲毫不足惜的。除此之外，他對蓋廟宇這些欺世盜名的事情，也是肯花錢的。看來，在女人身上，他是最捨得花錢的。

次日下午，阿輕又連忙來告訴丁炎，鐵道大飯店的款已全部付清了。趁此機會，丁炎也就到鐵道飯店去了。

為了欺人耳目，他故意帶瓊妹一起去，兩人先在餐廳吃點冰淇淋及紅茶。然後騙瓊妹說，要去看一位日本人，叫她暫時坐在二樓的大廳裡等。他便一個人跑到玉梅的房間去，用手輕輕地敲了幾下門。

「歡迎你來，請進來吧！」

由於玉梅對丁炎有所期待，因此對他的來訪表示很高興，她以微笑來迎接他。丁炎彷彿感覺到自己又恢復到十七、八歲的少年時代一樣，全身的血液都沸騰起來了。

「太太，妳的所有開支，我都為妳付清了。這雖然是很不禮貌的事，但請不要介意。以後妳的所有費用，我照樣要為妳付的。這件事我沒有吐露姓名，是叫別人經手去付的，不會有人知道，請妳放心好了。」

丁炎認為他這樣做，就已經造成了他與玉梅之間的一個僅容二人知道的祕密了。丁炎不禁為得勝而興奮不已。

「丁先生，你為什麼要這樣做呢？這一來教我怎麼辦好呢？……本來，我想把寶石賣些來支付的，請你千萬不要這樣做。」

目前，這位貴婦是以變賣首飾維生，已經面臨日暮途窮的命運了。雖然她口頭上說是千萬不可，但最後還是接受了丁炎迫她接受的好意。

「這樣未免累贅了你，使我很不安……對了，有關我先生的遺產問題，你是不是能幫我忙？」

「付款的事是微不足道的，請不必介意。另外關於妳的遺產繼承問題，我已經研究過了。對方是仗著總督府與臺灣銀行的力量來壓迫妳的。我想，在這種情形之下，我們這邊應借重軍部的力量來制壓臺灣銀行，我想，只有這個辦法了，不知妳的意思怎樣？」

「我一個人在臺灣，人地生疏，就請你給我作主好了。」

玉梅是初來臺灣的，所以，她只得將一切委任丁炎。

就在這個時候，那個年輕的厦門女佣，帶進來了好幾個小孩子。房間裡立刻就像蜂巢一般的嘈雜起來。

「姨奶，買一個洋娃娃給我好不好？」

「姨奶，我要手槍。」

「姨奶，妳帶我們去吃冰淇淋，好不好？」

玉梅看看孩子們，溫和地說：「都是好孩子，別吵。你們所要的東西我都會買給你們的。好，現在我們先去吃點冰淇淋吧！」

看來，這些好像都是陳家的小孩子。丁炎本想多坐一會兒的，但是，孩子們那麼吵，沒辦法說話，所以，他只得告辭回去。

丁炎離開後，玉梅馬上就帶孩子們到樓下餐廳去，招待他們吃冰淇淋及冷咖啡，然後，又拿了些錢叫侍者去買玩具。

「我最喜歡姨奶啦，如果我是姨奶的兒子該多好。」

「我也最愛姨奶，假如能讓我跟姨奶住在這大飯店裡的話，我不知會多開心呢！」

在大人的世界裡面，玉梅除了相信現在跟隨在她身邊的女佣一人外，任何人對她來說，都是須先暗箭相防的。但是跟這些天真的孩子們在一起時，她能夠毫無顧忌談笑，所以，她心中特別喜愛孩子們。

像陳家這樣，連日本人也以對待貴族的眼光來看的名門舊家，生長於這種家庭的小孩，他們並不如世人所想像的那麼幸福。在這個多妻主義的富有家庭裡，所有的女人都在為爭取丈夫的寵愛，也為了圖謀取得家中有利地位等，不分晝夜地勾心鬥角。所以，在她們心中，根本就騰不出一點餘地來付出慈愛給孩子們。而那些純真的孩子們，也會因受了母親的影響，在心理上，容易逐漸旋入大家庭派系鬥爭的漩渦中去。生活在這種大家庭裡的人們，彼此之間的關係是非常冷酷的，絲毫沒有人情味。他們為了顯耀舊家的格式，每一個孩子從小都附有一個保母及家庭教師，這些小孩子每天從起床直到晚上休息為止，每一分鐘都受著別人的干涉與監視，所以處在這種家庭裡的孩子們，可以說，自幼年時起，就彷彿是被關在精神上的牢獄裡一般不幸。

有時候，從樓上的窗口，俯視小戶人家的孩子們，在馬路上自由自在歡天喜地地玩耍，他們常不斷投以羨慕的眼光，而獨自暗暗嘆息著。出生在這種家庭的小孩，既拿不到零用錢，也得不到玩具，而所代替這些的是，每天安排好的刻板而枯燥的節目表，例如，什麼時候念日文，什麼時候念漢文，什麼時候習字，他們所接受的是填鴨式的教育。這些一向缺乏家庭溫暖的小孩子們，最近，偶爾得到父母的許可，到大飯店來訪問玉梅，這對他們來說，猶如在沙漠中忽遇綠州一樣的快樂。在他們心目中看來，這位溫柔美麗而又闊氣的姨奶，有如天使和女神。的確，孩子們是如此喜愛著玉梅的。

第一天，以至於以後的許多日子，丁炎總是為了掩人耳目，便經常借一些事情偷偷地到大飯店訪問玉梅。每一次他來，玉梅總是落落大方地接待他。所以，丁炎心中雖急，但他也深知對玉梅，他不能像以前對待歌仔戲的花旦蘭心一樣，輕易地動手動腳。他只能暗自在心中，對玉梅那烏黑的秀髮以及潔白的肌膚垂涎不已罷了。他想，一切只好慢慢來了，不知為什麼，丁炎對這貴婦似乎時時存著一份自卑感。

不料，有一天北投八藤園的女老板阿輕又來拜訪丁炎，提供了一些不大可靠的情報給他，以示效忠，並勸丁炎幹些黑暗勾當。這一下，使得本來對玉梅不敢胡為亂來的丁炎，竟然也受了她的煽動，而開始設想一個異想天開的陰謀了。

「社長，據大飯店的侍者說，那位漂亮太太那兒，常有年輕的男人出入，其中，有本島人律師，有陳家下一輩的年輕人，另外還有一些年輕的小白臉。老爺，你對她已經花去那麼多錢了，如果就此功虧一簣，豈不是太不值得了嗎？」

阿輕以滿臉猥褻的笑容，結束她的話。

「那麼，依妳看，我該怎麼辦好呢？」

丁炎一聽見年輕的小白臉，心裡就像被刺了一針似地焦急起來。

「社長，您要知道，凡事以先下手為強，您就利用我旅館的別館好了。只要你把那位漂亮太太騙到那邊，好事不就成了嗎？」

「那不行，這一來，她就會看不起我，我必須忍耐地等下去。」

丁炎對玉梅懷有強烈的自卑感，同時，他對她又一往情深地愛著。所以，他自知對她不易做出禽獸似的行為。

「人家是一片好意來勸您的，您還生氣。算了！我也沒辦法，等著年輕的小白臉跟她睡了以後，再來和我商量，那時就已經太遲了。」

「好吧！那今天晚上我就借用妳的別館，一切由妳去佈置安排吧！」阿輕再三地煽動丁炎，使他終於接受下這個計策。

等阿輕回去後，丁炎立刻迫不及待地到鐵道飯店去會玉梅，他說盡許許多多的話，蓄意誘騙她到北投的八藤園去。

「陳太太，我費了很大的力氣，好不容易才把臺灣軍司令部拉到我們這邊來的。換句話說，軍部現在已答應來壓制陳仁德及親族會議的不當，使他們將遺產分一半給妳。不過，軍部對這件事附有一個條件，就是妳繼承遺產之後，必須獻出五架飛機。關於這件事，非要妳親自跟軍部的負責人當面談談不可。現在，軍司令部的甲斐大佐夫婦正在北投的八藤園旅館靜養中。今天晚上，一定要妳自己到那個地方，親自向他們表明妳的態度。我會在那裡等妳，並為妳翻譯，所以，妳盡可以放心來的。等一下我會派八藤園的女老板到這兒來接妳，她是個像彌勒佛一樣胖的日本女人，妳只要一看見她就可以認出來。今晚妳一定要來的，因為除了這條路外，妳再也沒有別的機會能爭到遺產了。」

當然，丁炎的話，一半是真，一半是假，關於他曾拜託軍部來干涉陳家的爭產問題，那是真的。但說到甲斐大佐夫婦在北投等玉梅會面的事，不用說，那是騙人的。

玉梅雖然不能徹底了解丁炎話裡的內容。不過，她知道今晚要去北投會見一個軍部的要人，若是請託他的話，那麼，遺產爭奪對她必定是有利的。

「不過，丁先生，要我在晚上去那種地方，那是絕對不行的，我想，我白天再去好了。」

玉梅心想，在夜晚時分，到北投去訪問陌生人，即使是多有利的事，也是萬萬去不得的。

「要等白天才去，那是不行的。陳太太，妳要知道，這是一次祕密交易，怎麼能在白天堂堂地談呢？因為除此之外，我再也想不出其他方法了。去不去，由妳自己決定好了。」

經過心懷計謀有所期待的丁炎這樣一說，躊躇的玉梅，只得勉強答應去北投。不過，她心中是恐懼不安的。

九

晚上，約七點鐘左右，玉梅與來迎接她的八藤園女老板阿輕，坐上一輛的士，向著北投方向駛去。車子離開鐵道飯店時，她感覺好像後面還有一部車子跟著她們，她預測這一定是楊修業與陳仁德他們所放出來的偵探。所以，坐在車中，她的心忍不住幾次不寒而慄。

臺北站前，以至臺北市役所前面的廣場，為了歡送出征的軍人，到處人群嘈雜著，在臺灣的日本青年，因為接到召集令而陸續被送到前線去了。「萬歲！萬歲！」的歡呼聲不絕於耳，幾乎要震破整個宇宙似地。出征者的妻子們，手裡都拿著一塊白布站在路旁，向過路的行人行禮，並請他們為她縫一針，這就是所謂「千人針」。根據日本人的迷信，認為把這塊「千人針」的布綁在身上的話，子彈就穿不過去。街道處處醞釀著可怕的戰爭氣氛。玉梅是廈門人，現在為了爭產問題，而天涯孤獨地來到臺灣，當然，她對目前日本人正在向中國進行著的戰爭，感到非常恐怖，她感覺到自己似乎也是他們殘殺的對象，這意念使她恐懼得全身打著冷顫。

「太太，妳怎麼了。是不是人不舒服？吃點仁丹❶好不好？」

❶仁丹：是日本森下仁丹公司販賣的一種成藥，可用來緩解搭車造成的暈眩，歷史悠久並廣為人知。

玉梅由於過度緊張，臉上都變青了。所以，跟她並肩坐著的阿輕，也感到她有些不對。然而，玉梅聽不懂阿輕講的日本話是說些什麼，只好以寂寞的微笑來回答她。玉梅的美艷，使得身為女人的阿輕，也忍不住瞪大眼睛來看她。她心想，像玉梅這樣高貴又漂亮的女人，當然是會使社長如此鍾情的。玉梅今晚穿的是赴宴的黑色旗袍，所以，看來比平日嫵媚。阿輕對她的珍珠耳環，玉的腕鐲，大的鑽石戒指，讚羡不已。阿輕不止一次低頭注視著玉梅腳上那雙繡花黑緞鞋，看得人都入神了。

車子逐漸駛離臺北市區了，經過有竹林及紅磚建造底農家的士林，還經過唭哩岸的黑暗道路，然後，從新北投車站前，彎到左邊的烏黑山道去了。一會兒，車子就到達了相思樹成林的八藤園旅館門前。這是一家純日本式的幽靜旅館。

「陳太太，我來帶路，請跟我從這邊走。」

身體肥胖的阿輕，好不容易才擠出汽車來。旅館的玄關，有穿和服的日本女侍們跪在地上，雙手也壓在地上，連頭也埋在榻榻米上，以跪拜的姿勢來迎接這位貴婦。阿輕把玉梅帶到黑滲滲的花園裡的別館時，玉梅不禁一驚，胸口也怦跳著，感到極度的不安。

「請到這邊來。」

玉梅被帶去一間鋪有榻榻米的華麗房間，這房間的設備很齊全。裡邊有浴室連寢室，丁炎正坐在房外走廊的藤椅上。看來，他似乎已等待得很不耐煩的樣子，至於丁炎所說的甲斐大佐夫婦，卻連一點影子都沒有。

「我要回去！」

玉梅的臉色一變，很快地穿上鞋子，頭也不敢回地，就衝向玄關那邊去了。

「太太，請妳等一下，甲斐大佐夫婦，一會兒就到。」

「太太，不要忙，請稍等一下。」

丁炎和阿輕立刻從後面叫住玉梅，但已來不及了。玉梅幾乎緊張得忘了一切，只飛也似地跑出八藤園的大門去了。

但當她剛跑出八藤園時，忽然間，從晚上烏黑的大樹底下，跳出了一個年輕男人，使她連喊叫一聲的工夫都沒有，就將她擁抱起來。而在這一剎那間，旁邊的鎂光燈突然一閃，兩人似乎已被人拍了一張照片。她剛覺得鎂光燈一閃時，那抱住她的青年已放鬆她了。此時，她才發現，那青年以及拍照的人，已很快地逃向山下去了，人影也早已消失在黑暗中。

玉梅為這意外事怔住了，她驚訝得幾乎要暈倒時，阿輕正好帶來一位能說臺灣話的下女走近她。不過，她們並不知道剛才所發生的事。

「太太，假如妳真的一定要回去的話，那麼我來叫車子送妳。」

阿輕一看好事難成，只好叫一部旅館特約的汽車，準備送她回鐵道飯店。在車子裡，玉梅一路上氣憤填膺。她心想，明天一定要賣掉一個戒指，弄一筆錢，還給假慈悲的丁炎才是。一直回到大飯店後，玉梅的憤怒情緒才慢慢緩和下來。胸口的悸驚也漸漸鬆止。此時，她心中才又恢復了平靜。心裡一靜下來，才記起了剛才被惡漢擁抱又被拍了照片的事，不覺又一驚。她知道，這一切是楊修業、陳仁德等人，蓄意陷害她的陰謀。

次日早晨，報紙的社會版上，刊載本島名門陳家爭產的情形。根據報紙的記載說，陳家的親族會議，對於玉梅不檢點的行為，表示非常不滿。同時，還附登了一個玉梅與年輕男子擁抱的熱絡鏡頭，作為她淫蕩的證據。這鏡頭，一看就知道是在八藤園門前被拍的那一張照片。報紙的這段記事，當然是楊修業收買了記者，而導演出來的一齣把戲。

第三天早晨，飯店裡的僕歐[1]，在玉梅的房間裡，驚異地發現，玉梅冷冰冰的屍體已躺在彈簧床上。無可諱言的，玉梅的財產已全部被人剝奪了，不僅如此，還無緣無故地被人家加上淫亂的罪名，她所受的打擊真是太大了。而且，她一個人在臺灣，除了那位年輕的女佣外，所接觸的人，大多數都想吸她的血，蝕她的骨，猶如豺狼暴虎一般。事情演變到這個地步，使這個纖弱的女子再也沒有活下去的勇氣了，她是服下了多量的安眠藥自殺的。

這天早晨，只有那個從厦門帶來的年輕女佣，不顧一切地放聲大哭。在房間裡的桌上擺著一封遺書，是玉梅寫給郭成律師夫婦的。信雖然寫得很簡短，但是，已把她的唯一心願，很扼要地寫在上面了。

「付清了欠款後，所留下來的現款，連同我所帶來的東西，統統贈與女佣林素貞。目前正逢戰時，這個女孩是沒有辦法回廈門的，我希望郭先生夫婦能同情她的處境，並且同意做她的監護人，她是個無家可歸的女孩子，無論如何，請郭先生收留她。等將來，如有適當機會，再把她嫁出去。我想，我所留給她的錢和東西，已足夠她生活幾年。」

陳仁德由於爭產的眼中釘林玉梅已死了，所以，他也就樂得拿出一筆數目龐大的錢，為玉梅辦理喪事。同時，他也採納了楊修業的忠告，特別選在稻江會館❷，以日本式的儀禮來辦這個葬禮。他還從西本願寺別院，請了日本和尚來讀經。在戰時中，總督府是不喜歡人們採用臺灣傳統的中國式葬儀的。

這個別開生面的葬儀，在大稻埕，掀起了一股熱潮，引得許多人的注目。不管什麼人，都想到稻江會館門前來看熱鬧。蘭心也邀了瓊妹，兩人同乘一輛家中的自用的人力車一起去看。大稻埕，房子都是以紅磚建造的有亭仔腳的二樓店舖。這裡才是道道地地的本島人城市，與世界各國通商貿易的大茶行，櫛比在街道兩旁，任何一個角落裡，到處都洋溢著「包種茶」的茉莉芳香。世界上，那兒有比這個更香的城市呢？自從戰爭爆發後，世界各國都在抵制日本殖民地出

❶僕歐：西方人稱酒館及旅館中的侍者為僕歐，為英語 boy 的音譯。
❷稻江會館：早期大稻埕缺乏集會場所，民眾會占用亭仔腳和道路舉辦活動，於是地方仕紳陳天來、郭廷俊、許智貴等人募款建設集會所，一九三三年成立，即為稻江會館，往後此地區的婚喪喜慶等重大活動多在稻江會館舉行。

產的茶葉。然而，大稻埕的茉莉芳香並沒有完全被消滅，蘭心跟瓊妹所乘的人力車，走在這條飄著芬芳的街道，越過太平町，她們到達了稻江會館。

一張放大的玉梅遺照，隱藏在無數鮮花與糕餅間，照片上以黑帶繫著花結。兩根白色蠟燭的火光，好像在傷心流淚地搖晃著。香煙裊裊，彷彿正象徵著她心中的怨恨與苦痛，曲曲折折地冉冉上升。

「果真是個美人兒！」

瓊妹仔細地看了玉梅照片，對她的美貌驚羨不已。

「唉！這大概就是紅顏薄命吧！好在我們老爺，並沒有碰上這個女人。」

玉梅的姿色，也使得蘭心甘拜下風了。她並不知道，丁炎與玉梅之間已有過幾次來往。

擁到稻江會館來看熱鬧的群眾裡面，夾雜著不少本島的年輕記者們，他們彼此間，以低低的聲音，對名門陳家加以種種的批評。

「穿著燕尾服，並排在那兒的人，也就是陳家各房的老爺們，全都是傻傻的。其中有的是色情狂，有的抽鴉片，他們的財產大多數被管家們從中貪污了。我看將來他們都會變成叫化子。」

「看他們的臉，就知道個個都是呆頭呆腦的。」

「不，話也不能這樣肯定地下斷論，他們雖傻，但也有人會說法語及英語，還有人能以漢文著書，學問倒是有的。」

「像這些舊家的人，他們的一切是我們局外人所無法了解的。你說他傻，但他卻有學問。換句話說，普通人都會做的事，他們都不會做，而普通人都不會的事，他們卻都會。」

「還不止這樣，我告訴你，那些名門舊家的人們，他們彼此之間，經年都在勾心鬥角。在這種環境中成長的人，都是冷酷而缺乏人情味的，比窮人現實多了，這就是他們的最大缺點。我曾聽見一位教會的牧師批評他們說，這些人不知道有神，也不懂得有愛。」

蘭心與瓊妹，雖然不十分了解記者們這麼深奧的談話內容，但她們也多少懂得這些人在批評陳家的人都是傻瓜，都是冷心腸的人，也全是怪人。

蘭心牽著瓊妹的手，走向遺族們坐的地方附近去，兩人仔細地觀察陳家家族們的表情，她們很驚奇地發現，不管是男的或是女的，看不出有一個顯露悲傷，連站在路旁看熱鬧的人們，都很同情玉梅不幸死於非命。然而，陳家人卻沒有一個人掉下一滴淚。不僅如此，同時還可以看見他們在那兒彼此低聲談笑著，彷彿把這個葬儀視為是社交場面一般。

「真是太不像話了，家裡逢到喪事時，就是在我們鄉下，家族們也會表露出一點悲哀的，絕不會像他們這個樣子。」

連土頭土腦的瓊妹，都對陳家人的漠然態度表示不滿。

可是，陳家的孩子們，卻個個都為這位又漂亮又溫柔的姨奶之死傷心而流淚。

「姨奶死了，以後，再也沒有人給我們買玩具了。」

「我今天把姨奶上次買給我的洋娃娃也帶來了。姨奶常常請我們吃冰淇淋，在這個世界上，我最喜歡她，一想起她，我就想哭。」

「姨奶是世界上最好的人，我很奇怪好人為什麼會這麼快就死。」

「假使姨奶能再活過來，那該多好，我真想再看她一次。」

「我昨天晚上在夢中看見過姨奶。」

陳家的這一群孩子們，對玉梅的死，既傷心又哀悼，且深深思念著。在他們小小心靈中，對這個溫和女人的思慕，是發自一片赤誠的。也只有他們，敢大膽地公開道破玉梅真正是個善良的女人。

時間又過了一會兒，以日語讀經的和尚誦完經了。遺族們與來賓的上香程序也已結束了。樂隊開始奏出悲涼的離別曲〈螢之光〉❶，靈柩馬上要被移去火葬場了。這時候，站在一旁的陳家九歲小女孩碧雲，再也壓抑不住心中的悲痛，竟然不顧一切地嚎啕大哭起來了。

「姨奶，妳不要死，不要死，妳死了，我也要跟著妳一起死。」

母親一聽碧雲在叫著要死，立刻打了她幾下耳光，並且叫人很快地把她拉到式場的外面去。玉梅就這樣悲慘地離開人間了，然而，她生前所賜給孩子們的母性愛，在陳家孩子們的心坎中，已永遠留下了不可磨滅的印象。

十

這一天，當人們在大稻埕為玉梅舉行盛大的追悼會時，丁炎也送了很大的花圈，以及日本式的糕餅來致祭。在這情形下，可想而知，他心中是怪不舒服的。因為他日夜所想念的美人兒死了，難免使他多少感到空虛和寂寞。況且，對玉梅的慘死，他覺得自己好像也應負一部分的責任。所以，在良心上，他時常深受譴責。對於這件事，在他這樣迷信的人來看，那是非同小可的。因為在他的生平中，他最恐懼的是死人跟寃鬼。

玉梅的葬儀總算在盛況與悲哀氣氛中舉行過了。這天晚上，丁炎並不像平日一樣地進入瓊妹的房間。因為他想，在這樣空虛、寂寞，而且感覺恐懼的時刻，寧可去找十三點的蘭心，去聽她說些不三不四的傻話，還比靜靜地享受來得好些。所以，一再考慮之後，他就信步走進已經久未來過的蘭心臥室。

「怎麼啦？我看你氣色不大好，你一定又失戀了吧？」

---

❶螢之光：改編自蘇格蘭民謠〈友誼萬歲〉（Auld Lang Syne），這曲調在日本和臺灣都被當作離別之歌。

只要事關男女關係，都比別人加倍敏感的蘭心，已經覺察到丁炎與平日有異了。

「不要胡說！」

「你用不著瞞著我，看你的臉色，我就猜得到。」

關於這方面的事情，蘭心對自己的判斷，總是相當有把握和自信的。

「妳是說我失戀嗎？可惜對方已經死了，妳還有什麼話說？」丁炎在無意中，竟把多餘的話說漏了嘴。

「我明白了，你說人已死了，那不就是陳家那美麗的寡婦嗎？我想，這絕對不會錯的。」

丁炎沒有再開口回答她，但他從背後伸出手來，擁抱住蘭心。

「別碰我！別碰我！我不是你情慾的垃圾桶，你心裡還在追求那死去的人，還敢想來抱我，我絕不讓你佔這個便宜。」

聽見蘭心嘴巴裡老說著「死去的人」，這話使得丁炎心裡怪不舒服的，彷彿身上的每一個毛髮都豎了起來。正在這個時候，外面傳來女佣的敲門聲，通報深夜有客來訪。

「老爺，外面來了兩位女客，說是有重要事要見你。現在太太在客廳裡陪她們，太太請你馬上就來。」

時鐘已指十一點了，竟還有客人來。不過，一聽說是女客來訪，丁炎想，見見也無妨。

在客廳裡坐著的兩位女客，就是歐陽明醫生的妻子月華，以及劉公亮律師的太太美娟。她們倆人一面拿出手帕揩眼淚，一面在傷心地向阿雪訴苦。歐陽醫生以及劉公亮律師，以前都是林獻堂及蔡培火領導下的反日團體——臺灣文化協會的鬪士。他們二人經過了丁炎的從中拉皮條，接受了臺灣總督府的「山林拂下」❶，而被總督府收買，才脫離文化協會的。所以，說起來，他們跟丁炎之間，是有點因緣的。

「兩位太太說，她們的先生剛才突然被憲兵隊帶去了。據她們說，兩位先生平日工作都很忙，從來都不管閒事的。她們說，被捕的原因，可能是因為家裡收藏了許多中國書籍，你趕快替她們奔走奔走，想想辦法吧！」

阿雪替兩位女客把事情的經過，詳細說明一遍。在丁炎看來，像這樣的事情，最近層出不窮，是不足以為奇的。在那一段日子裡，本島人的知識份子常常毫無理由的，就被憲兵隊或警察以中國間諜的罪名逮捕或扣留起來，冤死獄中的人不計其數。與中國正在激戰中的日本，用這種方法來恫嚇本島的知識份子，命令他們不得有對中國同情的言行，這些內幕，丁炎比誰都知道得清楚。

「請兩位太太不必這樣慌張，明天我會去見見憲兵隊長，替妳們說些好話就是了。憲兵隊長

---

❶山林拂下：「拂下」是「賜下」的意思，日治時期採無主地國有政策，再將官有地廉價賣給資本家開採資源。

是我的最好朋友，假如妳們說的都是事實，他們並沒有多管閒事的話，那麼，我想我出面來保釋，一定是沒有什麼困難的。」

「真太謝謝你了，請你多幫忙，我們永遠不會忘記你的恩惠。」

兩位女客都異口同聲的向丁炎道謝，並一再表明她們內心的懇願。丁炎跟她們說著話，但他的視線，卻特別注意律師太太美娟那邊。他在心中暗想，這個女人已經有一個兒子在高等學校唸書了，為什麼還這麼漂亮呢？他不斷注視著美娟白皙的鵝蛋臉，以及圓滑的膝蓋，凝視得出神了。他發現身穿洋裝的女人，坐在低低的沙發上，被沙發包圍著而露出來的圓滑膝蓋，最能吸引男人的注意。

「現在被捕的人如果真沒有罪證的話，我必定能夠保釋他們的。不過，憲兵隊和警察釋放他們時，都附有條件。要被捕的人自願去從軍，去當軍隊中的囑託❶或通譯，這樣他們才肯罷休。」

「這條件很好辦，沒有關係，因為這總比被扣押好。聽說，扣押中被打死的人很多，留得青山在，哪怕沒柴燒。所以，請求丁先生一定得救出他們來。」

這段對話，就很明顯地暴露出，為什麼蘆溝橋戰爭一發生，會有那麼多的本島人知識份子，在占領地區替日本軍隊當通譯。

幾天後，由於丁炎的說項，歐陽明醫師與劉公亮律師都從憲兵隊裡被釋放出來了。不過，劉律師由於平日比較愛多說話，所以，憲兵隊強迫他寫一張自願書，自願到天津去當陸軍的囑託，才准許他回家，歐陽明醫師比較富有，所以，被釋後，立刻送了四千元現鈔及糕餅水果等，兩夫妻雙雙來丁炎家向他道謝。劉公亮律師也把家傳寶乾隆時代的小花瓶，帶來送給丁炎。

像丁炎和楊修業等，總督府跟軍部所垂青的人，保釋人犯是有好處的。保釋了有錢人時，謝禮的紅包就滾滾而來，保釋了沒有錢的人時，就收他們為爪牙。有時，保釋不來時，就藉口奔走，而跟這些犯人的妻女接近，伸出他們的魔手。所以，在任何情況下，他們都有益無損。難怪丁炎跟楊修業，都競爭保釋人犯，日子好像對他們來說，還嫌太短似的。

這年，炎熱的夏天過去了。在亞熱帶的臺北，也能感覺到秋意的十一月，正是多事之秋的時候。臺灣總督府把已經不發生作用，化成御用團體的臺灣地方自治聯盟解散了，這是殘留在臺灣最後一個本島人的團體，接著又把「支那事變公債」，半強制地推銷到臺灣的住民身上。戰爭使物價暴漲、物資缺乏，民眾的生活一天比一天困苦。

過了年，就是一九三八年。祖國的軍用機，初次在臺灣的松山跟新竹的上空投下炸彈，臺灣的住民在沉默中表示興奮。因此，臺灣總督府惱羞成怒，馬上就把日本本土的「國家總動員法」❷、「愛國貯金辦法」❸施用於臺灣。丁炎獻了五架軍用機，被敍「勳三等」❹也就是這個時

❶囑託：日軍中的約聘人員。

候。他為了瓊妹，在北投的別莊旁邊加建的一座尼寺，也就是在此時落成。

這個寺，座落在北投東南的松木山，山上有許多岩石與松樹。登高遠望，舊北投的紅磚民家，士林河沿岸的蒼翠田園，都展現在眼簾。隔著士林河與淡水河，河那邊的觀音山、龜山岩，平頂山的山色也能一目瞭然，真可說是景色優美的勝地。這地點，曾經過地理師與算命師再三鑑定，認為風水最好，所以丁炎才在這裡建過別莊，現在又建一座尼寺了。這寺的名字叫「梅林寺」，表面上說是為了紀念前年過世的姨太太梅香而建的，但實際上並非那麼簡單的一回事。丁炎最近常常夢見已死的林玉梅，那又蒼白又寂寞的面孔。在夢中，他曾因驚恐而醒過來好幾次。所以，事實上，他是為了安慰玉梅的冤魂，才把這個寺叫梅林寺的。好在誰也不會注意到他心中的這個祕密。

梅林寺的正殿，供奉著太平町盧山軒[5]雕刻的五尺高金身觀音佛像。佛前，供有梅香的牌位。這個牌位可以說是前所未聞的，外面加有一個外套。套的上面，明明寫著梅香的法名，但是，若是把套子一拿起來，裡面的正牌卻寫著林玉梅的名字，這就是丁炎所獨創的雙料牌位。正殿佛前的長桌上，還擺有許多拉拉雜雜的小神像，那是丁炎平常所崇拜的什麼王爺什麼仙公的塑像。

總督府不喜歡臺灣住民新蓋中國式的廟宇，所以，丁炎等到這個寺的佛像開眼時，就延請高僧，連續讀經三天，舉行一次「支那事變皇軍戰死者英靈追悼大法要」。這樣一來，總督府也十分嘉許他的忠君愛國行為。軍司令部對他這樣難能可貴的敬軍精神當然非常激賞。所以，甲斐大佐、山本中佐等都親自來參加這個盛典。各報也爭先恐後的把這個忠君愛國的美舉，紛紛報導出來，而且還大大地加以捧場。

無論做什麼事，丁炎的脾氣，總是要企圖一舉兩得或一舉三得，甚至於要一舉數得的。梅林寺的落成，就是一個例子。現在，他對瓊妹已經有所交代了，對玉梅的冤魂，也有著落了。此外，他還能使日本人當局感覺高興，他認為自己的做法是相當成功的，他為此而沾沾自喜。

梅林寺落成後，瓊妹就搬進這寺旁邊的別莊去住了。她自命為是一個菜姑❻，所以，她的頭髮、服裝都跟常人沒有差別。由於她過去是農家的養女，所以，住在這寂寞荒涼的地方，不但不感覺害怕，反而感到很習慣，也很快樂。

「那個寺不過是一座別莊而已，我叫瓊妹去的目的是要她看管別莊。妳們也可以常去玩。」

---

❷國家總動員法：一九三八年日本政府公布《國家總動員法》，以天皇下令的方式徵調戰爭時期的資源與人力。
❸愛國貯金辦法：一日存一錢，為國家償還外債做貢獻的愛國運動。
❹動三等：「勳等」是日本功勳授予的等級，動三等為大勳位之下第四等。
❺盧山軒：日治時期知名粧佛店，製作神像與佛像。
❻菜姑：帶髮修行的女性佛教徒。

這是丁炎為了緩和阿雪與蘭心的嫉妒所講的話。

蘭心心裡很不甘願，便說出厭惡別莊的話。可是，她心裡又暗想，這個地方，不正是跟男友約會的好所在嗎？

一個星期天的早上，瓊妹到臺北市來，想接丁炎一起到梅林寺去。他們倆人剛走出門來，便碰見迎面來了一位女客，那就是丁炎以前曾對她注視得入神的劉公亮律師的妻子美娟，劉公亮由於妻子的奔走，從憲兵隊出來以後，立刻奉命當了軍部的囑託到華北去了，迄今已過了半載。丁炎一看見美娟，心中不覺暗喜，他想，劉公亮的老婆自投羅網來了。

「丁先生，很抱歉，我又有一件事情想再請你幫忙，但現在你要出去，那麼，我改天再來拜訪好了。」

美娟在口頭上雖然這樣說，但是，看她臉上的焦慮神色，丁炎就可想而知她心中已急得不得了，若不立刻跟她商量是不行的。

「我們現在正預備到北投的尼寺去，妳如果很急的話，就請跟我們一道上車，到那邊後，再慢慢把事情詳細告訴我。」

這句話雖然出乎美娟的意外，但她看見瓊妹也在一起，所以她想，跟他們一道到北投去，也沒什麼關係。於是美娟被丁炎請上車了。美娟坐在司機的後面，旁邊是瓊妹，再過去才是丁炎。所以，美娟坐在車上，並不覺得不自然。瓊妹在一旁則認為，不管這位太太有一張如何漂亮的鵝蛋臉，但她深信她的丈夫，絕不會喜歡這樣一位將近四十歲的有夫之婦。

梅林寺的正殿，由於瓊妹的安排，為了超度梅香亡魂，特地從石壁湖圓通寺請來七、八個尼姑，在佛前高聲念著金剛經。

丁炎跟美娟被請進正殿旁邊的客廳裡，兩個人都坐在沙發上休息，正喝著茶。這地方，雖然跟佛前隔著一道牆，但門是洞開的，所以，讀經的聲音彷彿就近在身畔。

「我先生來信說，他的身體很衰弱。他現在在天津做陸軍的事，因為工作太忙，體力承擔不了。他很想叫我也到天津去，但是手續很難辦，領事館怎麼樣都不許可，但除了取得軍部的渡航許可書外，就沒有其他方法可行了。我先生身體很壞，我想，若不趕快去，我們夫妻恐怕將永無團圓的日子了……」

美娟一面訴苦，一面以手帕揩眼淚。

「我先生最近又來信說，叫我只要拜託丁炎先生寫一封信給天津的有本大佐就行了，天津的軍部當局一定肯馬上發給渡航許可書。他叫我早日來拜望你。過去，你已幫了我們許多忙了，你能不能再幫我一次忙？為我寫這一封信？」美娟哀哀切切地懇求著丁炎。

「這件事對我是再容易沒有的了。太太，請放心，我馬上就寫給你。今天，妳既然到這兒來了，就在這兒吃飯，然後玩一會兒，再回去。」

聽見丁炎答覆的語氣充滿了親切，所以，美娟才放下了心。

「瓊妹，我上次已經吩咐妳要擺幾個花盆，妳為什麼沒擺好？趕快到山下的花苗店去，不管是玫瑰、菊花、蘭花什麼都可以，妳自己去挑選，先買十把、二十個來擺在這裡吧！」

丁炎把瓊妹打發出去後，客廳裡就只留下他跟美娟兩人了。因為門是洞開的，讀經的聲音又很大，所以，美娟對他也不加警戒。丁炎在心中暗想，去年，自己對玉梅過於偽裝上流，而使得快要落網的魚兒溜走了，今天絕不能再重演這樣的傻事了。

於是，丁炎從容地取出鋼筆來，開始寫信給天津的有本大佐，美娟站起來，從敞開的窗戶觀賞花園的景色。她驀然聽見身後有腳步聲，這一剎那，連回頭的時間都來不及，她便被環抱在丁炎的雙臂中了。

當然，假如她要張聲大喊的話，馬上就可以叫到人的。可是，她想，自己並不是一個大姑娘，而且已經是懂世故的女人了，所以，她不願意張聲大喊，以免恥上加恥，何況門是開著的。

「不行，不行，別碰我！」

她只得低聲阻止丁炎，但丁炎那厚厚的嘴唇早就蓋在她的唇上了，使得她再也不能用言語來阻止他。好在這個時候，佛前的誦經也已經完畢了，尼姑們好像就要進來這房間休息。所以，丁炎才放鬆手讓美娟掙脫，美娟氣得不得了，取出手絹把自己的嘴揩了幾下。

「還不趕快拿出你的手帕揩嘴，給人家看見像什麼樣子，短命鬼！」

美娟很怕印在丁炎臉上的口紅給尼姑們看到，所以，才罵他一頓。

瓊妹帶著尼姑們吵吵鬧鬧的進來客廳時，這兩個人都已經揩好臉恢復原狀了，所以，誰也看不出剛才曾發生過什麼事。

丁炎很正經地繼續拿起鋼筆寫信給有本大佐。信寫好後，就把它交給美娟。美娟趕快把信塞進手提包裡，因為她太憤怒了，所以，她連道謝的話都不說一句就走了。而剛才的一吻，不就是爭取到天津去的渡航許可書的代價嗎？

十一

臺北的夏天是相當悶熱的。但丁炎卻不怕天熱，就是在夏季裡，每天晚上，他還是照常要在日本亭、菊水、梅屋敷❶等臺北市的第一流日本料亭，款待陸軍及海軍的將校。在這樣華麗堂皇，且鋪有榻榻米的料亭裡，宴會時間往往從下午四、五點鐘當黃昏下驟雨時就開始。客人一到來，都先洗一個澡，然後換上浴衣，以安樂的姿勢斜躺在榻榻米上，抽抽煙或喝點啤酒、汽水，一直等到天黑時，酒菜才端出來。

在這樣的宴會裡，常出現有長袖垂帶，身著美麗和服，頭梳高髮髻的臺北第一流藝者——花奴、小雪、月子、宮城野等在座侍候。所以，將校們的滿足是可想而知的。而且這些客人等到宴會完結之後，通常是還要去「二次會」的。假使不去「二次會」，主人就得把剛剛吃過的豐盛的菜色，一樣都不差重做一份，裝在黑色木漆盒子裡，讓他們帶回家去。同時，他們剛所穿過的浴衣，因為全是特製的，所以，也要用一條深色的包巾為他們包起來，送給他們。戰爭時，一般想在陸海軍占領地區奪取一點特權的人，都是這樣花大錢巴結將校們的。

日本的陸軍與海軍，向來是不合作的，所以丁炎為了巴結雙方，當然得用心良苦。招待陸軍時，他自己規定必須在梅屋敷跟北投的八藤園。而招待海軍時，則使用日本亭跟菊水，他之所以這樣做，是為了怕雙方面的人碰頭而有了糾葛。但不管是陸軍也好，海軍也好，裡邊都有幾位所謂酒豪，只要一喝醉酒，就變得非常粗魯，往往使得作東道的丁炎都束手無策。

這天晚上，丁炎又在艋舺淡水河畔的一家弦歌聲高的館子日本亭，招待很多的海軍將校。上海海軍武官府的山田中佐，一開始好像就故意與丁炎作對，態度顯得傲慢無禮。

「丁先生，像我這樣的老實人，最討厭你這種表裡不同二重人格的人，你常常利用軍部的名義在外招搖，上次海軍武官送給你的威士忌，你故意不打開來喝，而特地把武官的名片留在上面，擺在你客廳有兩個月之久。我知道你的目的是要讓所有的客人看見它，而誇耀你自己。我這裡早就得到這情報了，你做什麼事，我這兒都清清楚楚。」

山田中佐很不客氣地揭露丁炎的短處，也毫無保留地責罵他，丁炎對此，只好無語相對。

「在這樣美好的溫柔鄉裡，說這些話，未免太不夠風流了，來！來！來，我們來乾杯吧！」

在客人當中，有一部分將校們跟丁炎感情較好，所以，一看情勢不對，便立刻想辦法要從中調停。但是山田並不那麼簡單地就放開丁炎。

「我告訴你，丁炎！你對海軍太無禮了，在你眼中只有陸軍而已，所以，我很不高興。現在，我還是開門見山地說出來吧！你能把臺灣的煤炭一手包辦，輸出到上海去，而大發橫財，

---

❶梅屋敷：為日治時期的知名料亭，因庭園栽種梅樹而得名。現為國父史蹟紀念館。

那是受誰的抬舉的？還不是我們海軍有特許給你，你才能這樣順利地賺錢。陸軍特許你包辦崑山、蘇州、常熟、無錫、江陰等地的內河輪船貿易，那些能使你賺錢嗎？那利益少，而且時常遭受游擊隊的攻擊，你不是一個銅板都賺不到手的嗎？」

山田中佐繼續不斷地責備丁炎，使得一向為丁炎工作的島村中佐也不能再坐視旁觀了。島村以眼睛向藝者們示意，藝者們立刻站起來為山田倒酒，因此丁炎才得暫時逃出這尷尬的場面。

丁炎從軍部得來的特權是增加了，但對將校們的交際巴結變得愈來愈複雜了。這使他想起非把岡田勝夫顧問從東京請來不可，許多事也好與他商量。

於是，岡田乘飛機來到盛夏炎熱的臺灣了。

丁炎從松山機場接來岡田之後，便一路把他帶到北投的八藤園去，也不讓他休息一下，就開始與他密談。談完了有關軍部的事情後，丁炎就立刻改換口氣，向岡田探詢有關宮田洋子的近況。

「那位宮田洋子最近怎樣？你住東京，一定曾碰到她吧？」

「你說的還是那女人嗎？我看她一定有些不正常，聽說很久前，她就結交一個男友，是臺灣的青年，名叫張志平。這位青年是臺中名醫張泰岳的兒子，今年剛畢業於慶應大學，目前當個助教。」

從岡田口中得知了這個消息，丁炎心裡既憤怒又嫉妒。一時話都說不出來了，他想了好一會，才張開口。

「我想可不可以麻煩你到臺中去走一趟，告訴張泰岳他兒子的劣跡。當然，在張泰岳面前你得盡量誇大其事，一定要讓他冒火起來才好。」

從岡田看來，去表演這種進讒言的角色，是相當合算的。一方面，對丁炎他可以立功，二方面，對他的舊友張泰岳，也可以賣點人情，反正是有益無損。所以，岡田不加考慮就允諾了。

幾天後，岡田到臺中去訪問昔日的老友張泰岳。棋盤式整齊的臺中街道，夾道的鳳凰木顯得特別美麗。道路兩旁，以紅磚蓋的二樓式民房和店舖，是富有熱帶情調的。張泰岳所開的張內科醫院，是在於樹木茂密的臺中公園旁邊，岡田一到，張泰岳就請他到醉月樓吃飯。

從岡田勝夫的話中，獲悉了兒子有不檢點行為的張泰岳，並不知道岡田此次來訪是別有用心的。所以，等客人離去後，他便遷怒於妻子金枝，對她大發雷霆了。

「志平不聽從我的命令，故意不學醫而偏要讀文科，從那時起，我就知道他會學壞。我們本島人，在官廳就業的機會很少，所以，必須讀醫科或法科，而以此自立門戶，否則就恐怕沒有飯吃。志平選擇了文科，已經使我失望了。想不到畢業後還待在東京，又跟一個有夫之婦，名叫宮田洋子的女人發生曖昧關係，這簡直是太胡鬧了。妳趕快寫信告訴他，要他馬上與這女人斷絕關係，並且立刻回臺灣來。不然，我要與他斷絕父子關係，今後不准他再踏入家門一步。」

張泰岳在行醫濟世方面是很得人望的。但是，在為人方面卻並不那麼高明，因為他不但沒有一點人情味，而且也缺乏處理事情的能力。

「你何必發這麼大的脾氣，我們該先了解事情的真相，然後妥善處理，這不就好了嗎？志平跟素琴兩小無猜，早就很要好了，我們不是早就想將素琴娶過來當媳婦嗎？我馬上就帶素琴到東京去一趟。我想，這樣一來，必定會有令你滿意的結果。所以，你還是暫時息息怒吧！」

「好吧！這事就交給妳去辦，總歸一句話，一定得把他帶回來。」

張泰岳的妻子金枝，是個深謀遠慮的女人，無論遇到什麼事，都能冷靜處理。所以，丈夫也很尊重她。

素琴是金枝的外甥女，也就是志平的表妹。這女孩今年才剛滿二十歲，從小父母雙亡，自從畢業於臺南長老教會的新樓女校後，就一直住在姨媽的家。現在，她已經成為張家不可缺的一員了。舉凡家務的安排，護士的監督，以及藥局的管理，都是她一手負責的。管理一個醫生的家庭，比起普通家庭要困難得多了。同時也比較繁忙，就等於管理一家大商行一樣。金枝有了這個外甥女的幫忙後，不知比以前安閒多少呢。所以，她很希望把這女孩娶給志平當媳婦，張泰岳對此也深表贊同。前年暑假回家來的張志平，對這個溫柔美貌的表妹也很傾心，他曾向她獻過殷勤。金枝現在決定要到東京去了。所以她叫素琴過來問問她本人的意見。

「素琴，我們早就想娶妳為志平的媳婦，志平也很喜歡妳。不過，最要緊的，還是要看妳的意思如何？根據姨媽所觀察，妳好像並不討厭他，不知我的看法有沒有錯？」

素琴低著頭，臉上升起紅暈。金枝在一旁看得出，素琴並不反對她的這番話。

「現在志平因為一時誤入迷途，在東京跟一位有夫之婦來往得很密切，我們怕他會遭遇不幸的後果，所以很擔心。妳肯不肯和我到東京去一趟？當然，這對妳是委屈的。不過，這樣做才可能得到圓滿的結果，如果妳有意見的話，妳不妨毫不保留地告訴我吧！我不會為難妳的。」

「我，我不是什麼事都由姨媽做主的嗎？」

金枝對外甥女的這個答覆，非常滿意，她最喜歡素琴對她事事順從。

金枝與素琴於九月中，從臺中搭上火車，先到臺北買點東西，然後再從基隆乘上開往神戶的大輪船——大和丸。船行四天，他們就到達了日本最大的港口——神戶。

背負六甲、摩耶諸山，沿著海濱聳立著高高樓大廈、造船所、大倉庫、大工廠的神戶港。這兒海上停泊有從世界各地開來的大小輪船，港埠風光雖然不如香港的壯麗，但在旅客們眼中看來，也已經值得讚嘆。日本殖民地臺灣的旅客，無論是到大阪、京都，抑或是東京等地，都必須在這個港口登陸，至少也得取道此地。神戶！這個悲歡交流的海港，從臺灣旅客們看來，有時可以成為有情人邂逅的港口，但有時卻又是人們依依惜別的地方。與表哥志平分離了整整兩年，而此刻就將與他會面的素琴，內心的感覺，當然認為這是個充滿歡愉與希望的好所在。不過，她心中，仍然免不了有一抹不安的陰影。她想，萬一志平一定要執迷於那女人的話，她該怎麼辦呢？這樣一想，她就更覺得孤立無助了，寂寞與悲傷不時在心中交織著。

志平終於出現她們面前了。

「媽媽！素琴！真高興妳們來了。船搖得厲害吧？表妹初次坐船，有沒有暈船？」

「你已有兩年沒有回家，我做媽的是很掛念你的。好了，現在我們總算是見面了。」

「表哥，我很想念你！」

登陸以後，由於開往東京的火車還有一段時間，所以，他們便暫時在海岸通的後藤旅館休息。在旁人眼中看來，他們真是和氣親熱的一家人。旁觀者除了把素琴看作是志平的妻子外，再也找不到別的假設了。

這天晚上，他們從三宮車站搭上火車，在第二天上午便到達東京。志平早已為母親及素琴訂好神田美土代町伊勢屋旅館的房間。母親說，為了紀念這一次的旅行，要拍一張照片。於是，大家就一起到東京第一流的九段野野宮寫真館，三個人在一起合拍了一張照片。之後，志平帶母親及素琴到銀座與三越百貨公司去遊覽。接著，又到數寄屋橋附近的阿拉斯加西餐廳同進晚餐，飯後，才送她們回旅館去。

「素琴，妳一路上暈船，還是早點去休息吧！」

母親金枝的這句話，很明顯地暗示她自己要與志平單獨談話。素琴能體會出她話中的弦外之音，所以，便獨自回隔壁的房間去了。

「志平！素琴這女孩子，心地好又能幹，是很難得的。現在，我在家完全靠她一人的幫忙，她一直很想念你。在臺灣，現在每天都有人被徵用當軍夫通譯，而前往前線去。每週有征用時，她便擔心會不會輪到你。你不是很喜歡她嗎？我想，你該早日跟這個可愛的女孩子結婚才對。」

「媽，素琴的確是個很好的女孩子，我也喜歡她。不過有關結婚的事，我倒從未想到過。」

「不要說傻話了。你知道爸爸生了很大的氣嗎？你現在不是正迷於那個日本女人嗎？我希望你要冷靜些。你這樣子能得到幸福嗎？同時，也能使對方幸福嗎？你以前不是已跟我說過，要娶素琴為妻嗎？難道你絲毫都不考慮到這點嗎？」

「不，媽媽，結婚的事，我們不要再談了。我知道素琴很好，但現在我並不想結婚。」

志平很頑固地拒絕談婚事，使得母親也為之嘆息。她想，在這情況下，唯一的辦法只有自己出面，去跟宮田洋子談判了。

十二

「我想一個人在旅館裡好好休息一下，然後去看幾位以前的同學。你帶素琴出去觀賞觀賞東京的風光吧？」

每天，母親都故意製造機會，讓志平與素琴一起出去玩。張志平每天到大學的研究室去敷衍一下，便轉到旅館來陪母親及素琴。當然，他也少不了要偷點閒去看宮田洋子。

「表妹，你喜歡到什麼地方去玩？要看外苑的棒球嗎？還是要去看山王大飯店的溜冰？妳喜歡哪裡，我就陪妳去哪裡玩。」

志平對素琴表現得很親切，就跟前年暑假他回臺灣時一樣。母親看見他們出入成雙，這才放下了心。

「我從未看過話劇，你帶我去看，好嗎？我也很想去看看寶塚❶的少女歌劇。」

「看話劇嗎？好，明天，早稻田大隈講堂有春秋座表演的羅密歐與茱麗葉。至於少女歌劇，每天在日比谷的東寶劇場都有演出，我隨時都可以陪妳去看。此外，我還陪妳去看歌舞伎座、明治座以及新橋演舞場。」

志平對素琴的體貼入微，跟過去一樣。這使得母親對自己的計畫有信心了。有一天，她先把兩個年輕人打發出去後，自己便招手叫來一部的士，直駛麻布長坂的宮田洋子的家去。她現在已決心跟這個女人當面談判與攤牌。

宮田洋子早就聽張志平說起他的母親金枝與表妹素琴已來東京了。她已預料到張志平的母親會來找她的。不過，話雖如此說，但此刻當志平的母親真正出現在她面前時，她心中還是免不了有些慌張。

雙方很有禮貌地先寒暄了一番，金枝才仔細地把洋子打量一下。她認為這女人人品很好，容貌美麗，心地也很善良。金枝把志平跟素琴的關係，詳細說明了一番，接著，就直截了當地談到洋子本身的問題了。

「宮田太太，我的兒子時常來打擾妳，承妳照顧，很感謝妳。不過，志平因為心中思慕妳，所以，雖然有很好的對象和機緣，他也不肯結婚。」

「哪裡會這樣的事呢！我的年齡比張先生大，況且我是個有夫之婦，張先生怎麼會因我而不結婚呢？我跟他只不過同是聖經研究會的會友而已。」

金枝的每一句話，都深深地逼壓住洋子的心胸。金枝打開皮包，把在野野宮寫真館照的相

---

❶ 寶塚：寶塚歌舞劇團，成立於一九一四年，由未婚女性組成，在日本廣受歡迎的歌舞劇團。源於兵庫縣，書中指的是東京寶塚劇場。

片取出來，特別指出素琴給洋子看。

本來，洋子是想借故推諉的，但現在，她實在已被志平的母親逼得沒辦法了。心情愈來愈慌張，連說話的聲音都有點顫抖了。呈現在眼前的這張照片裡，母親金枝與張志平及表妹素琴，三個人一起很親密地被攝入鏡頭。不管你用什麼眼光去看，這三個人明顯的是很親熱很快樂的一家人，素琴絕不會被看作志平妻子之外的人。而且在這張照片裡，張志平跟素琴站在一塊兒，看起來真像是天生的一對。假如能再插入幾個小孩子在他們身邊的話，那麼，這照片，就會成為世界上最美滿的一張「神聖家族」圖了。在過去，洋子一直認為她跟張志平之間的感情是非常純潔的，是一種精神上的愛。但現在，看了這張照片後，她才發現，她跟張志平之間的愛情，顯然是不正常的。

眼前的這張照片，她實在沒有勇氣再繼續看下去了。她故意把視線轉移方向，她又看見桌子上放著昨天張志平忘了帶回去的，雷克拉姆❶版的德文書《少年維特的煩惱》一冊。這本書此時正被孤寂地留在桌上。洋子看了它，不覺觸然心驚。她暗想，張志平對她的純情，不正是與「少年維特的煩惱」無異嗎？她忽然覺得，這對張志平是很不幸的，同時，她又深深地再三反省，她自覺不該再繼續接受張志平的純情了。金枝對洋子的攤牌，看來，洋子似乎是要認輸了。

金枝眼見這位善良的貴婦那麼易於對付，於是，她便趁機反覆向她懇求得更多了。

「宮田太太，我的孩子那麼樣地思慕妳，他一定很聽妳話的。我求妳，請妳勸他跟表妹結婚吧！」

「伯母，妳說的什麼話，勸張先生結婚原是妳的事，這與我何干？」金枝的反反覆覆懇求，使得洋子都有點忍受不了了。

「宮田太太，很抱歉，我是不大會說話的，假如有說錯話的地方，還得請妳原諒。我只想懇求妳跟我的兒子斷絕來往。請妳給我一個明白的表示，好嗎？」

金枝終於把她內心的希望，全盤托出來了。

「好吧！就照妳的話這樣決定吧！我一定會做到的。」

洋子也終於被迫以自暴自棄的姿態，向志平的母親黯然地許下諾言。此刻她只有眼巴巴地望著滿面笑容的金枝向她起身告辭。

當天晚上，張志平從日比谷劇場把素琴送返旅館後，便回去青山寓所。一進門，他就看見洋子寄來的一封快信。信裡的內容，對他猶如晴天霹靂。

志平：

為了彼此未來的幸福，今天，我想，我們不要再見面了。我暫時要到一個有溫泉的地方靜

---

❶雷克拉姆：即 Reclam-Verlag，德國知名平價出版社，一八二八年成立於萊比錫。

養，請你不要再來看我，也請不要寫信來。希望你把我從你的心中忘掉吧！在過去的日子裡，你對我的一片純情，使我真正體會到了人生的價值，那是令我終身難忘的。你為我執筆而完成的英文書《現代的生花》已經出版了，這在我是最大的快樂。你留在我家的那本《少年維特的煩惱》，就算送給我，作為永久的紀念吧！

洋子　十月五日

反覆地讀著洋子的信，直到深夜，張志平仍輾轉反側不能成眠。次日清晨，他來不及等到天亮，便起床了。他想，無論如何，一定要見洋子一面。這樣決定後，他就立刻跑到麻布長坂洋子的家去。但是他已遲一步了，下女出來說，太太突然於昨夜出門，聽說要到有溫泉的地方去休養，下女也不知道她的去向。到此，張志平是面臨著無計可施的地步了，他不知道自己該何去何從？

洋子的表姊濱田芳子，張志平由於洋子的關係，現在也和她很熟悉了。此刻，張志平心機一動，突然想起了濱田芳子。於是，他便立刻叫了的士到新宿車站去，然後又改乘小田急電車到成城學園村的芳子家。他想，芳子跟洋子最要好，如果去問她，必定可以水落石出的。

到了芳子家，一切正如他所預料，芳子好像什麼事都知道。她不斷地安慰著情緒緊張的張志平，請他進客廳裡坐，並端出一杯紅茶來招待他。芳子一面安慰張志平，一面以教訓的語氣，詳詳細細地把事情經過說明一番，並為他分析出其中的道理。曾經當過女學校教員的這位中年婦人，對人說教是最有本領的。

「洋子是為了你的幸福，以及她自己的未來著想，所以，才採取了這樣堅決的行動。現在，她已不在東京，昨天已經到信州的赤倉溫泉去了。她說過，希望你不要去找她，也不要再苦苦追求她。這是她臨走時，特別要我轉告你的。」

「洋子真的是到赤倉溫泉嗎？是不是？」

張志平因為已得知了洋子的下落，既驚且喜，忍不住立刻站了起來。

「還是請你稍微冷靜點！聽我說吧！比如說，每一個小孩在沒有長大之前，總是要出一次痲疹的。你們的事，就跟這道理一樣。像你這樣的年輕的男人，往往會一度成為『維特感情』的俘虜，去思慕年紀比你大的女人，而自以為這是神聖純潔的行為。這實在是一件很可怕的事。我希望你要逐漸地克服這種幼稚的心理，同時一定要趕快結束這種感情才好。否則，在心理上，你將永遠是個未成年的人，永遠不能成為成熟了的男人，你明白我的話嗎？」

聽了芳子的話，志平仍然搖著頭！

「我做不到！無論如何，我至少要跟洋子見一面。」

張志平因為遭受了這突然的打擊，心理上已失去平衡了。

「別這樣慌張，你一定得暫時冷靜下來才好。你要知道，你現在是追求一個比自己年紀大的有夫之婦，後果是不堪設想的，而且可能會令她毀滅。既然這樣，你為何不早日跟你那可愛的表妹結婚呢？這件事，也就是洋子目前所希望的。你還是趕快結婚吧！做了丈夫，當了父親，到那時，你自然而然就能擺脫掉這種『維特感情』。在短時間內，也許你會感覺很痛苦，但你得忍耐些，千萬不可意氣用事，我相信時間必能助你淡忘一切的。」

芳子的每一句話，當然是合道理的。但是，在這位已經失了理智的張志平聽來，卻無論如何也聽不下去了。

張志平匆匆辭別了芳子後，便先到研究室請假，然後打電話到伊勢屋旅館去，告訴素琴說，他因有點急事要出去旅行幾天。之後，就開始整理行裝，準備到赤倉溫泉去了。他知道，今天洋子之所以逃避他，完全是出於母親的從中搗亂。所以，他對母親的做法很生氣，臨走時，也不願意跟母親在電話中說句話。

深夜裡的東京上野車站，為了運輸車隊，顯得很擁擠雜亂。入伍的壯丁、出征的軍人，比比皆是。來車站送別的母親及妻子們的眼淚，似乎使得整個車站的空氣都潮濕了。表面上，大家都在高呼「為了皇國而犧牲」、「天皇陛下萬歲」，可是，他們心中，果真如此嗎？是很令人懷疑的，戰爭開始當初，很多人以狂熱的姿態表示絕對擁護，但現在，人們對於這漫長且不知何日才告結束的侵略戰爭，已經開始感覺厭煩而詛咒了。來車站的女人，每一雙眼睛都隱著淚影，這不正表示她們已經開始怨恨戰爭了嗎？

張志平用力擠開人群，好不容易才搭上經由赤倉而到直江津的火車。車廂裡擁擠不堪，而且他心中又焦急萬分。所以，整個晚上，他沒有闔過一次眼。他想，如果，連最後一眼都看不到，或說一聲惜別的話也沒有，就這樣與洋子分手，無論如何，那是他絕對無法忍受的。他又想，萬一果真如此，即使死，也不能瞑目。

天亮時，火車正走向草木染黃，而秋色已濃的信州高原上。遠遠的日本阿爾卑斯連山，已經籠罩皚皚白雪了。雖是十月初旬，但已使行人能感覺出空氣裡帶有初冬的寒意了。

火車在線路的分歧點篠井車站停了一下，讓改乘他線的旅客下車去，然後又徐徐開走了。就在這個時候，突然有一列從北方開往名古屋的火車，掠過張志平所乘的火車進入車站。志平感覺眼前忽然一亮，他發現在這列火車緊閉的一扇玻璃窗內，坐著一個女人，那不正是他急於想見的洋子嗎？洋子被白色的圍巾遮住了半個臉。

「洋子！洋子！」

張志平不顧一切地大聲喊她。

「洋子！洋子！」

他提高聲音拚命喊叫，但隔著厚厚的玻璃窗，洋子是無法聽見的。且張志平所乘的火車，也已加快速度愈走愈遠了。那突然閃現一瞬的洋子的倩影，就宛若一場幻夢似地消失了。志平心想，洋子所乘開往名古屋的火車，是朝關西方面去的。由此可知，她是不會回去東京的。那麼，她究竟要到哪裡去呢？是去名古屋嗎？抑或京都？或大阪？志平預料，此去已無法追尋到洋子了。心想，剛才能從車窗瞥見洋子一眼，也可算是聊勝於無了。他覺得，遠從東京來這兒，此行還是值得的。

現在，他已經沒有必要再向人去樓空的赤倉溫泉前進了。所以，張志平決定在長野車站下車，再搭上開往上野去的火車，循原路回東京。除此之外，他已沒有其他辦法了。長野車站正秋雨濛濛，此情此景，更加深了他心中的離情別緒。他默然地想，洋子就好像黃昏天上的彩虹一樣，一下子就消失了。只留下了無法排遣的寂寞，長久困擾於他的心中。

這年年底，一個北風狂嘯日子，在東京赤坂的靈南坂教會裡，張志平與表妹素琴舉行了結婚典禮。當時，無論是日本內地或臺灣，因為是戰時，官方提倡節約運動，所以，結婚典禮或宴會都不許太鋪張。市面上，絲綢與棉布已很缺乏了，衣料也都開始使用代用品了，所以，新娘子的嫁粧，要準備起來是相當不易的，志平的父親張泰岳，覺得要在臺中舉行這個婚禮是很為難的。因為，假使遵照節約運動而不設宴請客的話，親戚朋友必定都會不高興的。但如果稍微鋪張一點的話，日本人就會來找麻煩。所以，他特別寫信來，吩咐他們必須在東京結婚。

以紅磚建造的靈南坂教會，有一個直入雲霄的尖塔，庭院裡植有許多櫻樹及銀杏樹，景色很美。這個教會是建在高地的極端，東京商業區的風景，站在這兒，就可以一覽無遺。在這樣堂皇神聖的教會裡，素琴跟表哥結婚，她處女芳心的迷夢，今天終於實現了。志平現在也認為，娶這樣一個心地好，且貌美又能幹的表妹為妻是幸福的。由於母親一再地稱讚素琴，所以，他現在也認為，素琴的確是個理想的伴侶。

志平跟洋子斷絕來往之後，心情當然是很苦惱的，但由於有了素琴的溫柔安慰，所以，他已很快地恢復了平靜與正常。只是，他發現一結婚而成為夫妻後，過去那可愛而溫順的表妹，現在竟變成一個事事都要干涉他，而且樣樣都很老練的妻子了。女人的變化的確比男人既大且快。素琴並非志平心目中所曾幻想的聖女，而只是個平凡的女人而已。

婚後，志平也搬來旅館與母親及妻子住在一起，他們已決定早點回到臺灣去。一天，志平到輪船公司去訂好船票回來時，他發現素琴在花園裡，正生火燒著東西。他看了不覺很吃驚，不知道那些東西素琴是什麼時候找出來的。原來，她把志平藏在小皮箱裡的紀念品——例如貼有洋子照片的相簿，還有洋子寄給他的信，素琴把這些，全部付諸火海了。洋子以前送給他的小禮物，如手錶、鋼筆等，素琴也將它打碎後，投入火中。面對一切，志平也只有啞口無言，他只眼巴巴地看著心愛的紀念品化為灰燼。現在，所能回憶洋子的一切，都已化為青煙，裊裊上升於空中了。

「所有能勾起你想念她的東西，我都要全部燒掉。為了我們家庭的幸福，留在你心中的影子及偶像，必須全部破壞。今後，你要徹底忘掉那女人，你現在就向我發誓，從今起，絕不再與她見面。」

面對妻子冷冷的笑容以及強烈的譴責，志平只得頷首表示同意，事實上，除此之外，他還有什麼辦法呢？

十三

過了年，就是一九三九年。這個時候，日本人打仗愈打愈沒有出路了。雖然如此，在東京，隔幾天就有一次慶祝「戰捷」的提燈遊行。每逢這些遊行行列走過時，常可聽見群眾高喊萬歲的聲音宛如雷響。這不過是表面的現象而已，其實空襲的危險漸漸迫近了，東京早已開始一連串的防空演習。在這個大城市，物資開始缺乏，物價也不斷地高漲。過去，大家都說東京是個好地方，但現在，可就難住下去了。這時，張志平跟母親及妻子素琴，已從神戶乘蓬萊丸輪船，準備回臺灣去了。

日本內地與臺灣之間的「內臺航路」，除了所謂大紳士的人以外，在一般臺灣本島人的旅客看來，這段航路的旅行，並不能算是很愉快的。因為，不管是神戶、基隆兩地，上船下船的麻煩，那是不必說的，就是航海途中，所受到的干擾才算令人難以忍受。在船上，每天都不斷有穿便衣的日本特高刑事❶，向旅客們盤問身世、旅行目的，以及他們對總督府統治臺灣的感想，喋喋不休地問個沒停。有時，他們用詢問的方式，有時用談話的方式與本島人旅客交談，並且還

❶特高刑事：為特殊高等警察的簡稱，以維持治安為目的，負責政治活動與思想的調查工作。

把他們的談話筆錄下來。假如你說錯一句話，就有被登記在黑名單上的危險，甚至於因此而被扣押的人也有。這些特高刑事對知識份子是特別歧視的。以上所說的是平時的現象，而現在又逢戰時，特高刑事對旅客們的盤問，當然是更變本加厲的。張志平從神戶上船之後，在他所乘的二等艙內，已數不清被特高刑事詢問過多少次。特高刑事進船艙內，把新娘素琴從頭到腳仔細打量了幾番，雖然她是女人，但也免不了要接受他們的盤問。

「你們所攜帶的書及雜誌，全部都拿出來給我檢查。《中央公論》❶是不許帶進臺灣的。矢內原忠雄所著的《帝國主義下的臺灣》一書，也是禁止帶進臺灣的。如果你帶了的話，希望你全部拿出來。」

在日本內地公開銷售的書籍雜誌，其中被禁止帶進臺灣的，還不止這些呢！

「我只是隨身攜帶一些文學與基督教方面有關的書而已。」

張志平把所帶的書，全部取出來了，那身穿卡其色風衣的特高刑事，把這些書一本一本地仔細翻閱一番。接著，就把矢內原忠雄、賀川豐彥❷等所著的幾本有關聖經研究的書沒收了去。他們認為，凡是基督教的書，都帶有反戰的色彩。書刊的檢查完畢以後，特高刑事便詢問他對於時局的感想，他們之所以這樣做，是要試探張志平有沒有反日思想。

「目前，我們舉國向支那發動戰爭，你們本島人的知識份子，對這件事的看法如何？聽說，有許多本島人不了解聖戰的意義，暗中傾向於支那方面，也許我的這種看法，只是一種偏見。」

「對於舉國一致的聖戰，我相信沒有人會不協力吧！」

對於張志平的這個答覆，特高刑事好像認為是及格了。原來日本殖民地的老百姓們，大家為了適應環境，人人都會學會了具有二重人格的個性，也慣於使用兩條舌頭。心中想的事，與口頭說的話是兩樣，對此，大家也滿不在乎。不，若不這樣做的話，他們將無法保全自由與生命。

好不容易擺脫了特高刑事後，張志平陪同母親及妻子走到甲板上來，看看瀨戶內海的風光。他把母親跟素琴，安置在二等甲板的木凳上去坐，而自己一個人，則更上一層地到一等甲板上去了。

「咦！你不是張先生嗎？久違了！久違了！」

張志平聽見有人叫他，回頭一看，原來是他同學的前輩長島太郎。

長島太郎身穿深藍色的海軍將校制服，腰間還佩著一把短劍。

「你不就是長島先生嗎？好久不見你了，你什麼時候變成海軍將校呢？」

望著長島的一身軍服，張志平認為，在學生時代高唱和平主義的且最反對侵略戰爭的長

---

❶中央公論：為日本政經社會評論雜誌，明治時代創刊，至今由中央公論新社發行。

❷賀川豐彥（1888-1960），日本的基督教社會運動家，無產階級運動的重要領袖，有「貧民街的聖者」的稱號。

島，忽變為海軍將校，實在是很不相稱的。

「我接到召集令後，就在臺北的海軍武官府服務，我的辦公廳就在東門城邊，有時間，歡迎你來玩，我會陪你去草山溫泉玩的！」

「我賴在東京直到現在。但結果還是得回臺灣去。臺中公園旁邊的張內科醫院，那就是我的家，你有機會來臺中時，希望你能來玩。臺灣中部，有一個好地方叫日月潭，那潭很像箱根的蘆湖，我很想陪你到那兒玩一次！」

身穿卡其風衣的特高刑事，從遠處看見張志平跟軍部的將校親熱地拉拉手後，從此，他再也不來找張志平的麻煩了。在戰時，天下就是軍部的天下，官吏跟警察，全都畏懼軍部的將校。

張志平遇見了這位前輩同學，心中不禁感觸良多。他忍不住把這種問題，毫無顧忌地提出來請教長島。

「長島先生，依你看，戰爭究竟要到什麼時候才結束？中國人必定是準備抗戰到底的。聽說在日本，陸軍與海軍的意見分歧，也曾聽說你們海軍希望早日結束戰爭？是真的嗎？」

「張先生，你說話可要小心才好。俗話說『隔牆有耳』，像這些話，若被憲兵聽到，你我都會沒命。現在的我，只能說一句話，那就是要盡帝國軍人的義務，也只有這句話而已。我們身為軍人，只知道服從上級。你懂吧？」

從長島的這句話裡，張志平才知道，原來軍部的將校，也害怕憲兵如蛇蠍一樣。

從神戶開出來的船，直到第四天才到達基隆，張志平他們一行，從基隆又改乘火車，於第五天才到達臺中的家。在家中，等他們等得不耐煩的父親張泰岳，好像是一臉的不高興。

「我叫你念醫科，你偏偏要進入英文科，我看你將來怎麼辦？難道說只靠英文學就能吃飯嗎？你不久就會後悔的。」

「剛到家，又何必急於講這些話呢？以後怎麼辦，再慢慢研究不就好了。」

「表哥對英文學的研究，是相當有權威的，大學的老師都對他稱讚不已。」

母親跟素琴，都紛紛為志平辯護。

素琴早就把張家的家務大權掌握起來了，何況現在，她又是志平的妻子，所以，她面對志平的父親張泰岳，也敢坦然替志平說話。不過，事實上，連素琴也在心裡贊同公公的意見。

張泰岳的話並不是沒道理的，張志平回臺中後，已經幾個月了。可是，他所學的英文學史，在殖民地卻毫無用處。他每天呆在家裡，除了吃飯，別無作為。偶爾也讀讀勞倫斯的《查泰萊夫人的戀史》、莫里哀的《蝴蝶夢》的原文書，此外，就沒有什麼事可做。臺中、彰化一帶中學校的英文課，全是日本人教員包辦，臺灣本島人是無法插足的。隨著戰爭的延續，物價一天天高漲，到了一九三九年五月時，一斗米竟賣到三圓四十錢，價格比戰前貴了兩倍半，在此米珠薪桂的時候，張志平日日在家無所事事，當然更使他的父親憤怒。

「你在家已玩得很久了，我看，該開始做點事了呢？老是在家裡讀讀英文書，有什麼用？你沒見過報紙上寫的嗎？小林總督以『皇民化』、『工業化』、『南進』為統治臺灣的新方針，為了達到這個目的，他們已準備開始大量徵用人力了，據說，七月以後，『國民徵用令』馬上就要適用於臺灣，屆時，所有失業的人都要被徵用。我看，你還是趁早去找個工作做吧！」

「假如我現在在東京，一定會有大學或研究所要聘請我的。」

「胡說，你大學畢業後，賴在東京那麼久，好不容易才回臺灣來，現在竟又談起東京。」

每次父親與張志平談話，多數場合都像這樣，彼此在極不愉的空氣中結束。

很明顯地，素琴最近身材變得豐滿起來了。志平一到晚上，就等不及來追求她。素琴因為家裡事忙，所以，夜裡大都疲倦得不得了。

「你為什麼老對我這樣糾纏不休？難道除做愛外，沒有別的事好做嗎？為什麼你不去做點別的事呢？看看人家吧！你看，連中學都沒念過的人，一個個都當了老闆。」

「我只有對羅斯金、卡萊爾以及莎士比亞的研究才有把握。在臺灣，我是沒有辦法的。你對我已感覺失望了嗎？誰教妳自己不要臉，跑到東京來嫁給我。」

志平回答她的語氣，充滿了自暴自棄，這使得素琴只得好言來安慰他了。

「表哥，你不要這樣自暴自棄才好。剛才的話，全是我不好，不管人家怎麼說，我對你的學識是永遠敬佩的。並不是我特地要跑到東京去嫁你，我所以到東京去，完全是為了想挽救一位即將失足於深淵中的男人。」

素琴在婚後，仍然叫志平為表哥，此刻她正在低聲向志平耳語，似乎是在說一件極要緊的事。志平的臉上，開心得光亮起來了。現在他才明白過來，妻子的身材何以會變得如此豐滿了。

「是真的嗎？那麼，我們就快要有小寶寶了，是不是？」素琴笑著點點頭。

「當然是真的，所以，你應該讓我安靜才對。我以為你最好不要天天悶在家裡，應該出去看看朋友，散散心。在外面跑跑，說不定也能碰上好機會。旅費方面，你大可不必憂慮。對了，去訪問朋友，也該帶點禮物去。」

素琴順手拉開抽屜，取出一百塊錢交給志平。同時，從患者送來的禮物中，選出幾樣比較珍貴的東西，用包巾包起來。平日，藥局的進款，以及家計的支出，全都是由素琴掌理的，所以，像這些金錢與物品的融通，在她看來，是輕而易舉的。

第二天，剛好是星期日，志平一早就趕到臺中車站去。他準備搭火車去彰化，站在車站門口的日本特高刑事，早就發現了他，並且把他喊住了。

「張先生，你想坐火車到哪裡去？」

「我要去彰化看看親戚朋友。」

在臺灣，較為入鄉的城市裡，大學畢業的知識份子，無論是戰時也好，或平時也好，他們都是被監視著。特高刑事對他們的一舉一動，也特別留意。

「你在東京，到底住過幾年？」

「我從中學一年級起，就住在東京，算起來，已有十多年了。」

「哦！怪不得你的日語說得這麼好，你應當娶個東京新娘回來才對啊！」

由於張志平的日語說得太流利了，所以，日本特高刑事對他的印象很好，只對他開了個玩笑，就不再找他麻煩了。於是，張志平很順利地搭上南下的火車。

十四

彰化、鹿港以及臺南三地，人們並稱為臺灣的古老城市。那兒，有許多寺廟與古蹟，日本人不喜歡這些中國色彩濃厚的城市，志平特地來彰化拜訪好友陳烈火。陳烈火在幾年前，畢業於東京帝國大學的英文科，當年是一位高材生，但是，現在卻落得在一家保險公司，當一名低級的勸誘員❶。

陳烈火的家，就在彰化東門的八卦山附近，城門早已被拆毀，現在已不留痕跡了。不過，在那兒還遺留有一座古色古香的孔廟。陳家是個古老的紅磚平房，陳烈火的妻子正好上街買東西去，留他一人在家看孩子，張志平忽然來拜訪他，使他驚喜萬分。

「老張，好久沒有看見你了，」陳烈火緊緊的握著張志平的手。

「你帶來這麼多禮物給我做什麼？」

「老陳，我很高興看到你，近來好嗎？想不到你已有這麼多孩子了！」

陳烈火嘆了一口氣說：「只可惜我讀了萬卷書，現在卻一無所用。雖然弄到了個小職務，但

❶勸誘員：日治時期保險員的稱呼。

卻空閒得不得了，每天除了跟老婆廝混外，找不到別的事做，孩子當然會多了。」

陳烈火一看見這位好友來，忍不住一面自嘲一面發牢騷，張志平對於他的每一句話，心中也興起了共鳴。

「本島人除了讀醫科及法科的人能自立外，都像我們這個樣子，毫無理由地失業。我回臺灣已經好幾個月了，但一直找不到事做。過去所學的東西，全無用處。」陳烈火聽了張志平的話，心中的不平之鳴，愈來愈大。

「也就是因為所學的毫無用處，所以，像我們這種窮人，才不得不去就低的職務。我想，即使是富家子弟，也不過如此，他們也同樣無事可做。所以，只有天天打麻將消磨日子，到最後，只好娶個小老婆算了。這就是日本殖民地知識份子的現實狀況。像我嘛！到現在還沒有被徵用為軍伕❶或通譯，那已算是很幸運的了。過去，在東大的本島同學裡面，有些人不願意住在臺灣，已經跑到重慶去參加抗日戰爭的行列了，那樣，才真算是男子漢大丈夫。假如我沒有妻兒的話，我也想去。但現在，你看，家裡有這麼多小孩，想走動一步都困難。」

「你說的話都是事實。陳先生，我想請教你一件事，最近，我讀過勞倫斯的《查泰萊夫人的戀史》，以及莫里哀的《蝴蝶夢》原文書，我覺得這兩本書很有意思，這種現代作品與古典作品比起來，如果要說其中有可取之處的話，那是什麼地方呢？這點我要特別請教你。」

「嗯！這兩本書我也看過，你知道我是崇拜古典作品的人，我不喜歡這種東西，不過，我還是認為這些現代作品，也有可取的地方。光舉愛情描寫的例子來談，不用說古典作品，就連狄更斯的《雙城記》都把愛情描寫得神聖了。可是，勞倫斯等的現代作家就不然，他們描寫愛情時，把它的心理學基礎以及生物學基礎都全部分析得清清楚楚了。這點，我認為就是一個很大進步。」

他們兩人，已經很久沒有機會談論文學了，而此刻竟能開懷暢談，彼此都覺得很愉快。就好像回到精神上的故鄉一樣欣慰。

他們談了一會兒，陳烈火妻子從外面回來了。

「這是內人宛兒，這位是我的好朋友張志平先生，張先生剛從臺中來，還帶來這麼多東西給我們。」

「請坐！請坐，謝謝你的禮物。」

陳烈火把妻子介紹給張志平。張志平一看見她的臉孔就覺得得面熟。他想，這女人多麼像東大附近，本鄉三丁目一家咖啡館叫「阿爾特．海德堡」最紅的小姐春代子啊！相像得幾乎使人覺得是同一人。春代子，就是陳烈火在學生時代，所熱愛的一個女郎，他常常以德文名字凱蒂來暱叫她。他也時常送鮮花給凱蒂，每逢到了咖啡館的公休日，他就陪凱蒂到東京近郊的高尾

---

❶軍伕：在軍中不負責戰鬥，只負責勞力的工人，不具軍人身分。

山或者是江之島去遠足。他們也常到邦樂座，以及武藏野館去看電影。為此，陳烈火常向張志平借錢，所以，他們的內幕，張志平知道得最多。

大概就是因為她很像凱蒂，所以，老陳才跟她結婚的——張志平在心中暗笑陳烈火的痴情。可是自己反過來仔細一想，他才自覺到素琴與宮田洋子兩人的臉型也有神似的地方。他細細地回味著過去，他想起最初見到洋子時，其所以能感覺到一見如故的東西，可能就是自己在洋子的笑容裡，發現了素琴的影子。而現在又相反過來，在素琴的臉上，也能看到洋子的影子。這的確是一大發現，想到此，張志平不禁重重地拍了一下膝頭。他心中雖然不斷地為自己否認，但事實上，他對洋子是無日不忘的。

「喂！你到底在想些什麼？」

「我正在回憶本鄉三丁目的阿爾特海德堡咖啡館，想當年太平時代，我們的生活，過得比現在好多了。」

「的確不錯，海德堡是值得懷念的，那時候，戰爭還沒開始。」兩個人，都禁不住沉緬於學生時代的快樂回憶中。

戰爭愈拖愈久，臺灣也開始物資缺乏了。不過，由於彰化是全島農產品與畜產最豐富的地方，所以，陳烈火的妻子所端出來午餐的菜，還算豐盛。有彰化的臘腸，有鹿港的蝦姑頭，都是相當可口的。

「我說啊，老張，你從小在日本唸書，你的臺灣話說得比日本話差，你也吃不來臺灣的東西，我奇怪你為何不娶日本女人為妻子？這真是出乎我意料之外的事。」

「我是跟表妹結婚的。」

「那倒不錯，日本也有一句俗話說『表兄妹的結婚味道最好。』哈！哈……假如佛洛伊德或勞倫斯知道的話，他們一定會批評近親結婚的人，說他們在心理上還保留有原始時代血族結婚的記憶，哈！哈……」

由於喝了些酒，所以，陳烈火的書生本色終於又流露出來了，他還連連說了許多笑話。

「吃了飯，我陪你到鹿港去玩，坐巴士很快就到。在臺灣，鹿港與臺南這兩個地方，保留的中國式建築物最多，是很值得去看看的，以前你不是沒去過嗎？」

「小時候是去過的，但已幾乎忘了，好，我們去看看吧！我們無法到重慶去，只好到鹿港去，欣賞欣賞祖國建築物的氣派與氣氛。」

鹿港的街道早已近代化了，但它的小巷子，還保留有原來的純中國式樣。那些狹長而鋪有紅磚的小路，最富有歷史的情調。古老的寺廟，鹿港比彰化還要多。清朝乾隆時代建立的龍山寺及文武廟，的確是極少見的豪華殿宇。在帆船貿易時代，曾經是大商港的這個城市，但現在，還到處可以看見誇耀傳統的食品。例如：鳳眼糕、綠豆糕，以及酥餅等精美點心。這些小點心是在一家叫「玉珍齋」的老店舖出售的。由於母親及素琴都喜愛這些東西，所以，張志平買了很多，準備帶回家。

「我們今晚到八卦山上的溫泉旅館去住一夜，好不好？那地方有相思樹林，環境很幽靜，我陪你去住，你看怎樣？晚上，如果站在山上，遙望街市的萬家燈火，那夜景才真是好看。」

兩人由鹿港回抵彰化，在一家叫「貓鼠仔麵」的老店，吃一些蹄膀與茼蒿菜煮的湯麵時，陳烈火苦苦挽留張志平。可是，張志平因為婚後從未在外住夜，所以，他想，還是回家去好些。

「臺中離這兒很近，我想還是回家去好。下次，請你們到我家來玩，如果你們能來，內人一定會很高興，」

陳烈火只好送張志平去彰化車站，兩人幾句話別，張志平便又乘火車回臺中去了。

「咦！你不是去旅行嗎？怎麼這麼快就回來了！」

素琴見丈夫不願意在外過夜，卻趕著回家來，心中不覺暗喜。

「我還是覺得在家裡好，我的朋友請我到八卦山上的溫泉去玩，但我拒絕了。」

志平把早上帶出去的一百塊錢，原封不動地還給素琴。

「啊！表哥！你真好，這樣才真是理想丈夫，你今天到哪些地方去？玩得開心嗎？」素琴看見丈夫不但不在外住夜，而且也不上酒家去耗費金錢，對他感覺很滿意。

「今天我到彰化去看一位東大畢業的朋友，叫陳烈火，還跟他到鹿港去玩。我告訴妳，當我第一次看見陳烈火的太太時幾乎嚇了一跳。因為我發現她跟以前陳烈火在東京時，常去的一家叫海德堡咖啡館的一個女孩子很相像，那女孩子跟陳烈火曾經打得火熱，很可能就是因為兩人很相像，所以，他才會跟現在的太太結婚，在他心中，一定仍在懷念過去的女朋友。」

糟糕了，無意中失言了——張志平立刻覺察到自己把話說漏了。很想趕快勒住，但已太遲了。懷孕中的女人是最易發怒的，素琴的臉色立刻就變了，馬上毫不留情地向志平挑戰。

「我早知道，你結婚後，還是每天都忘不了宮田洋子。今天，我一定要弄個明白，你跟那女人以前做過什麼事。究竟是什麼樣的關係？我知道你一定常常跟她接吻擁抱。好！現在我要你把全部的經過都講出來，我一定要明瞭真相，然後再來決定我自己的態度。」

「妳先不要緊張，冷靜一點好不好？過去，我已經好幾次坦白向妳說明了，我跟她之間的關係是完全純潔的，我碰都沒碰過她。」

「你的花言巧語並不能瞞過我！好！就當作是純潔的吧！那麼，你對她是純潔的，對我卻完全是一副色鬼的面孔，你太欺負我。」

「妳不要這樣無理取鬧好不好？妳未免太多心了，自從與妳結婚，我對妳完全忠實的，希望妳相信我。別太緊張衝動，否則對身體不好。」

張志平極力安慰著懷孕中的妻子，而趁機把這場風波結束了。他故意打開收音機，讓播音員的聲音洋溢客廳內。此時，收音機正在廣播鼓吹侵略戰爭的那一套無味而乾燥的精神講話。

「……我們臺灣島民，如今，沐浴了皇恩，已經四十年有餘了。在此皇國興廢之秋，大家應該把自己的一命獻給天皇陛下，來共同邁進東亞新秩序的建設。現在，已經有多數本島青年，或當通譯，或當軍伕，在前線為了皇國而盡忠，我們感到這是至上的光榮。現在我們更進一步要求政府，早日在本島施行徵兵制。不，現在才把兵役的義務加在本島人身上，那是稍嫌過遲了。當前最要緊的是，我們要向前線供給軍糧，所以我們大家都要節省糧食，不久，『米配給統制規則施行令』將要公佈了。我們本島人，對於總督府這樣賢明的措施，是絕對擁護的。」

用全部錯誤發音與音調廣播的這一篇日語訓話，無疑地，是本島人的大紳士，被日本人強迫站在麥克風前，宣讀別人寫好的原稿的。正在廣播的這位大紳士，大概自己也有役齡的兒子吧！聽起來，他演說的聲調裡帶著顫抖。

素琴聽了收音機這篇嚴肅的訓話後，人已恢復了冷靜，也不再向丈夫發脾氣了。她一想到萬一志平也被徵往前線去的話……想到這兒，心頭不覺一陣辛酸，此時，她忍不住睜大眼睛，望往她的丈夫，暗自嘆息著。

第二年，也就是一九四〇年，素琴生了一個白胖可愛又美麗的女孩，志平的高興是難以形容的。這年，總督府已經開始用半強制的方式，勸告本島人使用日本式的名字，所以，做了祖父的張泰岳，就把這個剛出生的孫女兒命名為慶子，不用說，這就是日本式的名字。

十五

一九四〇年，一過了年，臺灣總督府便動員了宣傳機關、民眾運動等所有的手段，來著手清除臺灣的一切中國色彩，這就是所謂「皇民化運動」。

丁炎、楊修業等人，率先起來響應。丁炎的一家人，都全部改了日本式姓名。丁炎改為手井炎一，阿雪改成為雪子，蘭心改做蘭子，瓊妹變為瓊子。丁炎還有一位未出嫁的女兒安娥也改為安子。他在日本盟邦德國留學中的兩個兒子——文雄與武雄，早已經用日本名字了，所以，不需要再更改。這兩個人，只要把姓改為手井就行了。「丁」跟「手井」在日語中是同音，所以，丁炎在心中暗想，像這樣的改法，絕不會得罪祖先的亡靈吧？他以此引為自慰。

楊修業比丁炎更為積極，他想取用日本貴族的姓「藤原」，竟反而受到當局的責備，因為當局認為這是僭越之舉。不過，當局為了嘉勉他對皇民化的熱心，終於准許他採取藤原的其中一字，改姓為藤田，於是，楊修業也改姓名為藤田業太郎了。廣播電臺與報紙，對於丁炎與楊修業的這種率先示範行動，稱讚不已。同時還報導出，不久將有改姓名辦法的公佈，所有人都必須改姓名，這種口氣是帶有半威脅性的。接著，報紙上又強調，從今年起，中國風俗的陰曆週年將被廢止了。當時為了達到這個目的，已經決定將陰曆正月的七日間，規定為義務勞動週。這種記事，天天都刊載於報紙上，顯得非常醒目。

「為什麼妳事先一句都不跟我說，就擅自去申請擔任義務勞動的女子隊長？日本話妳不大會講，萬一出了什麼亂子，怎麼辦？」

丁炎對於以十三點著稱的小老婆蘭心，竟去參加義務勞動，表示非常憤怒。他知道蘭心必定是懷有鬼胎的，總歸是會丟他的臉──丁炎已經預料到它的後果，他心中暗怒著。

「咦！那有什麼不好？剛才有很多日本人來說，這個義務勞動，必須由本島上流家庭的太太們來起個模範作用，太太既然不肯去，當然是由我去了。但是，假如你認為不可，那你自己去跟他們說吧，我剛才已當面答應他們，我絕不能再去推辭掉的。」

蘭心拿出日本人的大牌子來反駁了，丁炎迫不得已，只好聽其自然。

早上，大稻埕靜修女學校的校內與校門外，擠滿了臨時編制的義務勞動女子隊的隊員們，像螞蟻群集似的那麼多。她們聚集在那裡，因為臺灣話被禁用了，所以，大家只得用音調與發音錯誤的日語大聲聊天，喋喋不休。這種日本話是日本人所聽不懂的。事先，大家都接到通知，不許穿臺灣式的服裝。因此，這一群婦女，衣服都是中日折衷的，穿得不倫不類。在她們手中，一個個全拿著竹掃把或鋤頭，腰間還繫一個便當，看來似乎雄赳赳的。日本人跟本島人的男女指導員，在一旁大聲警告大家要保持肅靜，還叫她們不要說臺灣話。同時還在那兒一面整理交通。從日本人的眼中看來，聚集在這兒的本島婦女們，都是劣等人種，是該受輕視的。

蘭心在校門前下了車，就叫她的自用人力車回去，她一下車，就發現在人山人海的群眾中，有一個掛著臂章的指導員，那不正是黃正雄嗎？她不禁一怔。此時黃正雄也看到蘭心了，三年前，他曾經在朝日丸輪船的夜暗中，擁抱過這個三十歲的女人，他對這件事，至今還念念不忘。

「太太，好久沒有看見妳了，回臺灣後，一直想再見妳一次，所以，常到妳家門前蹓躂蹓躂，今天，能在這兒看到妳，已使我如願以償了。」

「等一下我會假裝生病，那時你得過來照顧我，並跟我一起溜出去，你懂嗎？我們可以找個什麼地方聊聊天。」

歌仔戲班裡出身的蘭心，很會演戲，裝病在她簡直是易如反掌的。

「大家集合！立正！現在分成四列縱隊，用徒步走三公里半的路，到圓山的臺灣神社去。到了神社後，全體隊員一起舉行參拜。然後，要清掃神社的外苑，拔草的工作是最要緊的。到那邊後，大家要聽指導員的指揮來工作，不許有個人擅自的行動。絕對禁止用臺灣話交談。還有一件事，在這裡我要特別告訴各位，就是今天的義務勞動，有本島第一名望家手井炎一的夫人手井蘭子女士，來當我們的隊長，指導我們。現在，就請手井夫人來對大家說幾句話，請大家安靜地聽。」

北署的署長是日本人，他站在校園的司令臺上，命令大家集合，所以，剛才還吵吵鬧鬧的人群，這才靜了下來。校園裡，立刻靜如止水一般。這位署長，平常視本島人為劣等人種，是很瞧不起的。但是，他常從丁炎那兒拿到賄賂及零用錢，還受許多餽贈。所以，他對蘭心倒是很有禮貌的。

「太太。請妳說幾句話吧！請！請！」

「我不大會講日本話，我也不知該說些什麼？」

「每逢這種聚會，將來必須全用國語，不過今天是第一次，所以，妳就用臺灣話講好了。講話的內容，可以強調我國為了建設東亞新秩序，正與支那戰爭，英美諸國都很嫉妒我們，周圍到處都是敵人，在此國家危急之際，不分內地人與本島人，都要團結為國盡忠，大概講這些話就行了。哦！還有一點得請妳補充，就是無論男女，對國家所負的責任，是一樣的。」

「我知道了！我知道了！」

在戲臺上的表演，蘭心是最熟練的。她馬上很神氣地走上司令臺上去，以很流利的臺灣話開始演說。

「各位姐妹，我們大日本皇國，幾年來，為了建設東亞新秩序，正與支那進行長期的戰爭。在這樣國家緊張的時候，不可常說，他是日本人，我們是臺灣人，要知道大家都是天皇陛下的子民，大家應當一心一意地來協助戰爭才對。我們女子也應該跟男子一樣，對皇國負有責任。各位一定看過歌仔戲裡的《穆桂英掛帥》這一齣戲，你看！就像那樣，女子有時比男子更高明，這就可以做為我們的模範。」

演員出身的蘭心，把人家說的話，再重說一遍，那對她，是習以為常的事了。不過，她不留意而在話中引例了「穆桂英」，無形中，就把自己的身世暴露出來了。這真是三句不離本行，難怪司令臺底下，有幾位主婦，由於她們對蘭心的出身早就一清二楚，所以，都不約而同地幾乎要笑出聲來，後來勉強才把它忍住了。指導員一看情形不對，連忙趁機叫大家鼓掌。聽眾不得已，只得零零落落而散慢地鼓起掌來，蘭心在稀疏的掌聲中，從司令臺上走下來了。

「署長，我因為很少出現在大庭廣眾之前，所以，現在感到有點不舒服，說不定，我的心臟病又發了。」

蘭心按照她預定的劇本，開始表演假病人的角色。

「那還了得，請趕快趕快回家靜養。黃先生，你快打個電話，叫輛的士來。」

署長小心翼翼地侍候蘭心，並催迫黃正雄快去叫的士。

「不知道可不可以派黃先生送我回家？我怕在路上心臟擴張的毛病又發作。」

蘭心的臉皮真厚，她竟敢再要求派黃正雄陪她回去。

「黃先生，那麼這邊的事你不用管了，不過，你得小心送手井太太回家。」

常常受丁炎接濟的這位署長，對於丁炎的姨太太蘭心，一切都是唯命是從的。

跟黃正雄一起坐上的士後，蘭心考慮一下，到底到哪裡去比較妥當，黃正雄是丁炎的政敵楊修業的親戚，她自己又是丁炎的姨太太，兩人在一起，不管被哪一方的人看到，都是不利的，所以，在臺北市區裡面，可以說是沒什麼地方好去。她也想過北投的旅館，但是，她又想，假使在旅館裡碰上熟人的話，那不更糟糕？她忽然想起丁炎在臺北近郊有很多田地，對了，只要肯硬著頭皮到佃農家去，那不是最方便嗎？在佃農家裡，儘管你做什麼再了不起的水性楊花之事，但由於佃農是提供了場所，已犯了幫助罪，所以，他絕對不會去告訴丁炎的。這些佃農最怕丁炎發脾氣，而把他的田地收回，如此，就不須特別拜託他們，他們也一定肯保密的，而且，頭家的家族光顧佃農們家時，他們一定是殺雞備酒來款待的。——這樣子打定了主意後，蘭心便決定到唭哩岸的佃農家去了。

「到北投途中的唭哩岸去。」

當蘭心這樣吩咐司機時，黃正雄的心幾乎要跳出口來。在車子向前行駛時，他偷偷握住蘭心的手，蘭心立刻使盡力氣來反握他。

「我帶表弟要到北投菜堂去，不料車子在途中壞了，所以，想到你們家來休息休息。」

蘭心是個演慣戲的人，所以，任何謊話都能說出口。

「呀！太太，真歡迎妳來，家裡很髒，不嫌棄的話，請進來吧！因為一開始戰爭後，肥料一直不夠，所以，去年的二期租谷，你們也為我們減免了不少，我們全家人都很感激老爺的功德。今天是陰曆過年的義務勞動日，所以，家裡人都出去了。請進來休息吧！鄉下沒什麼好東西，我馬上就去準備午飯。」

由於蘭心突然來，使得佃農的妻子不得不立刻忙於準備午飯招待她。

「我們要在裡面的房間商量要緊的事，妳只要為我們預備點茶水就好，其他東西不必了。」

蘭心跟黃正雄進入裡邊的臥房去，他們一邊喝茶，一邊談著別後種種。

「我以為你老早結婚了，想不到你至今還是個光棍。」

蘭心從香煙盒裡，取出一根美國製的香煙來，她點著火，自己吸了一口，然後交給黃正雄，她的每一句話和每一個舉動，都富於挑逗性的。

「從朝日丸輪船上見面那天起，我就對妳非常思慕，今天能這樣與妳見面，我的願望總算達到了。」

黃正雄的眼中，溢滿了熱情與慾望之光。

「你對我的看法怎樣？是不是把我看成水性楊花的壞女人？」

「我從沒有見過像妳這樣美麗而了不起的女人。」

黃正雄的話，並非虛假。這兒如果有好幾個一切條件都相同的女人在一起讓他選擇的話，多數男人都會比較喜歡壞女人的。蘭心捉住了男人這一弱點，所以，她故意更熱烈地表現出風騷的姿態。她想，世界上也只有像瓊妹般未成熟的女孩子，才會滿足於像丁炎那樣頭髮斑白的蒼老男人。而像她這樣三十歲左右的女人，若不去勾引年輕男人，是太不值得的，也不會過癮的——這是幾年來，她所堅持的信念。

「太太，我在那邊準備午餐，如果有事，請隨時叫我。」

佃農的妻子，已漸漸明瞭了他們兩人的來意，所以，紅著臉，說了句客套話，便退到廚房那面去了。

蘭心以眼睛向黃正雄示意，要他關上房門。佃農家黯黑的臥室，本來就沒有窗戶，所以，也就用不著放下窗帘。倆人在竹床骯兮兮的被單上，隨心所欲地擁抱，求取彼此慾望的滿足。這情形，就好比兩頭瘋狂的野獸，被關在檻內而困鬪著。

到了中午，坐在正廳用膳時，黃正雄顯得疲憊不堪，他感覺到臉上還殘留有蘭心的口紅及面霜的香味，使得他還在陶醉於美夢中。他的兩隻耳朵及雙肩，都被顫動慾望中的蘭心咬過，因而，還陣陣劇痛著。他不斷用左手撫搓著肩頭。蘭心卻不停地用筷子撿雞肉、鴨肉擺在他碗裡。黃正雄因為肚子餓極了，受了她的殷勸，也就狼吞虎嚥地吃起東西來。但由於他已精疲力竭，頭都昏了，因此完全是機械性地動筷子而已，根本就食不知味。蘭心本來就食量小，只吃了點雞湯及甜番薯湯。

「下次什麼時候才能再見妳？」

對黃正雄來說，吃不吃飯都是無所謂的，此刻，他所關切的是，下次如何再與蘭心約會。

「我想起來了，每個月的陰曆初一及十五的早晨，我一定會去艋舺的龍山寺拜佛，那個時候，你可以到龍山寺的正殿來，在那兒等我就行了。」

由於下次的約會已經有把握了，所以，黃正雄才放了心。

在兩個圓桌以及一個補助用的八仙桌上，擺滿了蔴油鷄酒、鹽菜鷄、白斬鷄、白斬肉、豬肝、滷肉、炒下水、炒花枝、炒冬菰、炸鯛魚、螺肉罐、干貝罐、炒米粉、炒大麵、櫻桃湯、蕃薯湯、汽水、啤酒、香蕉、桔子等美酒佳肴，看來，這些東西是足夠二十人享用還有餘。佃農在習慣上，款待頭家必須如此鄭重其事，否則就有失禮貌。

在戰時糧食欠缺之際，一個女人能在短時間內，準備出這麼多的酒菜來，可算是一個奇蹟。大概是因農民們瞞著警察偷偷地過陰曆年，所以，才會有這麼多食品。也或許是這位佃農的妻子，集合了附近農家所有的貯藏，才會有這樣鋪張的場面。總之，蘭心對佃農的妻子這麼隆重的招待，感覺非常滿意。

臨走時，她打開手提包，取出四張十圓鈔票，教她收下。

「正好是過年，這些是給小孩子的壓歲錢。」

「啊！太太！給這麼多怎麼行。」

佃農的妻子，再怎麼樣也不肯收下這個錢，但蘭心一定要給她，要她收下，才肯出她家門。

蘭心跟黃正雄，在唭哩岸的公路旁，跳上從剛才就停在那兒等他們的士。為了避免閒人注目，她叫黃正雄在士林先下車，而讓的士只載她自己，直駛回臺北去。

每天沉醉於抽鴉片、打麻將、打四色牌而消耗時光的蘭心，今天，可說是她最快樂的日子。很多年以來，她沒有像今天這樣的感覺，她變成了一個少女，而且心裡常浮動不已。

十六

從那時算起，將近一年了。蘭心還是常常跟黃正雄幽會，像在唭哩岸的佃農家所做的事，時常在重演。黃正雄是個庸俗的青年，他在早稻田大學留學時，連書都不曾好好地唸過，每天，都到高田馬場或新宿的電影院、酒家、咖啡館等地方消耗時間。所以，他對於曾當演員的蘭心，從一開始，就懷有憧憬之心。至於蘭心，由於對色情方面經驗豐富，所以，倒是表現得很乾脆，她只要從黃正雄那兒，能求取慾望的滿足就好了。就因為蘭心這樣的滿不在乎，所以，他們之間的關係，才能維持得這麼長久，從沒有產生過微妙的感情，彼此之間也不會發生厭惡的心理。

熱帶植物叢生，風景美好的臺北植物園，是住在城內的日本人學生最愛去玩的地方，也有一些日本人夫婦，在黃昏時，攜著小孩到那兒散步，而住在大稻埕的本島人是不常到這兒來的。因此，這地方就成了蘭心與黃正雄，為了避人耳目而會面的最適當場所。冬天十二月，臺北天氣已逐漸轉涼了，所以，他們兩人時常到植物園散步，且在水池邊那家賣苗圃餅的日本茶店約會。❶

❶日治時期，日人設「臺北苗圃」，實驗栽種經濟作物，後改為臺北植物園。園內有建功神社供奉因公殉職的人，神社旁水池邊設日本茶屋供祭拜者休息。

「從五金起，到布料、砂糖，一切都實施配給制了。只要你敢作黑市買賣，一定會很賺錢的。我最近做了幾次黑市，也賺了不少。因為我的姑丈楊修業跟警察交情很深，所以，很多人做黑市被檢舉而被捕，但我至今還不曾受累過。」

黃正雄本來是由其姑丈楊修業推薦，在陳家當一名事務員的。但自從他涉足黑市買賣之後，現在有錢可花了，所以，他也買過美國製的大衣料、法國製的香水送給蘭心。每次約會，黃正雄都不惜花錢，因此，他們倆人還常享用已被禁止自由買賣的美酒佳餚。

「我看你現在有點錢了，是不是準備娶個新娘？一定有很多人給你作媒吧！是不是？坦白告訴我吧！至今我也能當你婚事的顧問。」

蘭心對於男女之間的事，不管什麼，她都有很大的興趣，所以，一開始，她非把話題談及男女之間的事不可，否則，她不會過癮。看她的樣子，彷彿黃正雄結婚後，她仍希望繼續現在的關係似的，患有精神分裂症的蘭心，對於自己這樣矛盾的心理是不在乎的。黃正雄似乎也絲毫不想跟蘭心斷絕來往，所以，他在蘭心面前，把什麼事都全盤托出。

「因為我姑丈是陳家的管家，所以，他時常策動要陳家的小姐嫁給我，對這件事，不知道妳的意見如何？」

「什麼、就是那些陳家的人嗎？」

三年前，蘭心曾經到稻江會館看過熱鬧，去看那臺灣第一望族陳家姨太太玉梅的葬禮，自那時起，她對陳家就懷有反感及興趣，她把陳家的內幕打聽得相當清楚。

「你說的就是陳仁德的女兒們嗎？你娶什麼人做妻子我都不反對，就是不能娶陳家的女兒，我曾經聽過新聞記者們說——那些舊家的人，從小就為了爭財產與爭寵愛而鬪爭，他們除了阿諛、權謀，以及嫉妒外，什麼都不懂，所以，在那種冷冰冰家庭裡面，正常心理的人，一個也沒有。為了你的前途，你要跟富家女兒結婚，我也贊成的。不過，假如你真是這種心思的話，那還不如跟因黑市交易，而發了戰爭財的人的女兒結婚好些。這也配給，那也配給，配給的範圍愈大，發黑市財的人就愈多。這些人都是很闊氣的，他們給女兒的陪嫁一定很多，我知道所謂舊家名門，像陳家這樣的，都是很小氣，他們的女兒出嫁時一定拿不到很多陪嫁的錢。」

無論到什麼場合去，一定出紕漏，且常使丈夫丁炎丟臉，而被叫做十三點的蘭心，事關男女關係，她所說的話，往往有很精彩的見解，黃正雄聽她所下的結論，也衷心欽佩。

「我當了陳家的事務員，時間還短，所以並不知道他們的詳細情況。可是，照我所聽到的片段消息，我敢說，妳剛才所說的話全是事實。」

「是嗎？那種舊家的人們，那是叫什麼？……哦，想起來了，想起來了，那是叫做『遠交近攻』，為了不斷的爭利，所以，愈親的人，感情愈壞，疏的人反而好些。那麼，我看，你還是當他們的事務員好也說不定。做他們家的姑爺，也許會反而不好。」

「蘭心，妳真了不起，為什麼妳對什麼事都這麼清楚呢？」

在黃正雄這個不學無術的市儈眼中看來，蘭心那有限的見解，已值得他欽佩了。跟完全成熟了的女人，耽溺於靡爛愛慾中的這個青年，至少在目前，他並不急於找一個少女為結婚對象。年輕的男人，除了在心理上很早熟的人以外，大都認為成熟了的女人，比黃毛丫頭好得多。像這樣的男人，要等他到了相當年齡後，才能恍然大悟，而去發現少女的新鮮美，且認為過去的自己是盲人，到現在才睜開了眼。黃正雄也就是這一類型的人，他是個心理上比較晚熟的男人。

「我不甘願長久當他的事務員，好在我的姑丈楊修業說，不久總督府將成立一個『皇民奉公會』，我準備率先參加這個會，而來做點事業。」

丁炎忙著勾結日本的中央政要與軍部將校的時候，掌握著地方勢力的政敵楊修業，一步一步地攀上了總督府，他準備當個皇民化運動的先鋒。他的內姪黃正雄，就是想利用這個機會，展露頭角的。

「是嘛！男子漢大丈夫，以飛黃騰達為重才對。你有這樣決心的話，你一定要巴結總督府，一定要為他們賣力，你得好好幹下去，我對你期待很多。」

蘭心對於黃正雄那種為達目的而不擇手段的做人方法，表示很贊同，她特別對他鼓勵及煽動。他們兩人都是庸俗的市儈，兩人正是臭味相投的。

幾個月後，黃正雄所盼望的皇民奉公會正式成立了。臺灣的住民，一個不差地全部被迫參加為這會的會員，那是一九四一年四月，報紙上，每天都登載有如下的記事：

在六百萬島民感激聲中，成立了皇民奉公會。這個典禮在四月十九日上午十時，假總督府正廳舉行。到有籌備委員，軍、官、民三方的人士多人。地方官廳、在鄉軍人會、愛國婦人會、國防婦人會、商工會議所等，也都派有代表參加，到會者一共有一百五十餘名。這個典禮，在拓務大臣代表橋爪行政課長、長谷川總督、本間軍司令官光臨指導之下，盛大而隆重地舉行，全體與會者，都表示只許成功不許失敗的決心，大家重新決議，而向實踐臣道的目標邁進。

報紙、雜誌、收音機都一致地忙於宣傳這一套官製的民眾運動，其中，以收音機的廣播最富於戲劇性：「……皇民奉公會成立的目的，在於實踐臣道，我現在要用很平易的話來說明一下：我們大日本帝國，所有的東西，一切都是出於神的子孫——天皇，一切都要歸於皇室中心主義。我們大日本帝國，是一個這樣的大家族國家，所以，我們的生命財產，本來都是陛下寄託於我們的，一旦陛下需要這些東西時，我們必須把生命財產奉獻給他才對。陛下是一位活的神，我們日本人為了對陛下盡忠，是水火都不辭的。你看，那些被召集的皇軍勇士，在大陸的炮火，高喊天皇萬歲，而不惜為國捐軀。只看這一事實，誰都能明瞭，我們大日本帝國的確不愧為大家族國家。古歌有云：『海戰時，屍首是浸水的。山戰時，屍首是生蒼苔的。為了大君而死，於心也甘』。這就是日本民族原來的傳統心理。詎料，自從歐美的個人主義、自由主義，以及民主主義等毒素傳來我國以後，喪失了日本人本來心理的人已不少了。我們皇民奉公會，就是要針對這樣的毒素思想而抗爭……」

明治維新以來，受了西洋近代思想的薰陶，已經有半世紀多的日本人，對於皇民化奉公會這樣神祕的，也好像日本古代祭政一致的思想，大家都感覺不大能體會。日本人如此，又何況臺灣本島人怎能瞭解這一套呢？要使臺灣人瞭解這一套思想，幾乎是不可能的事。總督府當局眼見這種情形，禁不住惱羞成怒了。對此，他們認為非從臺灣人裡面，完全消滅中國傳統的言語、風俗，以及信仰不可，且認為必須把臺灣人完全同化為日本人，達成皇民奉公會的目標，否則實踐臣道是無法實現的。他們畢竟已到達這樣瘋狂的結論了，於是，皇民奉公會決定，不管三七二十一，要先把中國的言語、風俗習慣撲滅再說。

這年五月，長谷川總督在臺北的總督官邸❶，召開一個把軍官民打成一片的座談會和宴會，本島人的大紳士被邀請來參加這個會的人也很多。到會有臺灣軍司令官本間中將、馬公要港部司令官山本中將、臺北帝國大學安藤總長而下，總督府各局長、各課長、臺灣總督府評議員、各地的豪商望族，可以說，軍官民中的所有重要人物都網羅在內。到會的這些人，也就是剛剛成立的皇民奉公會的主要份子。

總督跟軍司令官，傲慢而簡單地講了幾句話寒暄話後，就由負責皇民奉公會實際工作的總督府內務局長守邊喬夫，來宣佈這個會的意義及其實踐方法。他特別邀請本島人的士紳，要他們發表意見。

「……已經有若干銀行、公司、工業，自動訂立了公約，在辦公廳內講臺灣話的人，每次扣除他十錢罰金。這個方法是值得獎勵的。我們準備在最短期間內，對於講國語的家庭，在他們的大門上，釘一個『國語家庭』的牌子，增加糧食與生活物資的配給，對於非國語家庭的人要減少一些。這個計畫正在進行之中，我們已經獎勵本島人的所有家庭裡都設神棚，供奉皇祖天照大神宮，這個措施已做得很順利。可是，我認為那樣還不夠，我覺得對於本島人所信仰、所崇拜的支那式寺廟，我們也非有一套對策不可。今天，在座的本島人諸君，我希望你們各位，對於皇民化運動，提出比較積極的高見……」

這個集會可以很明顯地看出，日本人是想借此聽取本島人的意見而開的。所以，在座的日本人大家都不大發言。反之，本島人們都再三被催請出來發表每個人的意見。

「據我看，這個皇民奉公會之成立，其目的不外乎在於謀取內地人與本島人的融洽，為了早日達到這個目的，我認為內臺結婚也是應該更加獎勵的。」

這是畢業於帝大也及第高考，曾經當過花蓮港廳課長的陳考之發言。他早就以身作則，娶了日本女人為妻，且生有三個子女，所以，雖然他所說的話屬於愚論，但是，滿座的人都極嘉許

---

❶總督官邸：落成於一九〇一年，即今總統府對面的臺北賓館。

他的誠意，大家都點點頭，表示贊同。丁炎看見陳考這小子，竟先站起來發言，心裡很不高興。

「根據鄙人管見，支那式的寺廟應當立即全部廢止，同時，要多建神社才對，這樣一來，對於本島人的精神動員，一定會有好的影響。」

平生不信佛不信神的楊修業，毫無顧忌地建議廢止中國式寺廟，他想借此博取日本人的歡心。對於他的這種暴論，連日本人方面，都有人出來提出異議。石川文夫是一家報社的社長，他很婉轉地提出違憲論來反對楊修業的建議。

「廢止支那式的寺廟固然很好，可是，我國的『帝國憲法』是保障信仰自由的，所以，假如強制來進行這件事的話，可能會發生很微妙的違憲問題。所以，我希望對這個問題要慎重處理才好。」

平常很迷信，且對寺廟捐款最熱心的丁炎，看見他的政敵楊修業，提出廢止寺廟的議論，一肚子的不高興，好在日本人方面，已有人出來反對了，所以，他現在才鬆了一口氣，從容地站起來，開始主張他那狡猾的寺廟擁護論。

「依我的淺見，寺廟、神佛這些東西，從帝國對本島的統治上看來，是頗有利用價值的。不管是怎樣壞的人，只要他手裡拿一炷香站在神前時，心中絕不會去想一些殺人、竊盜、做反的事情，我希望當局對這點，加以考慮。」

楊修業的寺廟即時全廢論，是由於守邊內務局長的授意而發出的，可以說是最接近總督府論調的一種意見。誰知軍部倒贊成了丁炎的意見，看來，這番論戰，丁炎的形勢是不壞的。

「我們軍部認為，今後統治支那大陸的住民跟南洋華僑時，支那人特有的宗教思想，是要加以利用的。站在這樣的觀點來看，臺灣的支那式寺廟，於我們的政策，具有一種標本作用，像這樣貴重的標本，何必急於把它破壞呢？」

臺灣軍司令部山本中佐的這番話，有力量使總督府讓步了。結果，成立了一個折衷案，即對於寺廟不強迫廢止，但要慢慢勸告它們合併，同時，要勸告管理寺廟的人，設日本式榻榻米的神殿。至於熱鬧的迎神賽會，當然也要受禁止的。楊修業、丁炎之間所爭執的寺廟論戰，看起來，是各利其半，勝負難辨。

在這家模仿法國貴族宅第而建造的總督官邸輝煌燈光之下，豐盛的西餐宴會現在開始了。但是，丁炎與楊修業，彼此只交換了一個冷笑，也不想交談，因為他們在心中彼此對敵。

楊修業的內姪黃正雄，被任用為皇民奉公會中央本部事務局的人員，也就是在這個座談會後的事。現在的黃正雄，已搖身一變為汽車階級的要人了。

十七

女兒慶子出世不久，張志平早就害怕的事情，現在降臨頭上了。他終於被徵用為第三艦隊的通譯。他想起了前年從日本回來時，在船上遇到的大學前輩長島大尉。於是他立刻趕到臺北東門的海軍武官府去懇求長島，替他想個辦法，看看能否把他調到比較安全的地方去。

「假如方便的話，最好能讓我在你底下工作……」

「我看機會好了。不久，我將被調到上海的海軍武官府去。那時，可能就會有機會，你暫時在軍艦上忍耐一下吧！」

現在已經升為海軍少佐的長島，很誠意地接受了張志平的懇託。長島對他的友情當然是很深的，不過由於母親跟妻子素琴出了主意，張志平把一筆龐大數目的錢，偷偷地送給長島，所以長島這才慷慨地接受了他的請託。以金錢為保障的友誼才算最靠得住的，這倒是人世的常情。

乘坐在封鎖福州、廈門，以及銅山島近海的日本兵艦上，飽受炎暑跟瘧疾之苦的張志平，到一九四一年初，好不容易才輾轉到達上海虹口北四川路底的海軍武官府，去當一位「奏任囑託」❶。

虹口北四川路附近的房屋，無論是屋頂或牆壁，都遺留有很深的彈痕，這些建築物的牆上，用黑色油漆大書「建設東亞新秩序」或「中日親善，東亞和平」等等日軍顛倒是非的宣傳標語。日本海軍的陸戰隊本部也在這附近，所以，這一帶的馬路邊，有些地方裝設有鐵絲網，有些地方疊起了土囊以為堡壘，警戒很嚴密，煞有介事似地。

隔了幾個月，在武官府與張志平見面的長島少佐，對他還是像以前一樣好。

「你已經到上海來，現在可以放心了，武官府的工作是最輕鬆不過的，你暫時在我底下擔任英文翻譯工作吧！武官府也有單身宿舍，不過，我住的地方很寬敞，有的是空房間，你就住在我家好了，我馬上就叫勤務兵把你的行李搬過去。」

「受了您這麼多的照顧，很感謝您。」

張志平意想不到長島對他考慮得這麼周到，事實上長島對他的照應還不只這些。

「我們軍人，是不能把家眷帶到占領地區的。可是，你是軍屬❷，要把家眷帶來，並沒有什麼困難，等到你的生活上軌道以後，我一定會幫你想辦法的。我想，你一定很想見見你的太太和小孩。」

「那我真不知該如何報答您才好，這件事，就請您幫忙了。」

---

❶奏任囑託：奏任是任命官吏的一種形式，奏任囑託即為被官方任命的特聘人員。

❷軍屬：日本軍隊中，受僱於軍方而不直接參與戰鬥的人。

張志平離開臺灣已有半年多了，當他背井離鄉時，他的妻子素琴曾到基隆碼頭來送行，手上揮著被淚水潮濕了的手帕。她那麼憂鬱的臉，那顫抖的聲音，他每一想起，就覺得彷彿仍留在他的胸頭。而慶子那可愛的樣子，每天晚上也都飛入他的夢中。最近素琴來信說，一向很倔強，且還未到五十歲的母親，自從志平被徵用去以後，她時時刻刻都在怕死，她害怕不能再見兒子一面就會離開人世。現在長島少佐要幫忙他接家眷來上海，張志平當然是感激萬分的。

抵達上海的當天晚上，長島特請張志平到百老匯大廈❶去吃飯。這大廈有東京丸之內大廈的兩倍高，從屋頂高處，望得見上海街上的燈火輝煌，以及五彩繽紛的霓虹燈影。飯後，長島又陪他乘海軍車子到租界去觀光。

在上海這個人口五百萬的大城市裡，架在蘇州河上的橋面，設有不少日軍的崗位，以為境界，橋北是日本軍占領的虹口地區，橋南則是列國管理的公共租界。虹口這邊，一片黑暗，就像是座死城，冷清清，行人稀少。反之，橋南的租界，完全是另一個世界，所有的大街小巷，都擠滿了車水馬龍與人群。租界裡，五彩的霓虹燈光，使所有的高樓大廈變成了不夜城，這些風景，從虹口這邊望過去，也可以看得很清楚。因為日本軍占領地區的住民，個個都爭先恐後地逃進租界避難，所以，租界這邊人口一天比一天膨脹，且日新月異地繁榮起來了。

死城虹口與繁華的租界，簡直像陰陽兩個世界。雙方的電車、汽車、的士，都到橋畔為止就要折返，彼此是不接在一起的。從車上下來的乘客，必須以徒步過橋的。他們對橋上站崗的日軍兵士，總得先提出身分證後，再恭恭敬敬地行一個九十八度的禮，才被允許通過。這個敬禮的角度，如果差一點的話，馬上就有被刮耳光或被踢一腳的危險。張志平因為跟長島少佐同乘海軍的車，站崗的日軍，反而向他們舉槍行禮。於是，他們的車子就溜進租界裡了。

長島不斷地向張志平說明沿途的風光。這裡是最熱鬧的南京路，這就是二十六層的大樓——國際大飯店。那邊就是有名的跑馬廳。他們進入仙樂舞廳及麗都舞廳，玩了好一會兒才出去。長島本來就預備要去舞廳，所以，今天他是換便裝出來的。在日本，由於現在是戰時，跳舞早就被禁止了。因此，張志平已好久沒有下舞池，而且這些舞廳，都比東京的福羅里達還富麗堂皇得多，這些也頗使張志平開心。滬西越界築路❷——海格路的六國飯店，是日本軍所特許開設的最大賭場。那是為了騙取住在租界裡的中國人的錢而特設的。得到日軍特許而主持這賭場的人們，當然都是當地的惡勢力家。因為賭場的對象是中國人，所以，日本僑民是被禁止進去的。場內有便衣的日本憲兵監視著，以防他們的僑民偷跑進去玩。長島少佐與張志平，由於他們都是海軍武官府的人，所以，憲兵不阻止他們的出入。

❶百老匯大廈：位於百老匯路（現今大名路），擁有當時全上海最高的餐廳，現更名為上海大廈，是上海知名地標。

❷越界築路：是上海公共租界在界外修築的道路，屬於有部分行政管轄權的「準租界」區域。租界當局在此區僅擁有警務權，其他行政權仍屬於中國政府。

在燈光輝煌的六國飯店大廳裡，有數不盡的大檯子，被人山人海圍繞著，他們在那裡聚精會神地賭著。這些人到底用什麼賭具或用什麼樣的方法來賭錢，因為人太多，張志平始終看不大清楚。他只看見賭博的人們，都是身穿華服的男女，有些熱狂地跳起來，有的在高興地歡呼著，有的卻為失望而嘆息，每個人都顯示著不正常的表情，就彷彿一群瘋子一樣。張志平不禁為這些可憐的瘋子們感到無限悲哀。

張志平自從到上海，已匆匆過了半個年頭了。桂子飄香的中秋節也過了。海格路、愚園路兩旁的樹木，樹梢早已飄拂著黃葉，江南已進入深秋了。有一天，那是星期天下午，他想出去買點衣料，寄給在臺灣正苦於物資缺乏的母親及妻子。他把所有的錢都帶在身上，出了北四川路底的長島公館，向租界那邊走去。

他想過外擺渡橋進去租界，剛走到百老匯大廈附近時，他突然發現路的那邊，以古雅著稱的英國式旅館——禮查飯店的牆外，正走著一個女人。她不就是常出現於夢中，而至今仍使他念念不忘的宮田洋子嗎？他懷疑這是一場幻夢，他不覺睜大眼睛再仔細看了一次，的確不錯，那正是她。

「洋子小姐！洋子小姐！洋子小姐！」

張志平不顧一切地大聲喊著，一面很快地越過電車道，急急追向洋子的背影。

「洋子小姐！洋子小姐！請妳等一下，妳是不是還在誤會我，請妳聽我解釋吧！」他好像忘了自己的存在，旁若無人地高喊著。他走近她，幾乎要擁抱住她，這時那被喊為洋子小姐的女人，才回轉身來，回答了他一句。

「我不是洋子，你是那位？你有什麼要緊的事急於尋找洋子嗎？」

聽了這話，張志平又再把站在眼前的女人仔細端詳一下。她跟洋子長得一模一樣，可是確非洋子其人，因為她臉上沒有黑痣。張志平覺得很意外。他心中暗想，能碰到與洋子這樣相似的人，也算了了一宗心願，他的胸口忐忑高跳著。

「真對不起，我認錯人了，我叫張志平，看樣子，妳好像認識洋子小姐吧！」

「哦！是張志平先生嗎？……哦！我明白了，你就是把洋子那本花道的書，翻譯成英文的那位先生嗎？我叫丹野敏子，我跟洋子是表姊妹。很多人都說，我們兩人很相似，所以，常被人認錯了。」

敏子好像知道洋子跟張志平之間的關係，所以，很輕鬆地把自己略為介紹一番，張志平對她也像是一見如故，不，倒不如說，張志平在她身上看見了洋子的倩影。

「妳如果不介意的話，可不可以告訴我一些洋子的近況？我能請妳去喝杯茶嗎？」

「也好，謝謝你！」

於是，兩個人便一同進入禮查飯店附近白俄所開的阿斯多利亞咖啡館。張志平一面喝著芳香濃厚的咖啡，一方面很想把洋子的近況向她打聽一下。可是，除了得悉洋子那發瘋了的丈夫已死這件事外，敏子也不大清楚洋子最近到底怎樣。

「真的，除此之外，我也不知道其他事了。我先生是個發電所的工程師，過去，我們是住在天津的。因為軍部的飛機不肯載女人，我才坐船。昨天，我先到上海來，住在禮查飯店，準備等明天，我的先生坐軍部的飛機到這兒來後，跟他一起乘開往漢口的船去赴任新職。所以，對於東京方面的詳細事情，我是無從知道的。」

「原來如此，那麼妳是初次到上海來的，是吧？明天妳就要離開這兒了。假如妳不嫌棄的話，今天我陪妳遊覽一下上海，妳覺得如何？」

最要緊的事，洋子的近況沒有辦法打聽出來，張志平覺得非常失望，他在心中，很想暫時把敏子當洋子來看待。

「你說的也有道理，反正我一個人也沒有辦法出去玩，這地方我很陌生，那就甭客氣地請你當導遊吧！」

敏子也知道這個痴心的男子，現在是把她當洋子的倩影來看待，所以，雖然她是初次碰見這個男人，但是她對張志平很放心，一點都不警戒，她很輕鬆地就答應與這年輕人出去玩。

張志平帶敏子先渡過外擺渡橋，然後，叫部的士，到上海公共租界、法租界的幾條大街——南京路、愛多亞路、霞飛路去兜風，他們也去過郊外的兆豐花園❶，以及被稱為東亞第一雄偉的徐家滙天主堂。可惜秋日太短，夕陽已經把拂著秋風的黃昏天空染上了紅色。租界裡，五彩繽紛的霓虹燈光，現在又輝映在夜晚蔚藍的高空上。此時，江海關高塔❷的鐘聲，正好傳來了莊嚴的六響。

他們又轉回來南京路外灘的沙遜大廈❸，用了一頓英國式的正餐。張志平又陪敏子到南京路的老介福、立大祥等綢緞莊去看看。中國的綢緞是日本女人喜愛的東西之一，張志平叫老介福的店員，將敏子看得最入神的幾種杭州綢緞包起來，付一點小帳給店員後，交待他一定要在今天晚上，將東西送到禮查飯店丹野夫人的房間。

「呀！為什麼買了這麼貴重的東西送給我？」

「這樣做才能使我快樂，請妳接受我這小小的心意吧！」

「那麼，現在我是變成了洋子的替身來接受這禮物的，是不是？這一來，到底是怎麼一回事呢？是我應該替洋子來向你致謝呢？或是洋子應該替我向你道謝？現在，我自己都搞糊塗了。」

敏子在心中暗笑張志平對洋子如此痴情，可是另一方面她又想，像這樣的男人，事實上，

---

❶兆豐花園：上海最有名的租界公園，於一九一四年開放，佔地遼闊，現今名為中山公園。

❷江海關高塔：是上海外灘的地標之一，一九二七年落成時為當時亞洲最高大的鐘塔，每日以鐘聲報時。

❸沙遜大廈：由英屬沙遜洋行出資建造，是當時外灘最高的建物，現今為上海和平飯店。

連自己都會喜歡上他的，所以，對於張志平無謂的贈與，她也樂於接受了。

「現在，我們到大光明戲院❶去看場電影，然後再到夜總會去看看，好不好？」

「好吧！反正回到旅館去也沒事做，今天晚上，索性做洋子的替身，來陪你到底吧！」

看了場電影後，他們又到霞飛路附近，一家叫「康奴」的小小夜總會去玩。

「我是到天津後，才學會跳舞的。我的舞跳得不好，所以，在這個連一個熟人都沒有的地方，才敢下去跳。真實的洋子，與替身的我是不同的，她只會表演日本的舞蹈，而不會跳交際舞。我相信你沒跟她跳過舞吧？我知道，這在你是一件很遺憾的事情。」

優美的旋律蕩漾於室中。與張志平跳著華爾滋舞，在舞步婆娑之時，敏子心中有些浮動了。她不斷地說著輕挑浮薄的笑話。而張志平呢？現在也不管面前是真實的或替身的，他只當作是跟洋子在一起跳舞，跳得如痴如醉。

「丹野太太，今天不知道何時才能再見妳了，請妳珍重吧！再見！」

「再見！……謝謝你為我帶來愉快的一天。」

深夜裡，送敏子回禮查飯店門口的張志平，似乎仍捨不得離開她。敏子已經進門去了，但他還在那裡徘徊著，他在不斷地追念著洋子的倩影。

帶出來的錢，全部花光了，他所預定買東西寄回家的計畫，此刻是全部落空了。

十八

陪丹野敏子玩後的次日上午十點鐘，在海軍武官府工作中的張志平，受了兩個日本便衣憲兵的訪問。他在武官府的會客室裡，跟這兩個人會面。

「陳勇三、黃木、鄭錫和，這三個人都是臺灣臺中的人，最近都從上海逃出，經過宜興、長興到了安徽省的屯溪，去參加重慶那邊的抗日軍，我們已經得到這個情報了。現在要調查與這三個人有關的人物。你是臺中人，與他們是同鄉，希望你把所知道的一切全部說出來。」

無論在日本國內也好，或在日軍的占領地區也好，這年頭憲兵對軍、官、民任何方面，好像都有絕對性的支配權。隨著戰爭的長期延續，憲兵的統治力愈來愈強化了。現在，日本憲法保障人權的條文，已經成了一片空文。

「你說的這些人，我全不認識，連名字都沒聽過。我自中學時起，就在東京唸書，所以家鄉的人，我認識的很少。」

憲兵們知道張志平所講的並不假，只得留一句威脅的話，就離去了。

---

❶ 大光明戲院：一九二八年建立，為中國現存最古老的戲院之一，被譽為「遠東第一影院」。

「好，關於那三個人，你如果從臺灣人那兒聽到什麼，就應該馬上到北四川路的憲兵隊本部情報課來報告，不許有所怠慢。」

憲兵回去後不久，有一位不速之客又來訪問他了。那就是以前在東京的矢內原教授聖經研究會的同道申永平。那個時候，他是東京帝大的學生，他是個朝鮮人，民族意識很強。張志平還記得特高警察常找他的麻煩。

「老申，久違了，看見你來，我真高興，你是什麼時候來上海的？現在在哪裡工作？」

「四、五天前才到上海來的，我在一家軍部所創設的國策會社❶——華東蠶絲株式會社的研究室工作。」

「哦！這會社的名字我倒是常聽說的。是什麼的一家公司呢？你在那兒做事，總比我這樣子當軍屬的好多了。」

「這個會社的使命，是把以上海為中心，華東一帶農家的繭子盡量廉價收購，把它繅成生絲，運出外銷。現在，生絲的輸出，只對爭取外匯有所補益。不過據軍部的構想，一旦日本跟英美開戰，纖維資源缺乏的日本，還要拿生絲來當作羊毛的代用品使用。也就是說，將來還要用生絲來織造軍裝料呢！」

「聽說國策會社，收容現地除隊❷的軍人很多，那一定待遇不壞吧！」

「可以這麼說，薪水是不低的。你想想看，現地除隊的軍人，只穿一套軍裝，什麼東西都沒有帶，就來會社到任，所以會社得免費供給他一切的必需品。單身宿舍當然是免費供給他們住，還有棉被、睡衣、睡袍、甲種國民服❸等等，都要供給。所以，一個人假使一絲不掛地到國策會社就職，他也不會缺少什麼東西。這是根據軍部的指令，會社當局才這樣做的。」

「你說的這些我也聽說過，原來那都是真的。」

張志平跟申永平都認為，軍部掠奪占領地區的財富，來如此大事浪費是不應該的。但是他們都不敢講明出來，只有面對面地暗暗嘆息而已。

「不只這樣，國策會社的社員，既然大半都是些老粗，那麼，他們不但白領薪水，半點事都不做，而且還要惹麻煩，往往使會社蒙受意外的損失。此外，國策會還設有自警團，那是以除隊軍人組織起來的。這些人欺侮占領地區的中國民眾，無所不至。在上海的日本僑民之間，他們也是同樣地橫行無忌，真是不像話。聽說日本僑民背地裡罵這些國策會社是國賊會社哩。」

申永平的口氣愈來愈激動了，時間也已近中午了，張志平便把他從海軍武官府帶了出來，到附近白俄所開的館子去吃飯。

❶國策會社：是日本對半官方半民營公司的稱呼。
❷現地除隊：就地退伍的意思。
❸國民服：日本對國民設計的制服。國民服是在戰時物資缺乏的情況下，對民眾的服裝進行簡單化的規範，主要是針對男性。

中永平低聲向張志平說：「從上海逃脫到重慶去，好像沒什麼困難。只要越過日軍最前線的崗位，我想再過去就有辦法了。」

張志平連忙截住他的話。

「我是個有妻兒的人，不敢去冒險。你說話可要小心。」

其實，在下意識裡，使他牽掛的，除了妻兒以外，還有個洋子。他偶爾也會想：如果能再見洋子一面，倒是甘願去冒這個險的。張志平這個人，對什麼事，他都是個躊躇不決的。

「你還記得吧，我的同鄉又是我的學校前輩朴孝友這位朝鮮人？他也曾到過聖經研究會一兩次，但以後就不來了。他現在也在華東蠶絲會服務。我是新來的，他對我很照顧，此刻我想去看看他。」

飯後，中永平就與張志平分手，循著四川路向北走去。

中永平來華東蠶絲會社服務以後，最初的一個星期，奉命到上海近郊的閘北絲廠去學習。這是這個會社的規矩，新進來的社員都需要經過此一過程，然後才能分派到工作。進去工廠以後的第一個星期天，從早上起，他就想要早點溜出去。可是沒有想到，卻發生了一樁意外，使他被關在廠裡一步也不能離開。

這個工廠，配有以現地除隊軍人所組成的自警團，他們備有短槍、輕機關槍，戒備森嚴，以防抗日游擊隊的突襲。這天早上不知從哪裡來的，工廠牆壁上到處貼有「抗戰必勝、建國必成」、「蔣委員長萬歲」等抗日傳單多張。山本廠長是個小心翼翼的人，他連忙打電話報告了憲兵隊。於是一個憲兵伍長帶一個憲兵軍曹❶，乘雙人摩托車趕到廠裡來了。

自警團的團長山田雖然再三認錯賠禮，但憲兵伍長仍大發雷霆，瞪著眼睛大罵山田與他的部下。

「你們除了剋扣工人的配給，有時還要強姦女工外，還能做些什麼事？如果無法執行最要緊的工廠戒備，憲兵隊只好採取斷然處置，解散這裡的自警團，然後由我們派個部隊來警備就算了。這樣的話，你們的會長既省麻煩又省錢。」

「伍長先生，我們最近正實行禁酒，準備以不眠不休的精神來警備這個工廠。所以，這一次的過失，請你再原諒我們一次吧！」

「王八蛋！我已經原諒你多少次了。你這個飯桶。」

憲兵伍長及軍曹大發脾氣，把工廠裡的全班人大罵一頓後才回去。他們離開工廠時，已經是下午了，申永平在中飯後找個適當時間溜出工廠，趕到朴孝友家裡去。他所以訪問朴孝友，是因為上次訪問朴家時，朴孝友的太太良子曾經邀請他禮拜天要早一點來，她將親自下廚請申永平吃飯。良子是個東京的女人，風度平易近人，而且喜歡聊天，使人跟她在一起不覺拘束。

❶軍曹：即為中士，為日本獨有的士官稱呼。

朴孝友的家在虹口北邊，距離閘北絲廠不遠，因為他的妻子良子是日本人，所以家裡的佈置都是日本式的。他們把洋房改為日本式間，鋪上榻榻米，豎上紙門，使這個房間變為小巧玲瓏的住家。但因為有兩個小孩，家裡很凌亂。良子看見申永平這樣早來心裡很是高興。

「歡迎你來，今天我妹妹也來了。她叫菊子，請你多指教……菊子，這位是申先生，妳起來見見他。」

因為良子話匣子一打開，就說個不停，所以，她的妹妹與申永平兩人之間就連寒暄的機會也沒有。

「還有一位客人，我要介紹給你。這位是我同學藤山明子夫人。她的先生陳世昌醫師，是上海人，千葉醫大畢業以後，一直在英國船上當船醫。」

良子把明子那當船醫的丈夫，於上月登陸上海時，突然被憲兵逮捕，然後一直行蹤不明的經過，很詳細地講給申永平聽。

「明子因為這件事，急得不得了。連我在旁看了都過意不去。今天也許是上帝的撮合吧！明子真幸運能在這裡見到你。」

申永平完全不能明瞭良子到底講些什麼。嫁給中國人船醫的明子，這女人，跟他自己之間究竟有什麼關係呢？他完全不能瞭解。此外，良子所講的上帝的撮合這話，他更莫名其妙。朴孝友對她天之驕子般的多管閒事，也感到不高興，他不斷地用眼睛暗示她，叫她不要講這些，可是呢？卻沒有一個人能阻止她的饒舌。

「申先生，我記得你是『二高』的畢業生，沒有錯吧？那麼這裡憲兵隊的保田課長，你一定跟他很熟了，他曾經在『二高』當過劍道的師範。」

「你指的是保田昇先生嗎？」

「猜得沒錯吧！你跟他認識的呀！明子，妳看，現在妳可以付託他了。申先生，請你想個辦法跟保田課長交涉，使陳世昌先生早一點回來。否則，明子不是太可憐了嗎？」

良子好像已經把從日本憲兵隊救出明子丈夫的責任，完全推在申永平身上了。所以，申永平感覺很唐突，一時連一句話都說不出來。

「像這樣的事，你們應當去請託內地的有力者才好。憲兵隊恐怕不大信任我們朝鮮人吧？」

申永平弄得左右為難，很想趕快推諉掉這個責任，但是良子哪肯這樣簡單就罷休。

「我的看法跟你不同，我倒認為學校的學生跟教師，他們什麼話都可以講的。只要你肯出面走一趟，我相信，對明子一定有所幫助的。」

明子從一開始就用緊張的眼光盯住申永平，現在，她看見良子的態度這樣強硬，她才敢親自向申永平提出要求。

「我相信你一定會幫我的忙，我也非請你幫忙不行。」

申永平已經到了進退維谷的地步了，他對明子不得不做一個答覆。

「陳太太，有關你先生的失蹤我也為妳感到難過，但這樣突然間來叫我幫忙妳，我怎麼能一下子就有辦法呢！妳能否讓我先考慮和研究一下？」

朴孝友從旁來替申永平解圍了。他用責備的口吻向明子說：「陳太太，這樣的事怎麼能馬上就決定呢？妳應當先讓申先生研究一下再說。凡事操之過急，必有所失。」

明子只得表示順從他。朴孝友也就立即趁此機會邀申永平出去散步。

「有一個六三花園，風景倒是很不錯的，離這兒不遠，我們吃飯前到那兒去散散步，好不好？」

在郊外的一條碎石路上漫步時，朴孝友再三向申永平道歉。對於妻子的多管閒事，他彷彿為此而感到焦慮和不安。

「我覺得很對不起你，內人太多嘴了。是不是已為你帶來了麻煩！一切還請你原諒。不過，你絕對不可去過問抗日份子的事。假如你多理他們的話，總有一天你的名字也會被登在黑名單之上。你對那女人只能敷衍就好，今天是她自己上我們家來的，並非我們特地請她來，請不要錯怪我們才好。」

「不！不！你不必介意這些事。」

申永平心不在焉，根本不注意他的話。他只是在回憶明子那烏黑的秀髮，以及她又大又亮的眸子。身上穿著深灰色洋裝的這個女人，很懂得打扮自己。她的胸前別有一枚珍珠別針，不停地閃耀著光芒。中永平希望沒有人來打擾他，而使他能細細地回味那珍珠的色彩及亮光。

朴孝友還在那裡繼續講許多不相干的話：「你看！會社裡面的日本人們，表面上沒有公開說出來，但心中都在害怕接到『現地召集令』去當兵。連年輕的姑娘們也是如此。她們現在也知道，假如跟內地人結婚的話，不管什麼時候，丈夫都有被召集去打仗的可能。有些姑娘們，竟敢半公開表示，為了免得與丈夫生離死別，寧可嫁給朝鮮人或臺灣人。我內人的妹妹菊子，她好像也有這樣的思想。」

聽了這些話，中永平才明白良子為什麼這樣熱心地要將妹妹介紹給他。菊子健美的身材和爽朗的笑臉，輕輕地掠過他的腦海，不過那只是一瞬間而已，一會兒裏在明子纖細身材上那一套洋裝的顏色及起伏於胸前的別針光芒，又輝映在他眼前了。他早就決心要為明子而盡力，可是他自己還沒有明顯地意識到而已。

因為做過適當的運動，所以，晚餐時朴孝友的胃口是很好的。他把妻子親自烹調的生魚片、天婦羅等，不留片甲地，都吃下去了。但中永平看見明子嫻雅地用著筷子的模樣和她那主客的芳姿，不覺心旌搖動，沒有心思吃飯。良子卻又打開話匣，獨自講著她的話。

「我是因為天天在家裡做下女的工作，所以很少到外面去玩。菊子就跟我不同，她因為在正金銀行服務，所以，對賽馬、迴力球賽什麼都很內行。中先生，你假如要賽馬的話，讓菊子來做你的幫手是最好不過的。」

良子一方面不斷地努力要把她妹妹跟申永平撮合，另一方面她也沒有忘記為挽救明子丈夫而出力。

「明子！申先生既然答應了去看保田課長，我看妳可以放心了吧！今天能碰到申先生，妳真是幸運。」

看她的口氣，好像是明子的丈夫明天就要被釋放出來了。平常，她在美貌的明子面前常常感覺不及她而有自卑感。所以，她想藉此機會向明子顯示些優越。申永平不理會良子饒舌，他現在直接向明子表示了他的決心。

「陳太太，我是不是能幫妳忙，我不知道，不過，我明天一定會去看保田先生的。我會好好跟他說一次。」

這一句充滿誠意的話，才使明子放下了心，她不覺鬆了一口氣，向申永平感激地一笑，申永平第一次看見她的笑容是如此美麗逼人，不禁目不轉睛地看著她。

「我想你一定會幫我忙的。那這件事就麻煩你了。」

她想，這青年是可靠的。所以，就把她自己的地址、電話號碼寫在紙條上交給他，請他以後隨時與她聯絡。朴孝友剛才已經力勸他不理這個女人，但申永平卻不採納，還去理明子，他未免感到不愉快。菊子呢！她自己也不知什麼原因，總覺得好不舒服，她假裝去拿水果，走向廚房那邊去。可是呢，她也再三轉身過來，以逼視的眼光看了明子好幾次。

第二天早上，研究室主任田邊，打電話到閘北絲廠來找申永平，告訴他今天要開個研究會，工廠的事可以不管，早一點回來本社。研究會從下午兩點開始。研究題目是「如何正確調查明年的春繭產量」。經過長時間討論以後，田邊主任從容地向申永平徵求他的意見。

「你帶了很多統計表跟書刊到工廠裡去研究，是不是想到了什麼新的構想？」

「以歷年來的江海關統計，與民國二十五年上海出版的《中國實業誌》為基本資料來研判，大體上就可以得到正確、可靠的數目字。從這個數字扣除了戰害數量，勉強可以算出現在的繭子產量。有一本美國雜誌說，日本軍隊所經過的地方，道路兩旁四公里，農產物必會全被毀滅，這可以採納為我們計算時的參考。我們用這樣的方法推算出來的產繭數量，當然也不能放棄。」

田邊主任聽了申永平提出這樣一個新的方法，表示非常滿意，但是，過去一直擔任調查產繭數量工作的調查股長田中，幾乎跳起來反對申永平的意見。這個人過去在「郡是」製絲會社服務很久，是一個技術人員，他的脾氣一發起來，說話口氣就用家鄉福島縣的方言。

「胡說八道，海關統計有什麼用處？什麼叫做新的方法？關於生絲跟繭子的事，日本人的我，知道得最清楚。我用不著受任何人指點。」

「日本人的我」這一句話，包含有侮辱朝鮮人申永平的意思，誰都聽得出來。血氣旺盛的申永平當然是不能保持沉默的。

「你剛才講的話，再說一遍看看！」

「你說什麼？」

滿座的人都站來，把這兩個即將動手打架的人拉開。田邊主任也厲聲正色來阻止他們的打架。同時，立刻宣布散會。

「老申，你對前輩的田中先生也該尊重點。田中先生，你做事也太衝動了。大家應該同心協力才對，今天的研究會就到此結束。」

等研究會完結時，已經是黃昏時候了，江海關的鐘塔剛敲了五下。申永平連忙從聳立於外灘的蠶絲大樓走出來。為了訪問保田，他過了四川路橋，向橋北警備森嚴的憲兵隊本部去了。

十九

保田課長，他那方形的下顎，每天早上，都要用剃刀刮過鬍子所留下來的痕跡，顯得既青且白，令人一看，就可以想知，這人必是個大壞蛋。以前在「二高」服務的時候，他跟申永平之間的感情並不算很好，但是，現在情形不同了，在異鄉重逢，卻倍感親切。所以，他對申永平的來訪，表示衷心歡迎。

「這工作馬上就完了，請你稍坐一下吧！今天晚上，由我作東請客。」申永平立刻再三婉謝他的美意。但保田早已拿起話機，去訂酒席了。

「喂！你是牧田嗎？今晚有一位遠道的貴賓來，所以，六點鐘時分，我們要到上海花壇去，你得先為我們叫兩、三個藝者，假如你很忙而無法抽空的話，你只來算帳就行了，我們會自己玩的。」

看來，保田是以申永平的來訪為藉口，又向軍部的御用商人要求請客。

過了大約三十分鐘後，保田與申永平兩個人，已經在虹口北四川路上的上海花壇，那極豪華的日本式榻榻米房間裡面，彼此迎面舉杯了。保田毫無顧忌地向藝者大吃豆腐，而申永平呢，他卻根本不理這些女人，所以，保田覺得很掃興。他深深後悔帶這個傻瓜來溫柔鄉玩，就好比是對牛彈琴一般，保田開始乏味地打哈欠了。

「喂！你怎麼還是跟以前一樣，既不喝酒，也不懂得玩女人，真差勁！好！那麼，我們來談點正經事吧！上海許許多多的生意，都是需要軍部的特許才能做的。如果你知道有什麼人需要我們的許可證，你帶他到我這裡來吧！憑藉憲兵隊的權力，什麼事都可以幹的。賺來的錢，我們可以平分。『二高』的同學們來上海後，經由我的幫忙，發財起來的人也很多。」

「保田先生，我有一件事要請教你，就是有一個上海人船醫，名叫陳世昌，最近突然失蹤了，不知道是不是被扣留在你們那裡？」

聽了中永平的話，保田的臉色，立刻變得異常險惡。

「住口！不許你們老百姓對軍部所做的事插嘴。」

中永平早就預料到會碰上這個釘子，他們兩人間的談話中斷了，彼此間，暫時醞釀著不愉快的空氣。藝者們都是很知趣的，她們看見情形不對，便一個個悄悄溜走了。但先打破沉默而開口的，還是保田。

「你剛才所說的事，我是能作主的。不過，我不能無條件地代人服務啊！多少總得給我點好處才對啊！讓我先見見他們的家屬再說吧！我在虹口崑山花園十二號，有一座別宅，你帶他們到那裡來吧！我一定會分利給你的。如果家屬不出面，而只由第三者來談，那我是不接受的。」

保田深怕中永平中飽，所以，堅持一定要跟家屬直接談判。

「那麼，我就帶他的家屬到你那裡去好了，不過，你要怎麼樣的條件，希望你先告訴我，好讓我跟他們商量商量。」

中永平只得勉為其難地迎合保田的要求，保田想了想，立刻舉起雙手，並張開十個手指來，那意思就是暗示要十根金條。

「約定期限是一個月，在此期間內，我會優待人犯的，你可以轉告他的家屬放心。好了！好了！現在我們來痛痛快快地乾幾杯吧！」

中永平喝下了他並不太喜愛喝的酒，喝得爛醉如泥，直到午夜三更時，保田才用憲兵隊的車子送他回閘北的華東蠶絲會社單身宿舍白雲莊休息。

明子所住的那紅瓦頂老式公寓，是在法租界霞飛路的後面，附近有許多華麗的住宅，道路兩旁的樹木成蔭，這一帶的環境是迷人的。中永平懷著一顆忐忑的心來訪問明子，時間是在見過保田後的次日黃昏。

「我知道你今天一定會來，所以，我早就在等你了。」

明子的話，並非虛構，她那烏雲般的秀髮，明顯地留著剛由美容院做花回來的痕跡。中永平把他跟保田課長所交涉的經過，仔細而不保留地全部講給她聽。一聽見保田課長要求十根金條，明子不覺嚇呆了，她茫然失措了。不用說是十根，連三根她都是無法籌到手的。中永平見狀，心想，總得想些好這話來安慰她才是。

「陳太太，請妳先放下心來，反正期限還很長，請妳冷靜下來，慢慢籌劃這筆款子吧！妳現在急也沒用，我想，今天陪妳到外面去吃飯，好不好？」

「那怎麼行，你幫了我那麼多忙，該由我請你客才對，我麻煩你的地方太多了。」

「不，今天是我的生日，所以，應該由我來作東的。」

明子心中暗想，自己也未免有點兒輕率，竟答應跟一個只見過一兩次的男人，一起出去玩。南京路外灘的匯中飯店，那純粹英國式的餐廳，裡面的設備，既華美又富於幽靜情調。那鋪著雪白桌巾的桌子，擺著純銀製的燭臺。微明的朦朧燭光，很柔和地映著刀叉及玻璃杯。明子很喜愛這種氣氛，坐在這兒，使她覺得心曠神怡。

「陳太太，我一定會不惜任何犧牲來幫妳忙的，直到救出陳先生為止。」

「我知道你的話是誠心誠意的，只是，你為什麼會對我這樣好呢？」

明子意識到自己無意中，講出了一句挑逗性的話，不禁也為之一驚。但申永平對於她說的話，一點兒也不覺得有什麼不自然的地方。

「為什麼這樣做，連我自己也找不出理由，我早就決心為妳盡最大的努力！」

申永平為自己的這番話而深深陶醉著。明子呢！她在精神上也已完全倚靠在這個青年的身上了。

出了匯中飯店，他們便走上熱鬧的南京路，在老介福門前的商店路蹓躂的這兩個人，意外地，從明亮的霓虹燈所遍照的人群中，發現了手上挽著大包東西的菊子。明子連忙從申永平身邊抽開身子，可是，已逃不出菊子的視線了。

「喲！晚安！你好！」

菊子向申永平冷冷地打個招呼，但對明子，卻只用輕蔑的目光投了一瞥，連打個招呼都不肯，便急急走開。

明子並不是不反省自己的行動不夠莊重，事實上她自己也在自我檢討。可是，受了菊子的這番侮辱後，她反而大膽起來，現在，她公然地把手搭在申永平的臂彎裡。她自我辯護：這是對菊子的報復。

這年，十二月的一個早晨，天剛破曉時，日本突然向英美宣戰，上海的租界，不費毫力地便被日本軍占領了。這天天還未亮，停泊在黃浦江上的一艘英國軍艦，首先被日軍擊沉，緊接著，立刻有大批日軍分乘裝甲車，從虹口過外擺渡橋及四川路橋，向著毫無防備的租界進軍。江海關、工部局，以及匯豐、花旗等各銀行逐一地被日軍占據了。天亮後，四川路及南京路的店舖，好像燈火消滅似地，家家戶戶都關緊門戶。日軍到處阻斷交通，以搜尋抗日份子為藉口，逮捕了許多中國人的青年男女。申永平好不容易才弄到一張通行證，趕到交通已被截斷的法租界裡的明子的家。這時，已是上午九點鐘了。

他按了好久的電鈴，明子才膽怯地出來開門。她發現來客是申永平，這才鬆了一口氣，她的眼中，流露出了喜悅的光輝。

「妳受驚了吧？現在沒事了。租界當局已無條件投降了。所以，這帶地方大概不會再有戰爭。如果這兒起了戰爭，我也已下定決心，要從重重炮火中把妳救出來。」申永平打開皮包，拿出救護用的繩子，以及會社發給他的自衛手槍。

明子感動得說不出話來，她只是用兩隻手緊緊抱住他的肩胛。在這一瞬間，兩人的身體親密地靠在一起了。但還是明子先恢復了理性，她從申永平粗壯的胳膊裡，輕輕逃脫出來。

「對不起，都是我不好。」明子紅著臉說：「我不該做這樣的事……請你把剛才的事忘掉吧！」

申永平的心鼓動得幾乎喘不過氣來，他差不多要窒息了。他只是拚命地點著頭，發不出一點聲音來，明子甜蜜的口紅芳香，此刻還留在他的唇邊。

「不過，我現在該怎麼辦好呢？那筆錢我已是一籌莫展了。你一連三天都沒來，真把我急死了。」

明子想起保田所約定的期限，已經迫在眼前了，而她卻仍無法籌備好贖回丈夫的錢，所以，心中既焦慮又難過。

「這件事妳盡可以放心，我好不容易才說服保田，三天前已經請他把陳先生釋放了。且叫了一個憲兵護送陳先生到杭州去，故意讓他在解送途中逃走。我想，現在他大概已到達中國軍隊的地區了。這幾天，由於國際情勢惡化，憲兵隊天天想殺人。所以，如不先下手這樣做的話，陳先生恐有生命危險。我深怕妳過度緊張，所以，才不敢事先告訴妳。這件事須我親自設法去進行，因此，這幾天才沒有來看妳。」

「哦！這是真的嗎？」

明子的臉上現出懷疑的神色，她絕對不相信這件事能如此輕而易舉就解決。

「那是千真萬確的。現在郵電還可以通，我想，陳先生到內地，必定會有信給妳的。」

「保田先生怎麼肯無條件釋放他呢？你一定有什麼事瞞著我，是不是？」明子還是半信半疑的。

「老實告訴妳吧！事情是這樣的，在東京，有我叔父遺留給我一塊地皮，我把那塊地皮的登記文件送給保田，他才肯把陳先生釋放。我一直在想伺機投奔到重慶去，然後投身於韓國獨立軍。所以，在日本的財產，對我是無用的，這點小事請妳不必介意。能為妳做點事，我很高興。」

中永平現在又為自己的這段話而深深陶醉了。明子深受感動。不知不覺地，又把頭依在他的肩上了，她好像在輕輕地啜泣著。

中永平始終怕保田與明子會面，因為他早知保田是個有名的色狼，只要他看見了明子，必會出事。為了避免保田與明子會面，他甘願不惜犧牲，付出任何代價。

翌年初夏，當春繭上市的時候，明子正在計劃逃出上海向重慶作一次遠行，因為她的丈夫陳世昌來信囑她要快快離開上海。當明子來跟申永平商量這件事時，申永平認為，連中國話都不會講的這個日本女人，獨自出去旅行，那是很危險的。從上海到重慶的路途中，她必須經過重重的火線，做這樣一次旅行確實是一個大冒險。

「妳如果決心一定要走的話，無論如何，獨自一人旅行是不行的，這樣好了，我陪妳去，反正我也在準備伺機行事。」

「不，路上不是太危險嗎？我自己是命該如此。但是，你若有了三長兩短的話，怎麼辦？」

明子很希望能跟申永平一起走，但是，她又怕他嘗試這個以生命為賭注的冒險。她感到左右為難了。

「恰巧會社有意派我到杭州出差去，我們就利用這個好機會吧！」

申永平翻開地圖，開始細心研究從日本軍占領地區逃出的最安全路線。

二十

上海火車站，在幾年前的一次激烈戰爭中被破壞後，到現在還沒有復原，還是個用木板臨時搭成的房屋。門前黃牛雲集，向旅客推銷車票。廣大的車站內，擁擠著挽著提包、揹著行李的旅客，真是連立錐的餘地都沒有。日本憲兵，毫不客氣地鞭打人，腳踢人，以此兇惡態度來整理交通秩序。在售票口，排著隊伍的中國旅客，往往要等上三、四個鐘頭，甚至花一天的工夫，才能弄到一張三等慢車票，買好票後，又得排在如長蛇似的隊伍後面等待剪票。然而，車站卻為日本人另設售票口及剪票口，讓他們乘車或出入，因而日本人是一點兒都不覺得不方便。

中永平由於服務於軍部有關的國策會社，所以，他帶明子從日本人專用的剪票口進去，當然是不會有人過來攔阻他的。他們兩人並肩坐在開往杭州的頭等車廂中，明子已好久沒有坐過火車了，她感覺到就像要出去郊遊一樣的快樂。從車窗，可以看見小橋流水以及植有柳樹的白牆農家，這風光，使明子感到新鮮稀奇。

火車經松江、嘉興、嘉善等好幾個車站，到下午才抵達杭州站。申永平喊了兩部黃包車❶，

❶黃包車：人力車的別稱。

先把明子送到西子湖畔離斷橋不遠的西冷飯店。然後，一個人趕到三元坊的華東蠶絲會社杭州支店去。

「三點鐘時，我曾到車站去接你。大概是我們的時間不湊巧，所以才沒碰面。不過，你從火車站到這兒來，怎麼花了這麼多時間呢？」

支店長柳田滿面笑容地迎接申永平的到來。

「我是初次來杭州，所以先去看了西湖的景色才來的。」

「你何必這樣急於去看呢？過兩天，我叫繭行裡的人陪你去就是了。今天晚上，繭行將招待這兒的全體職員，你一定也要來參加。」

這個會社的各支店或各絲廠，凡是有客人來，負責人就會命令當地中國人的繭行設宴款待，或帶他們去遊山玩水，而一切費用，全由當地的繭行負擔。繭行方面，為了求這個會社盡量高價收購他們的繭子，所以，對於支店長與廠長的任何吩咐，他們總是唯唯諾諾的。

這天晚上，由大豐繭行作東，而在華東蠶絲會社杭州絲廠舉辦了一個盛大的宴會，招待支店跟工廠的職員以及自警團團員等約有六十人之多，樓外樓的浙江名菜以及當地出產的道地紹興酒，使客人們吃得興高采烈。會中還安排有餘興節目，那是特地從上海的天蟾舞台❶請來的一個紅女伶的演唱平劇，劇本是謳歌蠻族統治中華的《大登殿》、《木蘭從軍》等。這是為了迎合日本人的胃口而選出的。但支店長及廠長，對中國的這套古典藝術卻不感興趣，柳田支店長索然無味地頻頻打著哈欠，他不喜歡聽這些戲，所以，便找申永平聊天，向他誇耀他管理這個工廠的偉大功勞。

「在我們會社的各絲廠中，還是我們杭州絲廠的成績最好，經費也最省。杭州絲廠最近逐漸排除繭行的居中取利，而直接向農民收買繭子了。收購時，我們便從當地流氓中選出有經驗的人拿秤，他們慣於巧妙地操縱秤法，會把一百二十斤的繭子量為一百斤，這樣，付價就少，買繭子當然也便宜。此外，對於升斗的操縱法也很重要，配給米給女工時，手法熟練的人，可以使米粒鬆鬆地豎起來，九合的米可以抵得上一升，工廠的經費，也因此可以省下許多。要經營絲廠，就必須懂得這些祕訣。」

現在，申永平親耳聽見軍部辦的會社，竟是如此刻薄地剝削中國人，吃他們的肉，還吸他們的血，這情況再一次使他驚訝不已。

「喂！長谷川，明天一早，你駕駛福特車，帶申先生去遊西湖。」支店長想起了申永平要去遊西湖，於是吩咐司機去辦。

申永平看看適當時機，便拿起酒杯，走向長谷川的那邊去。

❶天蟾舞台：上海知名的戲劇舞台，為上海四大京劇舞台之一，現因香港企業家邵逸夫資助改建，而更名為天蟾逸夫舞台。

「你是長谷川先生嗎？來！來我們乾一杯，我有兩瓶威士忌酒，我想送給你，等一下你到我的房裡來拿。」

「好的，先謝謝你的好意！」

剛剛才退伍不久的這個青年，以軍人的口氣來向他道謝。

「還有一點，我要告訴你，我明天要去的地方很多，你要把汽油裝滿才好。」

「好的，我知道了！」

原來，申永平是想利用會社的車子逃脫日本軍的占領區，看來，這計畫可能成功呢！

次日一早，天氣就很好，申永平叫司機把車子停在西冷飯店門前，並賞了他一點小費。

「我想自己開車比較有意思，你在這兒喝酒等我。」

「請你當心使用車子。最近部隊正在附近討伐游擊隊，跑太遠去會有危險的。」

長谷川本來是不願意把車子交給申永平的，但又想要他的錢，又想喝點酒，結果，還是下了車，走進西冷飯店的酒吧去。申永平早就發現明子正在飯店的廳裡等他，他很快地把明子迎入汽車的駕駛座旁邊，也把明子帶來的皮包，偷偷裝進汽車裡了，上面用一件風衣蓋住，以避免人家的注目。

「申先生，你在搞什麼好事？哦！原來是香車美人遊西湖。哈！哈！」

幾杯酒下肚，已經半醉了的長谷川，從飯店大廳的窗口，向申永平大聲喊著時，車子已經開走了。

以地圖為唯一的指針，車子急急地駛離西湖，也離開了杭州城，不久，便可以看到右邊禿山山麓有一座古色古香的大佛塔，中永平抬頭仰望一下，他知道這就是那大名鼎鼎的六和塔。過了塔下，前邊就是錢江大橋。橫跨錢塘江的這條大鐵橋，在幾年前的一次戰役中，遭受轟炸而被毀了。現在是以木板修補被毀的地方，火車無法通過，只有汽車可以勉強走過去。

日軍在橋的兩端，各設有哨兵把守著，因為他們乘著有華東蠶絲會社標誌的汽車，所以，中永平跟明子用不著下車，只在車上向哨兵點頭致意，哨兵們也不找他們的麻煩，就放他們過去了。明子因為過於緊張，臉色都變蒼白了，一時連話都說不出，中永平為了振作明子的精神，便故意講些有趣的事給她聽。

「怎麼樣？西湖的風景不錯吧？像這樣人工美的湖，就是在日本也很難看到。」

明子多少已鎮靜了些。

「妳看，錢塘江北岸的農家都是平房，一過橋，到南岸這邊來，全都是二層樓屋，跟日本內地的農家很相像。此地養蠶很盛行，那些樓屋的樓上，大概是當作蠶室用的吧！」

明子聽了他的說明，不禁想起故鄉群馬縣廣漠無邊的桑園，她的心已更加安定下來了。

過了錢塘江南岸的西興時，前面又有哨兵守衛。

「停車！你們到哪裡去？」

從崗位後面的營房裡，跳出來三位荷著槍的兵士，擋住申永平的車子。

「我們是華東蠶絲會社的人，到這兒來調查桑園的情況。」

「那女的是什麼人？」

「她是最近採用的錄事，我要她幫忙記錄的。」

申永平用預先準備好的臺詞流利地回答著。明子的手裡捏著汗，她不敢出聲。

「你竟敢跑到這樣的地方來調查，未免太蠻幹了，此去已是敵軍的地區，不是太危險嗎？為什麼沒有帶自警團一起來？」

從營房又走出來一位下士，囉囉唆唆地追問他。

「沒錯啊！我是帶了四個自警團員的啊！他們是乘另一部卡車跟我們後面走的。過了橋後，他們的車子拋錨了，正在修理中。我想，他們馬上就會趕來的，好吧！就在這兒等吧！我們可不可以進營房裡休息？」

申永平應付得愈來愈沉著，他從容地下車，從口袋取出一包香煙，故意展現在兵士們面前。

「各位，請抽根煙吧！」

兵士們的臉色緩和些了，但是，他們也不這麼簡單就讓申永平通過。

「老百姓在這地方走來走去是不行的。你們不許再繼續向前了，趕快往回走！」

「會社投下了很多的錢，派我們來調查繭子及桑園，至少，這兒附近的桑園也該讓我們調查調查，否則我無法做報告書，也無從交待。可不可以商量商量，讓我們再過去一點點，我馬上就會回來的。」

「那麼，你去一下，要立刻回來……」

哨兵們也感到有點不厭煩了，所以，勉強准許了中永平他們過去。

中永平從容地上了車，手把方向盤，車子從哨兵面前慢慢開出去，不久，便漸漸加快速度向前猛進。大約走了約一公里，前面的公路左右分叉，左邊是通往日本兵所占領的蕭山，若拐到右邊去的話，可能會到達中國軍隊所把守的地區。車子以全速，向著右邊桑園中的路上行駛著。

「到這裡，就算逃出日本軍手中了，我們可以放心了。」

中永平稍微降低速度，他為了安慰明子，雖然嘴裡這麼說，但事實上，此去不知道還要經過多少難關。中永平愈想愈是提心吊膽。明子聽了他的話，緊張的情緒鬆緩些了，她很疲倦地把頭靠在中永平的肩膀上。

「從這裡到重慶去，還須要四、五十天才能到達，妳得振作點精神才好。」

「到了重慶去，我是不是還能常見到你？」

明子一想到到了重慶後，就要開始過著與中永平毫無關聯的生活，不禁感到胸口一陣辛酸，她想，假如跟中永平待在上海的話……這樣大膽的幻想，浮動在她的心上，她趕緊打消這荒唐的美夢，不，不如說她自以為打消了。

「到了重慶後，我要投誠於韓國獨立軍，我將去從軍，今後恐怕很難會再有相見的日子了。請妳將妳那朵珍珠別針送給我作紀念，好嗎？我會把它當作護身神，永遠珍惜在身邊。」

申永平的話，未敢流露出自己心意的十分之一，但敏感的明子，已能完全體會出他心中所想的一切……

二十一

珍珠港事變發生，而日本對英美宣戰後，臺灣與上海之間的航路，屢受美國潛水艇的威脅，交通不能說是絕對安全的。所以，張志平只得打消接妻子素琴及女兒慶子來上海的念頭，因為這太危險了。他懇求長島少佐，如有適當機會，希望能從速免除他的軍屬身分，好讓他回到故鄉——臺灣。

對英美宣戰，而很容易地就占領了上海租界的日本軍部當局，以及上海的日本僑民，個個都很得意忘形，他們的行為愈來愈橫暴起來了。海軍武官府，也從虹口搬到租界外灘的英商怡和洋行，那是在上海最富麗堂皇的房屋。

像長島少佐這樣，比較有知識的日本人，自從日本對英美宣戰以後，因今後凶多吉少，便自暴自棄起來了。加以南太平洋的戰局，對日本很不利，使他更焦急萬分，所以，過去是位嚴謹軍人的他，現在也沉溺在酒色，而只求眼前的享樂了。雖然他沒有在口頭上講明，但心裡已經預料到戰敗與滅亡的悲劇了。張志平由於跟長島住一起，對於長島的心事，他體察得很清楚。

「我一定會從速解除你的軍職，讓你早日回臺灣去，使你能跟妻兒團圓。至於我，情形就不同了，帝國軍人必須與艦隊同生死。」

「……」

「你們臺灣人就是中國人，我們現在閉門說話，假如你想逃亡到重慶去，日本占領地區的通行證，我可以替你想辦法。」

「像我這樣有妻兒的人，就好像一隻揹負硬殼的蝸牛……也許將來，我還有事情需要請你幫忙。」

張志平很思念他的妻兒，那是確實的。可是，另一方面，他也很想與宮田洋子再見一面，然後才到重慶去，他認為如能這樣，死也瞑目了。由於他最近在上海街上，偶然邂逅了洋子的表妹丹野敏子，所以，對洋子，他又開始執迷不悟了。另一方面，他的朝鮮朋友中永平，從上海逃脫出去，也給了他很大的刺激，使他心裡很煩亂。對於張志平最近這樣變幻無定的情緒，長島當然也多少能體會出一些。

上海方面的日本軍部機關，在陸軍方面，有中支那派遣軍總司令部、登部隊、陸軍特務機關、憲兵上海隊等。至於海軍方面，則有第三艦隊跟海軍武官府。他們彼此利害不一致，互相有種種歧見。但是，這些機關的將校們，卻一個個都大權在握。他們居恆沉醉於酒色，也貪污無度，日夜過著淫靡腐爛的生活，這一點倒都是一致的。日本對英美宣戰的第二年，也就是一九四二年，大體上，從這個時候起，前線的日軍士兵，都已到處瀰漫著厭倦戰爭的空氣，遠離兵站的偏僻地方的駐屯部隊，屢次發生士兵暗殺貪污享樂將校的事件，這就是所謂「愚連隊❶事件」，對於這些事件的發生，被派去調查的憲兵，也往往到前線就無故失蹤了。

在上海，日本的有些陸海軍將校們，都接收了租界幾座華麗的房子，作為金屋藏嬌之用。玩膩了藝者的長島少佐，也在法租界的國泰大廈，設了一個別宅。日僑的良家婦女，到這兒來玩的人很多，她們都是正金銀行、三井銀行、江商會社、久大洋行、公大紗廠等公司行號的打字員，以及女事務員等。最初，她們只是在華麗的別宅裡，喝喝咖啡，開開唱片，以及學學交際舞，或者打打撲克牌。不久她們又改變花樣，開始玩麻將、花骨牌等賭博遊戲，所有的將校們，大家都有洋煙洋酒的來路，所以，連這些女孩子，後來都學會抽煙喝酒了。甚至有些女孩子，獻身於長島部下的年輕軍官的也有。戰爭愈拖愈長久，日本的男人出征的也愈來愈多，嫁不出去的女孩子比比皆是。所以，這種事情的發生，可以說是一種當然的現象。

「長島先生，我想拜託你，假如有一天，我有了被徵用而送往南方去的危險時，你一定得替我排除困難才好。」

「我也拜託你，假如有被徵用往南方去的風聲時，請求你錄用我在你的海軍武官府服務吧！」

❶愚連隊：日本舊時代的詞語，多半指稱流氓、不良，無道德觀念的群體。

「聽說，被徵用為護士到南方去的女人，沒有一人能生返，真是好可怕。」

「長島先生，我相信你一定有能力來幫助我們的。只要能夠不去南方，而可以一直留在上海的話，你要我們做什麼，我們都願意。」

這一群少女們，向陸海軍將校採取了與娼妓無異的姿態，她們所以如此接近將校們，不單是為了發洩愛慾，或為了享樂。此外還有一個更重要的企圖。那是因為戰線無限地擴展到南方去以後，現在軍部連女孩子都要徵用起來，當作護士及筆生使用，而把她們送往菲律賓、馬來半島、波羅洲去。所以，這些女孩子，只要能避免被徵用至南方去，而待在上海苟全生命的話，就是要她們向將校們獻身，也是滿不在乎的。具有書生氣質的長島少佐，對這些女孩子，常採取很乾脆的態度來應付。

「好了！好了！不要再說這些像臨終遺言的話了，大家一起來痛痛快快地玩吧！漢詩裡不是有一句說『今日有酒今日醉，一滴何曾到九泉』嗎？來！來！來！能喝的人來喝酒，不能喝的人吃些菜和點心好了。」

上海不像日本國內那樣物質缺乏，配給制也是有名無實的，只要肯花錢，任何珍貴的東西都能弄到手。不過，雖然如此，自日本向英美宣戰後，物價不斷猛漲，中國人的中等以下家庭的生活是相當悲慘的。黃包車夫及攤販，這時是以珍珠米❶及麵粉摻雜起來，作為主食，而以此延續生命。這樣一來，民情當然很險惡，雖然已經沒有租界的掩護，忠義救國軍等抗日游擊隊還是很活躍，他們時常暗殺日本軍民，並破壞日方的生產設備。至於日本僑民呢？他們都有特別的糧食配給，生活比中國人好些。但是在食糧和衣料很缺乏下，他們的生活當然也是很苦的。在此情形下，單身女子為了白吃一頓山珍海味，或受贈些皮大衣及香水等禮物，只為這個理由，就甘心陪陸海軍將校們玩。

良家婦女已經這樣進出於賣笑婦的領域內，這對於娛樂業及風塵女子們是一大威脅。所以「料亭」及「藝者屋」❷為了對抗起見，乃異想天開，以「無禮講」❸及「特別服務」為名目，在歡送出征前線將校的宴會中，逼侍女及藝者等，表演一絲不掛的裸體舞蹈，而以此招徠生意。假如侍女們不肯犧牲色相時，女老板親自擔任此一重要角色的也有。侵略戰爭日益增長，風俗與道德，也一日比一日墮落了。

張志平因為住在長島公館，所以，常被長島拉去國泰大廈，參加這些少女們的集會，玩玩撲克，喝喝水酒，說說笑話，而來消度時光。在這些女孩子中，有一個剛畢業於上海高女不久的大姑娘，她是滿鐵上海出張所工役的女兒，名叫吉田俊子。張志平早就發現，這女孩子有特出

❶珍珠米：為玉蜀黍的別稱。
❷藝者屋：日本妓院。
❸無禮講：日本的宴會模式，賓客不分身分地位，盡情歡樂。

的地方。

吉田俊子是個肌膚潔白，身材高大，胸部豐滿，黑髮明眸的女孩子。她是後來才進江商會社當打字員的，她最初到這裡來時，身上還穿著女學生的海軍型制服。張志平還記得其他的女孩子都笑她是「穿制服的少女」。所謂穿制服的少女，就是戰前風行日本，德國烏發電影公司的一個影片名。這女子一來，絕不參加跳舞或賭博遊戲，菸酒也滴口不沾唇，每次她一到國泰大厦那如公寓似的長島別宅時，她就一聲不響地走進廚房，收拾收拾東西，掃掃地，或燒燒開水，有時，她也會補一補長島的睡衣破洞，或上街買些白糖、茶葉或日常用品，她好像常以此為樂似的。

「那丫頭，好像對長島先生很傾心。」

「她還留著學生頭，竟敢企圖向有妻兒的男人橫刀奪愛，真是膽大。她那樣子在廚房裡做事，還自以為已當了小星❶，依我看，好戲恐怕在後頭吧！」

「我倒是很可憐她，因為她是害單相思。以長島先生今天的地位，不管是明星也好，或歌星也好，要哪一種女人，都可以唯其所欲。他怎麼會來理睬這個乳臭未乾的小妞呢？我看，她能被錄用為這兒的下女，那已經就算成功了。」

「妳可不能輕視她呀！表面上，她假正經，儼然是個穿制服的少女，這種善於偽裝的人，才是水性楊花的大膽女子，你看，她還未滿二十歲，體格就那麼高大，當然是需要男人的。」

貌美的女孩子，在女人群中，往往是被嫉妒，被討厭的，這些少女們，對於這位「穿制服的少女」——俊子，背地裡，加以既下流又毒辣的批評。使得張志平聽了，都不能坐視，他終於忍不住而插嘴了。

「妳們對於這樣正經的女孩子，如此攻擊，太不應該了。」

女孩子們一聽見張志平替俊子說話，更覺得憤怒，現在，她們都聯合起來，集體向張志平夾攻了。

「啊唷！說了她一句，就得罪你了嗎！你為什麼這樣袒護她？」

「我明白了！她是在單戀著長島先生，而你又在單戀著她，那麼，你們三人是三角關係，是不是？」

「真好笑，你也是有妻兒的人，還想追求這小丫頭，她對長島先生是有好處的，但對你有什麼好處呢？」

「妳們不要這樣的胡說八道，我跟她根本沒有交往。」

滿座的人都為了吉田俊子的問題，猶如打破了蜂窩似地大吵起來。剛好這時長島少佐由外面回來了，身後跟隨著吉田俊子，她進來時，手裡抱著幾包買來的東西。大家立刻用眼睛傳話，

❶小星：為小妾的代稱。

暗示他們兩人是早約好一起出去的。長島見了大家的表情，他心裡也明白這些女孩子到底在想些什麼。

「來！來！來！已經快八點鐘了，趕快開始來打麻將。」

快到十一點鐘時，女孩子們都回家去了。只留下俊子一人，在那裡收拾房間。全部收拾完畢後，她似乎還捨不得走，長島見了這情形，便溫和地問她：「怎麼樣？是不是有什麼需要我幫忙？妳常常照應我，使我好像享受著過去的家庭溫暖。我很感謝妳，妳要我做什麼？妳不客氣說出來吧！」

「……」

「妳到底要什麼？說呀！」

「長島先生，你能不能帶我到什麼地方去郊遊？只要一次就好。我很想只跟你兩個人，共同度過一天。」

「我還以為什麼大不了的事呢！像這樣的事，當然很容易辦到。有了！後天是星期天，我帶妳到無錫的太湖去玩吧！」

俊子的眼中，流露出喜悅的光彩，而長島對此，則是很輕鬆地應付著。

星期天清晨，長島跟俊子，從上海火車站搭乘開往南京的特別快車。這天，長島不穿軍服，而只穿一套淺灰色的夏季西裝。身上還揹著一部照相機。俊子剛做過頭髮，穿著墨綠色條紋的洋裝，白色的大翻領。她手挽著白色提包及綠色洋傘，那是英國式的長柄花傘。這樣的打扮使她看來顯得比昨天成長了些。長島對她那西方女人似的豐滿胸部，幾次投以貪戀的眼光。他對她那深深的酒窩，又一次張大眼睛仔細地瞧了瞧。火車只在崑山、蘇州等幾個大站停過。從車窗望出去，可以看見隱約於柳樹之間，那墨黑的蘇州城牆、矗立入雲霄的報恩寺，那又古老又高大的塔。這些都足以使過往的旅客，激起更濃厚的遊興。

從上海開車後，約過了兩個鐘頭，便到達無錫。以產米產繭著稱的無錫，擁有很多紗廠及絲廠。圍著城牆的這個城市，工商業的繁榮，在大江南北，僅次於上海。被稱為「東方威尼斯」的這個城，舟船與黃包車同樣在交通上具有很大的功用。運河兩岸，緊緊排列著屋脊彎曲的、白牆和灰牆的中國式民房，處處可以看到柳樹在水中的倒影。彎彎的石橋，架在運河上，數不盡的多。俊子第一次見到這樣奇異的風景，不禁為之瞠目。

長島預先跟華東蠶絲會社無錫支店聯絡過了。所以，他們早已為他備好一艘裝有馬達的美麗畫舫，靠在岸邊等著。這艘畫舫，金碧輝煌，是中國宮殿式的遊艇。俊子真想不到能有像這樣一次貴族式的旅行。剛從學校畢業不久，還不懂人情世故的這個女孩子，由於長島對她這樣的厚待，不禁表示由衷的感激。

「呀！這畫舫實在太美了，長島先生，我不須坐這麼好的船，你何必花這麼多的錢呢？」

「這是蠶絲會社替我們準備的，我不用花錢，妳不必為此擔心。今天我們來盡情地玩吧！」

畫舫裡面，僱有專用的大司傅，特別為他們燒出來「船菜」。一切可以說是相當闊氣的。那比洗臉盆還要大的乾隆時代御窯盤子裡，滿盛著美味可口的紅燒魚翅。像這樣豐富的中華料理，俊子是從未見過的。接著，羊羔、肉骨頭、炸鱔魚、清燉甲魚、陽澄湖的螃蟹等名菜，一道道送上來了。俊子對自己過去沒吃過的東西，根本不敢動筷子，她只是吃點魚翅跟日本鰻魚相似的鱔魚而已，就覺得飽了。之後她就不斷地喝綠寶橘汁及可口可樂。

「原來妳吃不慣中華料理，好，今晚回上海後，我請妳到匯中飯店吃西餐。」

「過去，我從沒有像今天這樣地快樂過，你對我真好。」

長島的溫和、親切與體貼，使得這個不懂世故的女孩子感激萬分。常到長島別宅來玩的那些女孩子們，她們臉皮很厚什麼事都敢做，而長島對她們也很隨便，他常以此來滿足自己的慾望。可是，對於俊子，他一向都很有禮貌又很體貼，可以看出，他是真正喜歡俊子的。

畫舫很快的駛出到城外的運河。與長島一起欣賞如詩如畫風景，使得這個夢幻中的少女之心，為之深深陶醉。船行不久，他們又看見太湖水光了。在七里湖畔，依山建蓋亭臺樓閣及佛塔的地方，那就是名勝梅園。長島在這兒，以梅樹及樓閣為背景，給俊子拍了好幾張照片。在夏日陽光下，遮著綠色洋傘的俊子臉蛋，就好像被舞臺上的青色燈光所照射一般的朦朧美麗。

從梅園再坐上畫舫，現在，已到太湖邊的黿頭渚了。這兒，湖中的小半島，聳立著紅色樓閣，景色如畫。洞庭東山及洞庭西山模模糊糊的山影，遠遠地也看得見。可以說是一個環境最悠閒的地方。

「啊！這兒真可愛，湖畔多麼清靜呀！我簡直忘了這世界還有戰爭。」俊子對太湖的風光，讚賞不已。

「日本軍的占領地就到此為止了，此去就是敵人的地方，連這裡到晚上就成了游擊隊跳梁的世界。我們不可久留。來！還是快點回頭吧！」

長島的一句警告，警醒了她的夢。畫舫回頭轉頭，又折返城內去了。沉默間，耳邊似乎傳來了撐篙的人兒，在輕輕地低哼一首當地民謠：

嫂呀嫂！

我又勿吃你格飯，

我又勿穿你格衣，

爺娘在日我常來，

爺娘勿在永世勿回來！

「我真希望能永遠廝守在你身邊。」

俊子想，在今天這樣難得的機會裡，應該趁機把自己的心意坦白向長島表露出來才對。

「俊子，妳真是小孩子，什麼人情世故全不懂。坦白說，我也喜歡妳的，但是，我沒有資格接受妳的愛情，我是個有妻兒的人，妳叫我怎麼辦？」

「這些我早知道。所以我說，我甘願做你的情婦，我不會妨害你的家庭。」

「妳真是個傻孩子，像我這樣的軍人，連生命都旦夕難保，怎麼配得上愛妳呢？像妳這樣年輕美麗的女孩子，應當找一個更適當的人，去共同創造幸福的家庭才好。妳要知道，我的生命早就獻給國家了。」

「果真這樣的話，我更要趁這短暫的日子，陪伴在你身邊。現在是戰時，不僅是軍人，連我們老百姓的生命也是朝夕難保的。照這樣說，我跟你不是一樣的嗎？」

對人情世故全然不懂的天真少女，為了貫徹她的初戀，好像一分都不肯讓步。但連這個毫無思慮的女孩子，也知道戰爭的殘酷和人生的無常。由於近來南太平洋的戰局，對日軍節節不利，看來，日本軍民，已經預感到全面戰敗就迫在眼前了。

聳立於無錫城外惠山的古塔，給夏天的夕陽染上了紫紅色時，長島跟俊子，已經從無錫車站搭上開往上海的火車了。

「今天玩得真高興，我從沒看過這麼美麗的風景。」

在歸途中，俊子還在恍惚地回憶這天郊遊的樂趣，她不斷稱讚太湖風光之美——長島也有同感。

「想不到今天能帶給妳這麼多快樂，好！下次我們到蘇州去玩。蘇州有虎邱山、天平山、靈岩山、寒山寺、留園等好玩的地方。鎮江的金山寺也值得我們一遊。」

「我似乎覺得，今天的郊遊，將成為一生中最好的回憶，不知道我還有沒有機會再與你同遊名勝。」

俊子對今天之一遊，已感覺心滿意足了。

「上海！上海！這裡是終站，請各位旅客不要忘了自己所攜帶的東西，快快下車。」上海車站，月臺的廣播器所報出來的話，最先用日語如此播出，接著，又用上海方言重播一次：「上海到了，上海到了，請大家勿要忘記帶去自家格物事，火速下車。」只用外國語及方言廣播，而竟不用中國國語，這當然是日本軍故意對中國人的侮辱。

排開人群，長島跟俊子好不容易才擠出車站大門。他們正想坐上的士時，俊子無意中發現了在的士那邊，有一個人握緊手槍，槍口正對著長島。她一驚，連話都說不出來。臨時的機智，使她想起用高跟鞋跟，狠狠地踢了長島的小腿。長島受到這意外的一擊，人立刻踉蹌到兩三尺外去。而說時遲，那時快，就在這一剎那間，「砰！」的一聲，槍聲響了，俊子把身子掩護住長島，於是，子彈打中她的胸口，這位纖弱善良的少女，全身染上鮮血，即時倒下了。殉於愛情的這個女孩子，臉上絲毫沒有痛苦的表情。長島連忙掏出小型手槍，但他已找不到凶手了。

日本憲兵的哨笛聲，嘹亮地響起來了，手拿著長槍的鐵道警備隊，也過來將附近包圍，戒嚴令馬上宣佈了。可是凶手在哪裡？再也無法找到了。日本的軍隊，為了洩怒，便硬把幾個無辜的路人，當作抗日嫌疑犯，而將他們逮捕去了。他們又大事搜查附近的房屋，向這一帶的中國人住民，用盡殘暴之能事。過了好幾天，這個戒嚴令始終沒有解除。

二十二

上海火車站所發生的少女橫死事件，在次日早晨的日文《泰陸新報》上是這樣報導出來的，標題大約是這樣寫的：「以身掩護將校，被凶彈擊殪的少女，高喊陛下萬歲而殞命。」紀事裡面記載說：江商會社的打字員吉田俊子，昨偶然走過上海站前時，發現抗日恐怖份子，以手槍指向海軍上校長島少佐。這一剎那間，她苦無他策，便趕緊以身掩護，長島少佐始免以難，而這少女竟不幸中彈殞命。臨終時，她喊著「天皇陛下萬歲」才斷氣的。像吉田俊子這樣忠勇的精神，實在可以說是「日本婦人的龜鑑」。軍部當局，對於這個偉大女性的英勇事蹟，正在辦理上奏皇后陛下的手續云云。

日本的軍部報紙，特別有一種神通廣大的天才，能把日常最微小的事情，都改造成為鼓吹侵略戰爭的宣傳工具。殉情了的這個可憐少女，現在一變成為「日本婦人的龜鑑」、「偉大的女性」。同時，因為海軍將校帶女人一起出遊，而被人襲擊這種事是不便公開的。所以，報紙上只好把吉田俊子，當作是與長島少佐毫無關係的路人來報導，還特別加強說，她是為了天皇陛下而獻出生命的。

「……一個纖弱的少女，都有這樣忠君愛國的熱情，而一般男子漢，當然是更不必說的。

不，身為日本男兒者，誰不想為皇國獻出他的生命呢？所以，那個『鬼畜美英』，不管如何逞其淫威，最後的勝利，必將屬於我國，這也是真理。因此，我們的理念——東亞共榮圈的建設必定是成功的，這是我們所深信不疑的。死於可恨支那恐怖份子凶彈下的吉田俊子，她的英靈，將永遠成為護國之神，來長久地庇護皇軍的武運……」

這是上海火車站事件發生的第二個星期天，日方有關當局在虹口的東本願寺別院，盛大地舉行了吉田俊子告別式時，上海日軍居留民團❶團長川村演說的要點。在這篇演說裡，吉田俊子幾乎被昇格為神了。

張志平對於這位熟悉的純情少女之不幸慘死，有著感傷而淚下的感慨，他心中滿懷悲痛。可是當他聽了居留民團團長的演說後，他突然想起英國大文豪蕭伯納。蕭翁曾經嘲笑法國人把一個瘋女貞德渲染成為愛國者。他覺得對於這樣的騙局，日本軍部比法國人還來得高明幾倍。

這個告別式，由於軍部的策動，上海高女以下，日僑的各學校穿制服的學生都來參加。居留民團各鄰組❷，也派代表來弔祭。這些人一律都是穿著卡其色的甲種及乙種國民服，儀式十分隆重，式場周圍人山人海，水洩不通。中支那派遣總司令部、海軍形武官府、總領事館，也都派代表來弔祭。只是個默默無聞的市井女子葬式，卻能這樣隆重舉行，已算是相當體面了。悲嘆流淚的俊子雙親，也為眼前的光榮，而感動得淚涔涔。軍部還指使俊子的雇主江商會社，撥出一筆鉅額的撫恤金，給她的雙親。

從下午一點鐘就開始的盛大告別式，直到下午三時，好像都還無法結束。張志平很不耐煩，只得溜出式場。他想去看場電影，便走向租界那邊去。從虹口過了外擺橋，進去外灘時，他在外灘公園的門口，發現了常出入海軍武官府的一位臺灣同鄉，名叫陳進的年輕商人。他跟一個日本女人很親熱似地走出公園。一看，就知道這兩個人似乎在極力避免人家的注意。再仔細一看，他又覺得好像對這日本人也有點面熟。原來，這個身材豐滿的女人，就住在長島公館附近，她是一個出征軍人的眷屬——川路靜子。

在上海的虹口地區，跟日本國內一樣，出征軍人的家，門上都釘有一塊洋鐵板的日本國旗，走過門前的日本人，每個人都要向這一家行禮。這是鄰組所決議的公約，強迫每一個人施行的。如此一來，出征軍人的妻子，住在鄰近的人當然都認得。這措施具有兩個作用，第一就是日本政府如此敬軍，他們以它來煽動一般青年壯丁的好戰心理，另一個更重要的作用是，這樣加一個標誌後，出征軍人的妻子，便被置於憲兵隊的監視中。長年出征的軍人們，如果他的妻子有不貞的行為，那就會影響到他們的軍心士氣——憲兵隊根據這樣的看法，常常監視出征軍人妻女的操行，他們對於企圖接近她們的男子，則都巧立罪名，加以酷刑，而引以為快。

❶ 上海日軍居留民團：上海日僑團。
❷ 鄰組：鄰保組織。

「張先生，你好，到那裡去？」

常出入於武官府的陳進，不敢不跟張志平打招呼就過去，他一個人走過來，與張志平寒暄。

「你接近那種女人，可要當心，別引起麻煩，我是為你好才說這話，還是趕快跟她斷絕來往吧！虹口有的是女人，你犯不著冒險。」

張志平雖然覺得自己未免有點兒好管閒事，但為了同鄉的情誼，不得不向陳進提出警告。

「我知道了，以後我會小心。」

「你們可別碰到憲兵才好。」

說完話，張志平就立刻趕往電車車站去了，陳進又回頭接近川路靜子，兩人並肩向前走，靜子先開口說話了。

「我今天是以會社加班為藉口，好不容易瞞著公公婆婆才能出來的。剛一走出門，小寶寶又吵起來，要出趟門，真是不容易。」

「不管如何，現在妳畢竟來了，我很高興。」

「我現在反而有點害怕了，昨天有個便衣憲兵來找我，言談間，他問我是不是有男朋友，問個不休。我想百分之八十他是想用圈套使我自招。可能他已多少覺察出我們的事了也說不定。」

「什麼？憲兵嗎？那可就麻煩了。」

「所以，我們最好暫時不要見面，等別人的記憶稍微淡忘時，我們再來……」

「這樣也好，不過，如果以後暫時不見面的話，我們今天就該盡情地玩……靜子，妳，妳肯不肯跟我到旅館去？」

「也好……」

在過去，陳進只不過跟靜子到沙利文、起士令喝喝茶，或到大光明去看電影，頂多是在哈同花園人少的地方，偷偷擁抱過她而已。但今天靜子這樣簡單就答應去旅館，連陳進都覺得有些意外。他舉手截住一輛過路的的士，告訴司機他們要去的地方。

「虞洽卿路的楊子飯店。」

當夜幕低垂，跑馬廳邊緣的虞洽卿路，紅綠的霓虹燈輝映時，陳進與靜子方才離了開楊子飯店。他們又乘的士至南京路的新雅粵菜館，上了二樓，兩人在特別廂房裡，面對面坐下。陳進已經很疲倦了，頭昏昏沉沉的。可是靜子的慾望卻正達高潮。她故意取出手帕，揩揩留在陳進唇邊的口紅，一下子把他歪了的領帶弄正。這使得陳進的情慾之火，又再度燃燒起來了。

「靜子，妳說暫時不見面，我想是辦不到的。我們今天已在一起了，我覺得我無法離開妳。」

「我也一樣……那只好冒險再見面了。」

陳進對這少婦豐滿而成熟的肉體十分沉醉，靜子也想把她過剩的情慾向這青年發洩，他們兩人，雖然明知可能會引起殺身之禍，但現在卻因感情用事，再怎麼樣也無法分開了。

平常，從租界幽會回來時，兩人為了避免人們的注意，總在外擺渡橋就分手了，接著，就分道揚鑣各自回家去。然而今天，或許是魔鬼在捉弄他們吧！他們竟敢並肩走進虹口。

「我想起來了。今晚虹口地區有防空演習。你看，電車、巴士都停了。路上也沒有行人。燈火管制使得大地一片黑暗，那也好，誰也看不見我們，你可以送我到家了。」

靜子以燈火管制而自覺因禍得福，她想，這樣可以與陳進在一起多走一段路。

「燈火管制為我們帶來了幸運。不過，要走到北四川路底，我是不在乎的。可是，靜子，妳走得動嗎？」

「我把手搭在你的胳膊走就行，反正在黑暗中，不會有人看見我們的。」

陳進很贊同靜子的意見。

兩人走到北四川路東和洋行門前時，靜子把身子緊依著陳進，她又開始使出挑逗之能事，陳進已喪失理智，趁四周黑暗，他緊緊抱住靜子，反覆地熱吻她。此時，意外地，從東洋行的屋簷下，跳出來幾個身穿青年團制服的壯漢，靜子嚇了一大跳，陳進被迫抽開身，但壯漢中已有人在大聲責備他們了。

「大家都在拚命忙於防空演習時，你們這醜惡的行為是什麼意思？你們竟敢在演習當中，公開在路上敗壞善良風俗，真是可惡。我對你們這些『非國民』，非大大制裁，把你揍一頓不可。」

在戰爭中，「不忠」的人都被罵為「非國民」。在這個侵略戰爭中，人權已不受法律保障了。軍部跟他們的爪牙，可以隨便藉一個「非國民」之名目，對任何人加以制裁和迫害。

「我們自己來制裁是不妥當的。他們既然對防空演習犯妨害執務的嫌疑，我們乾脆把他們逮捕，交給憲兵隊處理好了。」

另一個壯漢說了這話後，就捉住靜子的手臂。站在一旁的陳進，對於柔道有心得，他無法再忍耐下去，便冷不防地用力拉起壯漢的手，將他拋出到五六尺外去。

「妳快點逃走！」

陳進想叫靜子逃避，但靜子受驚過度，雙腳已走不動了，同時，事實上她也不敢獨自離開這兒。現在，兩個人扭打成一團，向著掩護靜子的陳進，猛烈攻擊。忽然警笛聲響了。多數的青年團員跑了過來，最後憲兵也到了。

被眾人團打，而致鼻青血流的陳進，頭髮散亂且連裙子被撕破的靜子，都從這個現場，很快被帶到憲兵隊去了。

幾天後，張志平又在日文《泰陸新報》上，看到一則紀事，他由此推想到，陳進及川路靜子，都已經出事了。

「久大的事務員川路靜子，率先志願從軍護士。」在這樣簡單的標題下，《泰陸新報》很堂皇地大致做這樣的報導：最近上海邦人女子之間，對於聖戰的意義已有深刻的認識。懷有義勇奉公精神的，不乏其人。巾幗英雄之愛國美談，幾乎每天都層出不窮。虹口久大會社的事務員川路靜子，雖然丈夫川路三郎出征北支前線很久了，但她認為翁姑都健在且有工作，家庭已無後顧之憂，所以，率先志願到南方前線去當從軍護士，她已於昨日通過憲兵隊，向海軍當局提出血書請願，海軍當局嘉許靜子的愛國精神，將立刻辦理許可手續云云。

憲兵隊為了處罰出征妻子川路靜子的不貞，迫她以血書來請願從軍，那是必然的。可是，他們也不忘記採取她自願的方式把一個蕩婦裝扮成愛國美談之主角，來煽惑日本民眾的好戰心理。日本的軍部、政府以及發了戰爭財的財閥，所共同推動的這大規模侵略戰爭，必須不斷地製造這樣的騙局，來驅使他們的國民去送死。

至於陳進這邊，罪案是很難成立的。憲兵隊去搜查他的住宅，搜出幾張地圖，以及他跟中國人在商業上所往來的信件，強賴說，這就是證據了。而把他當作抗日嫌疑份子，送回臺灣接受刑罰，當作對出征軍人的妻子染指而所受的處罰來看，那當然是過於嚴重了。但如果他不是臺灣人，而是日本人的話，那麼，處罰可能也會輕些兒。

在被送回臺灣途中，意氣消沉了的陳進，心中暗想——日本的敗北和投降已迫近了，他們既然誣我為抗日份子，那我不如將錯就錯，在監獄中，等待中國的勝利就好了。狡猾成性的陳進心想，等待祖國收復臺灣時，以抗日英雄的姿態再來問世，那時，才真是老子的天下。一部分不肖的臺灣人，已經從日本人手中學會這些騙局的手法了。

二十三

常出入於海軍武官府的臺灣商人中，陳進之流，可說是微不足道的。有一位叫許三波的，才真算是大人物。許三波是新竹人，也是臺灣第一勢力家——總督府評議丁炎最得意的部下，他早就被稱為是丁炎手下的四大金剛之一。許三波的確是個非常幹練的人，最初他是流落在廈門，但這次戰爭一開始，由於丁炎的介紹，他立刻與上海的海軍當局勾結上了。他也曾經取得陸海軍的特許，而壟斷了太倉、常熟、江陰、吳興等地的內河貿易，也包辦過舟山、寧波的物資交流。同時，又爭得陸海軍的特准，在上海開過賭場與煙館。連電影公司他都曾伸過觸手，他的事業範圍，是相當廣泛的。他在上海的黑社會裡，當然也很吃得開的。

一九四一年，日本對英美宣戰，日軍占領了上海租界後，許三波又發橫財了，日軍將接收的楊樹浦之一家英商工廠交給他來管理。他為了保持這樣的優越地位，不惜散播其不義之財給予陸海軍的將校，資助他們的花天酒地的生活。就連長島少佐在國泰大廈別宅所過的那種奢侈生活，其財源的一部分，也不少得仰仗於許三波的供給。

寄宿在長島公館的張志平，在所有客人中最厭惡許三波這個人。許三波滿口金牙，又學日本人留著八字鬍，相貌已足夠令人噁心了。而其一舉一動，又都使人懷恨，他討厭許三波，就像討厭蛇蠍一般，平時，他連話都懶得跟他說。可是，滑頭的許三波，卻認為張志平既在武官府工作，又跟長島少佐是好朋友，不管如何是得罪不得的。所以他很想接近張志平，盡量想巴結他。

「張先生，我們能有你這位同鄉在武官府工作，實在令人高興。以後還請你多多關照，多多幫忙，如果有什麼須我效勞的地方，請不客氣我好了。我的老大哥丁炎先生，你知道的，他是總督府最器重的本島人。不，他的聲望不只在臺灣高，就是在日本全國人眼中，他也是一位長老。等丁炎先生有機會來上海時，我一定為你介紹，他的氣魄很大，也最喜歡提拔後進。」

「我沒見過丁先生，因為我對這樣的政客，一向不感興趣……」

「其實，那全是人們的誤解，丁先生並非玩弄權勢的政客，他是個很了不起的經世家，對於經濟，他有獨到的見解。總督府的牟田局長，時常對他稱讚不已——大正十二年時，臺灣的煤礦勞工很缺乏，因而經營發生困難，連總督府都計無可施。那時，由於丁炎先生的獻策，運進來一批支那苦力，一舉解決了這個大問題。內地人的工資是一天一圓，本島人差不多是五十錢，支那的苦力只須八錢、十錢就夠了。運進來這樣廉價的勞工，臺灣的煤礦業今日才能這樣的突飛猛進，這功勞不是很大的嗎？」

「嗯！」

張志平對於這位日本人爪牙的吹牛，感到憤怒，他連回答他一句都不願意。可是許三波卻仍言猶未盡，還在那兒繼續誇耀丁炎的作風。

「臺灣現在真不得了，一般人因為糧食缺乏，只能吃春五分的米跟地瓜。衣料也缺乏，在鄉下，連麵粉袋都裁成衣服來穿。為了預防敵機來襲，城市裡的人，已經被強迫疏散到鄉間去了。由於藥品不夠，許多疏散到鄉下去的人，都患了瘧疾，那病得不像人樣。我們全是託了軍部的福，才能在這個只要有錢什麼都有的地方生活，實在可說是幸運。張先生，你的軍屬被解除後，也不必急於回臺灣，到我那邊工作好了。只要有丁先生做靠山，還怕我的事業沒有前途嗎？」

「你說的話，口口聲聲都離不開丁炎。」

「不錯，丁炎先生的智慧，連軍部的人都很欽佩，最近海南島部隊的慰安所❶缺乏女人，很難補充。丁炎先生便想出一計，從臺灣募集大批鄉下姑娘送了去，解決了這個困難。這一來，臺灣就減少了許多無用的飯桶，海南島阿兵哥又開心得咪咪笑……哈哈哈……」

張志平簡直氣得快要怒吼了，可是，他也只得將怒氣忍在肚中，假裝要去洗手間，站起來走出客廳。此時正好長島少佐從外面回來了，張志平才能離開這個厭惡的客人。

這時期，在日軍所占領的人口超過五百萬的上海，生活必需品及糧食也逐漸顯現缺乏，因而物價一天比一天高漲起來了。中國民眾抗日反日的情緒，也為之日益強烈，加以日軍在南方前線處處失利，上海的街頭巷尾，不知從那裡傳來了一些隱密的口號，例如：「再忍耐一下

---

❶慰安所：營妓所。

吧！」、「馬上就要天亮了！」、「勝利愈來愈迫近了！」等等聲音。

日軍當局也認為這件事不能袖手旁觀，為了安撫民情，乃企圖促進上海與其周圍地區的物資交流，以及配給制度的改良，來緩和物資的缺乏和物價飛騰。日軍當局，迫租界裡的中國大商人、虹口的日商，組織「商業統制會」、「米穀統制會」，教這些團體來擔任壓平物價的任務。這兩個團體簡稱為「商統會」、「米統會」。事實上，這兩個會都被與軍部勾結的奸商所操縱。軍部對這些團體，往往又多取資，以致這些統制會的成立，不但不能使上海的物價降低，卻反而造成物價更加地猛漲。

「長島先生，我利用內河輪船，從事內地的貿易已久，在『商統會』及『米統會』裡，我至少也該當一個委員才是。如此，我才有面子。若只光做個普通會員，未免太不值得。你能不能替我向海軍武官說幾句好話？我絕不會忘記你的恩惠，哦！我想起來了，你的生日不是快到了嗎？我今天已經準備好一樣禮物，預備送給你。」

許三波從口袋裡，摸出一個深藍色的絨盒子，「唰的一聲打開來，將它呈現在長島面前。盒子裡，裝著大約有六克拉的鑽石一個，另外還有幾顆紅寶石及藍寶石，很規律地放在盒中。過去具有書生本色的長島，現在已習慣於這些陋規了，所以，他面不改色地便收下禮物。

「好吧，我明天會先將你的事向武官報告，然後再打個電話向陸軍要求指派一個委員職務給你就是了。」

「真謝謝你，長島先生，我想，你也應當多弄點錢，想個辦法將它寄給寶眷才是。日本內地物資缺乏，你也該儲藏一點吃的穿的在你家中才好。萬一打了敗仗，你回日本，生活才不致於發生問題。不過，這是我們二人間的閉門話，得請你考慮考慮。」

「胡說八道，果真打了敗仗，像你這樣幫助我們日軍的人，你將準備怎麼辦？」

「就是啊！所以我天天都在想賺錢啊！不管世局如何變化，我以為只要有錢，什麼事都可以解決。」

長島在心中暗笑這傢伙的市儈根性及拜金主義，但是許三波的話並非開玩笑，他說的全是發自真心的話。

這天晚上，夜深時，海軍武官府的情報課長——早川大尉，特來訪問長島少佐，向他報告一個重要消息。

「剛才憲兵隊破壞了一個重慶份子的無線電臺，可惜人全被逃跑了，一個也沒捉到。」

「那電臺大約在什麼地方？」

「是在法租界的棘斐德路二〇二號。」

「什麼？二〇二號？那不就是許三波花了很多錢，所寵養的那個新加坡歌星陳娟華家嗎？」

「沒有錯，許三波可能也有麻煩了。」

長島不禁一驚，因為陳娟華這女人，在日美開戰之前，從新加坡來到上海，後來因為新加坡正在戰爭中，她無法回去，只得一直待在上海。許三波不惜擲千金於這女人身上，他在上海的高級住宅區棘斐德路弄到一座花園洋房給她住，對她供給無微不至，可是，至今他仍無法染指她，這情形長島知之頗詳。

陳娟華在上海社交界最吃得開，的確是個有錢有勢的名女人。租界裡，「商統會」及「米統會」的大亨以及日本軍部的將校，沒有一個不跟她搭上交情，所以，很多上海人都說：這女人是個惡勢力家。

當時的上海，類似這樣的高等交際花，還有安尼、馬谷光等好幾人。可是，在群芳中，陳娟華的容貌最迷人，長島也曾被許三波請到棘斐德路她的家去打麻將，大約有二、三次。她那瓜子形的美麗臉蛋，在長島的腦海中，至今還留下很深刻的印象。

想不到她竟是女間諜，這真使長島吃驚不小。他想，一向不知情，而被這女間諜利用的許三波，必定會受連累的。憲兵隊絕不會放過他。當長島正在為許三波憂慮時，電話鈴聲高高地響起了。代他去接電話的早川大尉，急忙過來向他報告緊急情報。

「報告！許三波兩個小時前在愚園路自宅門口，中彈死亡。憲兵隊斷定凶手必是重慶抗日恐怖份子。」

「好，我知道了！」

早川大尉回去後，張志平從二樓下來客廳，與長島一起喝茶，長島把剛剛所發生的事一五一十講給他聽。

「暗殺許三波的人，我想，無非就是憲兵隊自己，雖然表面上說是抗日份子所為……這真可謂是惡徒的下場。」

張志平照例對這位同學，坦白說出他的看法。

「我的想法也一樣，許三波為敵人所利用，照理，應當按照防諜法來處罰。但是，這個人所牽連的地方太多了，連憲兵隊裡恐怕都會牽連到，所以，他們不得不盡速幹掉他，你等著瞧吧！我相信過些日，一定又有隆重的葬式，來把他對皇軍的各種貢獻，大大表揚出來。嗨！老許生前對我還不錯，我想，該送個大花圈給他吧！」

平時憑藉軍部的勢力，而瞧不起窮苦同鄉的許三波，如此悲慘的下場了，這使所有在上海的本島人，莫不拍案稱快。

「這就是因果報應，他是本島人中的敗類。」

「這也是所謂天網恢恢！」

「人心莫不為之大快！」

以上各種批評，就是本島人間的反應。

許三波因為有的是錢，他曾把厦門、福州、上海各地的風塵女子，先後收為妾的不算少，號稱「十二金釵」，而以此向人誇耀。他死後，這十二金釵就自然解散了，有的帶走她所分得的房地產再去嫁人，有的又回到溫柔鄉去再幹接客的勾當。

因為許三波跟電影界頗有因緣。那些日夜，想盡辦法防禦他的毒牙的電影明星及歌星們，一聽到他橫死，大家無不撫胸慶幸。租界裡的這些名女人夢想不到，剷除這大惡魔的，竟是日本憲兵本身。

二十四

日本對中國及東南亞的侵略戰爭，愈拉愈久，軍部的作風也一天比一天橫暴，占領地區的軍部當局，現在也一個個都掌握起獨立性的權力，已不完全服從日本政府的威令了。「滿洲」的關東軍，早就不接受日本政府的節制，而為其所欲了。現在，華北、華中以及南洋各地的軍部，也萌芽起古代藩鎮的思想，與中樞脫節。同時軍部的內部，也發生了派系的磨擦，他們彼此之間的權力鬪爭，愈來愈複雜起來了。

日本政府對這種情勢非常憂慮，但也不敢馬上就去削減軍部的勢力。他們唯一的辦法，只好在占領地區，保留點政府的發言權，而來與軍部周旋。在這種情形之下，日本政府在東京便成立了一個直屬於內閣的「興亞院」，在北平設立「興亞院華北聯絡部」，在上海也成立了「華中聯絡部」，以促進占領地區的經濟建設為藉口，而開始正式辦公。同時，日本政府還不斷派遣高松宮、三笠宮等，有軍籍的親王，到占領地區去巡視，企圖借皇室的「威光」，來約束前線軍人的稱霸及跋扈。

上海的日本軍部，對興亞院華中聯絡部當然沒有好處，而且非常輕視，對它根本不加理睬。所以，興亞院華中聯絡部有其名而無其實，遂變成一種無所職掌的衙門。設在虹口的一隅——施高塔路的辦公廳是一座小小的二層紅磚樓房，那樓房，比起北四川路日僑私立的福民醫院還簡陋得多。

「興亞院是什麼東西、領事館又是什麼？在支那大陸，一草一木及一寸土地，全是我們皇軍流血汗而奪取過來的。他們還以為自己是高等文官、普通文官，神氣活現似地，其實，對於戰爭，他們曾貢獻過什麼？」

「你的話說得很對。在上海這地方，絕不容許他們逞威。對這些不知好歹的人，我們該對他們教訓教訓才好。」

「我告訴你，聽說昨天曾發生過一件很有趣的事。南京栗原領事的老婆，得意忘形地穿上一件美國最新流行的洋裝，還打扮得像個舞孃一樣。她在上海火車站下了車後，車站的憲兵看不過去，便去過來對她說：妳也是有地位的人，應當以身作則，率先穿國防色❶的國民服才對，妳為什麼要穿『美英鬼畜』的服裝呢？那婆娘口才倒很伶俐，她馬上回答憲兵說，我是外交官的眷屬，為了國家的體面，為何不能穿華美的衣服呢？那憲兵一聽到這話，怒火直冒，就在大庭廣眾面前，打了這領事夫人幾個耳光。而且還大罵她是『非國民』，沒有日本精神。領事館方面，對這件事也不敢過問，栗原夫人白白挨揍，無處申冤。所以說，現在的文官們，大家都非常害怕軍部的威力，他們一句都不敢多言了。」

「哈！哈！哈……給他們這樣的教訓是應該的，文官裡面，有些人正患恐美病、恐英病，他們只希望早點講和，這些人真該死。」

這年深秋，有一天下午，在北四川路新亞大飯店的西餐廳裡，正在吃午餐的張志平，聽見坐在旁邊吃飯的陸軍將校談論著以上的話，不禁很吃驚，由此，使他更痛恨軍部的跋扈，同時，他也因此知道了這一侵略戰爭的失利，已經在日本人內部產生出來了主和派，軍部對他們正增加了壓力。

這天午後，在海軍武官府辦公的長島少佐，叫了張志平來談話，勸他去參加興亞院主辦的一個資源調查團。

「浙東金華地區是個新的占領，興亞院要派遣一個資源調查團到那地方去。他們最初的計畫是很遠大的，但是後來由於陸海軍對此事都表示得很冷淡，也不肯予以協助，所以，才漸漸縮小了，現在已決定組織大約十人內外的小規模調查團去走一趟。陸軍根本就不理會他們，我們海軍呢，只要派個軍屬去參加，敷衍一下而已，我想辛苦你去一趟吧！」

「這個不算是好抬舉吧？」

「我看你還是去好，此去回來後，我一定設法解除你的軍屬身分，讓你回臺灣去。但如果你

---

❶國防色：日本陸軍於一九三四年指定卡其色為國防色，在此之前已用於軍服，至一九四〇年指定為國民服用色。國民服亦有女裝但不普及。

對工作一點都沒有表現的話，我也很難幫你忙。」

「既然這樣，那我去好了！」

一聽說此去回來，就能被解除軍屬，且能回臺灣，以這個來做交換條件，張志平也就不得不接受這份差事了。反過來說，在軍部裡面，上級的命令是絕對要服從的，誰也無法抗拒。

在一個江南特有的晴朗秋日裡，浙東金華地區資源調查團一行大約十人，全體都穿著國防色的甲種國民服，從上海車站搭乘開往杭州的火車出發。團長是興亞院的一個奏任官，名叫塚田，此外，中支那振興會社、華東水電、華東鐵道、華東蠶絲、中華輪船「國策會社」，都各派有代表來參加。通譯跟箏生，是準備使用華東鐵道會社杭州支店的社員，他們是從杭州來參加的。

下午到達了杭州的這一行人，先由華東鐵道會社帶領到西子湖畔葛嶺山下的西冷飯店去，大家放下行李休息休息，然後再由鐵道會社招待他們去遊西湖名勝。柳枝投影於湖中的白堤、蘇堤，亭榭處處的「平湖秋月」、「三潭印月」等數不盡的勝蹟，都盡興遊覽過了。最後，大家又來到名刹靈隱禪寺，瞻仰大殿宇及大佛像時，所有的日本人，全都好像突然患了思鄉病似的，彷彿一個個都觸景生情。因為這個寺，酷像日本的故都奈良及京都的那些名山古刹，所以這些日本人心中都在暗想，戰爭不知何日才能宣告結束，他們何時才能再攜眷到奈良、京都去做一次和平而快樂的寺院巡禮。現在，日本國民中，可以說，除了軍部與發戰爭財的人以外，誰都對戰爭產生厭惡之情了。

「這兒的氣氛，真像京都的仁和寺及天龍寺那些地方。」

「不，我倒覺得最像奈良的唐招提寺及東大寺。」

「那是當然的了，日本的佛教，本來就是由這兒傳過去的。」

這些日本人，他們對靈隱寺偉大的殿宇，以及莊嚴的佛像，簡直是百看不厭似地看得入神了。他們捨不得即刻離去。菩薩臉上大慈大悲的表情，使得這些人暫時遺忘了戰爭的恐怖。

在這一行人當中，有一位張志平的同鄉叫羅淇水的青年。他是華東鐵道會社派遣為通譯而來參加調查團的，羅淇水跟同行的日本人卻相處得很融洽，而且有說有笑。惟獨對同鄉張志平卻似乎很警戒，表情也顯得很生硬，彼此極少交談。

這情形，事實上是不足為奇的。大體上來說，無論在上海、北平或南京，在日本占領區的臺灣本島人除了有軍屬身分的人外，全都受當地日本領事館警察的管轄。領事館的高等警察，慣於使用卑鄙的手段，來挑撥離間分化本島人彼此間的感情，使他們互相對立抗爭，而無從團結起來去對付日本人。所以，在日本占領地區，多數場合，本島人彼此間都有著隔膜，且心中還暗箭相防著。

「老陳，聽說你又參加寧波貿易，賺了大錢，這件事是張公平告訴我的。你這麼有錢，也該捐點國防獻金才對啊！」

領事館的特高警官，經常以監視的眼光去訪問本島人。當地訪問甲時，便會故意編排一套話說：乙把甲的祕密告訴了他，而來製造甲對乙的怨恨。

「這是那來的話？我目前經濟很不好，寧波貿易我終於無法參加。哼！我明白了，那一定是給張公平故意破壞了的。我告訴你，張公平跟海軍勾結，得到了特別許可，把臺灣的煤炭送到上海來，發了大財。臺灣現在正缺乏煤炭，像這種事，怎麼可以做呢？他既然賺了這麼多錢，也該拿點出來，捐助給公益事業才對啊！」

甲終於上了特高警察的當，以為乙對他有惡意。現在竟把乙方商業上的祕密，密告特高警察。特高警官得到這個資料後，便馬上去訪問乙，告訴他，甲是如何如何說，於是乙就忿怒地跳起來，又向特高警察報告甲方的劣跡，如此一來，甲乙之間，就全上特高警察的暗算，而結成了深仇，領事館的分化政策是達成目的了，甲乙雙方的內幕也全讓特高警察知道了，特高警察不覺得意地獰笑著。就因為這原故，所以，羅淇水對初次見面的張志平，大為警戒，張志平對此並不以為怪。

這天晚上，華東鐵道會社杭州支店的佐藤支店長，在西冷飯店的西餐廳，招待調查團全體人晚餐。飯後，他又把他們次日要去的浙東地區，作一個概況的說明。

「從杭州到金華，坐軍用卡車去，路上要經過兩天兩夜，所以，即使一路順利，也須三天時間才能到達。敵軍把浙贛鐵路全部搬去了。所以，我們得利用鐵路的路基當作公路，而乘軍用卡車行走。因為激戰後，住民幾乎全逃光了，沿路受破壞而殘留的民房，也全是空空的。除了部隊駐屯的若干地方外，全都有游擊隊在活躍，卡車常受他們的襲擊，也常觸到地雷而爆炸，像這種事，每週發生幾起，所以，各位要到浙東的話，要當作是到前線去，得處處留心。」

滿座的人聽了這話，都沉默無言，他們現在才知道，上海的日文報紙，所登載有關金華地區的「和平」、「復興」與「繁榮」，全是一派胡言，要到金華去，是須以性命來做賭注的，大家的臉色，頓時緊張起來了。

日軍占領地區，一向被稱為「點」與「線」，而沒有「面」，而這個浙東地區，似乎連「點」與「線」路都連不起來，它只有幾個靠不住的「點」，根本沒有「線」，大家心中雖然都這麼想，但卻不敢說出口。興亞院派遣的塚田團長，現在更明白他們是受陸軍玩弄了。興亞院本來是計劃到嘉興、吳興、杭州等浙西地區去做資源調查的。但陸軍方面表示不贊同地說：這些地方的一草一木，都很清楚了，要調查資源的話，還不如到新的占領地區浙東金華去。於是，便依照陸軍的意思，決定去調查浙東地區。但到時陸軍竟又無故翻臉，表示不肯派員參加。總之，陸軍是自始至終都瞧不起興亞院，且故意愚弄他們的。

「到那麼危險的地方去做資源調查，才算是對國家盡忠啊！各位，請大家振作一下吧！」

慣於官僚生活的塚田團長，當然懂得講口是心非的話，不過，長於世故的華鐵佐藤支店長，早就覺察出他心中的恐懼，連忙安慰他。

「不要緊的，明天將有十五輛軍用卡車，載著軍需品排成一隊出發，各位所乘坐的是第八臺，前後都有兵士守衛，假如遭到游擊隊的攻擊，也沒多大影響，我也曾這樣來往金華兩、三次。即使說，途中埋有地雷，除前面的一、兩部車受害外，當中的卡車是絕對安全的。」

大家又聽了他這一番補充，才放下心來。

次日，天還沒亮，排成長蛇行列的軍用卡車，由西冷飯店門前出發了。從蘇堤向南逕行，進入山中，當東邊呈現魚肚時，才到達了錢塘江。那秋霧濛濛的廣漠江畔風景，增添了這一行人的旅情。在白霧中，浮著六和塔模模糊糊的影子。過了塔底，就到達幾年前由於激戰而破壞的錢江大橋。架在錢塘江上的這條火車鐵橋，已被炸毀而中斷，但損壞的部分，架有木板，可利通行汽車。所以，卡車隊，若徐徐慢步的話，還勉強可以走過去。

過了橋，經過錢塘江南岸的西興時，太陽已經升得很高了，不久，他們便到達了警戒森嚴的蕭山，蕭山被破壞的房屋很多，到處殘留著顯著的彈痕，住民幾乎已全逃光了，所能見到的都是些身穿卡其軍服的日本士兵。

離開了蕭山，道路便逐漸進入了丘陵地帶，所有的村落與房屋，都飽受戰爭的破壞與焚毀，難得看到一棟規模完整的。當然，這兒也找不到一個住民了，連雞犬都看不到，眼前簡直是一片荒涼的無人地帶。路本來就不大平坦，加以一方面又要警戒地雷的埋伏，所以，只得鬆緩開車的速度。因此，卡車的行駛，顯得非常緩慢。

調查團的人們，是乘坐在第八輛卡車的。只有塚田團長，坐在司機旁邊比較舒適的座位上。其他人都坐在卡車上的木椅。卡車上面，也有兩個兵，荷著槍，為他們守衛。

這兩個兵，平日很少有機會看到日本老百姓，所以，今天看見這一行人，似乎很開心，頗有思鄉之念。卡車走過的路兩旁，處處可以看見一團一團縐縐的破衣服，黏貼在地面上。

「那就是屍體，經過長時間後，因為風吹雨打，屍首都縮小了，惟有他們所穿的衣服，還保持著原來的大小，所以，遠看過去，還看得見衣服。」

慣於殺人放火，且對這些事已感覺麻木了的兵士們，很自然地向他們說明。

再過去，有個不知名的村落，駐紮有少數日本兵。他們把民房改作駐紮營，來警備這條路。可是，這兒看不見中國百姓，他們全逃光了，連個影子也沒有。只有一棟被毀的民房牆上，橫躺著一具一絲不掛的女人屍體。車上的日本人們，發現了這個，大家都吃了一驚，不由得「啊」的叫出來。好像被殺後沒有多久吧？流出來的血，已經凝成黑色了，但這女人白皙的肌膚還沒有變色。

「這些都是游擊隊幹的，各位沒有來過前線，看了這個才會大驚小怪。在我們那已是司空見慣了。」

在一旁說明的那個兵士，態度很坦然，其實，車上的人全都明白，這是被駐紮這兒的日本部隊姦殺的農婦屍體。然而，在口頭上，大家都故意表示贊同士兵的話，他們還在口口聲聲說，這是游擊隊幹的。

「這就是抗日游擊隊殘酷的暴行。」

「游擊隊真是無惡不作。」

「所以，我們該早日消滅游擊隊才好。」

日本軍部以「聖戰」為名目而遂行的「大東亞戰爭」事無大小，一切全像這樣以一派胡言為基礎。不管士兵也好，公務員也好，或老百姓也好，他們都曾接受軍部的訓練，受軍部的逼迫，不得不說謊，說慣了謊話，久而久之，也就滿不在乎了。

張志平眼看經過日軍摧殘過的這些市鎮的慘狀，感慨良多。他深感這個慘無人道的前線，雖然跟上海同樣是日軍的占領地區，但兩相比較，上海租界總算好多了。日本軍部為了應付國際的視聽，在上海，總要收斂些他的殘暴，這就是上海比前線好的原因。其實，更重要的一個原因是，租界裡，住著許多財力雄厚的大亨，日本人不選擇殺雞取卵的原則，他們寧可養雞取卵，所以，對上海，才採取了比較寬大的方針——這是張志平的看法。

這一行卡車隊，中午到達了一個叫長蘭阜的村落。這兒的民房，也全為斷牆殘壁，只有一、兩家比較完整的被改為日軍部隊的駐紮所而已。調查團的午餐，是部隊供給的，大大的鐵飯盒裡，盛著日本米煮的飯，加上幾許鹽菜，此外，便只有飯盒蓋裡的豆醬湯。但是，由於從天亮起，便一路奔波而來，所以肚子都唱空城計了，這群飢餓的人，竟把這個當山珍海味，吃得津津有味，而自己準備來的罐頭，根本用不著打開。

飯後，再向丘陵之間的路前進，在卡車上顛來顛去，顛了好久，到日落時，才到達山峽之間一個小小的村落，叫蘇溪鎮，這兒也曾遭殘暴，而幾乎成一片廢墟了。

這裡，日軍利用一棟半毀的民房，作為慰安所。慰安所內大概正在燒晚飯吧！青色的炊煙向著染上淡紅的晚秋天空，裊裊上升。門口站著兩、三個身穿和服的女人，她們臉上擦著比白壁更厚的粉，既像土偶又像妖怪。她們故意翻出紅色的襯裙，來誘惑男人，又用鬼叫也似的淒涼聲調，唱著鄙穢的日本俗歌，連這些歌謠，都含有日本人對近鄰民族侮辱的含義：

我的情婦，
是酋長的女兒，黑膚皓齒，
在南洋，才能算是美人！

死的廢墟上，站著土偶似的女人——張志平從沒見過這樣淒涼的情景。暴風般的激戰過了後，處處都是這樣悲慘荒廢。他不覺由衷地怨恨這個侵略戰爭。

「那些都是朝鮮婊，一到前線來，不久就會病死，只有極幸運的幾個人，才能賺點錢，維持生命活下去。」

視殖民地民眾的生命如虫蟻的日本兵，無動於衷地做這樣的說明。

自從明治維新以來，日本政府向它的國民，施行極端輕侮近鄰民族的教育，所以，農村出身、頭腦單純的小兵，多數都是由衷地蔑視殖民地民眾。

二十五

蘇溪鎮有一棟半破壞的民屋，被指定為資源調查團團員的住所，走進浮雕有「紫氣東來」四個字的大門，再走過天井，就到達正屋了。正屋門上也浮雕有「長庚西照」等字樣。吃完了飯盒裡的晚飯，大家便進入屋裡休息去了。這房屋，由外面看，它那堂皇的外形，彷彿殘留無恙似的，但一進門，就可以看到屋頂上有許多破洞，站在室內，可以望見天上的星星，情景非常荒涼。這一行人，不由得嘆了一口氣，心中暗想，只好將就一夜吧！

室內靠牆的地方，放置著一個三尺高的木板高台，那就是準備讓他們睡的地方，每個人分了一條薄薄的毯子及枕頭，除此之外，室內便空無一物了。不，倒不如說，除此外，還有一盞微弱的燭光。看看手錶，此刻，才不過七點鐘，但在這個無人地帶，卻如深夜一樣的寂靜，這個夾於山峽間的村落，到晚上是非常淒冷的。

「剛才，從部隊裡傳來消息說，今天晚上的情況很不好，說不定會有游擊隊的夜襲，請各位提高警覺，我看還是和衣而睡比較好。明天一早就要動身，我們還是早點休息吧！」

塚田團長，以嚴肅的表情警告大家。可是，在上海大城市中，過慣夜生活的他們，怎能這樣早睡呢！

「時候還早，怎麼睡得著呢？如果是在上海，現在才正是夜生活將開始的時間。」大家猛抽香煙，在燭光下，開始聊天。

這時，有兩、三個小兵，手裡拿著很多吃的東西進屋裡來。

「這是我們所得到的慰問品，香煙和牛奶糖，請各位不客氣地用吧！」

「這是軍用牛肉罐頭，以及關東煮罐頭。這裡還有一樽酒，請各位喝一杯吧！」

塚田團長連忙出面來謝絕他們的好意。

「不！不！那反而使我們不好意思。照理是該由我們向前線的各位贈送慰問品才對，哪有反而來吃你們東西之理呢？各位的好意我們心領了。無論如何，請把這些東西收起來吧！我們也帶來很多罐頭和酒，還是請你們吃我們的吧！來吧！來跟我們一起喝酒吧！」

士兵們不肯這樣就罷休，他們已經開好罐頭，把酒盛滿於玻璃杯中了。於是，大家只好從行李中拿出酒、海苔、羊羹等擺在燭火下。小小的宴會開始了。在前線，憲兵的威力是鞭長莫及的。所以，這些士兵們，酒一下肚，便毫無顧忌地談論他們的心境及看法，向這些賓客們苦訴。

「自從我接到召集令離開家鄉，已經整整五年了。其間輾轉打仗，待在北支、中支的這些鄉下地方，很少有機會碰到日本老百姓，所以，一見到講日本話的人，就好像看到自己的家族一樣，親熱得不得了。現在，請收回你們帶來的罐頭和酒吧！大家來吃我們的東西。你們肯吃的話，我才會高興的。因為，這樣就好像是拿給自己的家族人吃一樣快樂。我家是在長野縣，那一到秋深時，就看得見積雪的高山。我不知道有生之日能不能再看到那些山容。」

「我是島根縣松江附近的人。不知道在各位當中，有沒有我的同鄉？這是我的內人和兒子的照片，我經常把它帶在身邊。這三、四年來，我只能在夢中跟他們相會，軍人該把生命獻給國家的。所以，我想，大概不可能再有跟他們相見的日子了。我常奇怪，為何人生是這樣的悲慘。」

「我是埼玉縣的人。你們剛從上海來，當然對國際情勢很清楚。這個戰爭，究竟要到何時才能告結束呢？我已經對這種軍隊生活感覺厭煩了。對死也滿不在乎了。即使敵軍來襲，那有什麼可怕？就是被游擊隊突襲，也不怕。如果被游擊隊抓去當俘虜，我相信也不會比現在壞多少。你說，不是嗎？我的家鄉，舉目都是桑園，我對養蠶和製絲最有心得，假使當了俘虜，我就會告訴他們，我要把日本的養蠶技術傳給你們。這樣一來，我想，敵人也不會怎樣為難我吧！他媽的，使敵我雙方都變成不幸的這個戰爭，究竟是誰在策動的？誰把這個戰爭拖這麼久的？使它一直不能結束？」

喝了兩杯酒的士兵們，以激昂的聲音，來吐露出他們的思鄉心理，同時，講出了許多不平與怨言。

只在夢中才能跟妻兒相逢——這句話，使張志平心中有所感觸，他禁不住想流淚。前幾天。他剛接到妻子素琴寫來的信，信中也有這樣一句話。這個侵略戰爭，使得幾千幾百萬的家庭，遭受到多麼悲慘的生離死別之苦啊！

根據張志平的觀察，今天，整日的長途跋涉中，所碰到的多數日本兵，大體上可以分為兩種類型。其一是：殺人、放火、強姦成性，魔鬼似的人們。另一類型是：患著懷鄉病，深感諸行無常的悲觀主義的人們。這兩種類型的士兵，都好像同樣患有神經衰弱症，心理不正常。他所看到的任何一個士兵臉上，都流露出對長期侵略戰爭嫌惡的神色。

「我們從小在學校，常聽師長們說，支那人沒有愛國心，打仗時最弱。清國奴一看見日本兵，就會投降。這些全是一派胡言。你看，敵方國民黨軍隊，為了保衛自己的國土，打起仗來，那麼勇敢。」

「的確是，單從裝備方面來說，他們是比不上我們，但他們卻是相當勇敢的。」

張志平聽見前線日軍的這些肺腑之言，就知道備受國際支持與同情的祖國軍隊在精神上，在意氣上，已經打敗日軍了。現在，祖國哀兵義戰的勝利迫近了。黑夜將盡，黎明在望了，他在心中暗喜。

代天伐不義的我軍。
忠勇無比的我軍。
此時被歡呼之聲，

送出國門，
不打勝戰，
寧可長眠沙場，
這才是我們英勇的決心。

士兵看見他們拿出來的酒菜，都被客人吃光了，這才感覺十分高興。他們自個兒也帶著半醉的神態，一邊唱軍歌回去了。他們那高高的悲愴聲調，搖動著黑夜靜寂的空氣。

士兵們回去後，全體調查團員，便上床休息。他們用毯子蓋在身上，可是，躺在木板床上很不習慣，所以大家都無法睡著，還是繼續在聊天。

倒在張志平旁邊的塚田團長，不斷地向他談及對臺灣的回憶。

「張先生，你是臺灣出身的嗎？我以前也在臺灣銀行做過事，所以，臺灣上流社會的人士我全認識。有位丁炎先生，就是本島人中最有勢力的人，我也跟他有過來往。他對賺錢真有本領，這個戰爭一開始，他就趕緊從臺灣銀行借出很多錢，來買土地及股票，也做點事業，發了一筆大財。後來，隨著戰爭的延續，通貨膨脹，紙幣跌價，他就用貶值了的紙幣來向臺銀還債。這樣，就等於不花分文而來賺錢一樣。當然，像這樣做的人，不只丁炎一人而已，在臺灣內地人大商家，以及本島上流社會裡的人，由於戰爭引起紙幣貶值，大發其財的人，比比皆是。比如說，那個名門陳仁德他們，因為總督府對他特別垂青，他也曾從臺灣銀行借了很多錢，現在再用貶值了的紙幣來償還，你想想看，世界上哪有比這個更有利的事？像我這樣的公務員，才真可說是最徒勞無獲。」

張志平深深感覺，被幾千萬人所厭惡的這個侵略戰爭，還能這樣煞有介事地繼續下去，其成因，除了日本軍隊的蠻幹一點外，那些發戰爭財的人之鼓勵，也是戰爭的支柱之一。在本島人裡來說，像陳仁德及丁炎這一輩人，真是罪該萬死的，為此，他深感憤怒。他記起了時常從臺灣寄來的報紙上，讀到有關丁炎、陳仁德之流，不斷地表演國防獻金及慰問軍隊等把戲的消息。塚田團長由於一天來的辛勞，似乎已經睡著了。

張志平為了克制心中的憤怒，從帆布袋裡取出一本《聖經》來，在燭火下翻閱，他看見〈希伯來書〉九章二十七節這樣寫著：「按著定命，人人都有死，死後且有審判。」這樣溫和仁慈的審判，絕不能打消他對發戰爭財的人，心中所燃起來的怒火。

整日的奔波，使他感覺疲倦，但可能是心裡太緊張的緣故，張志平雖已蓋上毯子，但他還是無法睡著，卻耽溺於空想及妄想之中。他想——祖國的勝利及日本的敗北已經是註定了。日本美麗的國土，她富有熱情的民族，以及她絢爛的文化，固然都是可親可愛的。但是日本這國家是如何的使人憎惡。他記起了以前有位朝鮮籍的朋友常說，這個戰爭終結後，實在該把日本放在美國的永久託管之下才對。該從世界地圖上抹煞日本這個國家，使日本人變成沒有國家的民族，非如此不可。原來這也是日本殖民地知識份子的共同願望。除此之外，還有什麼方法可以維持世界和平呢？其實，像這樣的處置，也能使日本人本身得到幸福——張志平這樣地空想著，這樣地幻想著，不知不覺中，自己也慢慢進入夢鄉了。

二十六

第二天黎明，昨夜的露水尚未乾時，卡車隊又向前出發了。穿過丘陵之間的路而前進。碰到山鼻或山峽時，護衛的兵士就大聲地向大家提出警告。

「像這種地方，遇到游擊隊的突擊機會很多，大家要俯低身子，千萬別把頭抬高。」

「假如游擊隊出來，有我們來應戰，沒有武裝的人不要離開車子擅自行動。」

中午時，卡車隊正行走在山坡上，俯看下面，丘陵起伏之間，出現了一座美麗的古城。城圍裡聳立著一座古塔，也有寺廟般的大建築，牆是黃色及淺紅色的。雖然距離很遠，但這些景物看來仍然清晰美麗。

「諸暨到了！諸暨到了！」

「真是好一幅美麗的風景，這才真是山明水秀的地方。」

「你看，真如一幅西洋名畫。」

離開杭州後，第一次看到了一座城，大家都感到很高興。可是，一進街市後，才知道這兒幾乎也是一片廢墟。城外還有少數衣著襤褸不堪的人。城裡也被破壞了大半，空無一人。城外那些穿得破破爛爛的住民們，僅是些七十歲或八十歲的老頭子，根本看不見一個年輕人。婦女們為了逃避日軍的姦淫，已不知到何處去了，這兒，看不見一個女人的影子。總而言之，只有連路都走不動的老頭子才留在這裡。

卡車隊在駐紮於城外的日軍部隊門前停車。下車後，大家便把自己所帶來的飯盒打開，來用午餐，然後，利用餐後休息時間，進城去看看。

諸暨城裡，有許多祠堂、寺廟跟民房並列著，使人感覺有三步一堂、五步一廟之感。這個城，祠堂與神廟所占的面積，也許比民房所占的面積還大些，所以，如果在太平時期，可以是神人雜居的城吧！但現在呢！住民全逃光了，這座死城，已變成只有神像的街市了。這些神廟都中了炮彈，牆壁處處倒潰，屋頂也被打翻了。所以，走在悄無人跡的路上，只見兩旁斷垣殘壁之間，露出神像的猙獰面目，這情景淒涼得令人毛骨悚然。

城外部隊所駐紮的地方附近，有一棟房屋，門口掛有「浙江省諸暨縣治安維持會」的招牌，牆上寫有「建設東亞共榮圈」的苛毒標語，屋裡只有幾個眼盲耳聾的老頭子，一聲不響地，沉悶地坐在木板凳上。

「那個頭髮雪白的傢伙，就是治安維持會的會長，這老傢伙，每天害怕被游擊隊殺害，戰戰兢兢，一點用處都沒有。」

護衛調查團的一個年輕的兵士，一面帶路，一面為他們說明著。「會長」看見日本兵進來，因不明來意，所以怕得發抖。大家看了這情形，都很同情他。塚田團長為了使這老人放心，只得脫帽向他行個禮。這一來，老頭子似乎才明白，這群不速之客並非來找他麻煩的，他才放下了心，臉上緊張的神色也鬆緩些了——這就是日本軍隊所建設的「東亞新秩序」、「東亞共榮圈」的一個縮影。

部隊後頭稍遠的地方，有一棟孤立的白牆房屋。門前荷著步槍的哨兵，煞有介事地警備著。「那是新開設一個慰安所。女人全是支那人。除了這個部隊的人外，所有人都被禁止到那兒去。請各位不要走近。」

擔任護衛及帶路的年輕兵士，鄭重地向大家警告。但是，不需要走近，只要遠遠地一看，就可以隱約見到屋裡藏有身穿藍色陰丹士林布❶的衫，以及黑布褲子的女人們。她們大概是這地方的農婦，被日軍軟禁在此的吧！駐紮部隊，不願意外面的人看到這些。遠遠的，看到這個非人道的慰安所，只有華東水電會社的尾崎一人，臉上呈現著猥褻的笑容，其他人則表情頓見嚴肅。臺灣出身的羅淇水，看來，好像遮掩不住心中的怒火似的，張志平直覺的感到這個同鄉青年，倒是富有正義感。

「假如我們日本打敗仗，外國兵占領了本土時，我們的姐妹母親，是不是也會遭受這樣悲慘的命運呢？」

那個好像還沒有結過婚的兵士，也感慨萬千地嘆一口氣。

餐後的休息時間，很快就過了，他們立刻被催促上車出發。卡車隊離開諸暨城，又開始前進，大約走了二十分鐘光景，路的左邊，立著一方大石碑，上面刻有「古羅敷山」等幾個大字。

「那是什麼？一定有什麼名堂吧？」

車上的人，都爭先恐後地問那個護衛士兵這石碑的來歷。

「我們也不知道那是什麼東西。我們沒學問。這東西我們不清楚。」

士兵們對這石碑漠不關心，當然也無從知道它的由來，可是，羅淇水卻把這個石碑的意義，滔滔不絕地向大家說明。

「這個羅敷山，就是西施的故鄉。當春秋時代吳越兩國交戰時，越王勾踐獻給吳王夫差的美人——西施，她的出生地就在這兒。這附近大概有叫浣紗溪的地方吧？可是，在浙江省叫做羅敷山啊、浣紗溪啊的古蹟多得很，那一個才是真的，那就很難判定了。」

「到底你是大學史學科畢業的，對於歷史掌故無所不知。」大家不禁感佩於羅淇水的博識。

張志平眼見祖國的古代文明舊蹟已被這個戰爭毀為一片焦土了，心中不覺悲哀。

下午四時，卡車隊被在路上警備的日軍部隊喝阻，而停車了。

「今天晚上說不一定會有戰鬪，此去恐有危險，你們暫時在這兒停留吧！」

---

❶陰丹士林布：陰丹士林是一類人工合成的染料。用陰丹士林染料染製的布顏色相當鮮艷，統稱為「陰丹士林布」。

「什麼？你們要去金華？那就該在這兒住一夜，明天早上再出發。」荷著槍的兵士們，個個都來大聲喝住他們，並阻止卡車隊的向前。

大家只得下車，決定在這兒住一夜再說。這裡，是在一個在地圖上找不到名字的小村落。祠前面有個大池塘，池畔有一座堂皇而未受破壞的建築物，那門上懸掛有「周氏家祠」的匾額。祠堂周圍還有幾座相當大的中國式住宅，當然是周氏一族所居住的，但現在由日軍部隊使用，原來住這兒的民眾，一個也看不到了。吃過晚餐，時候還早，誰都不想睡。周氏家祠彎曲的屋脊上，夜晚蔚藍的高空，斜掛著柳眉似的半弦月。

「羅先生，周氏家祠到底是什麼意思？我看這地方，像這樣的房子很多。」

塚田團長追根問底地詢問羅淇水有關中國的民情風俗，羅淇水對這問題，又口若懸河地講起來了。

「中國的鄉村，自古以來，往往是一個村只住著同一個姓的人們。所以，這樣的村落，都設有祠堂，而供奉村人們的共同祖先，有人把它叫做『血緣村落』。嘉興、吳興、杭州方面，以前也有許多像這樣的血緣村落。但是，當太平天國之亂時，便全被毀了。現在變成一村多姓的村落。這兒是因為地方偏僻。所以，才仍保留有這樣的血緣村落。」

像羅淇水這樣年輕有為的學究，只能當一名鐵道會社的通譯，這真可以說是殖民地知識份子的悲哀。在所有地位全被日本人壟斷了的殖民地臺灣，像羅淇水這樣的人，當然是英雄無用武之地，且被認為是多餘的。張志平對他也有同病相憐之感。

在周氏家祠度過了一夜後，卡車隊到黎明又開始前進了。改浙贛鐵路的路基為公路的這條大道，已經進入金華盆地內了。從車上看，山丘雖然也很迫近，但是，路的兩旁盡是平原。戰爭使得平原上的田園荒蕪，連農夫的影子都少見。只有路旁樹上飄著的紅葉，使大家深深的感覺到秋色多美啊！

「那鮮豔的紅葉，是什麼樹？真是好看！」大家看見紅葉鮮美，都稱讚不已。

「到底叫什麼名字，我們也不清楚，不過，支那人常採集這個樹的果實，拿去製造蠟燭。這一帶，滿山遍野都是這種樹，我們在日本的家鄉，從未見過這些。」

護衛兵士，把他所知道的一切，全引出來說明。

「從杭州奔波了三天，只發現了一個資源，無非就是這個蠟燭原料。這一大片焦土，哪還有什麼資源呢？」

華東水電會社的尾崎埋怨起來了。

「對了，這兒的桑園，全都荒廢了。住民也已逃光，沒有人養蠶了。這個地區的蠶絲資源，可以說全毀了。再繼續調查下去，也是徒勞無獲。」

現在，華東蠶絲會社的小田，也參加意見，認為這個資源調查是徒勞無獲的。

「這地區，礦物資源並非沒有，只是敵方的軍隊和游擊隊，這樣地橫行無忌，不用說是開發，就連調查都須要冒險的。」

從剛才起，一直坐在一旁聽大家談論，而肚裡翻滾著怒氣的華東礦業會社的片岡，也認為這地區的資源調查是無益的，調查團的其他人，也各自說出了內心的不滿。坐在司機旁邊的塚田團長，一看這情景，大為恐慌，他只得轉過身子，來約制大家的自私言論，同時，也想懷柔他們。

「各位，乾脆一不作二不休，這個調查工作我們總要做到底的。我的要求並不苛刻，至少各會社代表能交出一份書面報告就好。然後，我會負全部責任。把它歸納起來，編成一份很像樣的報告書，呈給上峯。請你們不要太緊張，冷靜點來觀察觀察這地方的情況吧！」

慣於官僚作風的塚田團長，對於官樣文章是最內行的。要編一篇區區的調查報告，在他看來，那是易如反掌之事。所以，他對口口聲聲在吵著的這些團員們，故意顯示出來泰然自若的姿態。他在心中暗想，反正以後也不會再有人來這兒調查的。多少寫點不確實的報告，也不怕露出馬腳。好了！就以報喜不報憂的原則，來撰寫一篇調查報告書吧！——日本人的官僚作風，大致都是如此。

慢步遲遲的卡車隊，到傍晚，才到達了金華城。這兒只有浙贛鐵路的車站，是唯一現代式建築。這個城，拆毀城牆之後，是把它的石頭拿來鋪一、兩條道路的。這些道路兩旁，有許多木造灰壁的洋式二樓店舖。可是，大體上來說，城裡還是老式的房屋占多，並不如在上海所聽到的那麼現代化。住民多數逃光，房屋裡空空如也。不過，這兒有幾家店舖是開著門的。因此，總算不是一個死城。但情景也是很荒涼的。當然，電燈尚未修復好，走在夜色逼人且房屋空洞的街道上，也足夠使人感到無比的恐怖。

調查團這一行人，被帶領到華東水電會社支店住宿，這也是棟木造樓，屋外面是灰牆，偽裝做洋房，門上浮雕著「商務印書館」五個大字。

華東水電會社金華支店，所用的「僕歐」和「阿媽」，僅是由上海帶來的江北人，他們講的是揚州話，誰也聽不懂。在金華，因為居民已逃光，要僱佣人很難，同時，日本人又怕萬一不慎僱到抗日份子，如果他們在飯中下毒，那就糟了，所以，才不惜代價，從上海帶來「僕歐」和「阿媽」。

二十七

張志平所參加的資源調查團，在金華只待了十天，就回上海去了。不過，在金華期間，曾發生過一件大事。那就是臺灣出身的羅淇水，好像是預先有所計畫而逃脫了。他想投奔到重慶的祖國軍隊那邊去，但在半途中，便被日本哨兵發現，而遭擊斃。關於這件事，金華的日軍部隊，負責發表，說羅淇水是遭游擊隊的攻擊而殉命的。所以，塚田團長，以及羅淇水所服務的華東鐵道會社，都免去了被追究失察的責任。塚田回上海後，便大吹牛皮，說他曾經克服萬難，調查了許多資源。塚田是個老奸巨猾的官僚，所以，他當然不會忘記開支興亞院的公款，來多多招待同行的人，博取他們的歡心，免得大家把他的西洋鏡拆穿。

這些多餘的事姑且不提。調查團回上海後，長島少佐按照他與張志平軍屬身分，盡了很大的努力。雖然如此，也足足花了一年時間，直到翌年，即一九四四年冬天，張志平盼望離開上海而回家鄉的願望，才算兌現了。長島在六三亭、上海花壇等極豪華的日本料亭，特別設宴單獨招待張志平幾次，借此與他惜別。同時，又把肺腑之言向張志平吐露，他還將自己的許多重要私事，也特別付託張志平辦理。

「目前在南方，帝國海軍已經全軍覆滅了。像這樣拖下去的話，也不知美軍哪一天會在上海登陸。我軍撤退於內陸的作戰計畫，現在正在擬定中。不過，青浦縣的佘山、崑山縣的崑山、常熟縣的虞山、蘇州的天平山，我們都想在這些地方開大山洞，以為大要塞，準備來一次大規模的戰爭。老張，你現在能回去，實在非常幸運。」

「每天從上海車站坐火車，經由南京、浦口、天津、山海關，而撤退到『滿洲』去的日本人眷屬，實在太多了。你看，每一班火車都載滿了人。他們從上海一上車，站在車上，動彈不得，連廁所都無法去，只好站在車中便溺。你想想看，這不是夠慘的嗎？」

「不，老張，你放心好了。你可以從上海先到日本，然後才回臺灣去。在海上，你是坐海軍所護衛的船團。在陸上，海軍當局也會替你定排好火車票、旅館以及三餐。你一點都不會有麻煩。我們已為你安排好一切，在你到達臺北之前，你是完全享受海軍軍屬待遇的。否則的話，日本國內現在根本不能旅行。食物僅是配給的，所以，沒有配給券的人，住旅館或進入飲食店時，連飯都不得吃。因為燃料缺乏，火車班次現在也減少了，每班車都載滿旅客，非有特別關係，連車票都難購到。」

「很感激你給與我這麼好的安排。」

「老實說，我有一件很重要的私事，要拜託你去辦理。這件事除了你外，我不敢隨便說出來，所以，我希望你能為我保密。同時，一定請你要接受我的請託。幾年來，我積了許多黃金、鑽石以及寶石。這些東西，我想託你為我帶去，但不許讓第三者知道，你要偷偷的帶去交給內人，她住在東京附近，反正我已沒有生還的希望了。這就是我對妻兒，最後一次盡力的機會，我相信你能替我辦到的。另外，那是次要的事，我已把很多衣料及罐頭裝好了，這些也請你順便帶到我家去。我有海軍的公文給你收執，一路上，海關不會檢查你行李。」

「你已幫了我太多忙，這次也因了你的幫忙，才能回家去。所以，你的事我當然遵辦，一切請你不用擔心。」

「好！那我就拜託你了！」

長島又一次與張志平緊緊地握手。

這年冬天，冷冷的淫雨，傾瀉到黃浦的一天，張志平濕淋淋的，從楊樹浦匯山碼頭，搭坐上海軍船團的一艘老朽輪船。這是一艘過去連名字都沒聽見過的古舊的老爺船。軍艦商船統統被美國海軍擊沉了。「海國日本」現在也只留下這些殘破的船隻。

當張志平快上船時，他發現在碼頭倉庫的屋簷下，踉蹌著身穿深藍色雨衣，右手拿著雨傘，左手抱著一束紅色薔薇花的一個女子，那不正是海軍武官府醫務室的護士屋島美雪嗎？她是個出征軍人的妻子，長得很漂亮，心地善良，是個天主教徒。張志平常請她打針，請她洗過喉嚨，當然認識她，但他想，這女人到底是來送誰呢？張志平覺得很奇怪。

但是，不容張志平多加思索，美雪的臉上已露著微笑走近他，把一束帶雨的薔薇花遞到他手中。

「祝你健康，戰爭這樣激烈，也不知何時才能再見。這樣一想，使我不得不來送你。能看到你，真高興。」

「美雪，真謝謝妳，我也請妳多保重！雨下得這麼大，妳還是先回去吧！妳看，妳全身都被雨打濕了，當心會著涼。」

「好……請你保重。我走了！再見！」

張志平凝視著消失在倉庫邊濛濛雨中的美雪的雨傘。他不覺依依不捨望著碼頭良久！良久！美雪送來的這一束薔薇花，彷彿溢滿了溫暖的人情味。在殘酷的戰爭中，想不到這兒還開著這樣美麗的人情之花。

此刻，張志平就將離開住了將近三年的上海。這位與他毫無利害關係的女子，純出於友情而來惜別，使他有出乎意外的高興，這也可以說是他臨別上海時最大的安慰。

從上海起程後，無論在船中也好，或在神戶到東京的火車中也好，他們時時刻刻都在恐懼於美國軍機的空襲。每天晚上，都很緊張地施行燈火管制。所以，這次旅行，對於張志平，是充滿黯淡與恐怖。

以前，是那麼繁華，且人口將近四百萬的東京街市，在這兩、三年中，已改變很多了。曾經遭受多次空襲的東京，現在為了防空起見，丸之內也好，日比谷也好，銀座也好，所有的高樓大廈，全都漆上灰色、卡其色、黑色等保護色。以前稱為花都的東京，如今完全變成灰色的城市。

省線電車也好，市內電車也好，都變得破舊不堪，並沒有改換新的。市內的交通非常混亂，神田、飯田橋、市谷、四谷及麻布，無論什麼地方，到處看得見面有飢色的男女老幼，他們被寒風吹襲著，排著長蛇般的隊伍，正在等待著食物的配給。所有的物資都非常缺乏，販賣配給品以外物品的商店，門口同樣的也排著很多人，等著輪到自己去購買東西。

東京街上的行人，大都穿著配給的卡其色布所做的衣服及大衣，女人也被迫穿「蒙北」❶。說起來，穿國民服是很好聽的，其實，這只是大家穿著縐縐的黃色破衣服而已，難怪他們都在寒風下發抖。剛從上海回來的張志平，身上穿著一套筆挺的西裝，就好像鶴立雞群一樣，使得路過的人，都對他投以羨慕的眼光。

日本的軍部與政府，把好的食物及衣料都全部當作軍需物資送往前線去了。所以，也只得強迫自己的國民，過著最低水準的生活。一方面，軍部將校的生活，倒是奢侈無度的。還有，發戰爭財的人，以及配給制度下產生出來的黑市商人等，他們賺錢都是一本萬利，所以，生活也是豪華驚人的。就是在於已經變成了飢餓之都、乞丐之都的東京，還有幾個特別區，例如九段一帶，那兒多的是軍部專用旅館及食堂。這裡，你可以發現一切比太平時代更加的奢華浪費。這些旅館和食堂都是酒色迷人的銷金窟，也是發戰爭財的人所常出入的揮霍地方。至於赤坂附近的料亭、待合❷，那也只有軍官和發戰爭財的人才能進去玩的——剛到東京的當天，張志平就驚訝地發現了這現象。

張志平所下塌的九段坂一家海軍專用旅館——浪速寮，在午餐的菜色中，就有鯛魚頭、刺身、牛排等等，吃不完的珍味、佳餚。陪伴他身邊為他盛飯的下女，反覆地不斷告訴他有關東京的情況。

「像這樣珍貴的好菜，也只有你們軍部的人才能享用到，一般老百姓所得到的配給食物，只不過是糙米、黃豆、蘿蔔而已。偶爾配點鹼魚，那大家會如獲珍味一樣地高興。」

「聽說這兒黑市很盛，是真的嗎？」

「一般老百姓，怎麼能買到那麼貴的黑市食品呢？先生，你從上海帶回來的罐頭、香煙，你交給我吧！我會用高價收買……當然，我是拿這個做黑市，想賺點錢的。」

糧食的缺乏，產生出來配給制，而配給制又產生出黑市。到頭來，還是黑市商人大發橫財，消費者吃大虧。

東京的所有房屋，都貼著鼓勵侵略戰爭的各種標語，這些標語的內容，不外乎是「一億玉碎」、「幹到底」、「八紘一宇」❸、「一億一心」、「當心間諜」、「擊下美機、英機」、「打倒鬼

---

❶蒙北：一種戰時穿用的褲子。
❷待合：妓樓之一種。
❸八紘一宇：日本的國家格言，意思是「天下一家、世界大同」，是日本侵略擴張時的宣傳口號。一九三〇年代日本及台灣有些建築故意設計八角形，來呼應「八紘一宇」。

畜美英」等等瘋狂之詞。這些標語，對於飢餓中的國民，怎能發生作用呢？還不如牛肉、魚、酒對他們富有魅力。連浪速寮的下女，都坦白地講出這樣的話。

「我弟弟今年只有十八歲，但已志願了霞浦飛行隊的特攻隊。當然，年輕人比較勇敢，又富熱情。不過，我敢說，有酒、有牛奶，還能穿上筆挺呢布軍裝的地方，他們都願意去的。這年頭，年輕人自動志願特攻隊的實在很多。」

「照你這麼說，那麼，女孩子如果肚子餓的話，是不是也會志願去當從軍護士呢？」

「這樣的人當然也有，不只這樣，有些女人，只要男人送一個罐頭給她，她就肯跟他親熱起來的。」

長期的侵略戰爭，使日本民眾陷入飢餓的痛苦中，餓肚子的人，為了爭取一頓飽，男人肯犧牲生命，女人肯出賣貞操。事態已經演變到如此嚴重，這世界變成什麼世界呢？張志平不覺感慨萬千了。

張志平的故鄉——臺灣，本來也是個米的出產地。可是出產的米，都當作軍需米，源源運去前線。同時還要供給日本內地的民需。所以，臺灣一般人的飢餓狀態，跟東京幾乎沒有兩樣。前幾天，他的妻子素琴寄來一封信，因為怕郵電檢查，不敢寫得太清楚，但隱約透露了一家人已陷入飢餓中。她在信中又說，父親張泰岳因為藥品缺乏，現在連醫院都開不成，只得把它關閉，而獨自一人跑到臺北去就「皇民奉公會」的某要職。這件事，當然是以很婉轉的筆調寫出來的。

到了東京的第二天下午，張志平從東京車站，搭上開往橫須賀的省線電車，到北鎌倉長島少佐的家眷處去。他想把他所受託的黃金鑽石等，早一點交給長島的妻子。

在北鎌倉車站，下了省線電車，前面就是圓覺寺。往昔，南宋的禪僧也曾駐錫過的這座名刹，聳立在古木參天的黑色杉林中。這寺，屋頂葺以茅草，是個木造建築的殿宇。看起來，一切都是黑黝黝的，環境既幽靜又清淨。寺後植滿松林的山麓，有一棟典雅的日本式住宅，那就是長島少佐家眷住的地方。這房屋只有客廳一間，被改為紅屋頂的洋房而已。

張志平到這裡，便先把長島少佐委託他的貴重物品——黃金及鑽石，很慎重地交給長島的妻子妙子。同時又告訴她，其他裝在木箱中的罐頭及布料，一、兩天中，就可由鐵道運達。妙子非常感謝他的辛苦幫忙。長島妙子是個三十歲左右的少婦，圓臉、圓眼睛，面貌可愛。看來，海軍的家眷，要把物質弄到手是比較容易的，所以她們不像一般老百姓那樣缺少食物及衣料，家裡的東西應有盡有。這女人吃得胖胖的，由於脂肪過多，幾乎成了雙下巴。張志平把要緊事交待清楚後，妙子又泡了一次茶，她把羊羹切出來，那是在東京街上早已買不到的貴重物品。不久，又開了一個枇杷罐頭來招待張志平，她開始跟他聊起天來了。

「這裡從前是有名的避暑地，所以，這兒東京人的別莊很多，因為靠近海軍鎮守府所在地的橫須賀軍港，現在這些別莊，都變成海軍將校的眷屬住宅，我們這房子，也是租人家別莊的。」

「這裡，真是一個環境幽靜的好地方，後面有山，若遇空襲時，有路可以逃走。」

「其實，這裡並不如你所想像的那麼好。靠近軍港，容易成為空襲的目標。離海岸很近，聽說，萬一敵軍登陸時，這兒便首當其衝。最近已有很多人疏散走了，我們不久也可能會疏散到故鄉山梨縣那邊去。」

「你們還要疏散嗎？這真不得了！」

張志平嘴巴這麼說，而心中也在開始擔心，他想起在臺灣的家族，他們是否還住在臺中？或者已疏散到什麼地方去了？

深居於北鎌倉幽靜地方的長島妙子，可能是平常來訪的人不多，所以，她似乎不肯讓張志平就此立刻離去，她跟張志平雖是初次見面，但她早就知道張志平是她丈夫的好朋友，而且，現在又替她做黃金及鑽石的走私，因此，她對張志平，絲毫不懷警戒之心。她把平日鬱結在心中的所有忿怒，都一股腦兒地說給他聽，她的話彷彿是沒有止境一般。

「自我先生被召集入伍那天起，我就已自命為寡婦了。我決心以獨力來養育兩個兒子，心中早已有準備。這就是我們軍人之妻應有的態度。我哥哥年前在北支的石家莊陣亡了。一個弟弟也在呂宋島殉難。另外，還有一個小弟弟在馬來半島的一次戰役中死於疫病了。我想，我們一家對國家的效忠已經很夠了。這一帶的海軍將校太太們，她們的身世也都與我大同小異。」

「原來如此，長島太太，我想，妳在精神上所受的刺激實在不少。」

「不，請你繼續聽我說完吧！在這種情況下，最近憲兵隊異想天開竟命令我們女人練武。這一帶將校眷屬的鄰組，常動員我們，練習使用關刀，其目的在於萬一美軍登陸時，將以弱女子來抵抗敵人的進攻。最可惡的是，他們還交給每一位將校的妻子一瓶氫酸鉀哩，他們叫我們當打敗仗時，應在被敵軍凌辱之前，服毒自殺。你想想看，一個人能這樣簡單地就死去嗎？誰都是偷生怕死的，每個人身上都負有重大的責任，誰都要活下去的。」

「長島太太，請不必這樣悲觀！我想，長島先生一定會平安地回來的。」

「我一個人說了太多話，真對不起。張先生，你難得到鎌倉來，我想陪你去看看這兒的幾個名勝古蹟好不好？晚上我們到鎌倉大飯店去吃飯，好嗎？我有配給券，湊起來，要叫兩客西餐，是不難的。」

「請不必客氣了。鎌倉這地方，我在學生時代時已來過多次了。我也曾在這兒住過一個夏天。所以，這裡的名勝，大佛、長谷寺、建長寺、圓覺寺，以及八幡宮，不管是任何地方，我都很熟悉，妳不必特地陪我去。我回去時，順路彎到圓覺寺去看看就行了。在上海，長島先生已請過我幾百次了。來這兒，你若再請我，那會使我十分不安。所以，請妳不必客氣了。我該在燈火管制開始前，趕回東京去，對不起，我現在就告辭了，還請妳多保重！」

張志平很想即刻回東京去，所以，勉強拒絕了妙子的苦苦挽留後，便走出妙子的家。

「既然這樣，那麼，我至少也得送你到車站，請你稍等一下。」

妙子趕緊把門窗關好，隨著張志平朝北鎌倉車站方向走去。由於張志平想去看圓覺寺，所以，他們在途中，還彎進圓覺寺去。走到舍利殿前面時，妙子屈膝合掌祈禱了很久。想是在為遠方的丈夫之平安而禱告吧！張志平看見妙子長長的睫毛上，閃著淚珠。

「再見！長島太太，請妳振作起精神吧！」

「也請你保重！我不知何時才能再見你……」

妙子與張志平依依惜別，雖然看見張志平所乘的電車已隱入山洞裡了，但她還一個人茫茫然地站在月臺上，沒有立刻離去。

在這個殘酷侵略戰爭中，與一個人暫別，總會使人預想到那已經等於永別了，所以，妙子對於只見過一次面的張志平，也如此的依捨。

大約三、四年前，受了軍部的欺騙宣傳，自命為行將征服全世界及全人類，而意氣軒昂的日本國民，近來因為屢戰屢敗，大家都患上了恐怖症，現在他們已變成為世界上最可憐的國民了。

張志平坐的省線電車，快到東京時，已經是薄暮時分，燈火管制開始了，空襲警報正在鳴響，東京車站紛亂得天翻地覆，旅客們也匆忙逃奔中。

二十八

張志平自從回到東京那天起，就開始到處打聽宮田洋子的地址，但始終查不出來。在美機空襲威脅之下，東京多數的人，早已疏散到鄉下去了。加以強迫疏散的命令也發佈了，此時連找一個熟人都很難。在街上偶爾碰到一、兩位過去慶應大學時的同學，他們告訴張志平，多數師友都因接到召集會出征去前線了。其中有的陣亡，有的病歿，十之八九已經進入鬼籍。以前，是那麼華麗的東京，現在已變成了灰色的都市。在他的記憶裡，但他仍到過麻布長坂去看看，因為那是洋子住過的地方。張志平只見門上掛著陌生人的門牌，而連這個陌生人也已疏散走了。在門牌底下，還貼有一張紙條，上面寫有的疏散地點。張志平心想，現在雖然已物是人非了。但這兒，畢竟是他過去幾次訪問洋子時，曾使他心跳、使他激動過的地方。所以，到現在仍使他戀戀不捨，徘徊不去。

張志平想，洋子的表姊濱田芳子，也許還居住在東京吧！對了，若去訪問她，一定可以得知洋子的地址——這樣打定主意後，張志平便在到達東京的第三天下午，從新宿車站搭上小田急電車，到芳子所住的成城學園村去了。在過去，是那麼新穎那麼時髦的電車，現在也是顯著破舊了。由於物資缺乏，無法更新或修理，所以，車輛才顯出這樣一副可憐相。芳子過去住的那一座漂亮的文化住宅，也與這個一樣破爛不堪，一到下雨天一定會漏水，像今天這樣寒冷的天，大風也能把它搖動得發出「咿呀」的聲音來，到處是荒涼極了。

好在芳子還住在那地方。

「呀！天這麼冷，真難得你會來看我，什麼時候從上海來？空襲這樣頻繁，再過一個月我們也想疏散了。真湊巧，你現在來，否則，我們就見不著面了。」

芳子看見張志平來，心裡非常高興，她已經不再穿過去那華麗的衣裳了，她也穿起「蒙北」來了。在這個殘酷的侵略戰爭下，能見到一個熟人的面孔，那已算是件值得慶幸的事了，他們都慶幸著彼此沒有死去，還好好活著。

「這些都不是什麼珍貴的東西，是我特地從上海帶來送妳的。」

「唷！送來這麼多，真使我不安。像這些東西在東京的店舖已很久看不到了。真謝謝你。」

一打牛肉罐頭，以及一盒太妃糖，就使得芳子如此高興了。由此可知，東京的糧食，已缺乏到什麼程度了。

因為糖已無法買到，芳子只得把她好不容易才弄到手的糖精，加點在紅茶裡，以此款待張志平。她跟以前一樣，人很爽快，而且十分健談。

「我已經猜到，你來看我的目的，是想知道洋子的地址？你到現在還忘不了她，是不是？」

不須要張志平開口，芳子就開門見山地道破他的心事了。接著，她又向張志平開始一連串的說教了。

「你結婚多年，大概已經有小孩子了吧！為什麼還脫離不了學生時代的『維特感情』呢？這不是很可笑的嗎？說起來，我對洋子本身也是不敢領教的。她在藝術方面當然是很高明的，但處世方法卻極幼稚。幾年來，她嘗盡了多少辛酸，現在，總算才剛剛安定下來了。」

「洋子近來怎樣？她現在住在哪裡？」

張志平心裡很著急，他刻不容緩地急於要見洋子。何況海軍為他安排的東京逗留時間，只有短短一週而已。所以，他不得不爭取時間。

芳子見他那麼焦急，不忍心拂逆他，只好把他所想知道的一切，從容地告訴了他。

「先請你冷靜一下吧！」芳子沉思了一下子開始說話：「你回去臺灣的第二年，洋子的丈夫文夫先生便去世了。由於他住院很久，使得洋子負債累累。如此，她只得放棄麻布長坂的房子，將它出售。自己則搬到幡谷那邊，一間小房子去住。洋子的父親山中子爵的爵位，最初是由他們同族的一個小孩義雄來承繼的。但不久，義雄的爸爸被召集出征，在太原戰死了。那麼義雄的養育費，自然的便落在洋子肩上。你也知道，除了他，洋子還要奉養年邁的母親。所以，當時洋子幾乎面臨著一籌莫展的苦境。像她那樣貴族的小姐，只會用錢，而不知道賺錢。她不管是教花道也好，教舞蹈也好，往往是得不償失。那時，藤間靜枝很同情她，有一段時間，聘她在藤間舞蹈研究所當了教師。」

張志平屏住呼吸，凝視靜聽芳子講話。

「如此過一段時間，直到去年，有一個名叫岡田勝夫，年老律師出現了。據說，他是洋子的父親的老朋友。岡田也不知是從哪裡弄來許多錢，為洋子開舞蹈發表會，門票每天都是售之一空。那時，洋子每個月好像都有相當可觀的收入。接著，岡田又來跟洋子說，有一位臺灣知名之士，為了保存日本的國粹藝術，已開始為洋子籌建一家日本舞蹈研究所了。你想想看，人家肯這樣無緣無故地援助你，背地裡一定另有企圖的。但是，出身貴族，且不懂世故的洋子，竟然還不知警惕。」

「那麼，以後呢?到底怎樣?」

一聽到岡田勝夫的名字，張志平就焦慮起來了。他急急忙忙地逼芳子快點把這件事的結局說出來。

「以後，我所憂慮的事情，果真發生了。不久，岡田來告訴洋子說，以前替她花錢，現在又為她建蓋日本舞蹈研究所的人，就是臺灣第一勢力家丁炎先生。他說，既然丁先生是妳的後臺老板，妳索性就嫁他做小星好了。」

「這些人真可惡，丁炎這傢伙確是個大壞蛋，就是殺之還有餘恨。」

「不但如此，丁炎跟岡田見他們的目的不達，竟想製造已成事實而使洋子就範。他們收買了東京的兩家雜誌社，刊出了名舞蹈家宮田洋子與臺灣某富翁的醜事新聞。這樣的消息登了好多篇，結果，他們的目的仍然不達，但洋子已被毀滅了。她再也不能在社會上露臉，舞蹈與花道的『總師父』，都給了她『破門』❶處分。之後，當然不會有人去做她的學徒了。那時候，我很擔心像洋子這樣天真又正直的人，經不起這樣的刺激而去尋短見。所以，我常去安慰她，鼓勵她。」

不管是說著話的芳子，或者是正在聽著的張志平，在他們心中，都同樣地滿懷痛恨。那些發了戰爭財的人們，往往運用他的金錢魔力，來毀滅一個正當女子的一生。這在戰時，倒是司空見慣的事。

芳子勸張志平喝一口已經冷了的紅茶，然後再繼續講話。

「洋子在精神上，受到了最大打擊的時候，她的表哥倉田修二出現了。倉田從小就很喜歡洋子，說得上是洋子的知心人。他的太太已經去世了，他很想娶洋子為繼室。在這種暴風狂雨的時代裡，一個不懂人情世故的貴族小姐，當然是無法獨立生存的。所以大家都勸洋子說，既然他那麼喜歡妳，妳應當嫁給倉田才對。洋子終於接受了我們的意見，在今年一月，已經跟倉田結婚了。現在，她總算才過著幸福的家庭生活了。」

「原來如此，她能過著幸福的生活，我也很高興。」

「所以我說，你現在再出面，是不是不妥當呢？」

❶破門：被組織除名。

「難道說，我只看她一眼都不行嗎？」

「可是，你要知道，洋子至今仍未忘懷你。已經記不起是什麼時候了。有一次，我們表妹丹野敏子，從上海來信給洋子說，由於她們倆人長得很相像，所以你竟把敏子錯認為洋子了。當時，你就將錯就錯，而將敏子就當洋子來殷勤接待。洋子看到這封信時，嗚咽了好久。現在，她好不容易才建立起新家庭，心情也安靜了。你不去看她，好像還妥當一點……見了面，對你們兩人又有什麼用？有情而無緣，我看你還是忘掉她吧！」

「妳的話當然是很有道理的，但是，難道說我連看她一眼都不行嗎？妳讓我遠遠地看她一眼吧！如此我也就心甘了。否則，我死也不會瞑目的。」

「好吧！那就這樣決定吧！你這次來東京真是湊巧。我告訴你，洋子他們已決定乘明天晚上十一點鐘的火車，從東京疏散到北海道去的。明天晚上十點，你到上野車站的頭二等候車室來吧！在那裡，你一定可以見到她的。因為洋子的母親也要一起去，所以，我準備去送送她們。」

「真謝謝妳，濱田太太，謝謝妳幫了我這麼多忙，使我一生的願望能夠達成。」

「『維特先生』！你保留著這份學生時代的純真氣質，到底要保留到哪一天為止？什麼時候，你才能變成成熟了的男人？別這樣經年累月追求『夏綠蒂』的影子吧！你應當把這種心情，轉移於自己的家族上去才對。依我看，像你，像洋子，你們都是缺乏思慮的人。在此殘酷的世間，你們這種人是沒有辦法存在下去的。」

在這嚴寒的十二月天，芳子的家，連生個爐火都沒有。坐在那兒，使人覺得很冷，張志平怕傍晚後又有燈火管制，便向芳子深深道謝，趕回到九段坂的浪速寮去了。一般老百姓的家，在這深冬的日子裡，連個火爐都沒有辦法生火，但是在浪速寮，這個海軍專用旅館內，卻有水汀❶的暖氣，也有熱烘烘的壁爐。此外，每個人還分配有一個溫暖的小火爐。

第二天，從清晨起，滿天雪花紛飛。為了防備空襲，早已全部漆成灰色防空色彩的東京，現在已全變為一片白銀世界。張志平好不容易才等到夜晚。匆匆忙忙地吃了晚飯，他目不轉睛地注視著壁鐘。這時浪速寮的室內，爐火熊熊，屋外白雪飄零如絮。他想，應該早點到上野車站去等才好。於是，他便從燈火管制下那灰暗的飯田橋車站，搭上省線電車。

到了上野車站時，手錶才指著八點鐘，離開與芳子所預約定的十點，足足還有兩個小時。夜晚的上野車站也在燈火管制中。人山人海的旅客都是為了疏散吧！他們在灰暗的車站內，混亂地來來去去。三、四年前，曾經興高采烈地歡送入伍軍人以及出征部隊的這個車站，現在已經落魄得變成專門送出飢民、難民的車站。這些人，都像驚弓之鳥，在屢次空襲的威脅下，戰戰兢兢著。

即將看到洋子的十點鐘，愈來愈近了，張志平的心，也跳得愈來愈快了。現在已經十點過

---

❶水汀：英文 Steam 的音譯，為舊式暖氣爐。

五分了，又過去十分了！始終看不到洋子的影子。當張志平開始焦急得坐立不安時，出於意外地，身後忽然傳來了芳子喊他的聲音。

「你在這裡等著吧。我去那邊跟倉田先生周旋。趁這個時候，我會叫洋子到這邊來。她來時，你別糾纏她太久。一見面，你就得早點離開，你一定要理智點才好。」

看起來，芳子到底還是同情張志平的。此刻她想盡辦法要幫他忙。芳子消失於人群中很久後，張志平才發現洋子迎面姍姍而來，她跟幾年前一樣，絲毫沒有改變。如果硬要說改變了的話，那麼，只是從厚厚大衣底下，露出了「蒙北」的戰時服裝，這點使她的外表改變了些兒罷了。

「洋子！」

「志平！」

久別重逢，兩人面對面，相互深深注視著，這一刻，沉默代表了他們內心的所有語言。良久！良久！說不出話來。彼此心中感慨萬千！

「當年，妳離開我時，我曾追著妳，到赤倉溫泉去。想不到火車走到篠井車站時，我發現了妳卻坐在從另一頭開來的火車中。這時我拚命地喊妳。但火車的隆隆聲，使妳始終聽不見。從那時起，我們就分手了，一直沒有再見過面了。啊！時間真快，想不到已過去好幾年了……」

講到這裡，張志平眼裡已含著淚，喉頭哽住了。他再也無法繼續說下去了。洋子也取出手帕揩眼淚，但，仍然發不出聲音來。

過了好一會兒，洋子才勉強裝出笑容，先開了口。

「你娶了一個那麼可愛的妻子，家中一定很幸福，現在有幾個孩子了？聽說，你也去了上海很久，是嗎？」

「內人是很能幹。不錯，她是個好妻子。我們到現在只有一個小女孩。洋子聽說妳現在也有了幸福的家，我為妳放心了。今天能見妳一面，我死也甘心了。過幾天我要搭船團回去臺灣。」

「你留在我家的那本《少年維特的煩惱》，我把它當作紀念品，永久保存著……有很多話，我真不知該從何說起……」

「好了，洋子妳該回去了，能見面已算幸運了。再見！祝妳永遠幸福……」

「我也祝福你……」

洋子消失在人群中後，張志平便悄悄地購了一張月臺票，偷偷進入了飄著雪花的月臺。站在擁擠的人群中，眼看洋子坐的十一點鐘開往青森的火車，消失於銀色世界中了。他還痴痴地站在在那裡，目送著火車影子的逐漸遠去，心中有著難以言喻的依戀之情。

過了幾天，張志平在東京已沒事了，便按照原來的計畫轉到神戶去，搭上海軍所護衛的船團，準備回去故鄉臺灣，與闊別多年的父母妻兒團圓。船團從神戶出發，彎到門司，走上沖繩的外海時，不慎觸到美國海軍的魚雷，而全部覆沒了。船上的乘客與船員，也都葬身海底了。在日漸激烈的戰火聲中，類似這樣的事，是層出不窮的。所以人們並不把它當作一回事了。

當船團覆沒的消息，從收音機廣播出去時，有兩個女人哭得痛不欲生。一個是住在臺灣的張志平的妻子——素琴，另一個是剛剛疏散到北海道登別溫泉附近鄉間的宮田洋子。

好在素琴並不知道張志平在東京又見了洋子，她始終以為，她已完全佔有了丈夫的心，一直到她死亡的最後一刻為止。她為此引以自慰。

二十九

兵源枯竭的日本，到了一九四三年春季，便在臺灣實施了「志願兵」制度。現在很多本島人青年，都被迫去當「志願兵」，而送往前線去當炮灰。同年四月，「小學義務教育制度」在臺灣也實施了。這是為了減少本島人士兵跟日本士兵之間，言語風俗上的隔膜而施行的。不但如此，到了十二月，又強迫許多在學中的學生入伍當兵，稱之為「學徒兵」❶，故意大張聲勢。但是這些烏合之眾，並無多大用處。過了年，到一九四四年一月時，美國空軍大舉轟炸臺灣。從此，臺灣也跟日本內地一樣，常遭受空襲了。

這樣一來，社會各部門的生業，漸漸萎縮起來了。電影院也暫時停止營業，報館也廢止晚報了。當局對本島人的徵兵更變本加厲了。此外，連民間的黃金、首飾、鑽石等，也被強制徵購了。總而言之，每天都有新花樣出現。這些花樣，當然都是繼續進行戰爭的有效措施。可是，此等措施從民眾來說，無非都是一種虐待，大家為之叫苦連天。

「你每天都在替日本人找疏散場所，忙得不可開交，我看，你還是先考慮自己女兒的婚姻大

❶學徒兵：也就是學生兵，二戰末期日本在臺灣徵召大學、中學校的青年學生擔任軍事預備隊。

事吧！安子已經二十歲了，也該找個門當戶對的人家，把她嫁出去。」

丁炎每天都忙著替日本官吏在臺北近郊找疏散的房屋，他有時向房東威脅，有時向房東詐騙，用這種方法叫他們獻出房子讓日本人居住。他的妻子阿雪，對此有所煩言。

「我們的兩個女兒都嫁到中南部的名望家去。安子，也該把她嫁給門當戶對的人家才是。」

安子是丁炎的三女兒，剛畢業於臺北第一高女。她從小寄養於臺北的一個日本人家中。人已完全日本化了，談吐舉止也與日本女人毫無差異，甚至於她連臺灣話都說不清楚。

「這件事我老早就考慮到了。陳仁德的堂兄裡面，不是有一個叫做陳克己的嗎？他雖然是個不喜歡出風頭的人，但是論起財產，他在陳家各房中可說是算一算二的。我想他的兒子宗恭，如果做我們的女婿，那是最適當不過的。本來陳仁德以下，陳家各房的人，都是受楊修業那傢伙的包圍，我們是不易接近的。只有這位宗恭，我早就對他下過工夫了。我對他倒是有把握的。」

「這位宗恭的學歷怎麼樣？你什麼時候對他下過工夫？他現在在什麼地方？做過什麼事！」

「他是本地的大學生。現在是個志願兵，駐紮於宜蘭礁溪。我常給他零用錢，所以，彼此是很談得來的。」

「像他那樣富家的子弟，怎麼會去當志願兵？為何他還要受你的接濟呢？這些我真不懂。」

「他的老子陳克己，為了對總督府表示效忠，便替他的兒子去蓋申請志願兵的章。當然，軍方對這些富豪子弟，是不會虧待的，也不會讓他到前線去的。聽說，只是想叫他在宜蘭待一下，不久就會讓他退伍。總之，軍方認為，像他這樣的富家少爺，只要能對一般本島人起些帶頭作用就行了，並非真的要他去打仗。大凡這樣舊家的子弟，並不如世間人所想像的那麼有錢可花。你想想看，他們的父母，沒有經歷過人間的辛苦，連物價都不知道的人居多，偶爾賞少許零用錢給小孩子，在他們就認為是龐大的數目了。這樣家庭的父祖們，又都是從小就嫖大的。所以，他們認為，小孩子有了錢，一定會去嫖。因此，規定不給小孩子錢用。在此情況下，宗恭的零用錢並不多，往往受人接濟。」

「不管他是少爺也好，阿哥也好，我絕不能把女兒嫁到這樣缺乏人情味的家庭裡去的！」

「不過，你要想，那老頭子也不可能活太久了，稍微忍耐一下吧！宗恭將來一定會有很多財產的。」

「我看這青年，本身也不是什麼了不起的人物。」

「妳為什麼這樣傻？就因為他不是了不起的人，我們才能支配他啊！」

「不過，現在他不是還在軍隊裡嗎？總得等他除隊後再說吧！」

「妳又說傻話了。就因為他目前正在當兵，所以，我們進行安子的婚事才更容易啊！下個星期天，妳帶安子到宜蘭的礁溪溫泉去一趟吧！星期天是部隊的外出日，我會事先安排黃鴻運帶宗恭到旅館來等妳們。鴻運當祕書是相當能幹的。讓他去辦這樣的事，那是易如反掌的。妳就陪安子到旅館去，跟他相親吧！我早就跟部隊長講好了。除星期天外，我們也能把宗恭帶出來的。不但如此，不久，他就可以以醫病的名義除隊回家。」

阿雪對丈夫的深謀遠慮，不得不重新估計，咋舌吃驚。她記得幾天前，祕書黃鴻運曾經忙於發送很多慰問品給礁溪部隊。貼著「臺灣總督府評議員手井炎一贈呈」的紙張的盒裝的桔子、牛奶糖、香煙，一批批地從丁炎家運了出去了。「手井炎一」，也就是丁炎所改的日本式姓名。

隨著戰爭的進行，糧食也徹底缺乏起來，現在軍隊裡，金錢、女色已不如食物吃香了，大家都以食物為第一。因為軍官肚子也都餓，對於送桔子、牛奶糖、豬肉、雞蛋來的人們，不管他們要求什麼事，軍方都是有求必應的。

在這樣的時代，像丁炎、楊修業這種大紳士，要結識日本官吏、軍人，是比以前更加容易也更廉價了。現在不需要再贈送高價的書畫古董、鑽石、寶石，更無須送支票或現款，只要送去些雞蛋、豬肉，甚至於幾斤白糖，就能唯其所欲地驅使他們了。戰爭使人的生命貶值，從而也使人格變為最廉價的東西。

阿雪認為事關婚姻大事，最重要還是問問女兒安子自己的意見。所以，她就一五一十地全盤告訴了安子，看看她的意思如何？

「妳爸爸過於樂觀，我倒是很憂慮的。對方的父親，養著好幾個小老婆，是個沒有常識常情的人。母親呢？她反而被小老婆壓制著，沒有什麼發言權。至於陳宗恭本身，依我看也是個無用的人。所以，我對這門親事非常擔憂……」

出乎母親的意外，安子倒是很乾脆。

「爸爸媽媽給我作主就好了。反正本島人青年裡面，沒有一個符合我理想的……」

安子是在於將本島人叫做清國奴的日本人家中長大的。她想法跟日本人完全一樣，從小就極輕視本島人。她心想，既然要嫁給本島人，那麼，總要嫁到像陳家這樣連日本人都當作貴族看得的富豪家庭才好。可能是由於父母的影響吧！這個利慾薰心，仰慕虛榮的女孩子，滿腦子是現實思想，心中絲毫沒有綺麗的夢景。

丁炎所編排這一齣戲，進展得大致順利。幾天後，陳宗恭在礁溪溫泉的眾樂園旅館，跟阿雪、安子母女會了面。阿雪不惜高價，叫了許多黑市的酒菜，大事招待陳宗恭。原來，陳宗恭的部隊，駐紮於礁溪的後山，他曾過著三個月沒有看見像樣女人面孔的軍隊生活。所以，現在他連醜八怪似的女人，也視為天仙了。何況，安子比普通人還強一點點，從陳宗恭的眼中看來，她簡直是仙女下凡，這實在也是難怪的。

礁溪，是白鷺交飛稻田中的一座悠閒村落。東面望得見太平洋中龜山島的奇峰，西面，九股山荒涼的山嶺連續著，還算是個景色宜人的好去處。阿雪故意說她自個兒要好好休息一下而催促安子跟陳宗恭兩個人到外面去散步。這附近有個五峰瀑布❶的名勝，陳宗恭曾去過好幾次

---

❶五峰瀑布：即五峰旗瀑布，坡度平緩易走。

了，因此，他就想帶安子到去玩。臺灣北部的十一月，天氣不冷也不熱，正是郊遊的最好季節，走在大自然的境界中，誰都能暫時遺忘戰爭的恐怖。

「小姐，妳真是了不起。在本島女孩子中，能說像妳這樣流利的日本語的，我從未見過。」

「我爸爸常稱讚你的德文非常好，你在大學裡，是專攻什麼呢？是法律？或是經濟？」

「我是專攻德國文學，剛開始寫諾伐利斯『青青的花』❶這篇論文的時候，便被召集去當兵了，所以，論文還沒有寫成。小姐，妳也喜歡詩跟小說嗎？」

他們最初是這樣彼此恭維一番，等到看了瀑布回去旅館之後，兩人已經是混得很熟了。陳宗恭心目中，認為她是由天上降下來的仙女，他已完全拜倒於她的石榴裙下了。

安子到底是丁炎的女兒，利慾之心很強，她聽見陳宗恭既不念法律，也不念經濟，竟醉心於文學，這使她感覺到有點失望了。可是，一方面她又想，父親極力推薦這個人，他又生於臺灣第一名門陳家，所以對他多少還看得起。在《馬關條約》以前的臺灣，陳家佔有與現在的總督同等的地位。嫁給陳家的女人，都叫做「舍娘」❷，這也是她父親常掛在嘴邊的口頭禪。她在腦子裡盤算著，與這樣名門弟子結婚，在同學們之中，也可出出風頭，可以滿足自己的虛榮心。雖然這個男人個子有點矮，算是一大缺點，但妳不見李王殿下❸，也比他的妃子梨本宮方子女王殿下矮得多嗎？這有什麼關係呢？——安子心中，已經決定要去當「舍娘」了。

以後，丁炎所預定的計畫，進行得更順利了。安子每星期天，都到礁溪去跟陳宗恭見面，陳宗恭非常感激這份美人恩。阿雪吃不消每星期坐幾個小時的火車去礁溪，所以，從第二次起她就派了姨太太瓊妹為代表，陪安子一起去。在丁炎的姨太太們裡面，蘭心的資格當然比瓊妹老得多，可是，丁炎與阿雪對蘭心都不放心。他們怕蘭心一見了年輕男人，就想偷情，假如讓她一起去的話，不懂世故的安子，必定會吃虧，蘭心可能會越俎代庖的。所以這份大差事才落到瓊妹的頭上了。

不久，由於丁炎的安排，陳宗恭提早除隊了。一回家，他立刻向父母親提出與安子結婚的要求。父親陳克己對宗恭擅自決定婚事一節，表示不悅，陳克己一向是瞧不起本島人女子的。

「我不喜歡丁炎這種暴發戶家庭的野姑娘，你應該娶個賢淑的女孩才好，與其要娶丁炎的女兒，還不如娶個日本姑娘好些，日本姑娘是最有禮貌的。」

陳宗恭的母親淑華出身厦門附近名家，她早就有意把自己娘家的姪女們，推薦給宗恭。

「你的表姊妹裡，好的不是很多嗎？像阿雪這樣厲害女人的女兒，我才不敢要來做媳婦。」

「我在當兵時，安子幾次帶著慰問品到礁溪來看我，這份恩義，我一生都無法報答。」

---

❶諾伐利斯〈青青的花〉：今譯諾瓦利斯（Novalis），德國浪漫主義詩人、作家，青青的花意指「藍花」，後來成為浪漫主義憧憬愛慾的象徵。

❷舍娘：少奶奶之意。

❸李王殿下：日本併吞韓國以後，韓王世子被封為李王，列入日本皇族，妃子為梨本宮女王。

看起來，陳宗恭的魂魄，都給安子捉走似的。

「混蛋，你沒聽說過美人計這句話嗎？他們所以這樣做，都是為了騙你的。這也是丁炎所導演的把戲。」

「是嘛！這些全是阿雪他們的詭計。一個素不相識的女孩子，會到軍隊去看你，我就看不慣這種事。凡事自動送上門的，哪有好東西！」

父親、母親，對於丁炎、阿雪及安子，都懷有很大的反感。總督府動不動就把新發家的丁炎，拿來跟舊家的陳家相比，而對丁炎特別看重，這點，也常使父親陳克己非常難堪。加以陳家的人們，都飽受丁炎的政敵楊修業的包圍，楊修業又常常把丁炎詆毀得體無完膚，這也是導致陳克己厭惡丁炎的原因之一。

雖然，陳克己在口頭上大罵丁炎，但事實上在他心中是不敢得罪這位臺灣第一流惡勢力家的。過了幾天，當丁炎派了一個日本人菊田律師來說媒時，他只得勉強答應宗恭跟安子的婚事。不過，他畢竟是於心不甘的。所以，特別附了一個條件，就是說，這婚禮必須在一年後才得舉行。同時，他又宣佈說，今後宗恭夫妻的生活費，他不願意多給。

他跟安子的婚事幾乎已談成功了。有一天晚上，陳宗恭偷偷來訪問丁炎。此時，丁炎正坐在書房裡，朗讀祕書黃鴻運所代筆，次日某會議的演講稿，他在那兒反覆練習著：

「……本島人，特別是南部的人，歷來都以蕃薯為主食，吃米的習慣是少之又少。就是吃米的人，也是喜歡吃在來米的居多。從不喜歡吃改良了的蓬萊米。在此米穀缺乏之際，我們主張，對於本島人的配給，似乎不需要蓬萊米，應當以番薯為主……」

換句話說，他是主張以蕃薯來餵本島人，而將蓬萊米統統拿配給與內地人。像這樣的演說，是最迎合日本人心理的。

明天丁炎就要做這樣的演說了。他正在自鳴得意時，忽然看見陳宗恭竟這麼晚來訪問他，機警的丁炎，已經直覺到他是無事不登三寶殿的，於是，他立刻放下演說稿，過來與他交談。

陳宗恭躊躇了很久，才鼓起勇氣，把一件極要緊的事，向丁炎坦白道出。據說，過去，他跟臺北醫院一位年紀比他大的護士李娥，有過超友誼的關係，現在，李娥對他與安子的婚事提出嚴重抗議，而且吵鬧得很厲害。

聽了陳宗恭的話，丁炎滿不在乎地安慰他說：「像這樣的事用不著憂慮，我叫人送點錢給她，跟她一刀兩斷就行了……」

「不，若是錢能解決的話，我即使不敢跟父親說起，至少也會跟母親講的。她也一定會替我作打算的。李娥是個意氣用事的女人，硬說是她不要錢，而要我們承認她妾的地位。假如我不答應的話，那麼，舉行婚禮那天，她必定會鬧到禮堂來的。」

「既然這樣那更好辦。你放心，這件事就交給我。安子還沒睡，你要不要上樓去看看她？」

丁炎對這位準姑爺格外親切。

大約四天後臺北醫院的名護士李娥，突然被徵集為從軍護士了。她終於哭哭啼啼地離開臺北了！連她自己都莫名其妙，為什麼這件事會發生在她身上。

「李娥突然被徵集了！」

到剛才為止，還被視為眼中釘的李娥一經被徵集，現在，陳宗恭反而滿懷悲嘆了。

「所以，我說，你交給我辦好了。」

丁炎得意非凡，向新姑爺自誇耀他手段的毒辣。這樣一來，陳宗恭每一想起李娥，良心上便覺得深受譴責。他精神上受到很大的打擊，好像非放聲大哭，發洩一下悲慟的心緒不可。過去他用過李娥的錢也不少，這更使他感覺內疚。

在沒有見過像樣女人的三個月軍營生活時，他才會把安子視若仙女下凡。但現在一回到人間世界，安子的容貌，在他眼中，再怎麼樣看，也不會覺得是如仙女般了。陳宗恭彷彿覺得，陪安子到礁溪來的丁炎那位姨太太，都要比安子強幾分。當然以前的舊情人李娥，比起安子來是漂亮多了，而且還富有熱情。陳宗恭現在很後悔，他深深責怪自己為什麼要捨李娥而娶安子。

長於利害打算，傲慢而虛榮心又重的安子，不像李娥那樣，在結婚之前肯獻身。陳宗恭每當回憶起李娥的熱吻，以及她那白色的肌膚，和豐滿的乳房，心中便感慨不已……

三十

臺灣總督府當局下令強迫城市住民疏散，時間是在一九四四年夏天。可是像丁炎、楊修業，這些與總督府及軍部關係密切的要人，由於公務纏身，也只得冒著空襲的危險留在臺北，而不能離開。丁炎發現事不可為，而疏散到他的家鄉北投，那已經是一九四五年了。他的住宅後山有完整的防空洞，那是北投溫泉的一座豪華別莊。丁炎每天都不惜花很多錢，以黑市價格買大魚、大肉來享用。而且，由於軍部的源源供給，也不愁沒有汽油坐車子。他們一家人，雖然疏散到鄉間，但日常生活，依然過得很舒適。

這時期，不管是北署也好，南署也好，或憲兵隊也好，他們每天好像發瘋似地，不斷逮捕本島人的知識份子。隨著日軍敗色之日見明顯，美機的空襲也愈來愈多，平日飽受日本壓迫的本島人，現在也不斷的起來反抗了。大則發生多次的間諜事件，或者臺北帝國大學醫學部的三民主義青年團事件，小則偷聽短波廣播等，這些事件層出不窮，本島人之間，盛傳天快要亮了，四腳[1]快要滾蛋了，類似這樣的私語。日本人的槍桿，對於飢餓的民眾，已經不大能起作用了。

---

❶四腳：又稱為四跤仔，閩南語「四腳畜生」的意思，臺灣人以「四腳」稱呼日本人，意指日人為狗。

「你看有沒有問題？廣島已經被美國原子彈炸毀了，照這樣看來，日本已經完全無望了。今天，黃鴻運在軍司令部聽到短波廣播說，日本政府好像正在交涉講和中，將來臺灣是會歸還給支那的。像我們這些替日本賣盡力氣的人，今後不知該怎麼辦才好。依你看，我們會不會被本島人的民眾打死？幸虧，我們在德國的兒子們，已經很安全的逃到瑞士去了。」

首先憂慮日本戰敗後該怎麼辦的，除了丁炎本身之外，還有講這個話的妻子阿雪。

「所以，我早就在桃園、新竹方面，吩咐靠得住的佃農，替我們準備藏身之處。以後看情形如何，說不定到那邊去躲避躲避。不久，我總相信，情形不會那麼糟的。不光是我一人如此，所有的本島人，誰都協助過戰爭的，那麼，甲哪裡有權利來裁判乙呢？」

「我看，事情好像沒有這麼簡單，人家是為了飯碗，為了保平安，而苟全性命於亂世，不得已才協助戰爭的。但你卻是積極策動戰爭，大添福壽而得到榮華富貴的。所以，一想這些，我就很害怕。」

「混蛋，你閉嘴！妳們這些女人懂得什麼？」

阿雪因於過於憂慮，無意間，揭露出了丁炎心中的弱點。所以，使得丁炎大發雷霆地跳起來了。他一怒，便隨手將手中的茶杯砸到地上，茶杯粉碎了。不過，另一方面，老實說，他心裡也為阿雪剛才一番出自肺腑的話，不寒而慄。

丁炎畢竟是個狡獪無比的人。沉思了一下，他馬上又恢復了冷靜，又說出很多名正言順的理由來了。他素來有一個他自己的信念。他認為要欺騙世間人，應先從欺騙身邊的弱女子開始。

「我對於保存中國文化，已經貢獻不少了。前幾年，總督府想把臺灣寺廟完全毀滅時，我曾毅然挺身出來反對。主張保存寺廟的就是我。臺灣的中國文化色彩，幾十年來，幾乎已快被消滅盡了。現在，所遺留下來的，只有寺廟與拜拜，而致力於保全這些東西的也就是我。不僅如此，我自己也花錢蓋過廟，我也送過金牌給漢詩詩會，漢詩才是道地的中國文化。」

從原子彈投下廣島那天起，丁炎在家裡，已經不講「支那」這句話，而改說是「中國」了。阿雪雖然是個沒有學識的女人，但她也知道，事情絕不會像丁炎所說的那麼簡單。她那一雙充滿憂慮的眼睛，一直盯在丁炎臉上。這使得丁炎，不得不把他今後的計畫，悄悄透露給她聽。

「等中國軍隊來到臺灣時，我一定會率先去歡迎他們。中國有句俗話說『見面三分情』，先去歡迎他們，乃是上策。過去，對日本怎麼盡力，今後，對中國也怎麼盡力，這樣就好了，此外也沒什麼辦法。」

「不過，你以前那麼死心塌地地為日本人做事，故意與中國作對頭。而現在，突然間要轉變方向，你真能做得這樣順利嗎？」

阿雪依然是不勝憂慮，所以，她忍不住又毫不保留地針對他追問。丁炎的脾氣，最不喜歡人家提到他的弱點。阿雪對他的缺點喋喋不休，這使得他不覺又怒髮衝冠了。

「混蛋！軍司令部的少壯將校們，正在討論不惜一戰，寧可臥屍於臺灣的荒野，也絕不甘心把臺灣交給支那。他們好像還有別的主意。所以，照目前情勢來看，大局還不能算是已經決定了，我們又何必如此緊張？……剛才所講的，是你我二人間的祕密話，妳絕不能洩漏給家中的任何一人。」

丁炎對阿雪，雖然說出這樣壯言豪語，但在他心中，難免還是憂心戚戚。

「阿雪，以前我在廈門做的長衫馬褂，幫我找出來，給我整理整理。」

交待了這句話後，丁炎便離開了疏散地——北投的別莊，上臺北去了。瞧！他現在已經想換穿長衫馬褂了。

被稱為十三點的蘭心，連做她丈夫的丁炎，現在也都感覺對她無可救藥了。自從全家疏散來北投後，蘭心時常藉故外出，譬如，今天要到建昌街的本宅拿點東西，今天要去出席「皇民奉公會」女子隊的會議，今天要到艋舺龍山寺去燒香，今天要去臺北搶購黑市食品，她常巧立名目，浪費昂貴的的士車資而到臺北去。蘭心到臺北去的真正目的，當然是在於跟她的情人黃正雄幽會。不！她的情人並不只黃正雄一人，就連「皇民奉公會」裡的幾個日本人，最近也跟她搭上關係了。

現在，已經當了「皇民奉公會」的部長，且在汽油如此缺乏的時代，還有車子可坐的黃正雄，已經跟中部一個外醫的女兒結婚了。目前他把家眷疏散到三峽那邊去，而自個兒則留在臺北。他在此情形下，時常與結了孽緣的蘭心幽會，而來滿足慾望。他認為這是絕對必要且不可缺少的。黃正雄對蘭心的追求，甚至於比婚前更熱烈。

他們幽會的場所，往往使用黃正雄下奎府町的家，那兒家族已全疏散，只留下老佣人看顧而已。所以，也無人干涉他們。這年，經過五月中的一次大空襲後，臺北街市已被破壞大半，住民多數也疏散到鄉下去了。繁華的市區，到處堆積著瓦礫。冷冷清清的街道上，行人也很稀少。他們根本不須特別費腦筋去選擇地點，因為任何一間空房子，都可以做為他們幽會的場所。

「依你看，有沒有什麼問題？現在日本已經大敗，中國軍隊不知道何時會來，本島人大家都在等待中國軍快些到來。他們準備把日本人趕出臺灣。像我們這些為日本人做事的人，今後，該怎麼辦好呢？」

「那還不簡單嗎？到那時候，我們率先表示歡迎中國軍隊不就行了嗎？我正想把現在的『皇民奉公會』全部的人事組織，原封不動的改為歡迎祖國軍隊的籌備會。過去，我們一切都照日本方式去做，今後，要趕快學習中國的語言和風俗，這就是我的看法。」

「那倒是好主意，我也決定這樣做了。」

老掛在心上憂慮的事，已經有應付辦法了。現在，蘭心與正雄因為胸有成竹，所以都放寬了心，兩人便上床，脫下身上的衣服。

「怎麼樣？你娶了個嬌滴滴的年輕新娘子，不是已經不再需要來找我這個黃臉婆了嗎？」

蘭心臉上浮著猥褻的笑，明知事情並非這樣，但她卻故意要說相反的話來挑逗黃正雄。盛夏的八月天上午，房間裡跟蒸籠一般熱，黃正雄連氣都不透過來，他好像沉醉在忘我的夢中，緊緊抱住蘭心汗淋淋的胴體。他聞到了蘭心身上淡淡的狐臭味，心神彷彿進入麻醉境中了。由於他已習慣於這個味道了，沒有它，他好像就會覺得不過癮似的……

下午，蘭心搭黃正雄的車，在永樂町霞海城隍廟下車，便一個人，跑到建昌街的本宅去。由於家人全在疏散中，所以，偌大的房屋裡，顯得非常空洞幽靜。她撿出來已經很多年碰都沒碰過的正音❶唱片，例如「三堂會審」、「武家坡」等，將它放在唱機上播唱。好在這些唱片都還沒壞，唱機裡響亮地唱出了正音的唱詞：「……蘇三此去好有一比，魚兒落網有去無還。啊！崇爹爹！啊！……」

前些日子，她還在練唱語義不懂的日本軍歌，而現在呢？她又自作聰明，認為日本軍歌已沒用處了，還是趕快來練習中國的平劇吧！

出身於歌仔戲班的蘭心，具有背誦戲劇唱詞及臺詞的天才。即使她不認得那些字，也不懂它的意思，但她也會像鸚鸚一般，把唱詞的調子唱得維妙維肖。

「……既是兒夫將奴賣，誰是那三媒六酌人？……」

大約在十年前，她曾稍稍練唱過平劇，所以，現在，一張唱片，只須聽一、兩次就夠了。等傍晚，回到北投時，她已能把唱詞中的一段或兩段哼出來了。這女人，對於表演戲劇，倒是有高度天份，也經得起磨練。

這年八月十五日，從早晨起，鄰組就通知大家說，今天收音機裡將有極重要的廣播。所以，這天無論是日本人或本島人，大家都煞有介事似的非常緊張。甚至於有人認為，所謂重大廣播，無非是軍部所提倡之「一億玉碎」的實現，可能大家都會被迫武裝起來，送往前線去了。因此，到處人心惶惶，誰都不敢相信是否還能活在世上，就好像世界末日到了一樣。

那天早上十點鐘時，鄰組的組長及派出所的巡查，到處的告訴住民說，今天的重大廣播，是天皇陛下親自在麥克風前講話，所以，大家要恭恭敬敬地來拜聽。至此，日本人才知道眼前是凶多吉少了。大家面面相覷，憂心重重。而相反的所有的本島人呢？大家初則心中暗喜，接著就漸漸形之於色嘈雜起來了——畜生！看他們的報應吧！一定是四腳垮臺了，日軍投降了。不一會兒，日本投降的消息就滿天飛揚了。因為眼睛雪亮的人，用不著聽到廣播，他們只要看看風勢，就知道事態已嚴重到極點了。

重大的廣播，是在近中午時才開始。丁炎一家人，這天從清早起，就離開北投別莊，回到建昌街的本宅來。丁炎因為是臺灣總督府評議員，所以，特地穿上禮服，帶領全家人，在大廳中，

❶ 正音：平劇。

恭恭敬敬的拜聽陛下的廣播。這時，收音機裡雜音很多，日本天皇，那略帶低泣的聲音，又是含含糊糊的。所以，誰都無法聽清楚他廣播的全部內容。不過勉強能聽見大致是這樣的幾句話……

「朕把不能忍耐的事忍耐下去了，並決定接受『波茨坦宣言』，宣告無條件降伏……這是爲了防止日本民族的滅亡，使她繼續生存的萬不得已的措施……」

丁炎早就從軍部的將校與總督府官員那裡，聽到這些消息了。說起來，他心中是早有準備的。但是，不看棺材不流淚，現在真的聽到陛下的親自廣播，親耳聞悉日本無條件投降，他感覺就像自己受到死刑宣判一樣，精神上所受的打擊非同小可，一時也茫然不知所措了。他個人的感想是不必說的，就是他妻子阿雪，也已經不停地從眼中流下淚了。只有姨太太蘭心及瓊妹，還算是冷靜的。

丁炎的女兒安子，從小父母就把她當作是個日本婦女來教育的，所以一聽見日本戰敗投降時，她忍不住一下子就「哇」的一聲哭了出來，並且哭倒在沙發上，抽泣不止。一向利慾薰心，而虛榮心很重的這個女孩子，想起過去在本島人中最有錢也最勢力的父親，頃刻間，已完全喪失了他的權威地位。想到這兒心中是覺得無比的難堪，無限的悲哀！她禁不住又放聲大哭……

「我不甘心，我絕不甘心……日本還沒有打敗！」

「不用著急，爸爸有的是錢，不管在任何時代，都有辦法的。」

丁炎為了安慰涕泣不已的女兒，不得不說一句壯膽的話。其實，他自己也是心亂如麻的。

過了幾分鐘後，丁炎才稍微冷靜下來，他把無精打采的黃鴻運叫來，告訴他一件剛剛想起的重要決定。

「我明天要招待在臺北所有的本島權威人士，我想請他們吃晚飯，順便跟大家商量商量，如何組織一個祖國軍隊的歡迎會。你去研究一下名單，馬上拿來給我看。」

「好的！」

黃鴻運祕書退出後，丁炎家裡的大客廳裡，便立刻靜如深山，而在戶外，本島人的群眾，正在歡天喜地熙攘著！高呼著！

從遠方，不斷傳來震耳「劈啪」鞭炮聲，這聲音，曾被日本人禁止過好多年了。隨著爆竹聲的逐漸接近，中華民國萬歲！中國國民黨萬歲！一片嘹亮的歡呼聲，欣喜若狂的震動大地而來。長長的暗夜，終於露出曙光了。

啊！前夜雖然漫漫，但終有破曉時分。瞧！多美的青山已在望，黎明就在眼前了！

〈前夜〉全文完

灰色都市

一

戰雲籠罩下的東京，彷彿正在被髹著一層層灰色。為了防備空襲，大廈一幢一幢地給塗上了黝黑的油漆，電車裡人們的服裝，男的是黝黑的卡其色國民服，女的是黝黑的燈籠褲，在在都為人間增添著黯灰色調。

所有從東京站或品川站開出的列車，都裝滿出征兵士開往前線；站裡站外則是一片雜沓，歡送的人群，每人手中一枝「日章旗」❶，在那兒就叫嚷嚷，不停地喊萬歲。

站內的小店頭所擺的食品，雖因物質缺乏和物價飛漲而顯得貧乏質劣，但聳峙在品川站外芝浦一帶有如巨人般的許多重工業工廠，卻因軍需景氣而充滿活潑氣象，打從那林立的煙窗，吐出遮天蔽日的黑煙。

楊世英因涉嫌在早稻田大學教室的黑板上塗鴉了「海老名彈正❷萬歲」幾個字，在早稻署給居留了一週，好不容易才被釋放出來。如所周知，海老名彈正是從前在日俄戰爭中，勇敢地唱

❶日章旗：日本國旗的正式名稱。

❷海老名彈正：基督教徒、日本愛國主義者，從事各種社會運動。

反戰論的日本基督教界前輩。其實，楊世英只不過在某一本書裡看到過海老名彈正的名字，印象很模糊，卻給當作一個反戰嫌疑者，不留情地被抓去的。理由很簡單，只為了他是個臺灣人而不是日本人。然而不久由於筆跡，塗鴉的人終於給查出來了，所以他才能重獲自由。

僅僅一個禮拜的鐵窗生活，並沒有使他怎樣難堪，不過報上卻加以「反戰的臺灣學生被拘」為標題，捕風捉影，大肆渲染一番，這倒使他頗不好的。因為在這戰時體制下，一旦給加上了一頂反戰份子的大帽子，事情可就不簡單了，親戚朋友都少不了敬而遠之，而且社會也難免變得狹窄起來。

但是，他所擔心的，還不只這些，那天突然被警員拘捕，因而跟平川敏子所約好的在銀座吃晚飯的約會便也只得爽約，這才是他最擔憂的事。

敏子一定什麼也不曉得，在銀座的富士屋鵠候多時。如果事後才從報上得悉事情經過，那以後她一定會戒懼起來疏遠我了。不！不會的。不管如何，得先去見見敏子，解釋一下爽約的經過。楊世敏想這想那地回到麻布的公寓房間，讓疲累的身子橫躺在榻榻米上，茫然自失地吸了一會兒香煙。

忽然傳來了敲門的聲音，使他清醒過來，懶洋洋地起身，打開門一看，不由得愣住了。出乎意料之外，站在那兒的，正是他所焦灼地思念著的平川敏子。他的心不禁怦然而動。

「啊，真好。害我擔心的好苦哇。」

「抱歉抱歉。那天忽然給抓去了，所以晚上不能去富士屋。一定等我很久吧？」

「還管那些幹嘛？你平安回來，這就再好沒有了。晚上得讓我做個小東道，好好兒慶祝一番才行。你說那兒好？我們專點你喜歡的東西，大和田怎麼樣？」

「敏子小姐，我在報紙上給帶上了一個反戰份子的大帽子，所以還是不和妳一塊兒出去好，萬一給妳什麼麻煩，那就糟了。」

「那沒關係嘛，我說不定也算得上是一個反戰份子呢，因為我也是戰爭被害者之一。」

楊世英明白了如今在這偌大的東京，就只有敏子是唯一的朋友，禁不住眼角起了一陣刺熱，不能直視她的面孔了。

敏子的丈夫平川雄三在婚後不久便被徵召出征，在長沙會戰時戰死，遺骨也給送回來了，並且還被合祀在靖國神社。遺骨送回來時，敏子被命前往憲兵隊聽訓，他們要求她好好守節，以全皇國軍人之妻的名譽。

然而不久後，因負傷而被遣回的亡夫的戰友來訪，偷偷地告訴她，那遺骨是假冒的，其實雄三是被俘的，由中國軍隊送到重慶去了。當然，這樣的事態，為了世界上無與倫比的皇軍的名義攸關，是必須守祕的。

他們夫婦間的獨生女兒，今年三歲的和子，被祖母帶著，從被罩在空襲危險下的東京疏散到千葉縣的勝山海岸。勝山附近有豐富的魚類、牛奶、青菜等物產，比起就要實施全面的糧食配給的東京，自然就可以獲得更好的營養食物，因此敏子也就狠下心讓女兒離去。而她自己則留在東京，服務於早稻田大學的圖書館，每個月匯錢到千葉去。

楊世英應邀與敏子一起來到大和田。秋天的黃昏，天高而氣清，涼意沁人。為了防空，霞町的電車大街上的霓虹燈都拆下來了，到處呈著衰敗寂寞的氣象。從電車大街拐進下坡路，走到住宅區，從路上可見兩旁的牆裡頭，望空聳立的巨大的櫟樹和欅樹。樹葉多發黃泛紅，秋色已很濃了。走過賣豆腐的喇叭聲，收音機裡的戰況報告聲等嘈雜的狹隘商店街，抵達大和田時，已暮色四合了。

以歷史悠久做為號召的這家鰻魚飯的老食堂，柱子、梁桷等都已熏成一團漆黑，只有榻榻米和紙的門的紙在燈光下顯得新鮮潔白。盛在黑色的長方形漆器裡的鰻魚飯是胚芽米飯，而烤燒的鰻魚看來也很瘦似的。「這年頭兒，材料很不容易到手了，所以……」穿著和服的跑堂女人這麼說著，把飯端在客人面前，讓額角貼著榻榻米，深深一禮退出。

自從德川幕府時代就享盛名達一百多年的老舖，如今居然也因為戰爭與食物缺乏，而弄得快到關門的地步了。

「今兒，怎麼老是不響呢？一直瞪住人家，簡直像是頭一次見面的人哪。難道你還沒看到過內地女人？」敏子覺得今天楊世英有些消沉，便鼓勵似地打趣著說。

「我們第一次一塊兒吃飯，記得也是這兒。那次，妳也是穿這身綠色的洋裝。第二次一塊去幫樂座，妳穿的是友染的和服，合適極了。第三次去帝國飯店，是深藍色的連裙洋裝，雪白的滾邊，特別美。第四次……」

「哎呀，你記性真好。難怪一直都是個優等學生。」

「我在看守所裡，每天晚上都想，如果能夠把妳的每一身衣服剪下一小方，貼在相片簿裡留做紀念，不曉得多麼好！」

「呀，真是。在這物質短缺的當兒，每一領衣服都讓你剪了，那我怎麼上班呢？等仗打完後，什麼東西都能買到手了，再讓你剪吧……你不是還記掛著看守所和新聞的報導嗎？那些，該忘得一乾二淨了，不是嗎？得振作些才成哪。」

為了安慰頹喪消沉的他，敏子提議利用明天的週末，一塊兒到埼玉縣的鄉下去住一晚，看看她的母親。楊世英自然同意了。在這以前，每次兩人分手時，提議下次見面的時間、地點的，都是敏子。

晚上十點鐘，楊世英回到公寓，可是不能入睡。對於這一天敏子所表示出來的種種切切，他非常感激。

他在大學的圖書館裡跟敏子相識，是在大約半年前，新綠薰風宜人的晚春時分。敏子是圖書館管理員，那天她只衣服上披著一件天藍色工作衣，可是她那頭濃黑柔髮和大眸子，使他不由得瞪目驚異。她的微笑，使他心旌搖曳；她的影子成了甜蜜的印象烙印在他腦膜上。楊世英馬上曉得了敏子比自己年長，而且又是戰歿軍人的未亡人。在這戰時中，僅僅跟這種女人來往，便隨時都有被憲兵召問盤詰的危險；但楊世英明知故犯，每天都到圖書館裡藉口借書看，跟她談點什麼，不知不覺間便建立了友誼。

本來是不喜歡日本女人的。知識水準低的不用說，就是知識階級的，只要一看臺灣人，便常要問些諸如臺灣的女人還纏足嗎？臺灣人還吸鴉片嗎？臺灣生蕃會吃人肉嗎？這一類發自人種偏見的鬼話，傷害他的自尊心。然而敏子卻一點兒也沒有這種偏見。跟她聊天，在他實在是一種賞心樂事。

「楊先生的故鄉臺灣是熱帶，所以風景一定很美吧，我真希望能夠去看看。」

「我的故鄉是臺南州的一個叫大內的地方，山雖然不怎麼高，不過樹木和竹子長得很茂盛，村子四周全是檬果樹，每年到了夏天，便出產很多有冰淇淋味道的檬果。」

「你的家是什麼樣的房子呢？大地主的邸宅，一定很漂亮吧？」

「古老的紅瓦，牆壁是白的，有三棟並排在一塊。院子裡鋪著紅磚，屋頂好像鳥兒展開翅般，兩端往上翹起來，所以跟日本內地的茅頂農家，看去是很不相同的。」

「那是不是像童話裡的龍宮嗎？真好哇。」

「鄰村有個叫山上的地方，那兒有個白晝都很陰暗的大森林，林子有棟小廟宇，廟後是一棵會開黃白色花朵的大樹。每到春天，就會飛來幾萬隻的蝴蝶，整天在大樹四周飛舞。那才真是個美妙的光景呢。」

「真好。那為什麼沒有人把這樣的景色畫成畫兒或寫成詩呢？」

「不管展覽會也好，新聞也好，全都被人控制著。所以我想我們臺灣人所居住的偏僻鄉村的景色，都不被看在眼裡的。」

把這些有敏子的往事回憶著，不知不覺間楊世英就因疲倦而沉沉睡去，可是這時已是深夜一點半鐘了。

二

第二天下午，楊世英和敏子在池袋站會合，一塊兒搭上了東上線的電車。楊世英揹著一隻背袋，敏子提著一隻大包裹，都沉甸甸的，裡頭裝的，當然都是要給物資缺乏情形嚴重的鄉下人們的禮物。

車子過了川越市後，乘客漸少；相反地，從車窗可看見的武藏野的雜木林或茅草在隨風鼓動的小丘，卻逐漸增添了秋天的景色。因為車上很空了，所以楊世英打開了背袋，把那些禮物一件一件地取出來給敏子看，有臺灣名產芭蕉飴四盒，肉鬆兩罐，肉乾兩盒，白細布一疋。

「這麼多！都拿去了，你自己不是沒有了嗎？」

在這戰時，這些東西實在太多了些，所以敏子這樣表示抗議，可是楊世英愉悅地笑著說：

「是把上個月間臺灣寄來的東西全部都帶來的。我想讓妳媽媽高興一下。」

「還是把疋布留下來吧。不然的話，你連襯衣都沒得穿了。」

「不要緊。那時候再想法子吧。」

「不！你得聽我的話，不然我不要你去了。」

說著說著，車子已經在目的地高坂站停了。除了雜木林、小丘之間穿行了約一小時之久，才抵達了位於雜木林和茅蓋、鉛皮蓋的農家以外，這兒什麼也沒有，是個寂寞的小站。他們從這兒，在林子裡、小丘之間穿行了約一小時之久，才抵達了位於秩父山脈山麓的一所寒村。敏子的母親便是住在這村子裡。

那雖然是個沒有籬笆沒有大門的茅蓋農家，但庭前的數棵巨大的欅木倒很壯觀，主屋隔鄰也有一幢蠶室模樣的大棧房建築物，但大門深鎖著。楊世英曾經聽敏子說過，打仗以後，為了增產糧食，這一帶的桑園全部被種雜糧，所以農家都收入銳減，過著困窘的生活。

敏子的突然來省，使母親請大為歡喜。

「阿敏哪，工作不是忙著嗎？可是來得好哇。和子很好吧？」

「她在勝山跟婆婆在一塊，過得頂好。那兒的東西比東京多，所以忍痛交給婆婆了。」

「東京這樣糟呀！以後真不曉得怎麼過下去呢。」

「媽，這位是我在東京最受照顧的楊世英先生，是臺灣來的學生，非常聰明的人。」

「啊，是楊先生。敏子常受您關照，真感謝。你先生老遠來到這樣偏僻的地方，請你就當作自己的家吧。」

日本的老婦人都是很有禮貌的，敏子母親也雙手撐在榻榻米上，深深地鞠躬著。楊世英所帶給她的幾種禮物，使得這位因物質缺乏而困擾著老人大吃了一驚。她連聲謙辭，最後才畢恭畢敬地接下。

沒多久，敏子的嫂子芳子，揹著嬰孩從田裡回來。哥哥應徵，被遣到山西省前線，所以田裡園裡的粗活兒，都落在嫂子一個人背上。她在忙著準備晚餐的當口，母親就張羅著柴開始燒洗澡水。日本鄉下習俗，給遠來的客人來洗一個好澡，也就是對客人的最後款待。

鄉間的澡桶稱「五衞門風呂」❶，是一隻巨大的鍋子，祇不過在鍋底放一塊圓形木板而已。楊世英從未洗過這樣的澡，深怕灼傷，提心吊膽地踏上那塊圓形木板，浸在桶中。

洗完後，穿上了家人為他準備的寬袍，上到房間。大家上到餐桌上時，天空上雖還有著殷紅的雲彩，不過從院子裡的茅草灌木中一陣一陣地揚起紡織娘的鳴聲，頗有濃厚的武藏野的秋的氣息。

古舊的朱紅餐几，在楊世英和敏子的前面各擱了一隻，有冷菇的清湯、鹽燒鯰魚，煮百合根等菜餚，飯盆上的栗飯堆成山也似地。

「這年頭兒，什麼東西也買不到了，祇有這些家鄉菜，恐怕不合口味，不過飯可要請您不客氣地吃啊。」

敏子的母親說著這些，在飯盆邊落座，為楊世英盛飯。楊世英覺得過意不去，連連稱讚百合根和栗飯的可口，連敏子也忘了自己是主人，對嫂子的「料理」讚不絕口。

「這麼好吃的栗飯，在東京無論哪一家餐館都吃不到的，嫂嫂的本事可真了不得呀！」

敏子這種諧趣的話語與態度，在楊世英看來總是充滿魅力的。他之所以常常忘了她是比自己年長的有夫之婦，也許就是由於她這種小姑娘般的脾氣吧。

「啊，今兒晚上月亮真好哇。媽，我想帶客人到山上賞月啊。」

母親也同意地說：

「那倒談不上山的，不過爬了大約五分鐘，便可到頂上了。它叫岩殿山，據說從前新田義貞進攻鎌倉幕府的時候，向山裡的觀音菩薩祈禱勝利。你老遠老遠來到這兒，就請去看看吧。還是個看月亮的好所在呢。」

晚飯後，兩人在皎潔的月光下劃開茅草，爬上岩殿山。山頂有成林的古老杉木，杉林中有一所古舊的觀音廟，吊在簷邊，紅紅的燈籠發著黯淡的光，在這月夜，看來好像可有可無。廟後的裡山更闃靜，除了樹木，月光與蟲聲以外，一無所有。往山麓看去，武藏野的森林、草原，還有入間川的河流，在白晝般的月光下，一草一木都依稀可辨。

自從楊世英開始跟敏子交往以後，一向都是中規中矩，對有夫之婦的她，連一根手指頭也沒有碰到，所以敏子常常誇讚他。

---

❶五衛門風呂：石川五右衛門為一名盜賊，被豐臣秀吉用鐵鍋烹殺，後世將大鐵鍋燒水洗澡稱為「五衛門風呂」。

「你真是個君子，真好心，所以我最喜歡你！能夠教人打從心裡信賴。」這是她的口頭禪。

也因為這樣，他常常覺得不能辜負了她的信任，因而不得不更加自重。

早稻田大學教授酒枝義旗的經濟學講義，雖然藉著學術之名，拚命地為日本帝國主義的對外擴展辯護，使得楊世英對講義感覺憎惡，不過有一次就酒枝教授當做經濟學史的一個插話而講述的約翰．史蒂華．密爾跟泰勒夫人的戀史，倒給了他頗深的感銘。密爾和泰勒夫人的交往，純潔地維持續了很多年，直到泰勒死後他才向夫人求婚。

楊世英覺得自己也必須這樣，這是因為敏子告訴過他，她的丈夫平川並沒有戰死，現在在重慶。但是，這兩天來他接受敏子無比的體貼，再也不能忍受他們間這種不即不離的關係。

他渴望能更進一步。

當兩人沐浴著山上的月光，在用木頭做成的凳上落座休息，楊世英怎麼也無法自制了，突然伸臂擁抱了她。臉與臉，唇與唇貼在一起。

女性的體香髮香，還有面霜和口紅的甜蜜的芳香，混合著暖洋洋的氣息，使他陶醉了。

敏子也不拒絕，任他愛撫了片刻，這才輕輕推開他，掏出手絹，為他揩去臉上的唇印。楊世英的胸脯還在激烈地鼓動，氣息也粗大。

「不行哪，平川還在呀。」

「那，你到底以為我怎麼樣？」

「我愛你。你也愛我的，不是嗎？如果是的話，那你就得忍耐到仗打完，平川回來以後。跟他談好了一切，我就會跟你到天涯海角的。」

「別開玩笑。說不定妳和我都在仗打完以前被炸死了。」

「不，世英，你是心腸好的人，所以我說的話，你一定聽的。我一直把你看成這世上唯一能夠信賴的男子。所以如果你辜負了這信任，那我會很寂寞的。求求你，聽我的好嗎？」

聽了這些話，楊世英的心情好容易地才稍微靜下來，因此也就不再去擁抱她了，然而為了抑制猛可裡衝上來的慾望，他必須努力地忍耐。

敏子察覺了這一點，再次溫情地安慰他。

「你真好。哎呀，這麼難受嗎？真感謝你依了我。我信賴你，到底是沒錯兒。」

晚上，部分也是因為不慣於這種鄉居，楊世英老覺得在山上的興奮一直不能平息，不時地想起敏子的體香和髮香，久久還不能入睡。在這以前，他自信對敏子，祇抱著絕對純潔的愛情，可是今兒怎麼會這樣呢？眼前不停地浮沉著敏子的黑髮白膚。

好不容易地，楊世英才清醒過來，對自己的卑污的念頭，不由得感到羞慚，而禁不住自責之情了。他下了決心，明天起要恢復以前的純潔心情，贏回敏子的信賴。

他悄悄地打開了兩隔扇，走到院子裡，汲了一桶又一桶的井水沐浴。這麼一來，火熱的心情總算冷卻下來，不久也就能入睡了。

三

禮拜天晚上，從埼玉縣旅遊回來，返抵公寓時，看門的老太婆等待著似地交給楊世英一封電報。那是父親從臺灣故里拍來的。

「鄭福在京即往晤。」

這位鄭福是臺灣南部的大地主大勢力家，諸如州評議員，還有地方的農業會、水利組合、產業金庫等的要職集於一身，是臺灣總督府當局所矚目的臺灣人之一。去年開被敍為「從七位勳六等」，據說將來還很可能成為總督府評議員，並以蓄妾不下十人聞名遠近的名人。

楊世英以前曾跟父親見過他好些次，但他很不喜歡這個人。據他的記憶，他是個矮胖有如啤酒桶的人，頭髮全白，面容卻黑得如咖啡。他那射人的眼光，正象徵著他的陰險毒辣，而那大而圓的鼻子，則適巧表現著他的為人厚顏無恥。更使人不敢領教的，是這人的傲慢不遜，喜吹大法螺❶與饒舌。楊世英因不太想去見他，但又未便違背父親的囑咐，因此晚上九時左右，勉為其難地來到千駄谷的鄭宅。

被引進豪華的客廳，首先使他大吃一驚的是在這物資缺乏的當中，房內竟觸目都是些名貴的舶來品。玻璃櫥裡頭陳列著五色繽紛的蘇格蘭威士忌和法國的葡萄酒，桌上毫無吝嗇地擺著的是打仗以後很久很久沒辦法再看到的聽裝五五五、三砲台等英國名煙。此外，還有似乎是日軍在大同附近掠奪來的唐代佛像和從北平偷來的雕著旋龍的紫檀椅子等，使得這洋式客廳彷彿成了一家酒吧兼古董店。

不一刻兒，披著一身寬袍的鄭福，從內室緩緩地踱出來。楊世英敬過禮，可是鄭福卻置之不理，傲然在沙發上落座，用那銳利的眼光打量了楊世英一會，然後徐徐地開口說：

「哦，好久不見了。怎樣，還好吧。前些天，聽說你因了什麼誤會，給警伯抓了起來是嗎？既然是誤會，也就不用在意了。不過，有了什麼麻煩，儘管找我好了。就是警視總監，我也可以替你說話的。我已給你爸爸去了信，要他不用擔心，今天，我已拜會了北白州宮妃殿下，晚上又請了伊澤前臺灣總督吃飯。剛剛回來的，我是個大忙人，要見我的人，通常總得跑四、五趟才能找到的，你倒很幸運，頭一次來就碰上了我啦。你看，這不是好運道嗎？哇哈哈哈……」

不讓客人說一句話，卻自顧喋喋不休地吹了一大篇，而且又都是牛皮，這就是這位鄭福的癖性。而每次吹個牛，必然哇哈哈地豪笑一陣，這也是他的一貫作風。

「這個，你明年也要大學畢業了，還是進實業界嗎？或者跑一趟大陸幹幹？不管怎樣，有我

---

❶吹大法螺：原比喻佛法廣被大眾。後藉以諷刺吹牛皮，說大話。

在你就不用擔心。日本的實業界也好，軍部也好，沒有一個人不對我另眼看待的。哇哈哈……你的爸爸常要拜託我幹這個幹那個，可是一旦有了什麼，卻又不聽我的話了。假如他聽我的話，三年前就開始套購軍需工廠的股票，今天可是不得了啦。沒有錢就借錢來買也行，反正幣值會跌下去，借的錢，到還時便用貶值的紙幣來償還，這就叫坐享其利了。我得提醒你一句，這次的戰爭，是千載難逢的賺錢機會。假如向美國英國宣戰，那麼外國人就會撤退，他們的房屋就可以廉價買到手。有了空襲，房產地產都會跌價，賤價收購起來，發財機會便會跟蹤而來。像你爸爸那樣的財主，要是能夠跟我一起到東京來幹幹，那你的前途就不可限量了。怎樣，畢業後把老子拉到東京來做做生意吧？」

楊世英聽著這些，內心啞然，不過還是乾脆拒絕了對方的提議。

「我對生意一點興趣也沒有，所以不想進到實業界去。我希望能多讀些書。」

「什麼？你沒有興趣！那就到大陸去闖闖天下吧。喂，告訴你，我去年被派上了大本營囑託職務，以後一直跟三甲大佐合作，組織了叫吉野機關的機構。這是獨占從滿州、華北到蒙疆一代的特殊貿易的計劃。例如鴉片的買賣，還有銅幣和金屬的套購等。瞧，這些名貴的佛像和紫檀家具，還有那些威士忌等，全是吉野機構的軍官門廉價轉讓的。我歡迎像你這種有前途的青年來做我的同志。怎樣？你就參加我的陣容，到大陸跑跑吧。」

「我身體不大強壯，恐怕受不了大陸的嚴寒。」

楊世英總是拒絕得這麼乾脆，所以鄭福便改變方式，打算用酒色來誘惑他了。

「像你這種年輕人，多容易迷於酒和女人的。這一點，你倒像是個品行端正的，不過偶爾也要醉枕美人膝一番。古人就說過了，英雄好色，不是嗎？哇哈哈……不喝酒，女人也不抱，這樣的人怎麼能幹出大事業呢？哇哈哈……」

鄭福強拖硬拉地把連聲婉拒的楊世英推進小汽車裡，帶到赤坂星岡公園附近的一家妓樓。這時已是十一點多了，但是星岡附近櫛次鱗比的妓樓卻正是華燈初上的時候，弦歌正酣，熱鬧非常。在這戰時，到處都在鬧著物資荒，可是這兒卻是長袖高髻的藝伎雲集，諸如明石的鯛魚，灘的清酒[1]等最上等的酒餚也應有盡有。甚至可以說，這兒成了發戰爭財的暴發戶們的銷金窟，比平時更繁榮。鄭福不愧是此道的老手，所到之處，莫不備受歡迎。

「我這老頭兒倒不要緊，得好好款待這位年輕客人哩。」他用破鑼般的聲音嚷。立時，有位梳著高髻，眉目清秀的藝伎挨到楊世英身邊來。

「我叫美代子。請多關照。」

她雙手撐在榻榻米上鞠了一個深躬，然後提起了酒壺，一連串地斟上了酒。楊世英無意涉足這樣的地方，可是被硬拉來，心中早就不太痛快，所以有些受氣地灌了好多杯不大能喝的酒。

---

[1] 兵庫縣灘區為日本第一清酒產地。

鄭福被三、四個熟悉的藝伎包圍住，仍然在大吹法螺。因為有些醉了，所以楊世英並沒有完全聽清楚他的話，不過大本營嘍，吉野機關嘍，還有山海關，天津等一類的詞兒卻很明晰地傳進耳朵裡。

美代子那雪白的脖頸兒和黑漆的柔髮，媚惑了他，而她那豐滿的胴體也頗煽動了他的情慾。她把他輕輕地推倒，讓他枕在她膝上。他閉上了微醉的眼，任她擺佈。

當他察覺到自己朦朧了片刻而醒過來時，房間裡已沒有了鄭福的影子，別的藝伎也失了蹤，衹有美代子笑著握起了他的手細聲說說：

「請吧！」

那是寢室，鋪蓋已攤好，檯燈邊也放著摺疊得整整齊齊的睡衣。楊世英還躊躇著，不敢馬上更衣上床。美代子便挨過來，她臂膀纏在楊世英的脖子上，臉頰也湊過來貼在他的臉上。楊世英在心目中為自己找著藉口：反正怎麼樣思慕敏子，但到頭來也不過是柏拉圖式的愛情罷了，就算讓情慾發洩在這位美貌可人的藝伎身上，也不算有什麼大不了。但是，不！那是不成的。他想起了昨兒晚上敏子說的話。

於是他不再猶疑了，堅決地言明有要事，擺脫了美代子的糾纏，奔出了戶外，乘上一輛的士。在電車聲都歇了的深夜的溜池街路上，闃無聲響，衹有寂寞的秋月，在照耀著日枝神社的黝黑的森林。

四

敏子跟一位同事山田順子，一起租了青山南町的一家糖果店的樓上的八蓆房間同住著。那天晚上，順子與男友一塊兒聽日比谷公會堂的音樂去了，楊世英也因為去看一位教授，所以不能來訪，因此敏子便決心獨個兒過這漫漫長夜。她在檯燈下翻看著雜誌。八點左右，忽然來了一個陌生客人。

「平川太太是住在這兒嗎？」

大聲叫著上了樓梯的是穿著一身在東京很久以來就不能再看到的新西裝的體格魁梧的男人，一眼就可以看出是剛從大陸回來的軍部御用商人。

「哪一位？請問有什麼貴幹？」

敏子怯怯地把來客請進房間，讓了座墊後問到。

「忽然來拜訪，妳一定很吃驚吧。我叫山本新太郎，昨天剛從天津回來。今天是祕密地來告訴你平川先生的消息。這是不能讓別人聽到的，在這說也不要緊嗎？」

「是是，是沒有別的人，請吧！」敏子的聲音微顫著。

「那就——平川先生是在長沙附近被俘，然後給送到重慶的。可是不曉得怎麼樣，竟釋放了，冒險逃出來，現在在天津。軍部隊對被俘的人員，不管軍官也好，士兵也好，衹要生還回來，便一律槍斃，所以平川先生現在隱匿在黑龍會❶大山茂先生在天津的別邸。大山先生是個任俠的人，所以可以請妳放心吧！」

「呀！這是真的？」敏子幾乎不敢相信自己的耳朵。

「當然是真的。太太，請妳平靜地聽我說吧！大山先生經過一番研究，認為要救平川先生的性命，衹有收買領事館的戶籍人員，造個假的戶籍，把平川先生裝成朝鮮人。這以外就沒有法子了。朝鮮人沒有兵役義務，而且天津又沒有認識他的人，所以一定能夠混下去的。」

敏子臉上充滿不能置信的神色，一句話也答不出來。

山本新太郎衹得再詳細地說明下去：

「所以為了收買領事館的人，至少得有一萬元。開始打仗以後，官吏的貪污瀆職情形已是司空見慣的，尤其是國外更厲害，真應了那句話：有錢能使鬼推磨。平川先生是希望能為他籌一萬元，帶著款子跟我一塊兒到天津。他目前健康情形很糟，而且患上了嚴重的神經衰弱症，如果不是妳在身邊看著他，恐怕有生命危險，這兒有他的親筆信，請妳看看吧。」

山本新太郎從摺疊皮包裡取出了一張紙，正是丈夫的親筆字條：

「敏子：現在天津，立籌一萬元攜來。詳情請問山本新太郎君可也。」

文字簡單的像電報，而且也沒有署名，這大概是為了防備萬一遺失的緣故。敏子一看，臉色大變，籌措一萬元固然不可能，而且前往天津也就是跟楊世英訣別，這是她所不能忍受的。可是垂死的丈夫卻正需要自己，又怎麼樣放著不管呢？

「那麼太太，請妳馬上張羅款子吧。我下榻在萬平旅社的二〇五室，五天內便要搭軍用機飛到天津，祇要能籌到款子，我可以帶妳到天津，出國手續是不用愁的。我會替妳弄到一紙海軍打字員的證件，只管放心跟我來，十月三十日早上八時，從萬平旅社坐上我的車子，開到立川機場，我們便可一塊兒上路了。」

山本新太郎走後，敏子一時茫然若失，如何處理這個忽從天降的命運的變化呢？她簡直不曉得怎麼是好。說實在，丈夫能脫離到天津，在她並不完全是可喜的事，可是不能放著他不管。這種責任感倒是有的，然而，一萬元是一筆大數目，以一個纖弱女人，就是花五年時光也不可能籌得。她想了又想，結果想到了在偌大的東京中唯一能夠信任的人，楊世英。除了他，再沒有其他人可與商議了。

敏子僱了一部的士趕到麻布的楊世英寓所，已經是晚上十點鐘，楊世英也早回來了。看見了敏子那沒了血色的臉，他立即察覺到發生了非凡的事，而聽了她的敘述後，連楊世英的臉色

---

❶黑龍會：成立於一九〇一年，初始是為與俄國爭奪黑龍江，也是命名由來。日俄戰爭後與日本軍部關係密切，將日本推向軍國主義之路。

也大變，手也顫抖起來了。講完了一切，敏子噙著淚緘默了。楊世英也垂下了頭。

那是令人窒息的沉默。

終於打破了沉默的，是楊世英。

「妳因不能不理平川先生，所以要到天津去，是嗎?妳真是個好心的人，我也贊成這樣。」表明了心跡，楊世英這才鬆了一口氣。

「一萬元由我來想辦法好了。家母自戰事發生後，為了防備不測，給了我一隻巨大的鑽戒，妳把它拿去好了，大約能在天津換到一萬元吧。」

「不!我不能為了平川的事，把那樣珍貴的東西要來。」敏子因為淚水不停地溢下來，所以衹能說了這些。

「敏子!妳真把我當成世上唯一的好心人地信賴我。如果妳現在還是這樣信賴的話，妳就該把它拿去。」

「啊，我怎麼辦好呢?事情變得這麼意外，這樣一來我好像一直在欺騙你。我玩弄你的純情，我真是個壞女人。我該怎麼向你告罪呢?」

「我只不過是為著不辜負妳的信賴罷了。到了天津，希望妳能跟平川先生過著幸福的生活。我們的事應該忘掉。不過我終身不會忘了妳，每天每天，我會在遙遠的地方想念妳。這不就夠了嗎?」

「我也是衹愛你，永遠也不會忘了你。雖然不是有意的，可是從結果來看，我是一直在欺騙你了，真的是對不起啊。」

楊世英明白了敏子是在懊悔著那個明月之夜，在岩殿山上沒有任他為所欲為。他知道此刻是唯一的，也是最後的機會。至少他禁不住再次陶醉於她的紅唇和秀髮的芳香的誘惑，然而他還是努力制止了，碰也沒有碰到她。如今倘若這樣做了，豈不就是用一隻鑽戒的代價買她的身子嗎？他怎麼也不忍心如此。他寧願讓渴慕那麼久的敏子，成了甜蜜的記憶，留存在美夢之中。

東京的所有高樓大廈都為了防備空襲，完全被漆成灰色和卡其色，人們也都明白對美宣戰已近在咫尺。平川敏子跟著山本新太郎離開了東京後，楊世英對這個灰色的都市再也沒有絲毫留戀了。他下了決心，要脫離日本，跑到祖國的國民政府所在地——重慶。

依靠一些地圖和新聞報導，下了一番研究的結果，他認定先到上海，然後到安徽省南部，再到浙江省的金華才是捷徑。但是一般平民已經被禁止隨便出國到上海，所以參加陸軍或海軍的工作，成了達到目的的必須手段。

楊世英想起了鄭福常吹的牛皮，馬上去找他，表示願意參加陸軍的工作，但最好是能夠派在氣候溫暖的上海。鄭福勸他還是等到大學畢業後好，不過最後還是被楊世英的熱心打動了，馬上把他推薦給上海的陸軍特務機關，當一名囑託，而且還為他備了一身上好的西裝，並在赤坂星岡的妓樓替他開了一個盛大的餞行宴。

楊世英在十一月廿七日清早，從東京立川機場搭上了軍用機。當天上午就可以抵達上海的，可是不曉得怎麼，馬上就失蹤了，在上海，沒有人看見他的蹤跡。

正月後，據鄭福透過吉野機關所得的情報，楊世英離開上海後，向重慶潛行，途中在宜興附近，遇上了共匪的部隊而遭殺害，不過真相如何，已無由查證了。

〈灰色都市〉全文完

姊妹會

一

直到一、兩年前還以一個聽話的孝順女兒普受稱讚的李秀子，自從去年進了臺灣大學以後便開始用批判的眼光來看她的母親，凡事總要採取反抗的態度。

母親李太太唯一的樂趣，是每月聚會一、二次的「姊妹會」，跟年紀相若的太太們賽賽妖艷的服飾，大啖大吃一頓山珍海味，並且喋喋不休地饒舌一通。可是秀子卻認為這姊妹會是愚不可及的舉動，令人很是厭惡。

「秀子，今兒請你一整天別出去，在家幫我的忙。看電影不一定要星期天，什麼時候都可以去啊。今天的姊妹會輪到我作東，所以我不能輸給人家，要辦得萬無一失。」

難得的一個星期天，偏偏要她幫忙最討厭的姊妹會的事兒，所以她鼓脹粉頰噘著芳唇老大不高興地回答：

「反正菜有狀元樓的僕歐端，茶也有女佣沖，還有什麼事兒要我幫忙的？」

「都交給佣人是不成的。妳馬上給美而廉打電話，叫十二份點心。冰箱裡有水果，飯後得用搾汁器做一些果汁，還有咖啡杯子和濕毛巾也別忘了。我要去換衣服了，妳得注意玄關的電鈴，差不多到的時候了。」

「這樣我就成了媽媽的虛榮心的犧牲品了，得把一個大星期天虛擲呢。」

「呀，那這是什麼話？妳要知道，我的交際應酬，將來一定對妳有好處的。看看莊先生那兒的小姐吧，都是因為她媽媽交際廣泛，所以能夠得到萬國善行重建會的資助，不花一個錢就到日本留學去了。還有陳家的小姐也取得了日本的獎學金，在東京學音樂。妳以為這是靠誰？還不是她媽媽的交際手腕哪。」

母親雖然使出了利誘的絕招，但是秀子卻不能那麼簡單地就信服。

這時，穿上白制服的僕歐已經在客廳隔壁的餐室裡放好了桌椅，正在擺著紅筷子和銀匙等食器，秀子衹得萬分不情願地下廚房，取出了了咖啡杯和搾汁器等東西準備飲料。

看這些太太們表面上雖然裝得比親姊妹還親熱，但就是像秀子這種沒有見過多少世面的少女，也可以察覺到她們內心裡卻無時無刻地不在互嫉互妒，互相找缺點。因此秀子向來就把這聚會當做是偽善、虛偽、虛榮的，抱持著輕蔑的態度。

另外一點是她受不了的，就是她們撐夠了肚皮後，多半總要數說諸如女兒有了男朋友嘍，先生在外面搞女人嘍，大發一陣牢騷，最後便歸到「那一陣子，妳不是對那個人很有意思嗎？」、「妳才向那個年輕英俊的司機送秋波呀！」、「哎呀，妳這人真缺德。」諸如此類的中年女人所特有的露骨話兒。年輕的秀子對於這一類談話，感到無比的噁心。

更使她不能忍受的，是由於母親顯得特別年輕美貌，在這種場合總要成為大家的淫穢的揶揄的對象。媽媽衹曉得教人家不要濫交男朋友啦，不能隨便跟陌生男子走路啦，管得好不起勁兒，自己又是這麼個的樣子呢？秀子這樣對母親抱有反感，也就是聽到了這些肆無忌憚地交談以後的事情。

她越想越覺得這姊妹會實在令人不敢恭維。理由可是數也數不清。首先，會上的那些中年太太們交談時，夾雜著許多日本話，甚至有些人還只用日語，所以秀子總是聽不太懂，不過她倒明白她們都是崇拜日本和日本人的。加上她們那種完全東洋式的過分誇張的客套，以及肉麻當有趣的嗲勁兒，總要使旁觀的秀子感到不可忍受。

住在隔壁的遠房親戚信義伯伯昨天來訪時，秀子把自己內心裡的疑問提出來向他請教。

「媽媽的什麼姊妹會，常常大家聚了首就談起日本怎麼好嘍，日本人又怎麼樣偉大嘍，說個沒完，可是日本人不是侵略了我國幾十年的嗎？為什麼她們會那樣喜歡日本啊？」

由於小時候教過秀子的鋼琴，所以信義伯伯向來就很得秀子信任。他冷冷地回答：

「日據時期只有少數臺灣人嚐到甜頭，大多數人都是非常痛苦的。那時吃了甜頭的人們，到現在還對日本抱著好感，不過大多數的人是痛恨日本人的。我從前也參加過民眾黨，跟日本人鬥爭，所以最討厭日本。我想，時間會解決一切的。」

秀子聽了信義伯伯這一番抽象的說明，有些似懂非懂的。

二

鐘敲過了十二點後不久，第一個客人陳太太慌慌張張地乘著小包車趕到雙城街的李公館。

「來晚了，真抱歉。因為大使夫人要回東京，所以不得不到機場去送送。真是個大場面呢。董事長太太又戴上那只天長節❶那天到大使館去的十克拉鑽戒來了。她邀我到圓山大飯店去派對，可是因為我得來這兒聚會，所以祇好婉辭了。聽說董事長太太上週又買了五十萬股水泥股。這回又給她碰上了，不出三天就賺進了二十五萬元。真是招財進寶，財源滾進，叫人羨慕死了。呀！妳這綠色西裝真合身，是在瑪嘉麗特縫的吧，跟那位插花先生的一樣式樣哪。」

也沒有讓李太太寒暄一句，從玄關進到客廳，直到在一張沙發落座，不停歇地講了這些，而且看樣子，好像話還多的是。

這位是芳齡四十有二的女人，長得肥肥胖胖的，朗朗的嗓門兒，又響又亮。她是臺灣中部的名門閨秀，是李太太在東京聖誠女學院時的同班同學。丈夫現任某大公司的協理，因為很得董事長的寵信，所以在工商界是很吃得開的。

第二個客人是著名的齒科女醫師鄭月娥女士，到達是十二點二十分。

很久以前，在東京學習過齒科醫術的這位女醫，年前花了五萬元的交際費，取得日本某私立醫大的博士學位，去年還出席過在羅馬召開的某學會，是姊妹會中絕無僅有的高級知識份子。她的博士論文是〈臺灣耶美族的牙疾統計〉，據說這是日本某私立醫大的助教福田捉刀的。這位中年女醫師帶一副框邊眼鏡，身材瘦稜稜的，對情慾似乎興趣缺缺，不過金慾、物慾卻強過常人多倍，擅長做翡翠和鑽石等飾物的掮客，而她之所以參加這個姊妹會，主要目的，有人一口咬定是為了做她的買賣。

女醫帶來了一大堆《主婦與生活》、《平凡》、《講談俱樂部》以及《松本清張選集》等新出版的日文書刊。送一些廉價的禮物，然兜售高價的寶石類，這也就是她常採取的手段。

耽讀日本的雜誌書刊不只秀子的母親李太太一個人，父親李臺山也嗜之成癖。李臺山出生在臺灣中部的一個大地主家庭，在東京的慶應大學畢業，算得上是個知識階級，可是對事業倒一竅不通，只會玩玩照相機、唱片、獵槍等，杯中物也很愛喝幾杯，麻將也頗有一手。近年靠了他所餘不多的祖產，獲得某公司的常董位置，不過每天只是例行地上上班，其實對公司而言是可有可無的角色。

他蓄著一撮希特勒鬍子，瘦得像隻老鼠，貌頗不揚，加上人有些神經質，在家雖然還算嚴格，可是因為太無能了，所以總不能在妻子面前昂起頭，夠得上當一名懼內會的會員。這一天，

❶天長節：慶祝日本天皇生日的節日。

深怕妨礙太太主辦的姊妹會，一大早就跟朋友到北投玩兒去了。

「給以前在羅馬時受照顧的意大利朋友寫了一封信，時間就趕不上了。意大利真是個好地方呢。如果是倫敦或紐約，佣人都是僱不起的，所以家庭主婦都必須自己操作一切瑣事。可是意大利因為失業的人多，要請多少佣人都行，而且工資便宜得很。那兒的女佣人跟日本下女一樣溫順有禮，所以要到國外旅行，還是到意大利最好。」

近來，女醫逢人便要來上這麼一大篇，以炫耀其見廣識多，不同凡響。

「羅馬和巴黎等地的襟花，外表倒頂不錯，可惜不耐用。還是真正的寶石好哇。」

當女醫生開始這樣地招攬生意時，其他的客人們陸續來到了。

日據時期的大勢力家趙氏的千金汪太太，在會員們當中被看做是最倨傲的女人，繃著臉兒，也沒有露出半點笑容地向大家點點頭。她那艷麗而豪華的服飾，壓倒了在座的人們。

女音樂家辛太太和有著日本母親的插花老師張太太，因為經常都在渴望著大家的捧場，所以態度較為謙卑，彷彿就像個十幾、二十歲的大姑娘那樣地裝著天真憨態向大家道好，接著，近一點鐘的時候，律師夫人丁太太、外科醫生夫人何太太、女畫家林太太、進出口商夫人楊太太等人先後來到。

有如竹林中的麻雀們那樣，展開了無止境的饒舌。說的人，也不管有沒有人聽，只管說她的，聽的人也是不管三七二十一讓她說個滔滔不絕。律師夫人丁太太因為丈夫沒有把日本三角造船會社的一筆買賣生意弄到手，反反覆覆地浩嘆著。

「真氣死人，花了六萬元交際費，旅館費啦宴客費啦都給他付了，還陪他到橫貫公路、日月潭、鵝鑾鼻，結果呢？竟教我們吃癟了，真是死也不能瞑目哩。」

進出口商的妻子楊太太不僅對這位業餘的掮客的失敗不同情，還有些輕蔑地說：

「那是因為日本的商家，規模越大就越不容易的。他們把一切資料都調查清楚了，所以業餘的掮客當然拿不到的。」

丁太太聽了這些，立即柳眉直豎起來，幸好在這會上常充丑角的插花老師這時搭上了一句，險惡的空氣才緩和過來。

「要是我啊，有了六萬元閑錢，一定交個年輕的哥兒享享福哩。」

舉座爆發了一陣笑，丁太太也笑得前仰後合，終於又恢復到原先的和洽空氣。

不多會兒，大家也就入席了。山珍海味一道一道地端出來，喧譁的饒舌聲也就暫時告個段落了。

三

魚翅下去了，換上了紅燒鴿子。這時女醫鄭月娥一本正經地開始長篇大論起來：

「今天，我要提出兩件問題，恭請諸位慎重地討論討論。」

插花老師張太太因為預先就由鄭月娥授意，所以聽到這兒就從旁捧女醫的場了：

「諸位，請細聽！」

「那麼，就讓我說下去。最近，我接到我的母校東京大正女子醫大校長澤田虎太郎博士的信，說下月中要到臺灣來。過去，博士幫了我們這兒到日本去旅行或留學的人們很多的忙。例如邀請啦，入境保證啦等等，將來諸位到了日本，也一定要受到他的照顧的，所以我提議由我們姊妹會來請博士吃一兩次飯。如果還要買點什麼土產或紀念品，加上餐費交通費等，一個人出一千元，我想很夠了，諸位都同意吧？」

女音樂辛太太瞪圓了眼睛，很明顯的表示出「太貴了」的意思，但到底還是說不出一個字。律師夫人丁太太用肘碰了主人李太太低語道：

「她是打算讓我們來分擔她得了博士學位的謝禮的，真是太精明了。」

女醫看了這情形，更提高嗓門強調。

「澤田博士是日本第一流的人物。除了醫學以外，還擅長和歌，戰前就有作品得到英明皇太后的稱許。博士是日本南北朝時代的名門細川氏的後裔，出生不同凡響，是位很高貴的人。因此，我們的招待自然不能太簡便。諸位如果沒有意見，那就決定一人負擔一千元，詳細的日程，讓我們以後再慢慢商量吧。」

不是很贊成的好像也有兩三個人，但是日據時期的大勢力家趙氏的千金汪太太也起來發言，於是衆議一決，要接待澤田博士了。汪太太還把博士大大地讚揚了一番。

「我父親也說澤田博士確實是位一流的學者。他在東京本鄉的邸宅是從前的藩主的行館，庭院裡的假山，池水都造得很豪華，我在東京讀書時就被邀參加過澤田家的園遊會。戰時這邸宅中彈燒燬了，澤田博士的公子也戰死了，聽說他們境況已大不如前了。真可憐呢。」

女醫對汪太太這一番傷感話一點兒也不感興趣，所以趕快提出了下一個問題。

「還有一件事要跟諸位商量的。澤田博士在在臺北住一個星期後就要到香港去，可是一起來的姪兒澤田廣行先生要住一個月那麼久，來研究臺灣民間文藝。他是剛從大學文科畢業出來的年輕人，人長得帥極了。聽說不喜歡學醫，有人說是考不取的，所以就讀文學了。因為是要研究民間文藝，所以他希望寄居在臺北的上流家庭，以便親身體驗一下我們這兒的日常生活。」

律師夫人丁太太低聲向李太太耳語道：

「醫科考不取就改文學的，多半是太保學生呢！」

女醫不管這些，仍然喋喋不休地說下去：

「我家因為現在正在改建，所以很遺憾不能招待他。諸位當中如果有人願意承擔這件事，那澤田博士也一定很高興的。不曉得哪一位能夠招待他？」

這時席上如被搗的蜂窩，猛可地騷亂起來。

「我很願意的，可惜家裡太窄了，容納不下客人。」

「是啊，我也一樣，而且加上小孩又多，實在很可惜。」

「我家先生向來就不喜歡客人，所以絕對沒有辦法了。」

「我真願意邀請他到我家的，可是我得先跟先生商量一下才能決定。」

「如果我有多餘的房間，一定要請他來的。」

「可是府上比我那裡還大上不祇兩倍呀。」

妳說妳的。她嚷她的，爭論了老半天，那位日本的文學青年澤田廣行最後還是決定由向來就被稱為「好好太太」的李太太來負責招待了。

下午五點，客人們都心滿意足地回去了。

四

自從澤田廣行寄宿在李家以來，已過了三個星期。李臺山很少在家吃飯，所以跟澤田碰面的機會不多，但對他抱有好感。這可能是由澤田那種日本式的彬彬有禮，以及善於逢迎的嘴巴的結果。

起初，李太太擔心讓著青年住下來，對於妙齡的女兒會有什麼不好影響，但看來好像是杞憂罷了。由於秀子不諳日語。所以對他衹能說最起碼的應酬話，絕少跟他交談。不過主要還是因為他是母親的客人，所以抱持著敬而遠之的態度。

倒是每天跟這位年輕人到各處出去採集民間傳說和歌謠的李太太，不知不覺間變得心緒浮動，彷彿回到少女時代一般。她在學校讀書時喜愛文學，如今和一個文學青年肩並肩地到處去蒐求民間文藝，這對於她好比是從前少女時期的美夢又突然實現似的。

臺北近郊的古老鎮市，如新莊、八里、淡水、大溪等都走了個遍，聽取傳說、童謠、採茶歌等，然後審慎地記錄下來，回了家便譯成日語，交由澤田做筆記——這也就是這些日子以來李太太的每天行事了。

這一天，他們又到南港的中央研究院去參觀。冬季的牛毛細雨飄落不停，很是陰鬱。坐上計程車回到臺北，已是掌燈時分。

李太太把澤田青年引到南京東路第一大飯店十樓的漢宮餐廳。這晚客人很少，中國宮殿式的豪華「漢宮」靜悄悄地，從窗口往外觀望，祇見雨中的柏油路反映著青紅紫綠的霓虹燈，夜景美妙無比。

「這景色不壞吧？每次到這兒，我就會想起東京，不是有點像代代木附近到千駄谷那一帶的風光嗎？」

「太太真是喜歡東京的呀。在日本，東京以外的地方也到過嗎？」

「嗯。關西的京都、奈良、大阪等是畢業旅行的時候去的。關東的箱根、日光、那須，還有暑假期間也去過好多次輕井澤朋友的別墅。那才是個好地方哪。白樺木，把馬放牧的牧場，連綿不斷的高原緩坡上，賞月草開得滿山遍野，遠處可望見淺間山的噴火口在吐著煙，真是羅曼蒂克。那兒的別墅都是蓋著紅瓦的文化住宅，又瀟灑，又富於異國情調……」

李太太已整個身子浸在昔日的女學生氣氛當中，而自我陶醉了。

「原來是這樣。請妳一定再到日本來玩一次。不，我來邀請妳好了，我要請妳看看戰後的輕井澤。回去後我要用這次所蒐集的資料，由平凡社出一本《臺灣民間文藝序論》。這書不用說，沒有太太的幫助是寫不成的，所以我想如果方便的話，就用太太和我合著的名義來出版。不久我就要回國了，覺得依依難捨，如果太太能夠終身協助我，我們倆一定可以完成使全世界震驚的民間文藝蒐集工作。我一定要把妳請到日本的。」

李太太聽到東京第一流的出版社就用她的名字出版著作，早就感動了，此刻又聽到這位文學青年願意終身與她共甘苦——至少她以為是——如此更不衹得意洋洋，內心裡也禁不住地騷然浮動了。

她起了一種錯覺，以為自己已恢復到二十歲前後的歲月當中而陷於自我催眠的狀態中。

「我，從來也沒有過這麼高興的一天。真的，家庭實在是人生的墳場啊。沒有比個性不同的夫婦生活更使人難受的了。」

為什麼會說出這種蠢話呢？連她自己也大吃一驚，於是趕忙勒住，改換了話題。

「真對不起，發了這樣的牢騷。廣行先生，你可以告訴我你小時候的事和今後的計畫嗎？」

「我小時候父母都在戰火下死去了，少年時代是非常不幸的。我被有日本國粹主義者稱號的嚴格伯父領養，接受著無理解的教育長大成人的。戰爭時嚐遍了飢餓與恐佈的滋味，所以形成了目前的貪婪、利己主義的性格。我絕不是您所想像的那種善良青年。我從來也沒碰到過像您這樣對我溫柔慈愛的人，也沒有看見過像妳這麼美麗而又有教養的女性。」

「真可憐，為了你，我什麼都願意做，希望你堅強些。以後我們一塊兒研究民間文藝吧。」

李太太被瞎捧了一通，禁不住又陶醉起來，彷彿覺得自己成了個悲劇女主角。

飯後，她要澤田一起撐一把雨傘，到屋頂花園觀賞臺北市的夜景。不知不覺間兩人的身子合而為一了。

十五分鐘後，兩人回到燈光閃耀的屋裡，乘電梯當中李太太一直用手梳理散亂的頭髮，然後再描了描口紅。在屋頂花園幹的那事，外國影片是司空見慣的啊，她反反覆覆地自我申辯著。

五

九點左右，李太太跟澤田回到雙城街的家。似乎內心裡有著某種愧疚，沒有人質問她，她卻自發地向女兒秀子解釋起來。

「去了南港的中央研究院以後，還訪問了好多位人士，看看時間不早了，就隨便找個地方簡單地用了晚餐。南港的食堂都很蹩腳，什麼也沒有，真是糟透了。啊，對啦，秀子，澤田先生回東京後，要用這次他在臺灣蒐集的資料，由平凡社出版一本叫《臺灣民間文藝序論》的書，還要媽媽跟他聯名，廣田澤行、李張瓊珠合著。多麼了不得呀！」

「如果是我，我要一個人寫書呢。我才不願意跟人家合著什麼的。」

近來，不管什麼事，秀子總要跟母親反對。

「今天，我出門時來了客人嗎？」

「沒有。只有隔壁的信義伯伯，傍晚時分來了一下。因為爸爸沒在，馬上就走了。伯伯說，到臺灣來研究視察的日本人，應該多看自由中國近年來的建設和生活的進步才是的。要研究文藝、歷史的，到故宮博物院去鑽研中國數千年來的文化遺產便夠了。他們對我們的這些優點不感興趣。偏偏要從落後的一面下手，研究啦，介紹啦，多半是民間文藝、山地風俗等等。伯伯說這是很要不得的。」

李太太覺得跟這樣反抗性的女兒談論也沒有用。便進了丈夫的書房，看看有什麼要緊的文件。書房的桌上整理得一絲不亂，郵寄的報刊雜誌等也放得整整齊齊的。然而，她的眼光沒有放過落在桌下的一張寫上女人字跡的信箋。

今天是你的生日，所以晚上還是回家去應付太太好，明兒晚上我仍在金谷飯店那個席位等您。生日禮物那個時候給您吧。聊盡心意而已。

惠美上

很明顯，這是公司裡的女職員蘇惠美跟丈夫間的約會的信件。金谷飯店也就是剛在臺北西門町開幕的夜總會，他們一定是常常到那兒去跳舞。烈焰般的妒意沖上，李太太幾乎氣昏了頭。她參加過好些次公司同仁的野餐和派對，所以認得蘇惠美。還是個二十剛出頭的小妮子，說起學歷，連初中都沒有讀完。不過人倒很美，皮膚白皙，眼瞳烏亮，笑時露出美妙的牙齒和可愛的笑靨，在公司裡，人們都說她很像李常務董事的夫人。李太太也覺得她像她，因此也就對她懷有好感。丈夫跟這樣乳臭未乾的小妮子要好，這很出乎她的意料之外，但祇要想到自己也被年輕十多歲的文學青年迷住了心竅，也就無怪其然了。

她覺得他搞公司裡下屬的女孩是卑劣的行當。多麼沒出息！她甚至還有些輕蔑的念頭。反之，她以為自己有著美夢與理想。因此她認定鑽研文學，給日本的文學青年慰藉，乃是一點兒也不算罪過的。可是她對丈夫與蘇惠美的事卻絕不能忍受。她下決心，一定要懲罰他們兩個，不過要等到澤田廣行回去日本以後，暫時還是裝著不知情為妙。她覺得這樣是比較合算的。

這一晚，澤田廣行轉輾反側不能入眠。閉上眼睛，李張瓊珠那豐滿美妙的身影和嬌滴滴的笑聲便在眼前浮現，耳畔響起；還不祇這些，連她的香水、口紅等的芳香似乎還罩住他的臉龐。在東京，他是常常追求一些調皮女學生的，但接近了成熟的中年女人，這還是生平頭一遭，難怪他要感到異乎尋常的興奮了。

然而，在戰時的飢餓與恐怖中長大成人的這個日本青年，與其空洞的羅曼史，毋寧更看重現實利益。他很快地就壓抑下亢奮的情緒，恢復冷靜，開始想不為人知的心事。他的臉上浮出了陰險、獰惡的神色——不管那是什麼，總是不關乎談情說愛等一類事，則是很明確的。

一個月轉瞬即逝，今天就是澤田回國的日子。

李臺山因公司的事，兩天前就出差到高雄去了。女兒秀子也一早就上學去，所以李太太可以無忌憚地跟澤田表示惜別之忱，同時還細心幫他的忙。

「我們的書一出版，你一定要邀請我到日本去吧？我要參加出版紀念茶會，那時還是得穿旗袍好哇。西裝就太平凡了，不是嗎？」

「嗯，是啊。出版紀念會如果要開得豪華些，那就可以找一個大飯店的餐廳，如果要嚴肅的，那就還是學士會館吧。瓊珠，妳以為哪一個好？」

自從第一大飯店回來的那晚起，廣田在只有兩個人時都不再稱她太太，而叫她的名字。想到那紀念會的場面，她簡直要發瘋了。東京的第一流大飯店裡閃耀的燈簇下，埋沒在一大堆花籃中，跟這位文學青年並肩而立，然後在震動大廈的鼓掌聲中來個演說，舉座都是日本的一流大作家。松本清張也到了，還有大林清、丹羽文雄等人。吉屋信子、圓地文子等女作家也都一定會從末座投過嫉妒的眼光來的。電視節目必定也少不了一份。她越想越得意，又一次陷入自我陶醉，自我催眠的境地。

「廣行，回到東京一定每天寫信給我吧？我也還要蒐集民謠、童謠等寄去給你。」

「我明天起就會看到孤寂了。有生以來從沒有人對我這麼好。」

「給你伯母帶些水果回去吧。我到街上去買一些給你。你的房間行李散亂，如果要寫點什麼，可以用我的房間，請別客氣。」

李太太對廣行真是體貼得無微不至，還把他請進自己的房間，這才出去買東西去了。當澤田進了她的房間時，他的眼睛發出異樣的閃光，可是這位在夢中的中年女人卻一點也不覺得有異。

上午十一點半，澤田從松山機場搭上了日航的噴射客機飛走了。李太太送到機場，回程順路來到中山北路的雅典照相館，取回在淡水、大溪等地照的相。走出照相館大門，她從幾十張的照片當中找出了唯一的兩人合照，萬分依戀地欣賞。

陡地，她的臉色變了。由於野外強烈光線的反射，她那美妙的臉兒和漆黑的柔髮都照成一片白色，看來就好像是一個白髮皤皤的老太婆跟一個高個子的青年合攝的。她對自己的那慘不忍睹的影子大吃一驚。無論怎麼看，都不能說這是恰巧的一對情侶。她的美夢到此總算破碎了，熱度也急速冷卻了。這樣的東西，如果讓人家看到，這才叫奇恥大辱啊！想到這兒，她連忙把那張照片撕成碎片，撒在路旁。紙片被風一捲，四處飛散了。

無精打彩地回到家，為了獨個兒清靜一下，她拖著沉重的步子回到自己的房間。一種女人的直覺，使得她立即察覺到房間發生了嚴重的事。急忙抽出抽屜，打開衣櫥一看，糟了！每個抽屜都被攪得一團混亂，衣服也這兒一堆那兒一堆地散亂一地。

她明白了這是小偷幹的，趕快把藏在衣櫥最裡邊的小箱篋，恐怖地打開一看。天哪，裡頭的兩千美元和一些金飾全部不見了。倒是篋底有張紙片。

李太太：

請原諒我。我是沒有資格接受妳的美意的壞人。為了我今後的成功，我需要一筆錢，所以明知不該，還是借去了你的貴重物品。我成功後會再來看妳，相信妳會原諒我的。

澤田廣行上　三月一日

這意外的事情使李太太茫然若失。繼而失望、憤怒，加上無可排遣的悲哀一起湧上心頭。她把身子投在床上哀哀飲泣起來。

李秀子發覺到母親對以前那麼熱衷的姊妹會不再感興趣，是這以後不久的事。然而，到底是什麼事兒使得母親的心理起了這種變化呢？這就不是她所能知道的了。

〈姊妹會〉全文完

《前夜》全書完

後記

後記　跨越時空的旅行

林嘉澍（林衡道外孫）

《前夜》小說寫的雖然是臺灣日治時期，大家族裡的勾心鬥角，夾雜晦暗的情慾關係，以及面對政權更迭，如何操弄金權、保全家業的故事。但更耐人玩味的是，書裡寫出許多在那個時代的人，在不同國度的生活縮影，只要仔細留意，就會發現在這本書裡，每隔三、五頁，就一定會出現詳細描寫飲食的情節。這也是外公林衡道以前經常告訴我的：「我們不見得要去讀大堆頭的書，才能了解那個地方、那個時代，而應該去看那個時代的人吃什麼、用什麼、怎麼生活，來瞭解那個時代發生的事情跟背景，這就是民生學。」

舉個例子，書中描述暫住在鐵道飯店的陳家遺族林玉梅，即使自己還要靠變賣首飾維生，但每次陳家的小孩子到飯店來找她，她都會招待他們吃冰淇淋，買玩具，讓孩子們開心。外公除了告訴讀者，大家族也有仁慈心腸的好人，更要傳達大家族裡爭產的不堪。其次就是描述臺北當時最繁華的飯店——「鐵道大飯店」（位置約在現在新光三越站前店、凱撒大飯店一帶）。我小時候經常聽外公說，在鐵道大飯店叫一杯紅茶、一個布丁，就是當時最奢侈的下午茶套餐，要價約兩塊六、兩塊八，而當時一位老師的薪水是二十六塊。外公的叔叔林熊光，創立「大成火險株式會社」，辦公室曾設於鐵道大飯店，據說一年支付飯店的費用約五萬圓，是當時鐵道大飯店最大的ＶＩＰ。

書中談到日本銀座跟三越百貨，外公曾說：「東京當時最熱鬧的地方就是銀座，旁邊即是漁貨批發市場築地，因為有錢人才能常常吃魚，能去高級酒吧消費」。即使到現在，銀座依然是東京頂級購物區，最昂貴的歐洲名牌，珠寶鐘錶店雲集。

日本在明治維新之前沒有百貨公司，直到日本富商到法國參加世界博覽會，看到歐洲的進步繁華，將瓦斯、鐵路、飯店、保險、銀行，大飯店等引進日本，促成日本高速現代化，而東京富裕階層最流行的吳服店「越後屋」亦轉型為一流的「三越百貨」。書裡就提到，有錢人要買好東西，一定是去三越百貨，要買高級水果則要去千疋屋，三越百貨也是日本最早進口歐洲名牌的百貨公司，直至今日，還有很多日本人覺得去三越百貨是件盛事，要穿和服才禮貌。

小說的年代也許憂患，但從另一個角度看來，是跨越時空的旅遊書，把讀者帶進日治時期的旅遊情境。

小說一開始，「臺灣總督府評議員丁炎，乘坐在東海道線上行特別快車私人包廂裡，要去熱海和岡田勝夫先生談點事情。」我曾經從靜岡搭乘ＪＲ東海道本線回東京，中間停留清水、富士、沼津、熱海，追尋外公的旅行足跡。「火車經過駿河灣時，從左邊的窗口，可以眺望富士山的高峰，右邊看出去是整排松林，滔天海浪在松樹後翻騰」，美景百年不變，然而書中提到有廣大草坪的熱海大飯店、古色蒼茫山梅莊，卻遍尋不著了。

一府二鹿三艋舺，大稻埕是艋舺的外港，從清代以來就是茶葉的集散中心，當時六大洋行的貨物就經由大稻埕火車站直接運到淡水，再由淡水運到大陸福州。其實大稻埕最值得一看的茶行是「王有記茶行」，茶行的焙籠間裡還完整保存清代時的茶炕，就是在地上挖一個一個的洞，用木炭在下面燒，然後把茶葉放在炕上竹籠烘焙成第一道茶葉，之後再送到機器裡去烘第二次，是很罕見的傳統炭火焙茶，有成為非遺的潛力。王有記茶行的歷史氛圍，見證書中提及大稻埕的茶葉貿易、經營，以及消失的「滿街茶香氤氳」。

丁炎坐火車到北投，就是現在的新北投捷運站。從北投公園，沿著光明路往上走就是熱海大飯店，再上去是溫泉路銀光巷和幽雅路，沿著幽雅路往上走就是梅亭，再來就是吟松閣，而梅亭跟吟松閣中間才是「八藤園」（書中丁炎宴請日本海軍、陸軍軍官的溫泉旅館，現已不存在了）。北投在大屯山山麓，是臺北唯一一個很像日本箱根的地方，熱海溫泉剛好是在箱根山的山麓，那時的北投還能看到和洋折衷式的溫泉旅館，兩地的地景有幾分相似。

以前陽明山有一座「華南銀行草山溫泉招待所」，外公在世時常帶我去，從長安東路（大正町）的住家搭公車到劍潭，再慢慢走上圓山飯店喝咖啡，喝完咖啡搭公車上陽明山，泡完溫泉，再去北投散步，阿公很喜歡北投，常說很像熱海，書中多次提到北投，實際上就是他生活的一部分，也懷念再不曾造訪的熱海溫泉鄉。

「尋常科四年級時，學校舉辦旅行團到中國旅行，行程是上海、南京、蘇州、杭州。旅行團從神戶出發，第一站到上海，伯母（林熊徵之妻，盛宣懷之女，人稱盛五小姐）知道我在上海，便叫人通知我，要我去她那兒。伯母的房子非常漂亮，為紅磚建造的二層洋房，一個房間漆一種顏色，伯母滿口上海話，我聽不太清楚」。《林衡道先生訪談錄》。外公念高中時，第一次到上海。

為了更深入瞭解外公一生的旅路，疫後我前往日本仙台，拜訪東北大學校史室，查詢外公的求學經歷及仙台居住地，希望仙台大學能瞭解外公對台灣古蹟的保護貢獻，讓外公能登入東北大學名人堂。查詢的過程中，才知道外公在日本留學所用的名字並非「林衡道」，而是「林勗」，學生時期的外公受「柳田國男」影響，想記錄日本所有的皇陵，寫下「山陵志」，可惜竟成未竟之志。

外公大學畢業後，一九四〇年代，經由家裡的安排，在日本淺野物產株式會社上海支店任職，並在華中蠶絲公司經濟調查室工作，多次前往蘇杭、蕭山。那段時間也曾一度被日本海軍徵召為囑託，因此書中張志平在上海海軍的工作經歷，就是外公社會新鮮人時期的職場寫照。

上海是外公外婆舉辦婚禮的城市，對我有特別的意義。外婆在回憶錄曾提到，婚禮地點是「Savoy hotel」，為了找出這家旅館，我前往上海，訪談耆老及專門研究四〇年代的學者。現今上海市沒有這家旅館，但卻讓我找到當年留存至今的「薩弗依公寓」，而且還是林本源家族在上海的產業，推測很可能是外公外婆婚後的新居。小說情節穿梭在上海十里洋場的時空中，不管是英法租界、外灘以及百老匯，都在薩弗依公寓週邊，當時日本人在上海的真實生活情景，外公在書中描述的鉅細靡遺。

不論鎌倉、熱海、自由之丘、海德堡咖啡館，還是大稻埕、八卦山，這些地方都是外公真實走過、印象深刻之處。世人印象中的林衡道著作多以古蹟記錄為主，殊不知外公對生活很有感，點點滴滴皆為素材，寫小說功力深厚。經由這本小說，我一次次追尋他以前走過的足跡，想像他以前在這些城鎮做了什麼、有什麼樣的感覺，也讓我更了解書中所寫的時空、人事。

外公終會為人淡忘，平靜細緻的《前夜》，永遠都是反映特定時代的明鏡。

國家圖書館出版品預行編目資料

前夜與林衡道的文學 / 林衡道作. -- 初版. -- 臺北
市 : 蓋亞文化有限公司, 2023.02
面； 公分. -- (島語文學)

ISBN 978-986-319-747-8(平裝)

863.57 112000043

島語文學 010

前夜——林衡道的紀實文學

作　　者　林衡道
封面插畫　林家棟 Jia Dong Lin
設　　計　高偉哲
總 編 輯　沈育如
發 行 人　陳常智
出 版 社　蓋亞文化有限公司
地址：台北市 103 承德路二段 75 巷 35 號 1 樓
電話：02-2558-5438　傳真：02-2558-5439
電子信箱：gaea@gaeabooks.com.tw
投稿信箱：editor@gaeabooks.com.tw
郵撥帳號 19769541　戶名：蓋亞文化有限公司
法律顧問　宇達經貿法律事務所
總 經 銷　聯合發行股份有限公司
地址：新北市新店區寶橋路二三五巷六弄六號二樓
電話：02-2917-8022　傳真：02-2915-6275
港澳地區　一代匯集
地址：九龍旺角塘尾道 64 號龍駒企業大廈 10 樓 B&D 室
電話：+852-2783-8102　傳真：+852-2396-0050
初版一刷　2024 年 02 月
定　　價　新台幣 420 元
Published and printed in Taiwan

ISBN 978-986-319-747-8

Gaea

GAEA